JN038605

JIS にもとづく

機械製作図集

第 8 版

大西　清 著

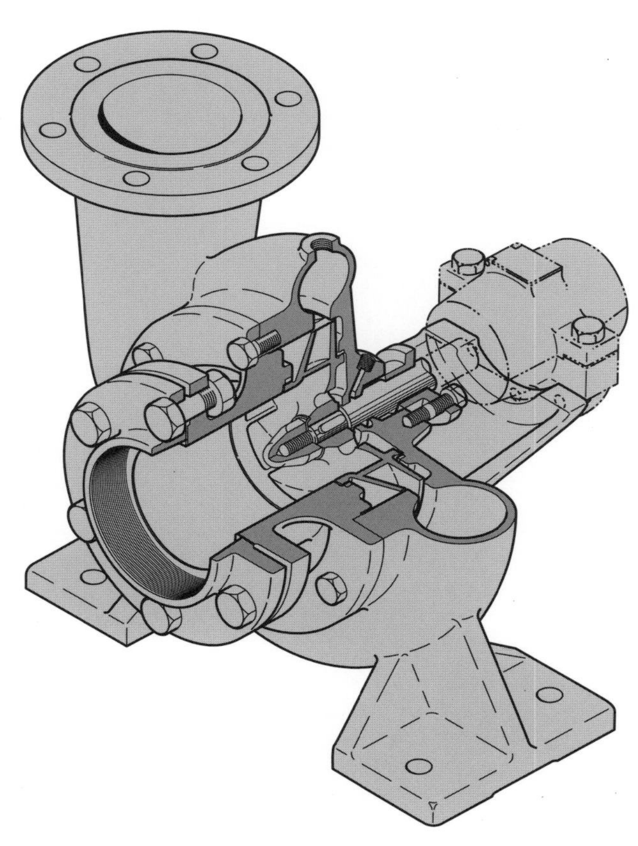

第 1 版のはしがき

今日ほど図面というものが，産業情報伝達の重要かつ貴重な担い手であることが認識されたことは，かつてありませんでした．これにはもちろん，最近における産業技術のめまぐるしいほどの進歩，とりわけマイクロシステムならびにその周辺機器の急激な発展に波及されたものではありますが，しかし何よりも，本来図面の持つ，生産におけるすぐれた指導性というものが，ここで改めて理解されたからであることを見逃してはならないと思います．

本書は，図面の持つ，このような特性をとくに考慮しつつ，学生，技術者のみなさまが，より正しい，よりすぐれた図面を作り出して頂くためのひとつの手引きとなるように編まれたものです．

図面といえども表現技術のひとつでありますから，その説得性について巧拙があるのは当然です．したがって従来，よい図面を見てそれを学べばよい図面ができる，というように安易に考えられがちでありましたが，しかしここで忘れてはならないことは，図面にも話すこと，文章を書くことなどと同じように，“相手がある”ということです．

図面の説得性とは，このように“相手を考えて描く”ところから生じるものといってよく，この点を考慮しないで描いた“ひとりよがりの図面”は“図面でない”ということを，図面を描くときには厳しく考えて頂きたいと思うのです．

これらにつきましては，私の他著，ことに「JIS にもとづく標準製図法」あるいは「製図学への招待」などを参照して頂ければ幸いです．

なお本書は，1957 年に刊行いたしました「JIS にもとづく機械と器具の製作図集」を母体にして，今回大改正が施されました JIS B 0001 機械製図に準拠して改訂を行い，書名も新しく改題して，これを第 1 版として発行するに至ったものであります．

終わりに，参照させて頂きました各参考文献の著者の方々，ならびに私の研究室の教え子諸君に，心から感謝するしだいです．

1975 年 3 月

著　　者

第８版の刊行にあたって

本書は，1975 年の初版発行以来，読者のみなさまのご支持により 50 年ちかく改訂を重ね，累計７万５千部を超えました。

著者の大西清先生は，惜しくも 2008 年師走に永眠されましたが，残された著書の改訂に際しては，著者の薫陶を受けられた東京都市大学名誉教授 平野重雄先生，ならびに著者の良き伴奏者であった理工学社元編集部長 故 冨田宏氏に，ご協力をお願いしてまいりました．

このたびの本書の主な改訂は，2019 年５月に「機械製図」が JIS B 0001：2019 として改正され，また「日本工業規格（JIS）」がその規格の対象を広げ，「日本産業規格（JIS）」と改称されたこと（2019 年７月１日施行）を受けてのもので，ようやく改正規格への対応が実現しました．

これまでの規格改正の流れとして，2010 年２月に「製図総則」（JIS Z 8310：2010）が，次いで同年４月に「機械製図」（JIS B 0001：2010）が改正されましたが，このたびの 2019 年の「機械製図」改正に際しては，あらためてデジタル化・グローバル化時代の「製図」とは何か，その根幹を，わが国の「製図」に携わる読者のみなさまと共有できればと思う次第です．そのため，現状の教育現場と企業での実務課題を含めて，Chapter 0 として「製図とポンチ絵」，Appendix A に「3D CAD／RP を活用した設計手法」を平野重雄先生のご協力により増補いたしました．

ここに，本改訂版の刊行を，故 大西清先生にご報告するとともに，本書がこれまでと同様，説得力をもった図面を描くための指導書として，読者のみなさまのお役に立つことを願っています．

2023 年７月

大西清設計製図研究会

改訂協力　大西清設計製図研究会
大西正敏　愛知工科大学教授
平野重雄　東京都市大学名誉教授

目　　　次

CHAPTER 0　製図とポンチ絵

CHAPTER 1　JIS 機械製図規格について

CHAPTER 2　線・文字・記号および用器画

CHAPTER 3　製図の練習

CHAPTER 4　機械製作図集

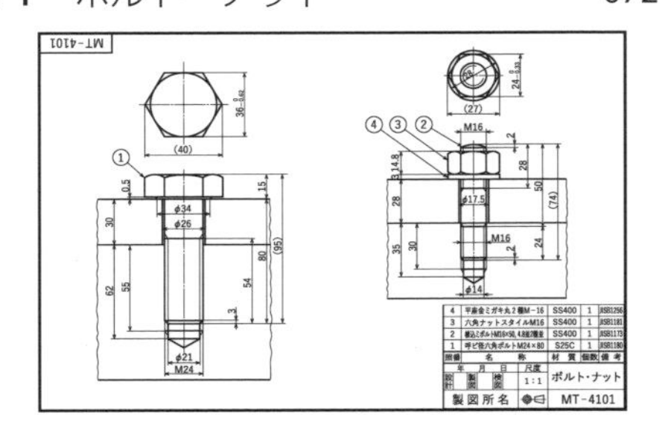

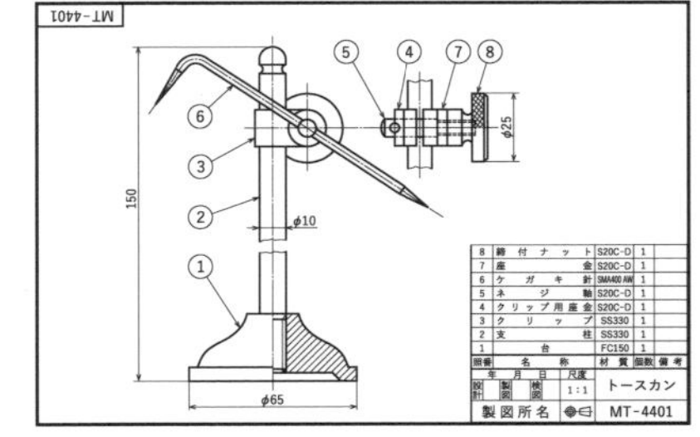

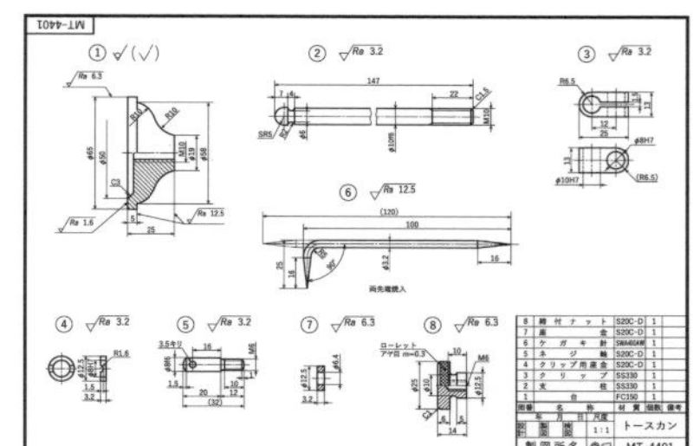

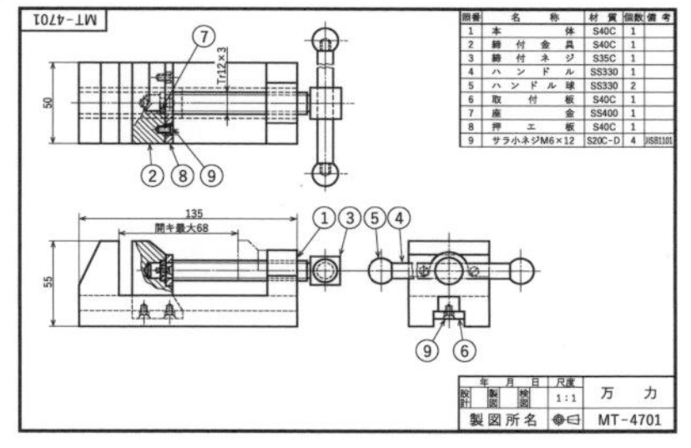

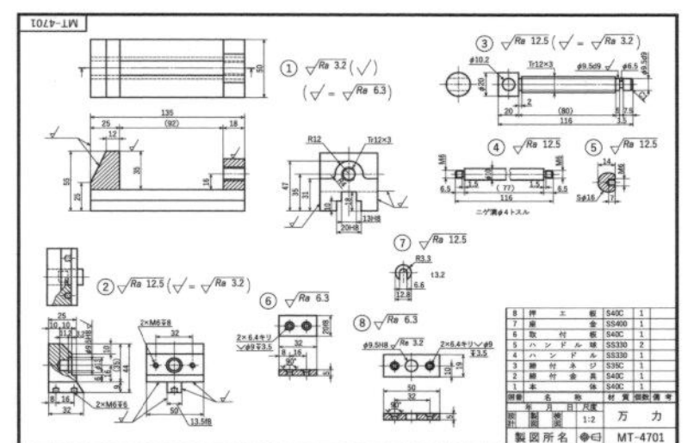

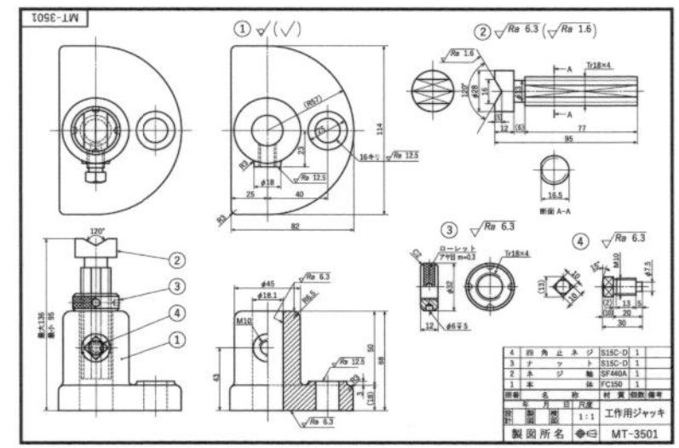

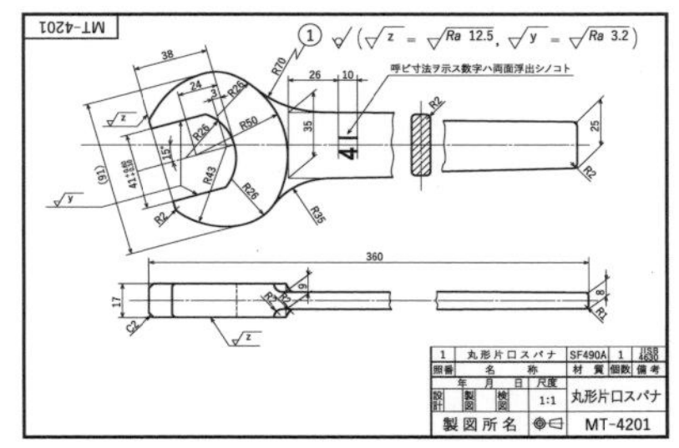

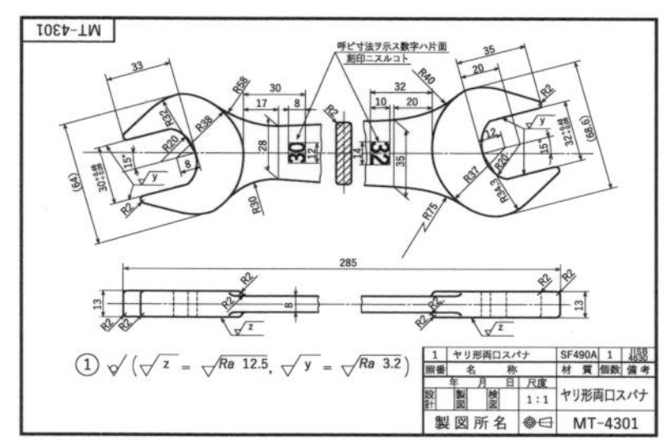

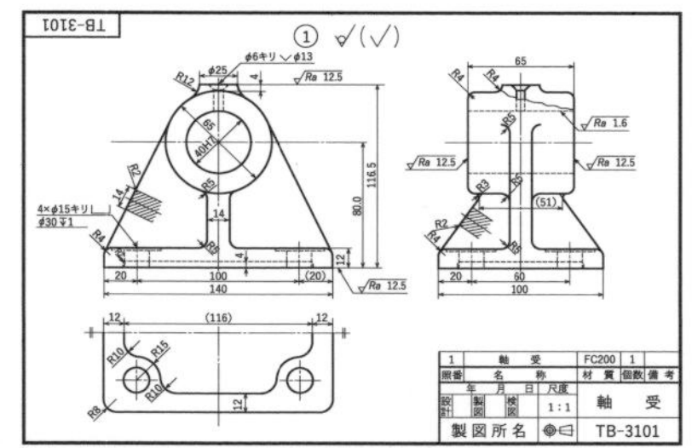

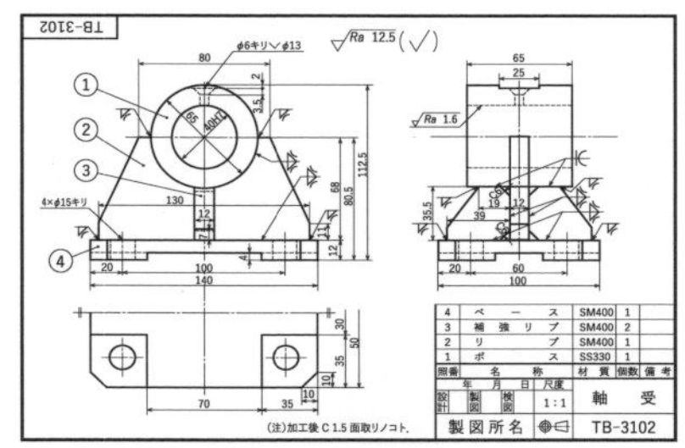

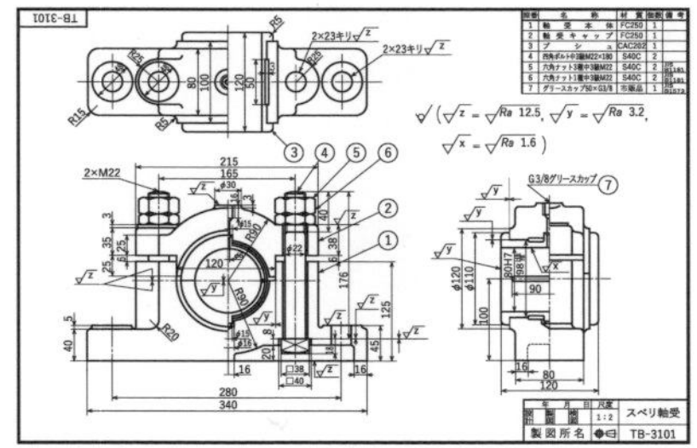

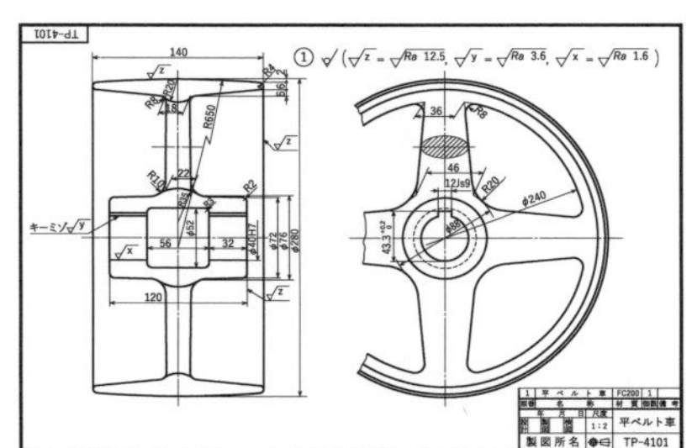

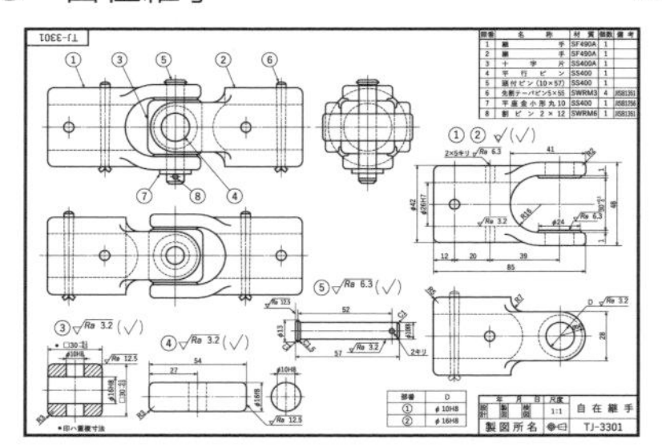

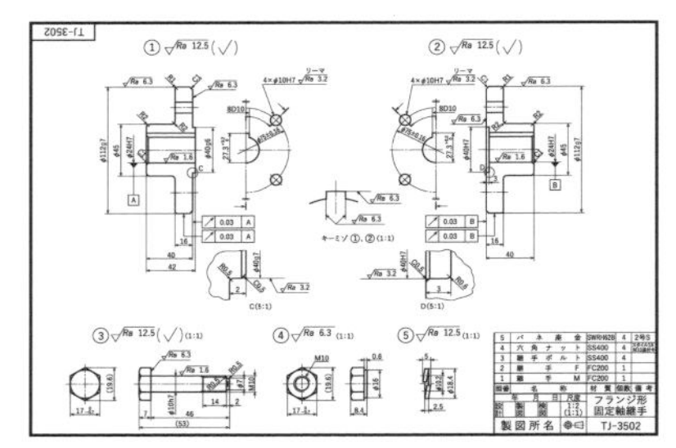

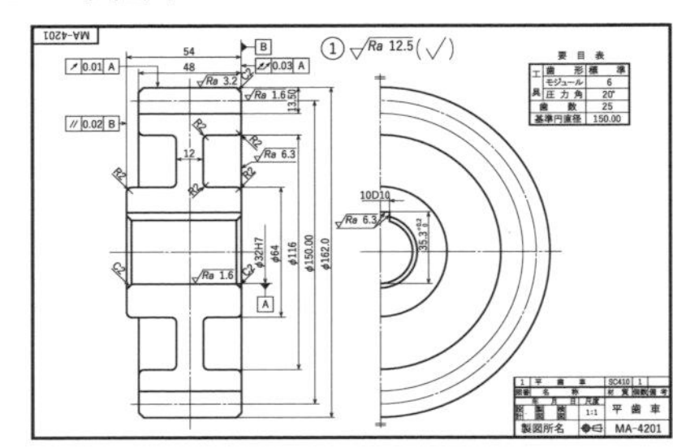

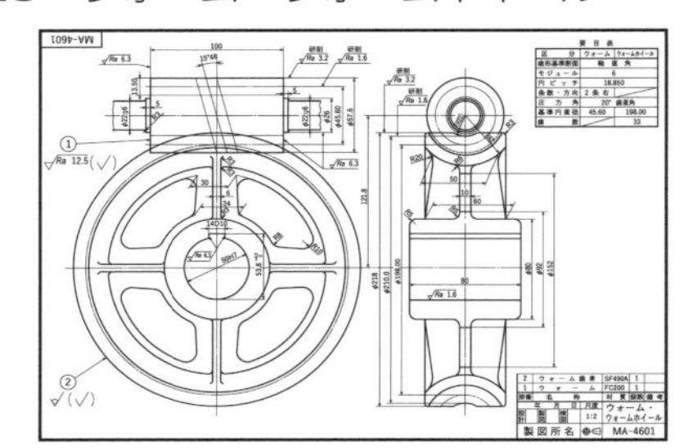

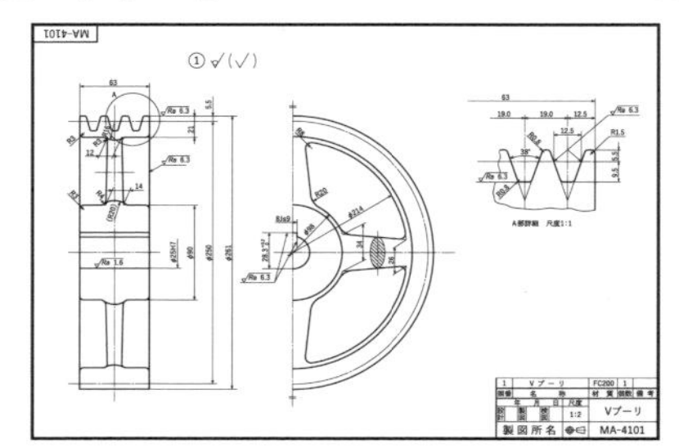

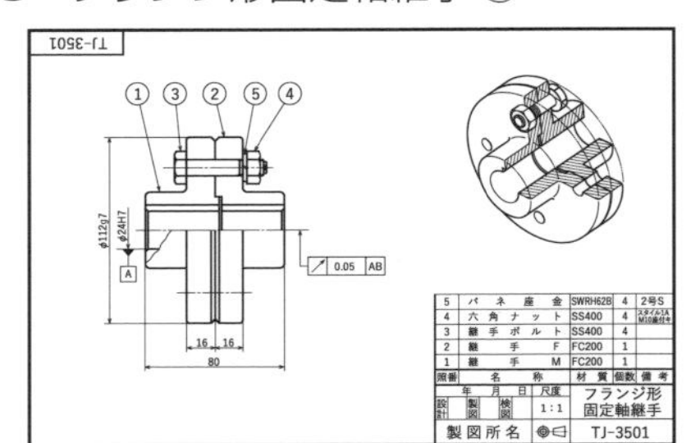

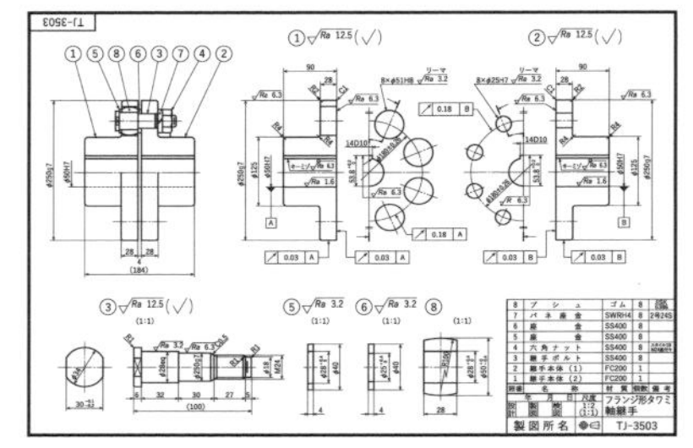

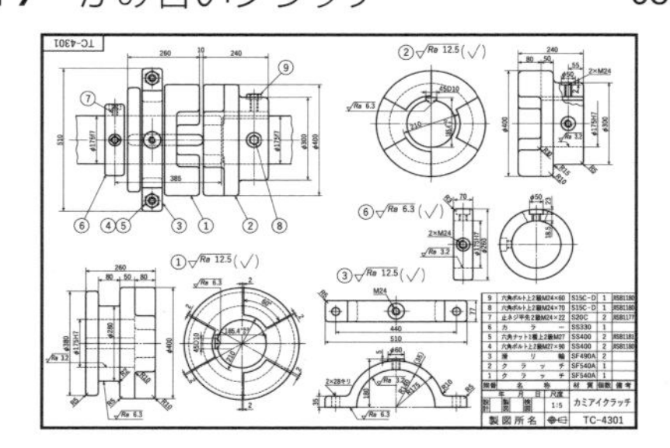

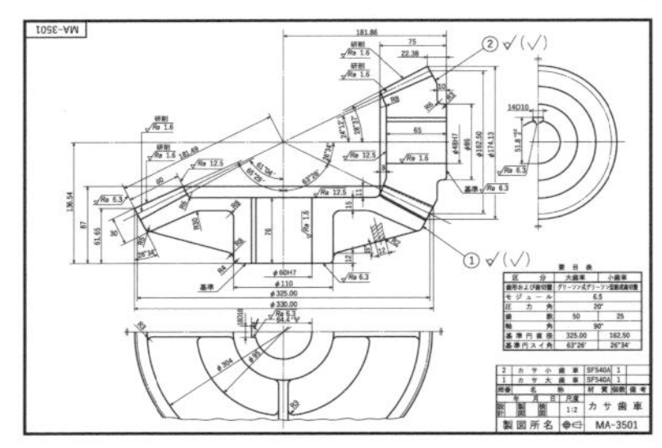

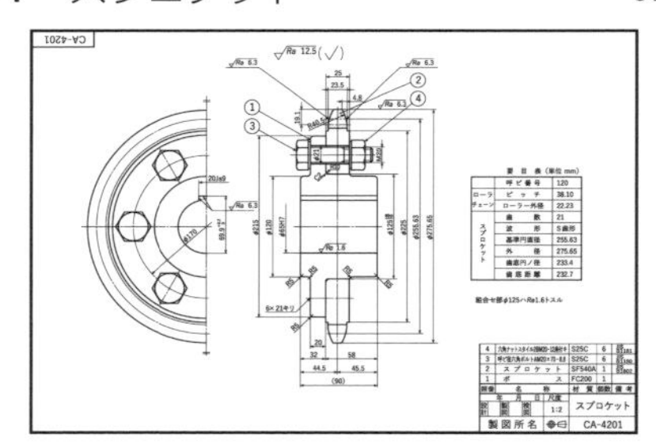

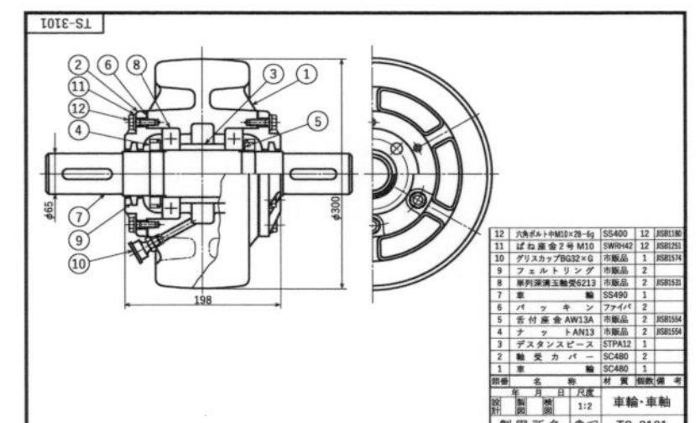

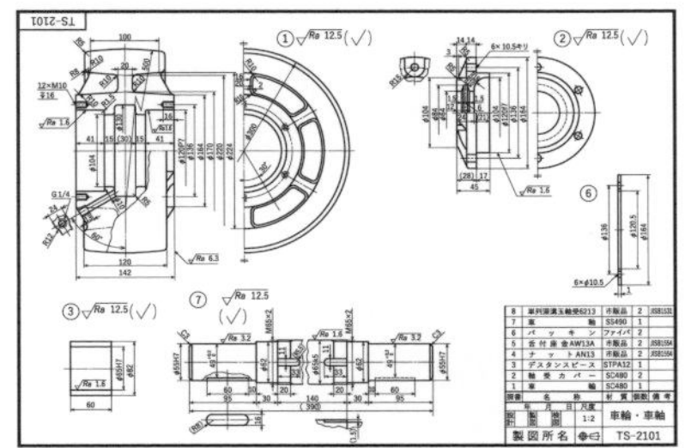

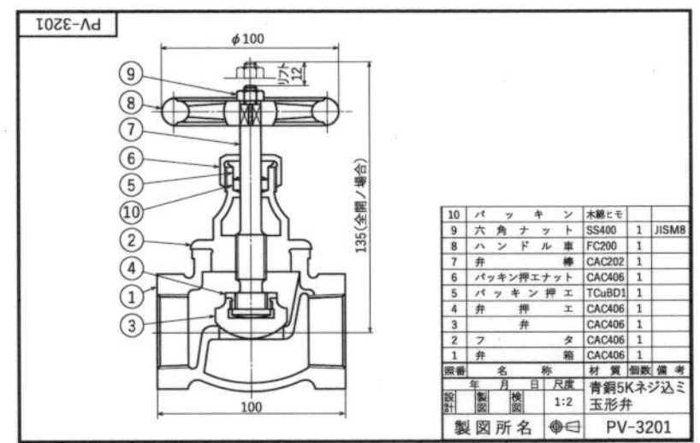

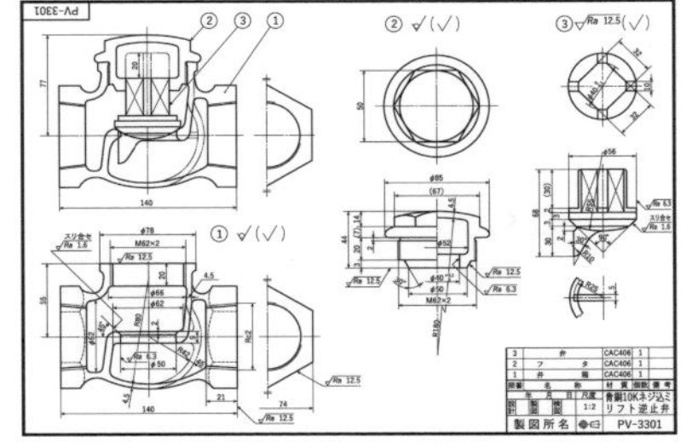

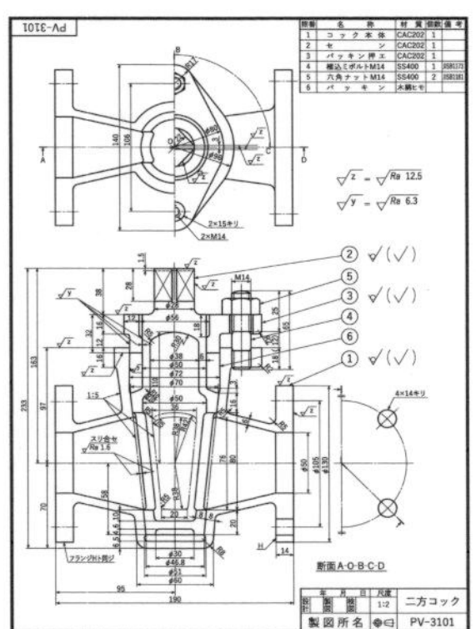

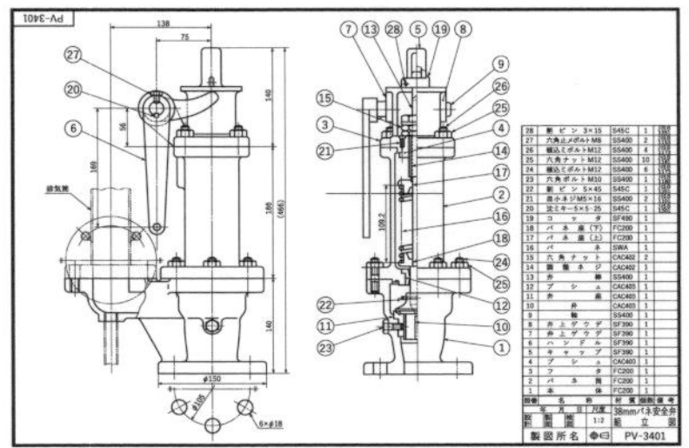

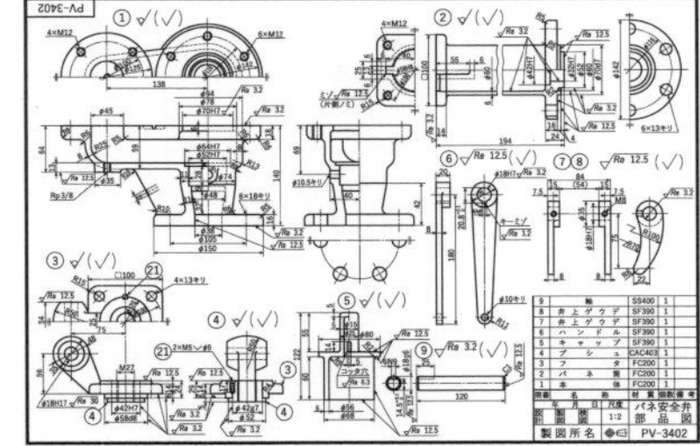

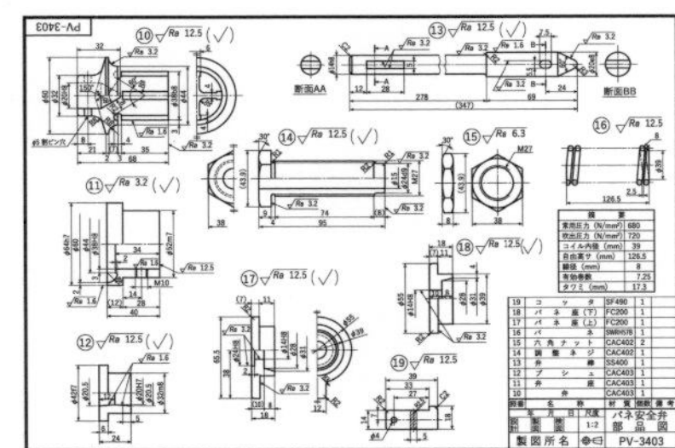

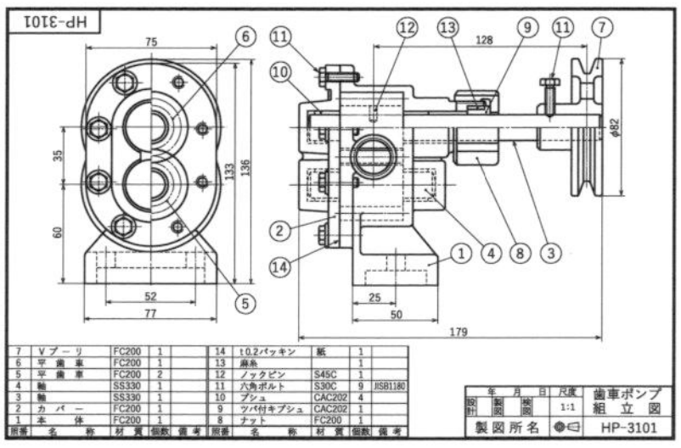

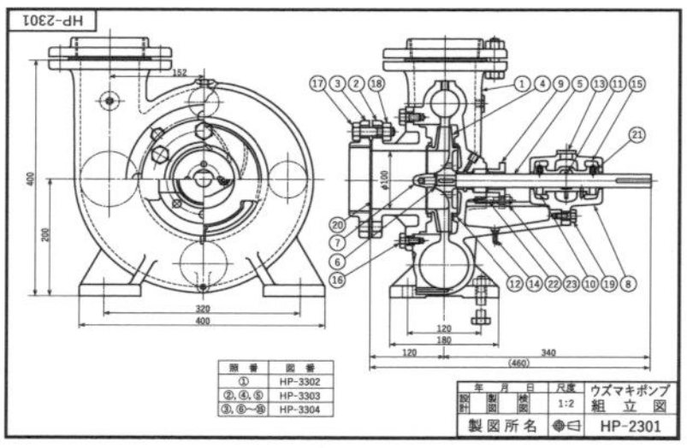

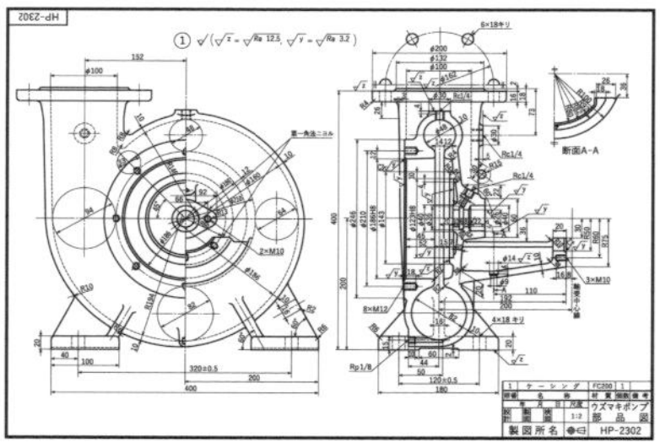

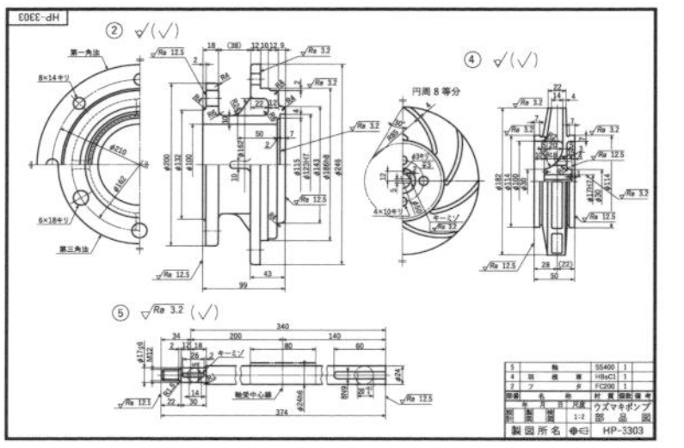

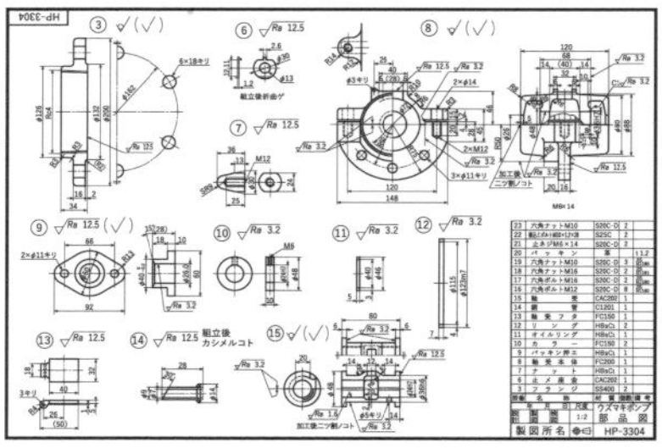

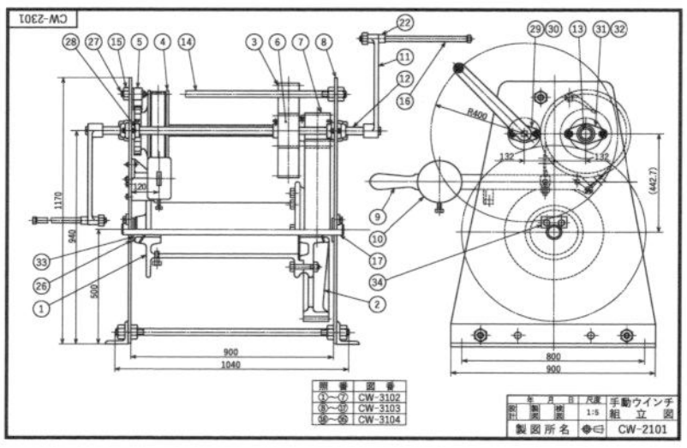

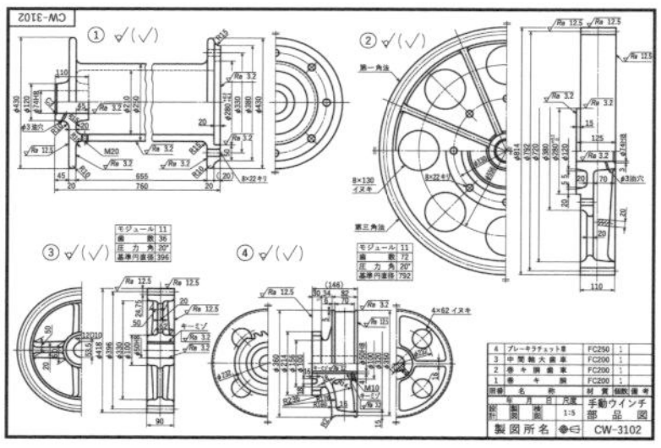

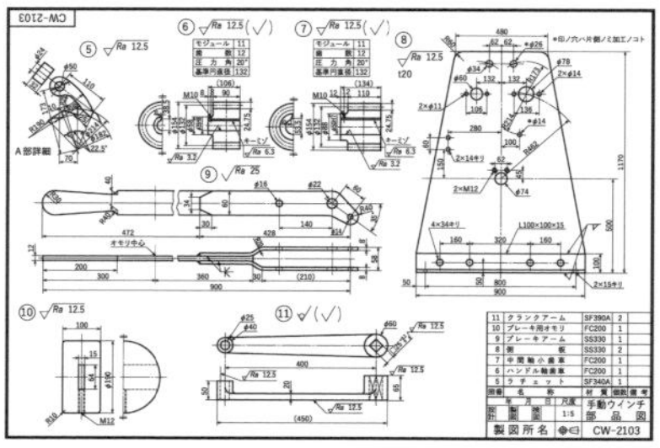

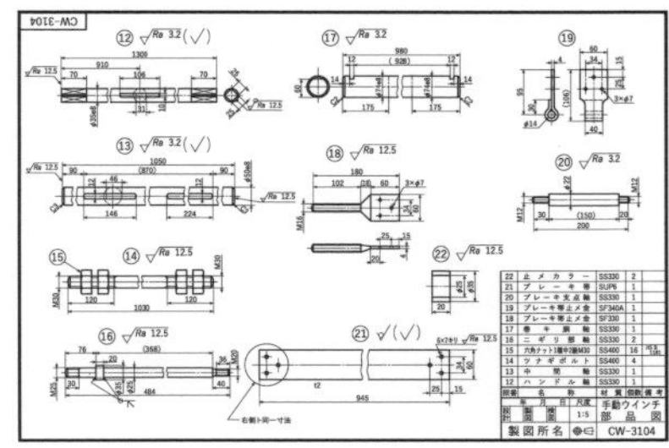

CHAPTER 5　製図者に必要な JIS 規格表

APPENDIX A　3D CAD／RP を活用した設計手法

APPENDIX B　CAD 機械製図について

CHAPTER 0　製図とポンチ絵

1. 製図とは

製図とは，もっとも簡便な方法で，設計の意図を正確・完全・迅速に，使用する作業者に理解できるよう伝達する工業の言葉である．この考え方からはじめると，図面はできるだけ丁寧に，しかも作業者が考えたり，計算したりしなくてもよいように，寸法や注記などが記入されていることが条件となる．

設計部門には，製品のライフサイクルの短縮と設計製図期間の短縮問題など，多くの合理化・省力化の問題が山積している．したがって，これまでの正確主義（誤記のない正確な図面）だけでは現在の製図は成立しないし，諸問題に対処する手段とはならない．

これからの製図では，より経済的な設計情報をより早く，より美しく網羅した図面を描くという，生産に直結した姿勢を強く推し進めていかなければならない．

2. 図面と製図のもつ意味

図面とは，ある対象物を平面上，またはCAD（Computer Aided Design：コンピュータ支援設計）のモニタ上に表示するものをいい，設計者と製作者の間，発注者と受注者の間などで必要な情報を正確に伝えるために必要なものである．

製図とは図面を作成することであるが，設計者の意図を迅速に正確に伝達する目的で行い，また，設計者の思考を図面で表現することによって，詳細に至って検討することが可能になる．さらに，図面は記録にとどまらず，技術を記した資料ともなるため，製品の改良や技術の進歩のためにも，検索して利用ができるよう共通した取り決めにもとづいて描かれ，保存されなければならない．

図面は，必要とする情報が誰にでも正確に，確実に読み取れるものでなければならないが，これを**図面の一義性**という．図面を使用する人の間に共通して情報を伝える，いわば言語となるものが製図規格である．ただし，規格は製図の基本ルールではあるものの，実際にはこのルールだけでは読み手が正しく図面を読み取れないことも知っておかなければならない．それでは図面の一義性が崩れてしまうことになる．読み手が正しく読み取れる図面を描いてこそ製図したといえる．製図をする際には，まずこのことを念頭においていただきたい．

3. 文化としての手描き図面

設計する人は，立体形状を思考する構想設計段階で大雑把なスケッチを行い，自分の考えをまとめていく．人は頭の中では基本構想を把握することは割合に得意である．創案したアイデアを具現化する近道，すなわち不明確なイメージを自分自身がつかむことができる有効的な方法は，紙面にポンチ絵を描くことである（図 **0･1**，図 **0･2**）．いいかえれば暗黙知を形式知化する行為ともいえる．

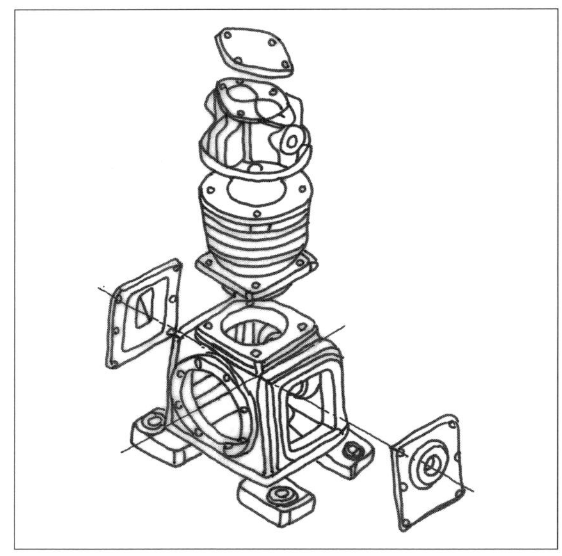

図 0･1　空気圧縮機の外郭の組立状態をポンチ絵で描く

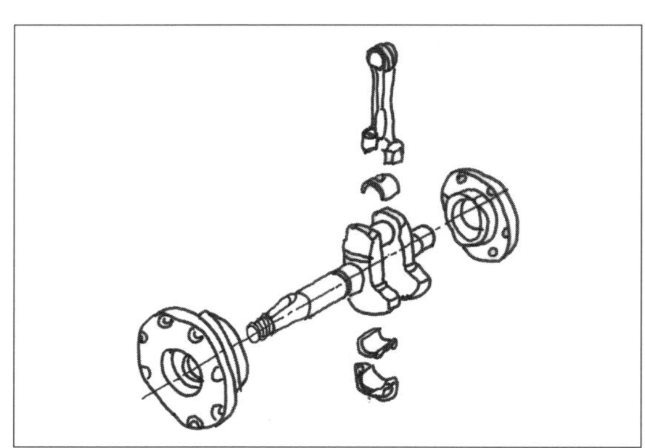

図 0･2　空気圧縮機の内部機構をポンチ絵で描く

2 次元である図面を実物の 3 次元立体形状として把握するために構造上の想像力も必要である．見慣れない様式で，しかも扱いなれていない場合，それを解釈する必要が生じる．しかし，そのようなときは，各部分が絵画的に分析され，スケッチされていれば，そのアウトラインのおかげで，イメージをまとめあげることができ，図面の細部をすべて記憶しようと努力する必要がなくなる．手描きによる描画は，文章や会話よりもさらに具体的に設計者の意図を伝えることが可能である．また，言語は，全世界において，その国々の数だけ細分化されているが，あくまでも図という概念は視覚的に訴えるものであり，言語のように，翻訳する必要性はなく，共有化する手段としては，非常に有効であるといえる．

4. 構想設計のプロセス

製品開発は，構想設計，詳細設計（機能設計，配置設計，構造設計，生産設計）のプロセスを経て量産化されるのが一般的である．

構想設計の完成度を向上させるためには，次の設計基本要素に留意して設計しなければならない．それは，要求される製品仕様（機能・操作性・保守性），品質特性，コスト，納期，安全性，環境性・廃棄性などである．

構想設計の使命は，設計者が頭の中でぼんやりとイメージするものを「要求品質を満足するか」「コストターゲットに収まるか」さらに「どういうレイアウトで」「どんな部品を構成して」具現化するのかを構想図（ポンチ絵）に描いて表現させることである．

ここで，構想設計の検討段階からCADを利用すると，設計者の特質上，さきに形状を完成させたくなる．だがこれでは本来の構想設計とはいえず，構想をおろそかにした詳細設計が始まってしまうことになる．設計システム展などのデモンストレーションで部品をスムーズに「モデリングしている」姿を見たとき，それはまるで軽快に「設計している」かのように映る．しかし，それは単に「形をつくっている」だけであり，そこに「設計する」という意思は入っていない．「モデリングができる」ということと「設計ができる」ということは違うことなのである．

はじめに構想設計として行う作業は，ポンチ絵を描くことである．徐々にイメージを膨らませ，アイデアの選択を行う．

3次元CADでモデリングされる部品は，頭の中でイメージした部品を表現しているのではなく，なりゆきの形状をモデリングしただけの結果である．つまり，なりゆきでできたモデルを見て理解した後に，細かい部分の体裁を整える設計をしていることになる．これでは，本来のあるべき構想設計とはいえないのである．

手描きの図面や資料はCADで検討するより短期間で作成でき，かつ機動的でコスト把握もできる．立体イメージがあるので設計部門以外の担当者でも理解しやすく，デザインレビューではより建設的な意見が出ることも期待される．

構想設計をラフなポンチ絵で描くことによって，設計者は，ある程度大きな変更があっても，まだ実際にCADで詳細設計を行っていないため精神的なプレッシャーは少ない．その結果，設計者自身もデザインレビューの中でより建設的な意見を述べ，他部門の意見も受け入れることができる．

この設計者の精神的な余裕こそが，良質なものを創りあげるポイントになる．そのためにも構想設計はポンチ絵を使って，イメージ先行の検討を行わなければならない．

5. ポンチ絵の有用性

設計の初期段階で仕様を基に設計の諸元，仕組みを表現するポンチ絵を描く．さらに客先のこういうものを考え設計して欲しいという要求を絶えず模索し，ヒントを探し求めポンチ絵にする．

アイデアを創案する過程において，とくに苦慮している段階に多いことであるが，何気なく紙にポンチ絵を描く習慣がある．適当に鉛筆を走らせた線や立体を何個も描きながら，アイデアの「きっかけ」を見つける作業が，このポンチ絵の行為にある．

手描きに必要な能力はテクニックではなく，直感と感性で表される曖昧さであり，ポンチ絵に厳密さは必要ない．一瞬のひらめきやアイデアの断片をメモしたり，描画したり，自由に自らの意思を投影させることができる．また，真白な紙面には親切なアイコンはなく，紙面からは何も教えてくれない．だからこそ独創的な発想を生む環境にふさわしいといえる．

鉛筆を持った手を動かして描いていくことで，違った発見が生まれてくる可能性はきわめて高い．感じたことをそのまま表現していく．そして，頭では考えず，心に従いながら鉛筆を動かしていく作業は，アイデアを具現化する際の大きな足掛かりとなる．

鉛筆の角度を自然に制御させ，思い通りにならない線を描いては消し，消しては描くという作業を繰り返すことで，存在と非存在，充足と空虚などの間で矛盾

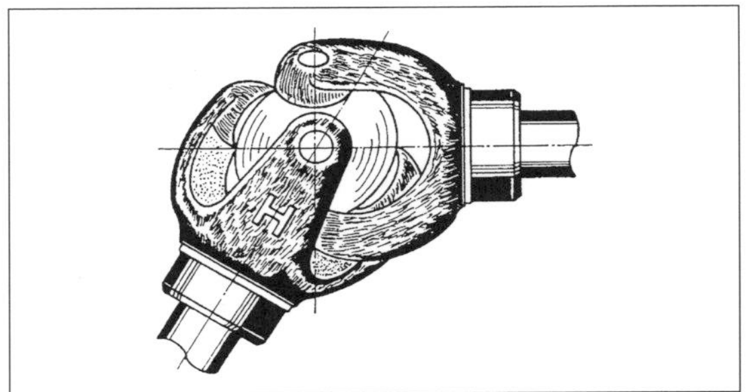

図 0･3　アイデア（120 度自在継手）**をポンチ絵に**

する要素を絶え間なく混合させながら，いつしか融合するときを待つ．まるで生きているかのような線は，やがて表情を変え始める．そのとき，アイデアがアイデアを呼ぶ循環が構築され，線は無限の広がりを見せ，不本意に引いた線が新たな線を呼び，より斬新なアイデアを牽引する仕組みができあがる．描かれた図を評価し，さらに修正を加えていくことで，最終的に理想のイメージにたどり着くのである（図 **0･3**）．

6.　手描きと 3 次元 CAD

3 次元 CAD やビューワはすでになくてはならない存在であるが，ツールは時代とともに，つねに変化・進化を遂げていかなければならならい．元来，技術的な本質の部分は時代の変化に動じず変わることはない．多くの技術者は，創造的，開発的な能力を身につけるために技術的学習を行うが，この能力は鋭い観察力と連想と記憶によって培われている．

手描きと 3 次元 CAD は，設計や製図に対する考え方は同じであっても，役割において，ある部分は混ざり合い，ある部分では乖離している．アナログにはアナログの良さがあり，デジタルにはデジタルの良さがある．

図面にはいろいろの機能があるが，そのもっとも主要なものは，情報の伝達という機能であって，ほかのすべての機能はこれに付随する．したがって，もともと製図とは，優れて精神的な行いなのである．線を引き，図形を描き，文字を描き入れて，ある事柄を他人に伝達するという行為は，その伝えんとする事柄を，相手にどうか間違いなく受け取ってほしい，という念願を発しなければならない．

このことはきわめて自明の事柄であるにも関わらず，あまりよく理解されていないようである．製図には相手があるということを忘れてはならない．

7.　む　す　び

ポンチ絵は，3 次元 CAD のようにきれいに描く必要はない．構想設計では，まだイメージであるので「こんな感じの部品が必要」程度にラフに描かないと時間のむだになる．細かな面取り形状や加工上の工夫は，詳細設計で CAD の上で実現させればよい．

機能検証あるいは構造検証で使用したポンチ絵は，立派な技術構想書（図）である．さらに，次世代機種の構想時に参考になるナレッジマネジメント*資料にも使える．

一瞬のひらめきや思いつきは，その場で描き留めることこそに手描きの本質がかくされているといえる．手描きの最大の利点とは何か，それは鉛筆と紙さえあればアイデアを表現できるところにある．手描きには先天性の才能は必要なく，習練を積むことで上達する．

3 次元 CAD の助けに頼ることにより，設計者の図形的表現力の技術向上を妨げる結果を招くおそれがあることは述べてきた．思考しながら線を引く行為の積み重ねによって，創造はふくらみ，やがてアイデアは明確化される．

3 次元 CAD があれば手描きは必要ないだろうか，3 次元 CAD を扱うには手描きを知らなくてもよいのだろうか，つまり，手描きを知った上で，3 次元 CAD に慣れたとき，人は，独創性を育むことができるのではないだろうかと考えている．

手描きによって，ひらめいたアイデアを紙面上に表現すればまぎらわしい部分は解決され，よりアイデアをはっきりとつかみ取ることが可能となる．鉛筆を持って「思考」することにより，創造の分野に刺激を与える，その結果，アイデアの要点を正しく評価し，分析し，調整できる．

アイデアを具現化するためには，手描き行為は必然であり，手描き本来の役割は，創造のために必要不可欠である．手描きの優位性が失われたとき，創造性の価値そのものが，問われるときであろう．

* **ナレッジマネジメント**（Kowledge Management）：企業内で社員一人ひとりがもつ知識や経験などを，全体で蓄積・共有し活かすことで，業務の効率化や企業価値を高める経営管理手法．

CHAPTER 1　JIS 機械製図規格について

1. 工業図面について

1.1 図面と製図

あらゆる工業において，さまざまな図面が使用されていることはどなたもご承知のことと思う．このような図面が果たす役割を考えてみると，その工業のあらゆる過程は，必ず図面にしたがって進行され，終了されて，最後にはまた図面によって確認される．このように，図面というものは，それらの工業の全過程を，正しく，かつもっとも合理的に進行させるために必要不可欠なものであることがわかる．このような図面をつくることを製図するという．

図 **1·1** は，図面の一例として，ある機械の部品であるクランク軸の製作用の図面（製作図という）を示したものである．このように，図面は，図形，文字，記号その他からなっており，これらが完全に補完しあって，1 枚の図面という一つの体系をつくりあげているのである．

1.2 図面の一義性

図面には，この品物を製作するのに必要なあらゆる事柄が，漏れなく，無駄なく，かつ明瞭に示されていなければならない．また，図面を使用する立場からいえば，そこに示されている情報は，すべて誤りなく正確に理解できることが必要である．一つの表現には必ず一つだけの解釈しか考えられないような，あいまいさを絶対に許さないものでなければならない．このような性質を，図面の一義性という．

このような図面の一義性が成り立つためには，製図者と，それを受け取る側，すなわち読図者の双方に，製図に関するいろいろな取り決めが行われている．これがわが国では JIS により制定されている製図規格であり，機械の部門でいえば「機械製図」（**JIS B 0001：2019**）という規格をはじめとする一連の規格である（表 **1·1** 参照）．

以下本書では，これらの規格の大要について，なるべくわかりやすいことを旨として説明を行うこととする．

1.3 図面の構成要素

図 **1·1** に戻って話を進めていこう．

このような簡単な図面でも，いろいろな方法による

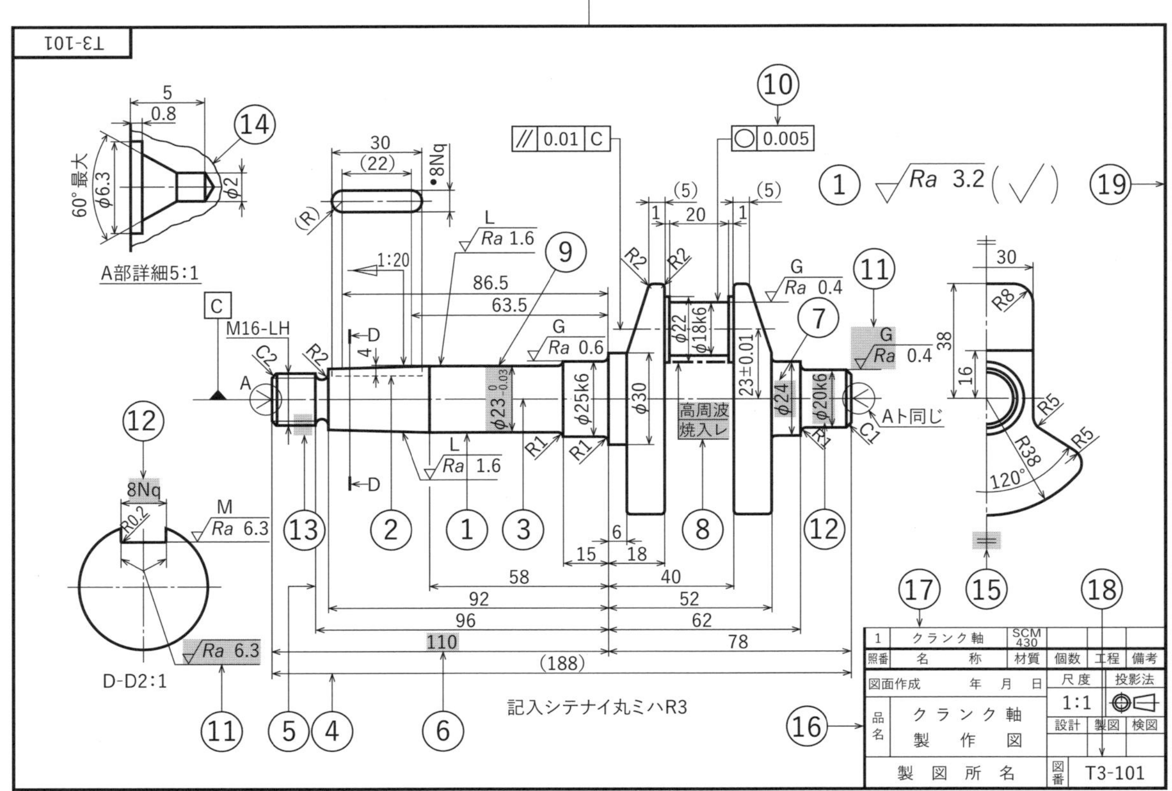

図 **1·1**

表現が行われている．まず一番に目に付くのは，① **線**によって描かれた図形であろう．この線の中にも，太い線や細い線がある．すなわちいくつかの線が使い分けられていることがわかる．太い線は，図面の中でもっとも目立ちやすいから，品物の輪郭を描くのに使用され，細い線はその他の用途に使用されている．

ところで線には連続したもの（**実線**）と切れ切れになったものがある．② の短い線が等間隔で並んだもの（**破線**）は，かくれて見えない部分を示すものであり，また ③ のやや長い線と短い線が交互に並んだもの（**一点鎖線**）は，その品物の対称中心線を示している．細かいことをいえばこの図は必ずしも完全な対称形ではないが，クランク軸はこの線を軸として回転するものであるから，中心線は重要な線である．

次に ④ **寸法線**および ⑤ **寸法補助線**を用いて ⑥ **寸法数値**が記入されている．

この辺までは，今まで製図について勉強したことがない人でも，なんとなく理解できるだろう．しかし，番号を追うに従って，勉強しなければならないことばかりになる．

よく気を付けて見てみれば，寸法数値にいろんな ⑦ **記号**が付記されているのがわかる．これらの記号は，その寸法数値の性質を端的に示すもので，たとえばφという記号は丸いものの直径を示すとか，あるいはRという記号は半径を示すとかいうことである．

次に，品物はいろいろな加工を施されて製品となるから，必要な部分には ⑧ **加工法**を示しておかなければならない．また加工には必ず精度が問題とされる．そのためには ⑨ **寸法公差**（028 ページ参照），⑩ **幾何公差**，⑪ **表面性状**などがあり，穴と軸のはめあいの状態を示す ⑫ **はめあい記号**などが記入される．

その他，ねじや歯車など，描きにくい形状のものを簡略に描く ⑬ **略画法**が用いられ，また品物のある部分を切断したと仮定してその切り口を示す ⑭ **断面図**

表 1·1　機械製図関連 JIS 規格一覧

規格分類	規格番号	規格名称
基　本	B 0001：2019	機械製図
用　語	Z 8114：1999	製図 ― 製図用語
省略画法による製図規格	B 0002－1～3：1998	製図 ― ねじ及びねじ部品 ― 第 1 部～第 3 部
	B 0003：2012	歯車製図
	B 0004：2007	ばね製図
	B 0005－1～2：1999	製図 ― 転がり軸受 ― 第 1 部～第 2 部
	B 0041：1999	製図 ― センタ穴の簡略図示方法
基本的な事項に関する製図	Z 8311：1998	製図 ― 製図用紙のサイズ及び図面の様式
	Z 8312：1999	製図 ― 表示の一般原則 ― 線の基本原則
	Z 8313－0～2：1998，－5：2000，－10：1998	製図 ― 文字 ― 第 0 部～第 2 部，第 5 部，第 10 部
	Z 8314：1998	製図 ― 尺度
	Z 8315－1～4：1999	製図 ― 投影法–第 1 部～第 4 部
一般的な事項に関する規格	Z 8316：1999	製図 ― 図形の表し方の原則
	Z 8317－1：2008	製図 ― 寸法及び公差の記入方法 ― 第 1 部：一般原則
	Z 8318：2013	製品の技術文書情報（TPD）― 長さ寸法及び角度寸法の許容限界の指示方法
	B 0021：1998	製品の幾何特性仕様（GPS）― 幾何公差表示方式 ― 形状，姿勢，位置及び振れの公差表示方式
	B 0022：1984	幾何公差のためのデータム
	B 0023：1996	製図 ― 幾何公差表示方式 ― 最大実体公差方式及び最小実体公差方式
	B 0024：2019	製品の幾何特性仕様（GPS）―基本原則 ― GPS 指示に関わる概念，原則及び規則
	B 0025：1998	製図 ― 幾何公差表示方式 ― 位置度公差方式
	B 0031：2003	製品の幾何特性仕様（GPS）― 表面性状の図示方法
	B 0401－1，－2：2016	製品の幾何特性仕様（GPS）― 長さに関わるサイズ公差の ISO コード方式 ― 第 1 部～第 2 部

示法などが用いられている.

機械部品などでは，左右対称につくられるものが多いが，どちらか半分だけ図示しておけば，それで十分図面は理解できる上に，紙面や製図の手数を節約することができる．図の上下にそれぞれ引かれた ⑮ 2 本の短い平行線（**対称図示記号**）は，他の片側を省略したことを表している.

また図面には ⑯ **表題欄**，⑰ **部品欄**なども必要であり，これには整理その他の目的で ⑱ **図面番号**も付けておかなければならない．そして製図の範囲を示しておくために，四方を ⑲ **輪郭線**で囲っておくのがよい.

この程度の単純な図面でも，上記のような項目の記入は必要であるが，複雑な図面になるほど，図面の構成要素は多種多様になってくる．そしてそれらの要素をすべて一体化したものが図面であり，なにか一つでも欠けていれば図面の一義性は失われることになる．現場で不良品を生むか生まないかの境目が，この図面の一義性にかかっていることを，製図を行うものは十分に認識して欲しい.

上記の構成要素のうち，初学者には理解しにくい用語があると思われるので，詳細な説明はあとに譲るとして，ここではごく簡単に説明しておく.

⑨ **寸法公差**　一般に工業製品では，指定された寸法どおりきっちり仕上げることは非常に困難であり，また通常その必要もないので，ある程度幅をもたせた寸法範囲に仕上げてよいとしている．これを寸法に公差を与える，といっている（**028** ページ参照）.

⑩ **幾何公差**　同様のことを，寸法だけでなく，品物の形状や位置についても定めている（**035** ページ参照）.

⑪ **表面性状**　品物の仕上がった表面が，なめらかであるとか，でこぼこであることの程度（**038** ページ参照）.

⑫ **はめあい方式**　丸い穴と軸をはめあわせるとき，ゆるやかにはまりあう場合から，きっちりはめあう場合までいろいろの段階を設け，その程度を保証できる方式（**032** ページ参照）.

2. JIS における機械関係の製図規格

JIS では，機械製図の大綱を示すものとして，**JIS B 0001：2019** 機械製図を規定している．また，主要な機械部品であるねじ，歯車，ばねならびに転がり軸受などについては，略画法による製図法を規定している．また，公差記入に関する規格として，いくつかの規格を定めている．表 **1·1** にこれらの規格を示す.

3. 図面の大きさおよび様式

3.1 図面の大きさ

図面に用いる用紙のサイズは，表 **1·2** の中から選ぶのがよい.

ただし横長の図面を必要とする場合には，必ずしも大判のサイズにする必要はなく，表 **1·2**（**b**）の特別延長サイズの中から選べばよい．縦に長い品物の場合でも，これを横に倒して描けば，このサイズの用紙に描くことができる．なお，これらのサイズでは描けない場合にだけ，表 **1·2**（**c**）の例外延長サイズを用いることができる.

表 1·2 製図用紙のサイズ（単位 mm）

（**a**） A 列サイズ（第 1 優先）

呼び方	寸法 $a \times b$
A 0	841 × 1189
A 1	594 × 841
A 2	420 × 594
A 3	297 × 420
A 4	210 × 297

（**b**） 特別延長サイズ（第 2 優先）

呼び方	寸法 $a \times b$
A 3 × 3	420 × 891
A 3 × 4	420 × 1189
A 4 × 3	297 × 630
A 4 × 4	297 × 841
A 4 × 5	297 × 1051

（**c**） 例外延長サイズ（第 3 優先）

呼び方	寸法 $a \times b$	呼び方	寸法 $a \times b$
A 0 × 2 *	1189 × 1682	A 3 × 5	420 × 1486
A 0 × 3	1189 × 2523 **	A 3 × 6	420 × 1783
A 1 × 3	841 × 1783	A 3 × 7	420 × 2080
A 1 × 4	841 × 2378 **	A 4 × 6	297 × 1261
A 2 × 3	594 × 1261	A 4 × 7	297 × 1471
A 2 × 4	594 × 1682	A 4 × 8	297 × 1682
A 2 × 5	594 × 2102	A 4 × 9	297 × 1892

〔注〕 * このサイズは，A 列 A 0 の 2 倍に等しい.
** このサイズは，取扱い上の理由で推奨できない.

このとき一般的にいえることは，大きなサイズの用紙に小さな図を描くことは用紙の無駄であり，逆に小さなサイズの用紙にこまごまとした図を描けば読みづらい図面となる．したがって対象となる品物を明瞭かつ適切な大きさで描くことができて，しかもなるべく小さい用紙を選ぶようにするのがよい．ただし一連の図面で，用紙のサイズを揃える場合はその限りではない.

3.2 図面の様式

図面は，一般には長辺を横方向にして用いるが，A 4 の場合だけは縦方向に使用してもよい．

なお図面には，その周囲に，表 **1·3** の寸法による輪郭線を引いておかなければならない．この輪郭線には，最小 0.5 mm の線を用いることとしている．

表 1·3　図面の輪郭の幅（単位 mm）

用紙サイズ	c（最小）	d（最小）	
		とじない場合	とじる場合
A 0／A 1	20	20	20
A 2／A 3／A 4	10	10	

〔**備考**〕 d の部分は，図面をとじるために折りたたんだとき，表題欄の左側になる側に設ける．A 4 を横置きで使用する場合には，上側になる．

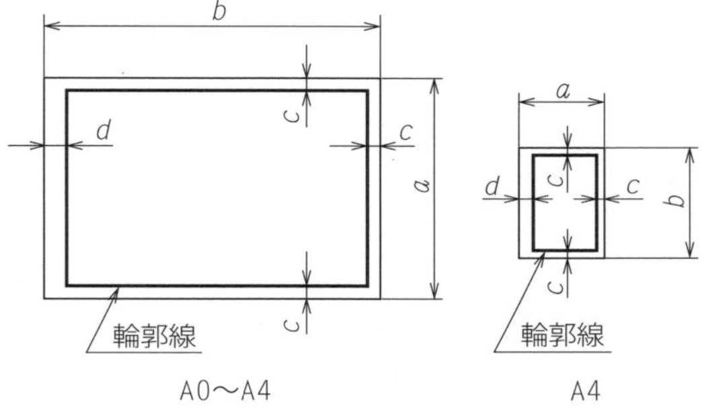

3.3 表　題　欄

図面には，その右下隅に表題欄を設け，図面番号，図名，企業（団体）名，責任者の署名，図面作成年月日，尺度，投影法などを記入しておく．

3.4 中心マークおよび比較目盛

複写の際の図面の位置決めに便利なように，図面の上下左右の輪郭線の中央に，図 **1·2** のような 4 個の中心マークを引いておくことになっている．

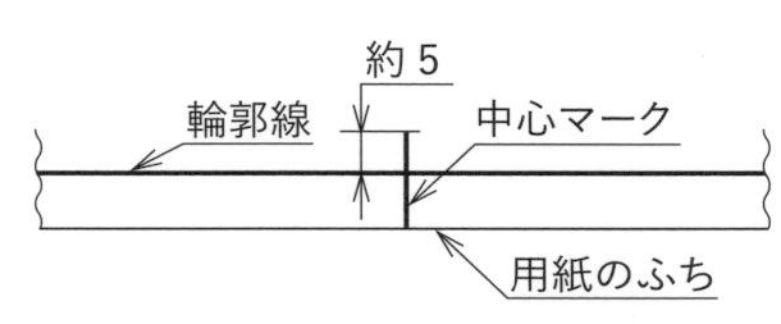

図 1·2　中心マーク（単位 mm）

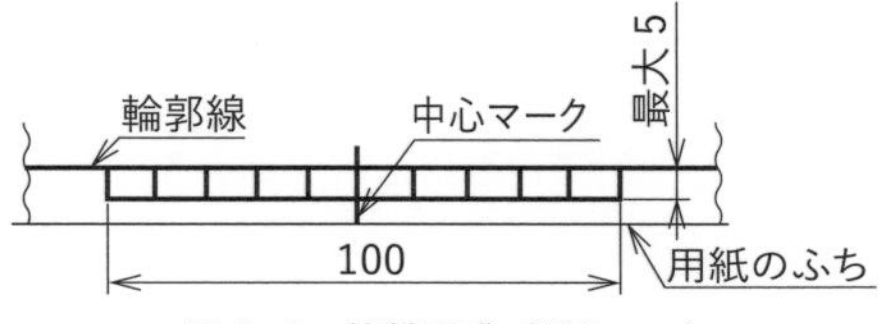

図 1·3　比較目盛（単位 mm）

また，その下側の 1 個を利用して，図 **1·3** のような尺度に応じた比較目盛を設けておけば便利である．

4. 尺　　度

図面は，実物をいろいろな割合で縮小したり拡大したりして描かれるが，その縮小，拡大の割合を尺度といい，実物より縮小して描かれた場合を**縮尺**，実物と同じ大きさに描かれた場合を**現尺**，実物より拡大して描かれた場合を**倍尺**という．

この尺度は，描いた図形の長さ A に対する実物の長さ B の比で示され，A：B のように表す．なお現尺の場合には A：B をともに 1，倍尺の場合には B を 1，縮尺の場合には A を 1 として示す．

表 **1·4** に規格に示された推奨尺度を示す．

表 1·4　推奨尺度

種　別	推　奨　尺　度		
現　尺	1：1		
倍　尺	50：1	20：1	10：1
	5：1	2：1	
縮　尺	1：2	1：5	1：10
	1：20	1：50	1：100
	1：200	1：500	1：1000
	1：2000	1：5000	1：10000

尺度は，使用する用紙のサイズにもよるが，描こうとする図形の複雑さから，その品物を明瞭かつ適切に表すことができる値を選ぶことが必要である．

5. 線

5.1 線の種類

製図に用いられる線には，図 **1·4** に示すように，実線，破線，一点鎖線および二点鎖線の 4 種類がある．

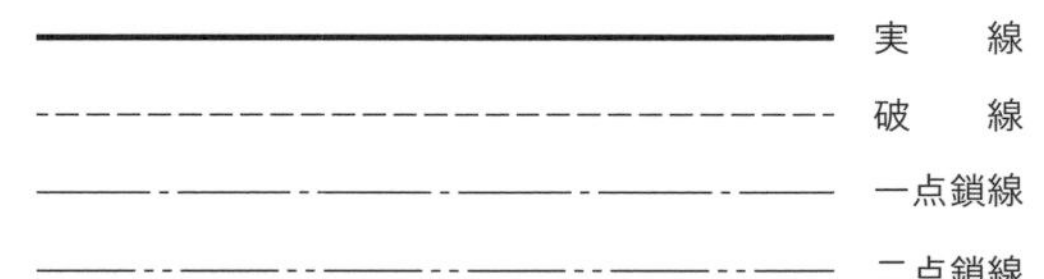

図 1·4　線の種類

5.2 線の太さ

線の太さの基準には，0.13，0.18，0.25，0.35，0.5，0.7，1，1.4，2 mm のものが定められている．

表 1·5　線の種類による用途

線の種類	形状	用途による名称	線の用途	図 1·5 との照合番号
太い実線		外形線	対象物の見える部分の形状を表すのに用いる．	1.1
細い実線		寸法線	寸法を記入するのに用いる．	2.1
		寸法補助線	寸法を記入するために図形から引き出すのに用いる．	2.2
		引出線	記述・記号などを示すために引き出すのに用いる．	2.3
		回転断面線	図形内にその部分の切り口を 90 度回転して表すのに用いる．	2.4
		中心線	図形の中心線を簡略に表すのに用いる．	2.5
		水準面線	水面，液面などの位置を表すのに用いる．	
細い破線 または 太い破線		かくれ線	対象物の見えない部分の形状を表すのに用いる．	3.1
細い一点鎖線		中心線	(1) 図形の中心を表すのに用いる． (2) 中心が移動した中心軌跡を表すのに用いる．	4.1 4.2
		基準線	とくに位置決定のよりどころであることを明示するのに用いる．	
		ピッチ線	繰返し図形のピッチをとる基準を表すのに用いる．	
太い一点鎖線		特殊指定線	特殊な加工を施す部分など特別な要求事項を適用すべき範囲を表すのに用いる．	5.1
細い二点鎖線		想像線[1]	(1) 隣接する部分または工具・ジグなどを参考に表すのに用いる． (2) 可動部分を，移動中の特定の位置または移動の限界の位置で表すのに用いる．	6.1 6.2
		重心線	断面の重心を連ねた線を表すのに用いる．	
波形の細い実線 または ジグザグ線		破断線	対象物の一部を破った境界，または一部を取り去った境界を表すのに用いる．	7.1
細い一点鎖線で，端部および方向の変わる部分を太くしたもの[2]		切断線	断面図を描く場合，その切断位置を対応する図に表すのに用いる．	8.1
細い実線で，規則的に並べたもの		ハッチング	図形の限定された特定の部分を他の部分と区別するのに用いる．たとえば断面図の切り口を示す．	9.1

〔注〕 1) 想像線は，投影法上では図形に現れないが，便宜上必要な形状を示すのに用いる．また，機能上・工作上の理解を助けるために，図形を補助的に示すために用いる．

2) 他の用途と混用のおそれがないときは，端部および方向の変わる部分を太くする必要はない．

〔備考〕 細線，太線および極太線の太さの比率は，1：2：4 とする．

なお製図に使用する線には，細線，太線および極太線の 3 種類があり，それらの太さの比率は 1：2：4 の割合とすると定められているので，上記の太さの基準から，この比率に適合するものを選ぶことになる．たとえば細線の太さに 0.18 を選んだとすれば，太線には 0.35，極太線には 0.7 を用いればよい．

5.3　線の種類による用途

表 1·5 および図 1·5 は，線の種類による用途を示したものである．

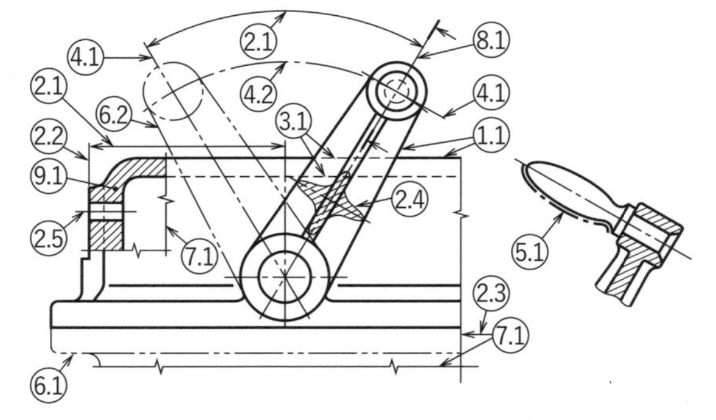

図 1·5　線の種類による用途

6. 文　　　字

6.1 文字の種類

図面に用いる文字には，漢字，平仮名，片仮名，ラテン文字[*1]，数字および記号がある．

漢字は常用漢字表によるが，16 画以上のものはできるかぎり仮名書きとするのがよい．

仮名は，平仮名または片仮名のいずれかを用い，混用を避ける．ただし外来語表記その他に用いる片仮名は，混用とは見なさない．

ラテン文字，数字および記号の書体は，直立体，斜体のいずれかを用い，混用はしない．ただし，量記号は斜体，単位記号は直立体とする．

6.2 文字の大きさ

文字の大きさは，図 **1·6** に示す基準枠の高さ h によって表し，次の大きさが定められている．

漢字：3.5[*2]，5，7 および 10 mm の 4 種類

仮名，ラテン文字および数字：2.5[*2]，3.5，5，7 および 10 mm の 5 種類

なお数字に[*2]印を付したものは，複写の方法によっては不明瞭になりやすいので注意しなければならない．

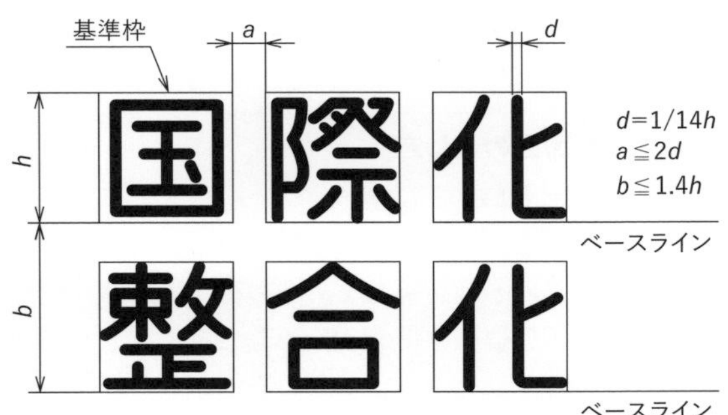

（**a**）漢字（$h = 20$ mm の例）

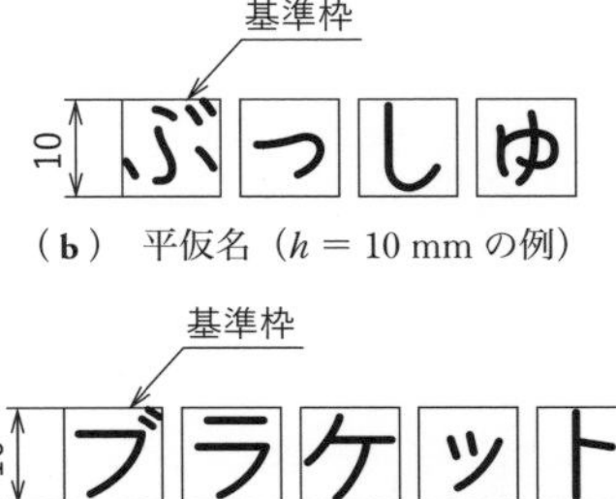

（**b**）平仮名（$h = 10$ mm の例）

（**c**）片仮名（$h = 10$ mm の例）

図 1·6　基準枠

[*1] 機械製図（**JIS B 0001**）では，2010 年の改正時に“ローマ字”という表記を“ラテン文字”と変更している．

7. 投　　影　　法

7.1 投影図の名称

図 **1·7** に各方向から見た投影図の名称を示す．

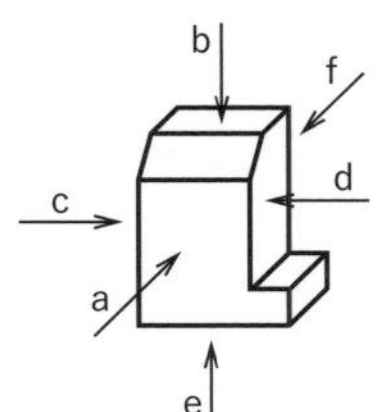

a 方向の投影＝正面図
b 方向の投影＝平面図
c 方向の投影＝左側面図
d 方向の投影＝右側面図
e 方向の投影＝下面図
f 方向の投影＝背面図

図 1·7　投影図の名称

7.2 投　影　法

投影図は，図 **1·8** に示す第三角法による．ただし，やむをえない場合には，図 **1·9** に示す第一角法を用いてもよい．投影の方法を図 **1·10** に示す．

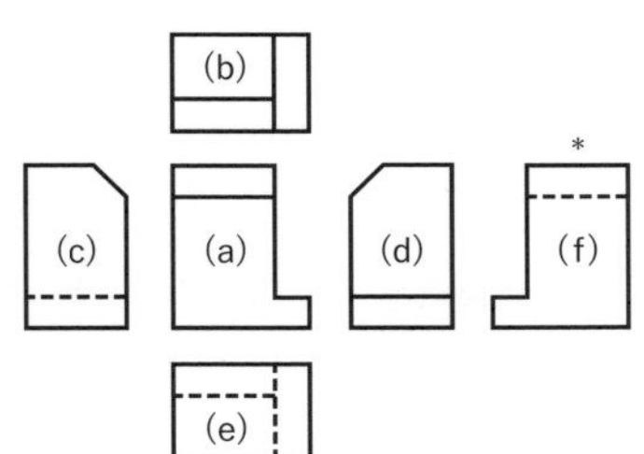

〔**備考**〕　*　背面図(f)の位置は，一例を示す．

平面図(b)は，上側に置く．下面図(e)は，下側に置く．
左側面図(c)は，左側に置く．右側面図(d)は，右側に置く．
背面図(f)は，都合によって左側または右側に置く．

図 1·8　第三角法

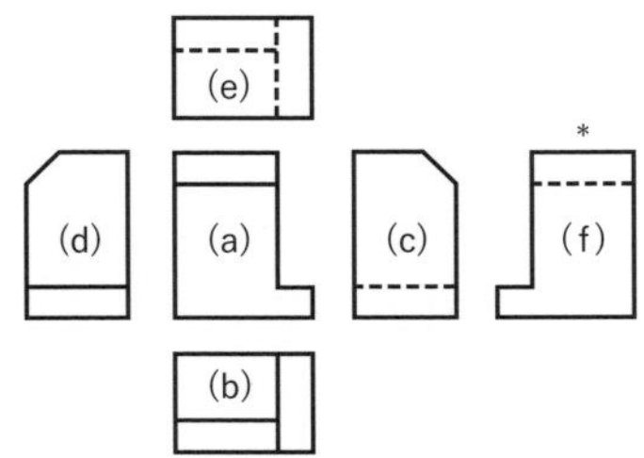

〔**備考**〕　*　背面図(f)の位置は，一例を示す．

平面図(b)は，下側に置く．下面図(e)は，上側に置く．
左側面図(c)は，右側に置く．右側面図(d)は，左側に置く．
背面図(f)は，都合によって左側または右側に置く．

図 1·9　第一角法

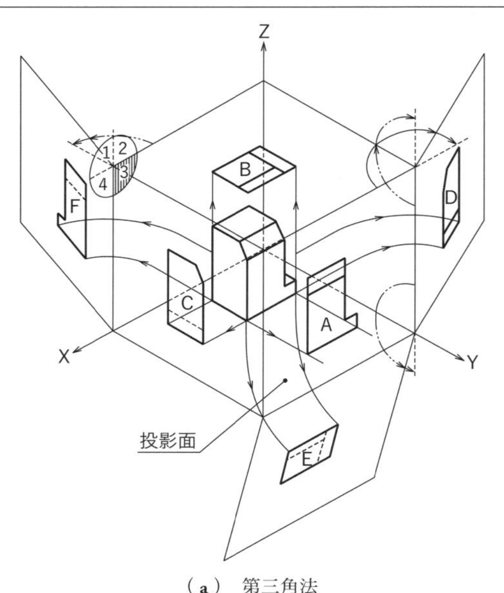

（a）　第三角法

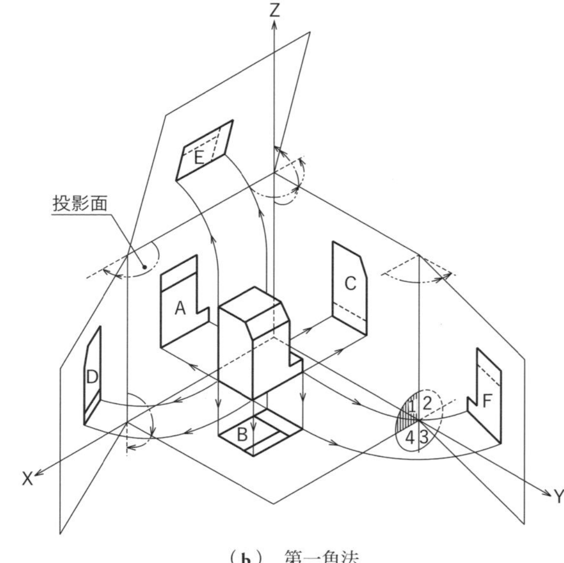

（b）　第一角法

図 1・10　投影の方法

7.3　投影法の記号

図面には，用いた投影法を，図 **1・11** および図 **1・12** に示す投影法の記号により，表題欄またはその近くに示しておくことになっている．

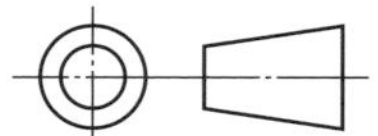

図 1・11　第三角法の記号

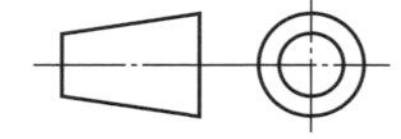

図 1・12　第一角法の記号

7.4　矢　示　法

第三角法および第一角法の厳密な投影の原理に従うことなく，各投影図を任意の位置において示すことができる図示法がこの矢示法である（図 **1・13**）．すなわち主投影図以外の各投影図は，いずれの位置に置いてもよく，図示のようにその投影方向を示す矢印および識別のためのラテン文字（大文字）で指示される．その文字は，投影の向きに関係なく，すべて上向きに書けばよく，関連する投影図の真下か真上に置く．

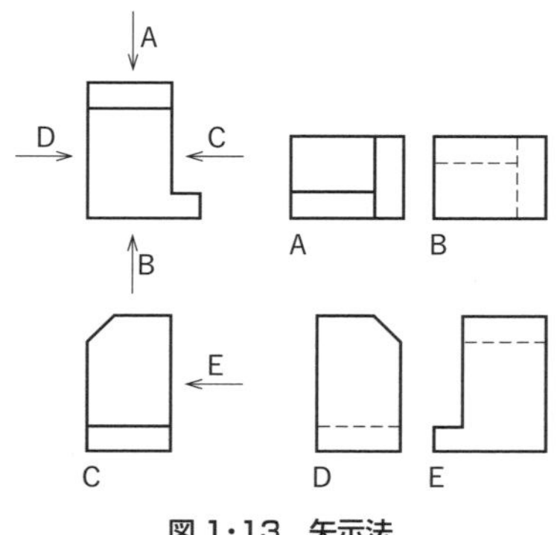

図 1・13　矢示法

8.　図形の表し方

8.1　投影図の表し方

8.1.1　一般原則

（1）　主投影図は正面図とも呼ばれるが，建物や乗り物などの正面とは関係なく，その品物の形状・機能をもっとも明瞭に表す面を主投影図に選ぶことが肝要である．主投影図のほかに他の投影図が必要な場合には，あいまいさが残らないように，必要かつ十分な投影図だけを選んで描く．

（2）　主投影図を図示する状態は，次のいずれかによればよい．

①　加工のための図面では，もっとも図面を多く利用する工程での状態（図 **1・14**，図 **1・15**）．

②　長い品物では，横長の状態．

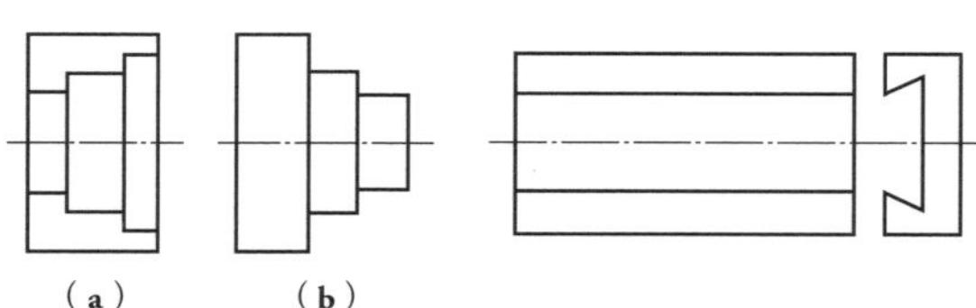

（a）　（b）

図 1・14　旋削加工の場合の例

図 1・15　フライス加工の場合の例

③ 組立図など，主として機能を表す図面では，その品物を使用するときの状態．

(3) 投影図の数はできるだけ少なくし，主投影図だけで用が足りる場合には，他の投影図は描かない（図 **1·16**）．

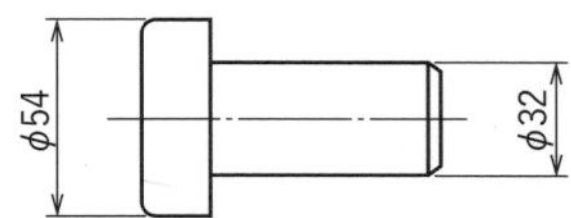

図 1·16 主投影図のみで示した例

(4) 互いに関連する図の配置は，なるべくかくれ線を用いなくてすむようにする（図 **1·17**）．これは，かくれ線は描くのに手間がかかるだけでなく，紛らわしい図になりやすいからである．ただし横に長い品物などで，比較対照に不便な場合には，この限りではない（図 **1·18**）．

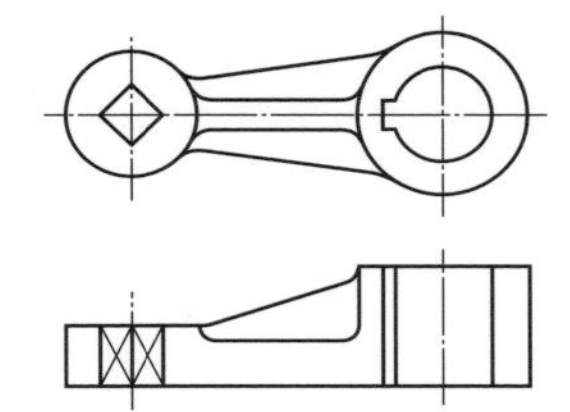

図 1·17 かくれ線をなるべく使用しない例

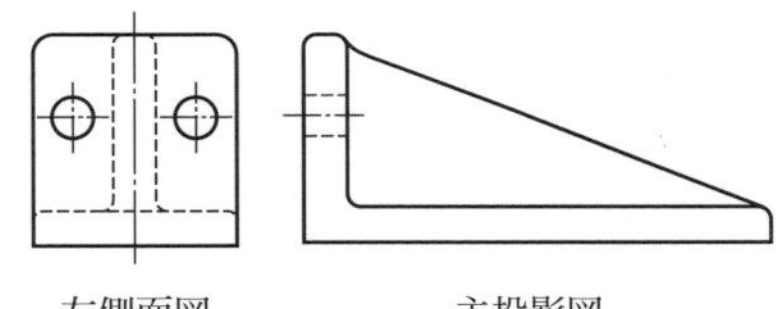

図 1·18 比較対照のためにかくれ線を用いた例

8.1.2 部分投影図（図 1·19）

補足の投影図を描く場合，その一部を示せば足りるときは，その必要な部分だけを部分投影図として描けばよい．この場合，省いた部分との境界は破断線で示しておく．

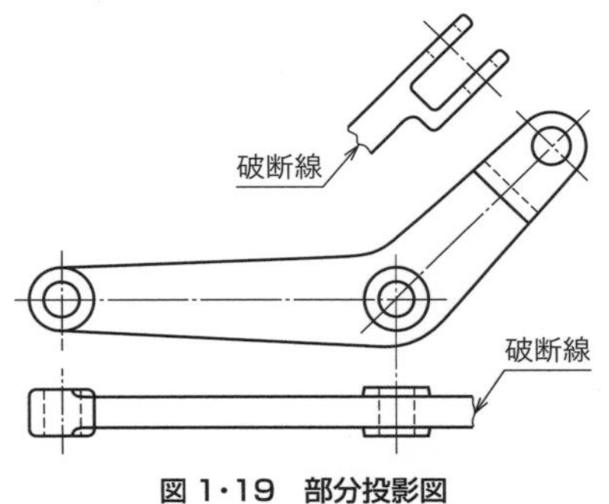

図 1·19 部分投影図

8.1.3 局部投影図（図 1·20，図 1·21）

穴，溝など一局部だけの形を示せば足りる場合には，その必要部分だけを局部投影図として示し，その投影関係を示すために，主となる図に，中心線，細い実線などで結んでおく．

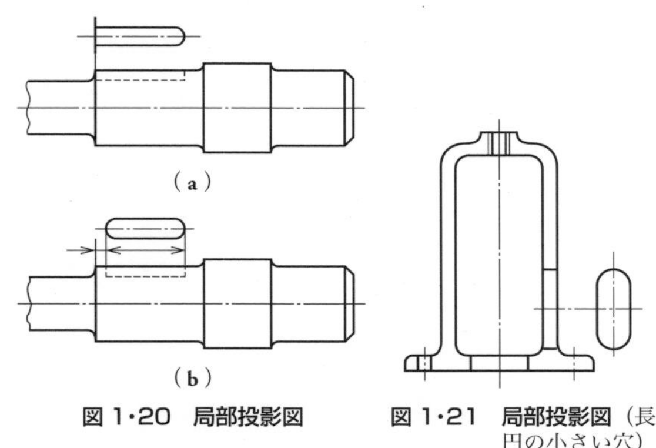

図 1·20 局部投影図　**図 1·21 局部投影図**（長円の小さい穴）

8.1.4 部分拡大図（図 1·22）

ある部分が小さいためにその詳細（寸法の記入など）を示しにくい場合は，その部分だけを適宜に拡大して別の箇所に図示すればよい．

図 1·22 部分拡大図

8.1.5 回転投影図（図 1·23）

ある部分が角度を有していて，図にその実形が表れ

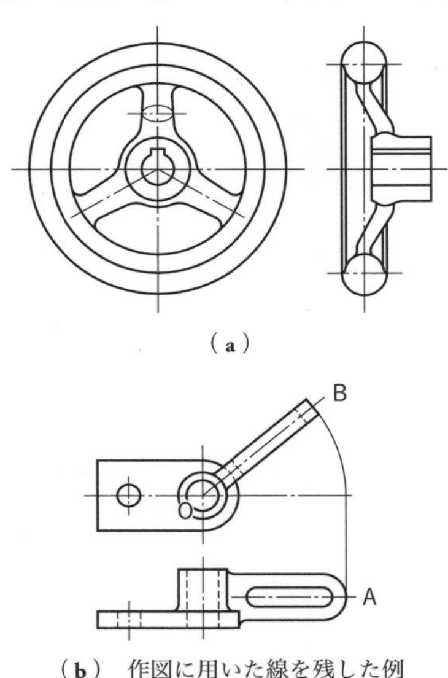

（b） 作図に用いた線を残した例

図 1·23 回転投影図

ないときには，その部分を 180°になるまで回転して，実形が現れるようにして図示すればよい．なお，同図(**b**)に示すように，回転したことを示すために，作図に用いた線を残しておいてもよい．

8.1.6　補助投影図（図 **1・24**）

斜面部をもつ品物の斜面の実形を表すには，その斜面に対向する位置に補助投影面を設け，これに投影する補助投影図として示せばよい．この場合，ある部分だけを示せば足りるときには，部分投影図（前ページ図 **1・19** 参照）として描けばよい．

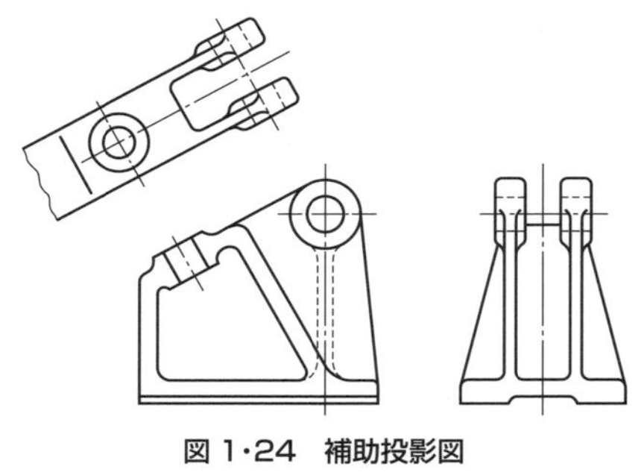

図 1・24　補助投影図

8.2　断　面　図

8.2.1　一般原則

品物のかくれた部分をわかりやすく示すために断面図を用いる．断面図は，切断面（対応する投影図では切断線となる）により品物を切断したと仮定し，そのとき現れる断面部の切り口によって示す．

(1)　切断しないもの　歯車の歯，アームやリブなど，切断するとかえってわかりにくくなるもの，またはボルト，ナット，座金など，切断しても意味がないものは，長手方向には切断してはならない（図 **1・25**）．

(2)　切断線　切断面の位置を指示するために，切断線といって，両端および要部を太くした細い一点鎖線を引いておく．

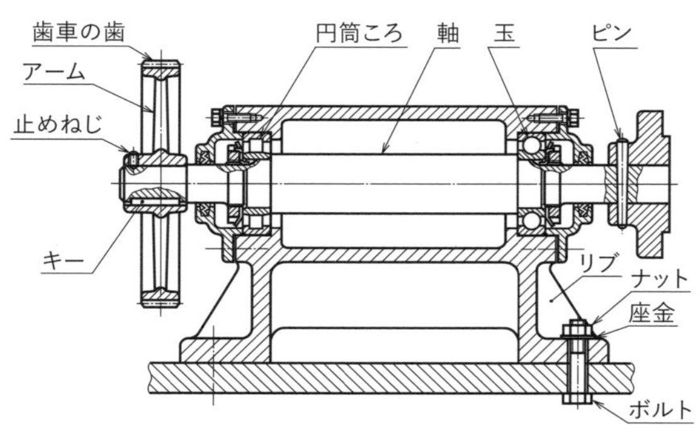

図 1・25　長手方向に切断してはいけないもの

(3)　ハッチング　断面の切り口を示すためにハッチングを用いてもよい．ハッチングは，図 **1・25** に示すように，斜めに引いた細い実線の平行線で，離れている図でも同一部品であるときは，同一の方向，角度および間隔で引き，異なる部品が接するときは，方向，角度または間隔を適宜変えて引く．

8.2.2　断面図の種類

(1)　全断面図（図 **1・26**）　対称な図形において，基本中心線によって一直線に切断した断面図．この場合には切断線は記入しない．ただし一直線による断面であっても，基本中心線でない箇所での断面図では，図示のような切断線を引いて，その箇所およびそれを見る方向を示しておく（図 **1・27**）．

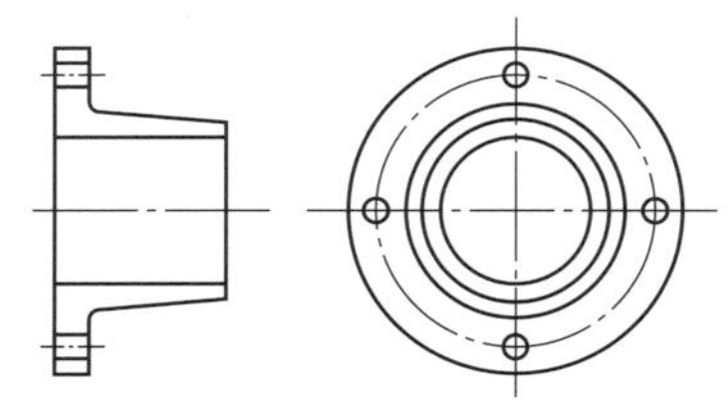

図 1・26　全断面図

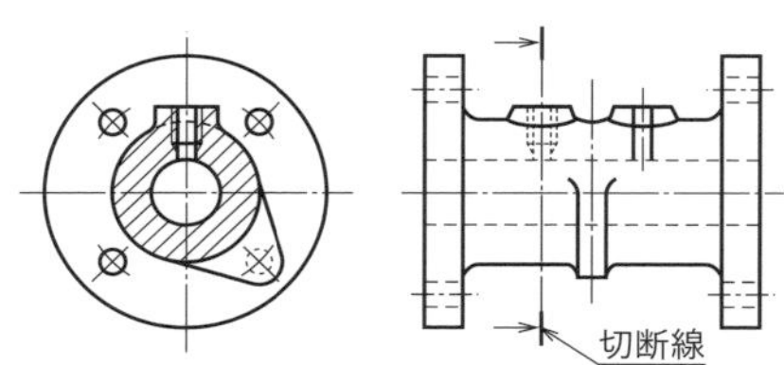

図 1・27　特定部の切断図示

(2)　片側断面図（図 **1・28**）　対称形の品物を，中心線の片側を外形図，他の片側を断面図として描いた図．理論的にいえば，図 **1・29** に示すように，直交する二つの切断面によって切断すれば得られる．この場合も切断線は記入しない．

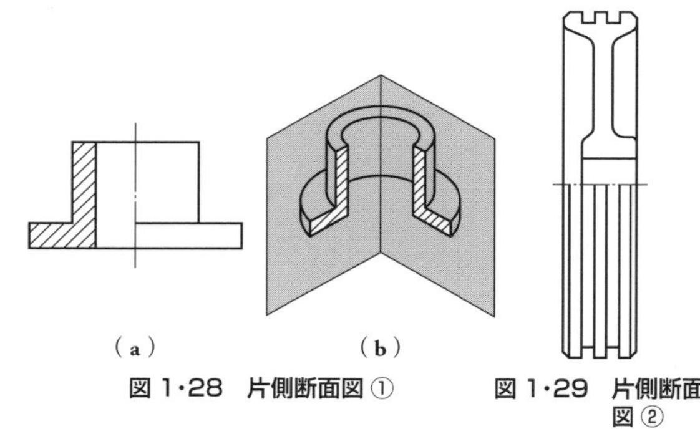

図 1・28　片側断面図①

図 1・29　片側断面図②

(3) 部分断面図（図 **1·30**，図 **1·31**） 外形図のごく一部分だけを破って断面にして描いた図．この場合は，破断線（フリーハンドによる細い実線）によってその境界を示す．

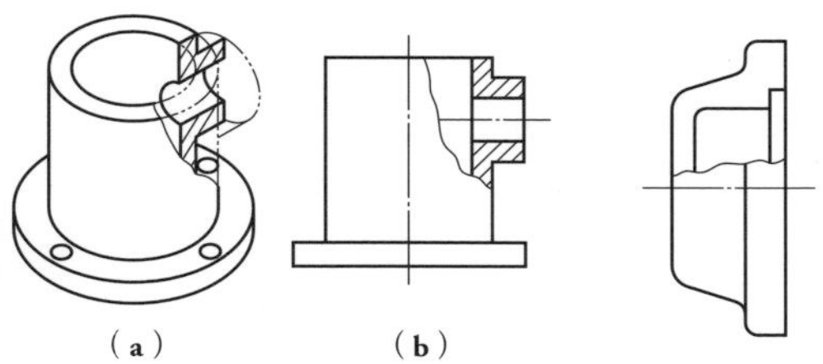

図 1·30 部分断面図 ① 図 1·31 部分断面図 ②

(4) 回転図示断面図 長い品物や，断面が徐々に変化する品物などの切り口を，90°回転して示す断面図．これには，切断箇所の前後を破断してその間に描く方法（図 **1·32**），切断線の延長上に描く方法（図 **1·33**），あるいは図形内に重ねて細い実線で描く方法（図 **1·34**）がある．

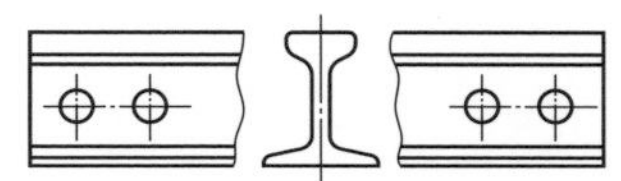

図 1·32 切断箇所に図示

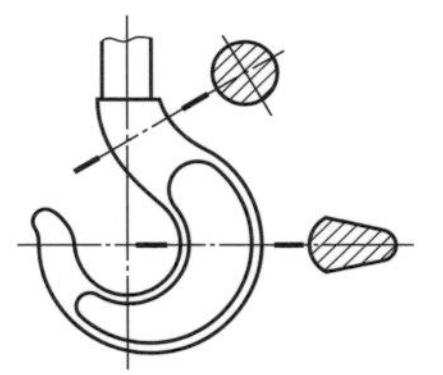

図 1·33 切断線の延長線上に図示

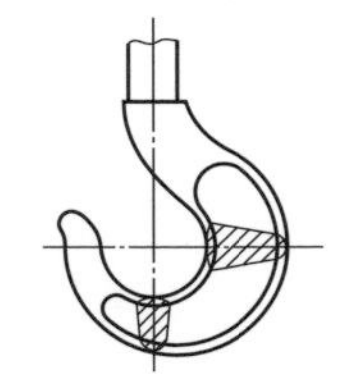

図 1·34 切断箇所に重ねて図示

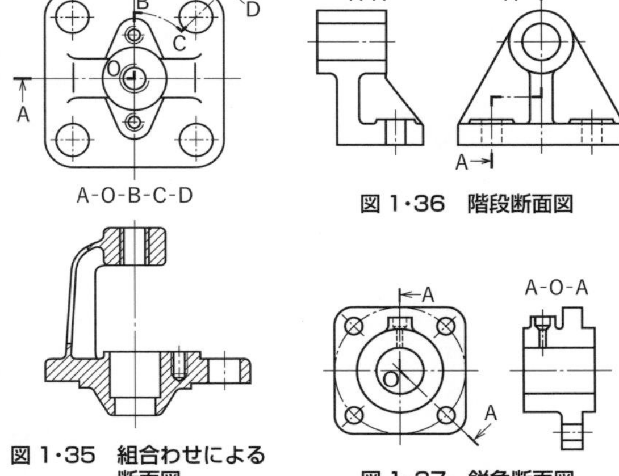

図 1·35 組合わせによる断面図

図 1·36 階段断面図

図 1·37 鋭角断面図

(5) 組合わせによる断面図 二つ以上の切断面を組合わせた断面図．この場合には必要に応じ，断面を見る方向を示す矢印および文字記号を付ける．この場合の切断線には，ある角度をもつ場合（図 **1·35**），平行な二つ以上の直線による場合（図 **1·36**），一部に円弧によって回転させる場合（図 **1·37**）があるが，これらを必要に応じ組合わせて用いてもよい．

(6) 多数の断面による図示 複雑な形状の品物では，必要に応じて断面図の数を増やしてもよい（図 **1·38**）．

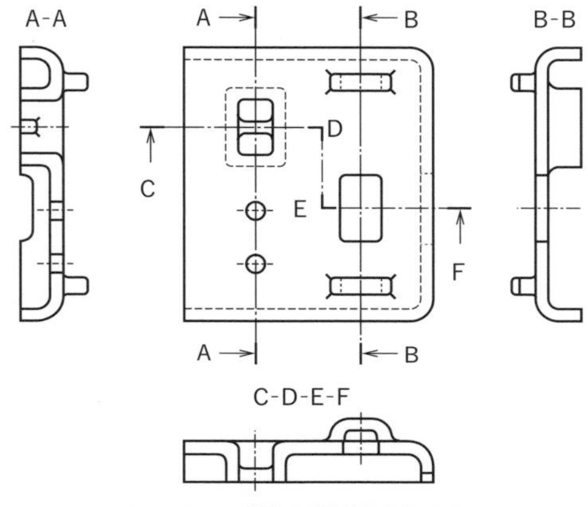

図 1·38 多数の断面による図示

場所によって変化する多くの断面図の場合には，図面が見やすいように，投影の方向を揃えて描くのがよく，この場合，切断線の延長上〔図 **1·39**(**a**)〕，または主中心線上〔図 **1·39**(**b**)〕に配置することが望ましい．

形状が徐々に変化する品物などの場合には，変化の度合いに応じていくつかの距離を定め，それらの位置における多数の断面によって表せばよい（図 **1·40**）．

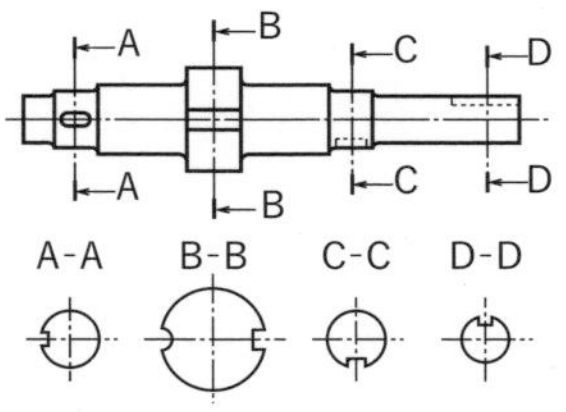

(a) 切断線の延長線上に断面図を配置

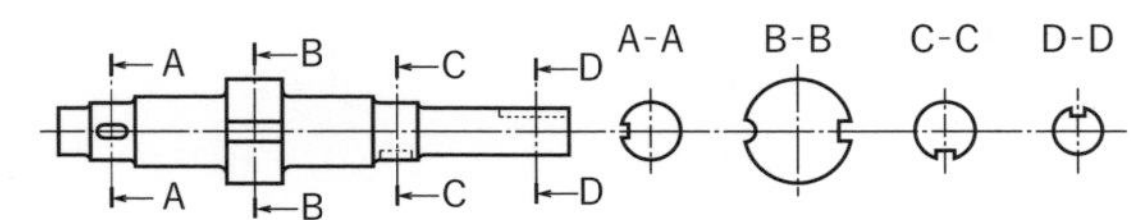

(b) 主中心線上に断面図を配置

図 1·39 投影の向きを合わせて描く一連の断面図

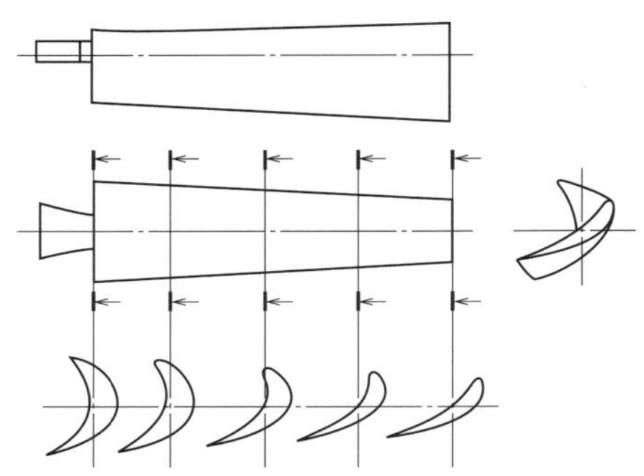

図 1·40　徐々に変化する多数の断面の図示

（7）　薄肉部の断面図（図 **1·41**）　切り口の薄い品物では，切り口を塗りつぶすか，1 本の極太の実線で示す．いずれの場合でも，それらの線の間には，わずかなすきまをあけておく．

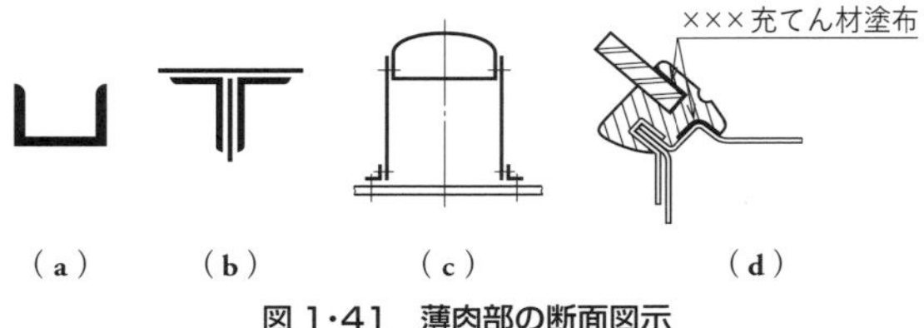

（a）　（b）　（c）　（d）

図 1·41　薄肉部の断面図示

8.3　図形の省略

8.3.1　一般原則

（1）　かくれ線は，これを描かないでも図面が理解できる場合には，省略するのがよい（図 **1·42**）．

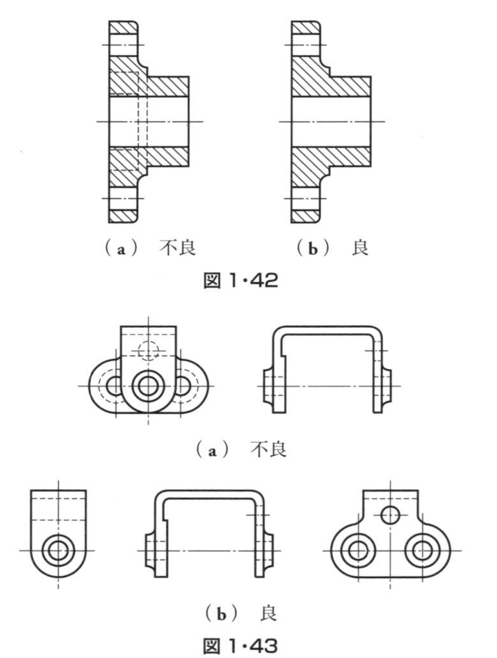

（a）不良　（b）良

図 1·42

（a）不良

（b）良

図 1·43

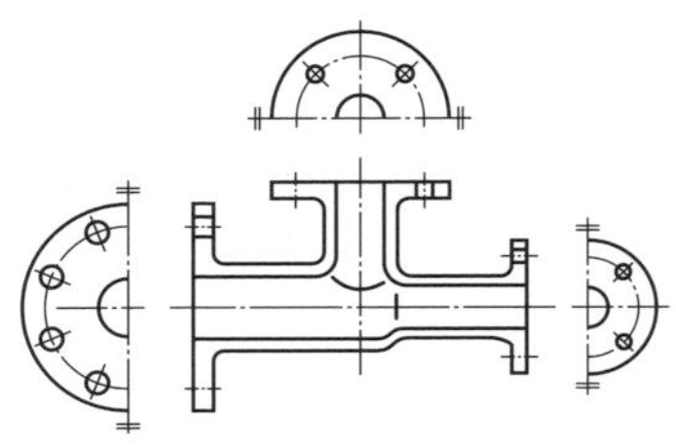

図 1·44　部分投影図による簡明化

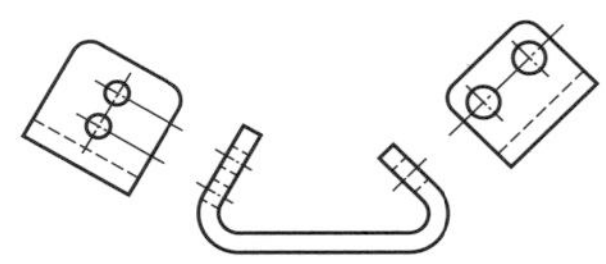

図 1·45　補助投影図による簡明化

（2）　補足の投影図において，見える部分を全部描くと，かえって図がわかりにくくなる場合があるので，このようなときは，部分投影図または補助投影図として別々に示すのがよい（図 **1·43** ～図 **1·45**）．

（3）　一部に特定の形をもつものは，なるべくその部分が図の上側に現れるように描くのがよい（図 **1·46**）．

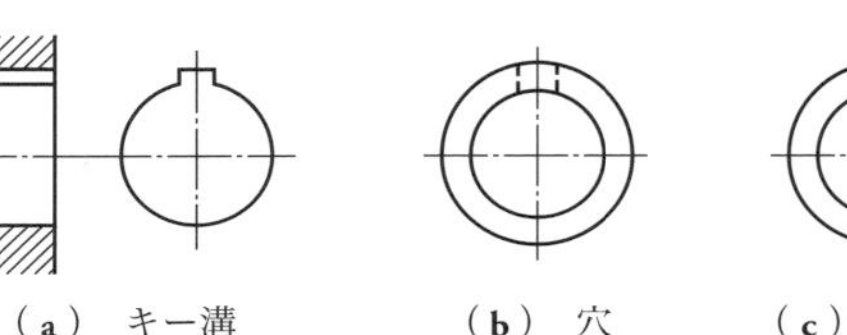

（a）キー溝　（b）穴　（c）切割り

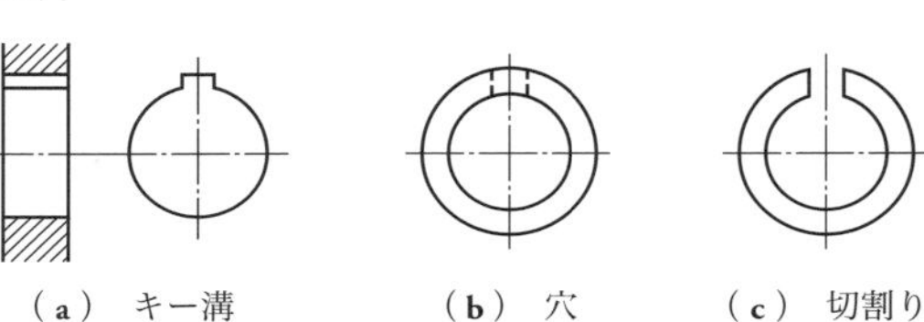

図 1·46　一部に特定の形をもつものの図示

（4）　ピッチ円上に配置する複数の穴などは，側面の投影図（断面図も含む）においては，その片側だけに 1 個の穴を実形で図示しておき，その反対側は，ピッチ円がつくる円筒を表す細い一点鎖線を引いておくだけで，穴の図示は省略してよい（図 **1·47**）．この場合，穴の位置によっては，回転図示を行うのがよい．

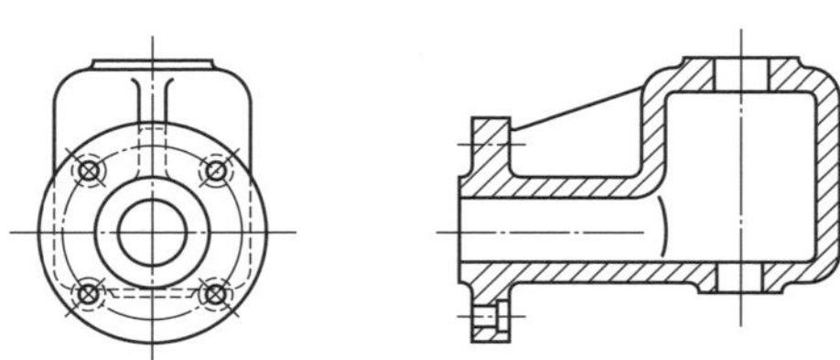

図 1·47　側面図に現れる多数の穴の省略図示

8.3.2　対称図形の省略

図形が対称形の場合には，次のような方法によって，対称中心線の片側を省略することができる．

（1）　対称中心線の片側の図形だけを描き，その対称中心線の両端部に，短い 2 本の平行細線（**対称図示記号**という）を記入しておく（図 **1·48**，図 **1·49**）．

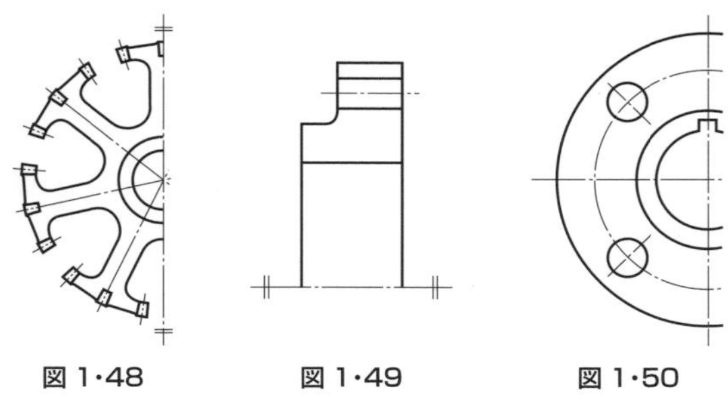

図 1·48　　図 1·49　　図 1·50

(2) 対称中心軸の片側の図形を，対称中心線を少し越えた部分まで描き，あとは省略する．この場合には対称図示記号は省略してよい（図 **1·50**）．

8.3.3 繰返し図形の省略

同種同形のものが多数並ぶ場合には，次のような方法によって図形を省略することができる．

(1) 実形の代わりに適宜な図記号を用いてピッチ線と中心線の交点に記入する（図 **1·51**）．この場合，図記号の意味をわかりやすい位置に記述しておかなければならない．

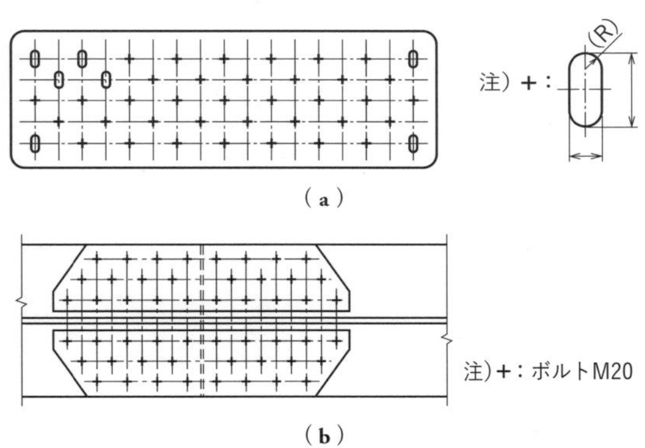

図 1·51 繰返し同一図形の省略

(2) 読み誤るおそれがない場合には，両端部（一端は 1 ピッチ分），あるいは要点だけを実形または図記号によって示し，残りはピッチ線と中心線の交点で示す（図 **1·52**）．ただし，図 **1·53** のように寸法が記入されていて交点の位置が明らかなときは，交点は記入しなくてよい〔図中の（　）内の寸法の意味は **027** ページ図 **1·117** 参照〕．

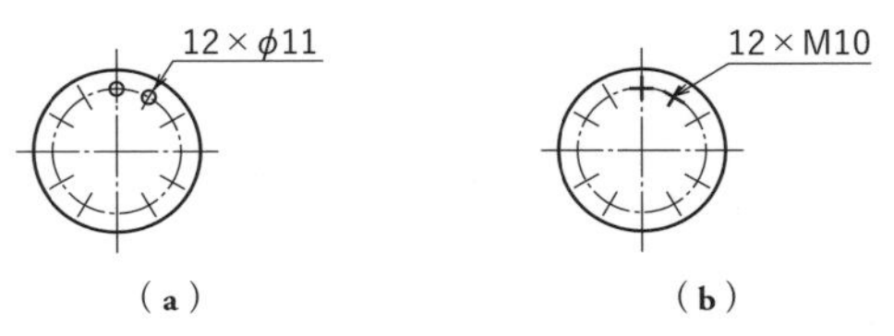

図 1·52 省略図形の引出線による指示 ①

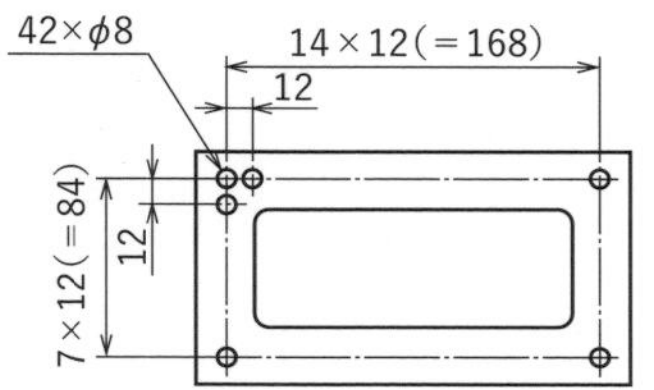

図 1·53 省略図形の引出線による指示 ②

8.3.4 中間部分の省略

長い品物で，軸，管，形鋼などのように同一断面形の部分，ラックのように同形のものが規則正しく並んでいる部分，または長いテーパなどの部分は，紙面の節約のためにその中間部分を切り取って，短縮して図示することができる．この場合には，切り取った端部は，破断線で示す（図 **1·54**，図 **1·55**）．

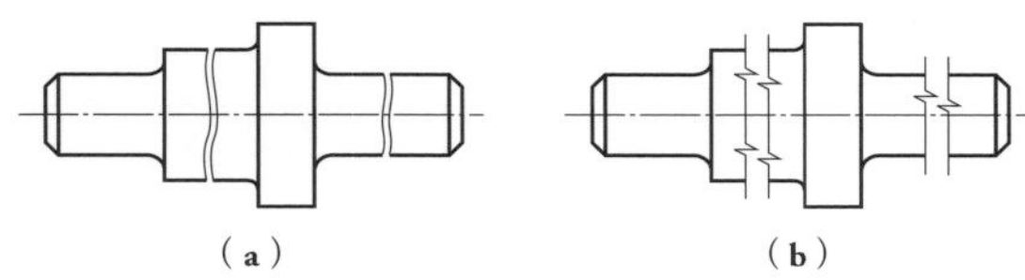

図 1·54 中間部分省略 ①

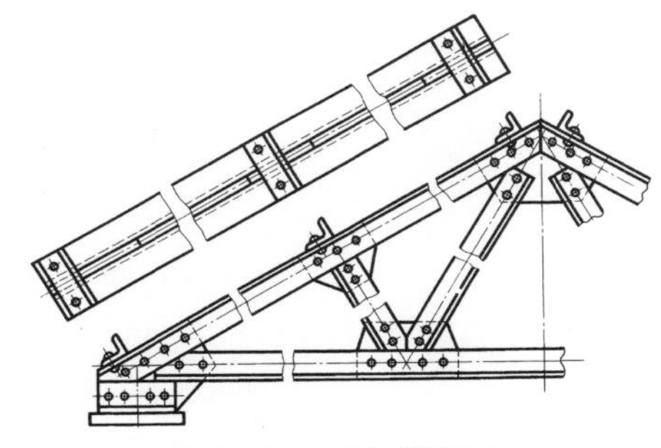

図 1·55 中間部分省略 ②

なお長いテーパ部分などで傾斜がゆるいものは，実際の角度にせず一直線で結んでもよい（図 **1·56**）．

図 1·56 テーパ部分の中間部分省略

8.3.5 特殊な図示法

(1) 二つの面の交わり部 二つの面が交わる部分を表す線は，次のようにして示せばよい．

① 交わり部に丸みがある場合には，丸みがない場合の交線の位置に太い実線で示す（図 **1·57**）．この場合，断面に丸みがあるときは，この線の両端は少しあけておくのがよい．

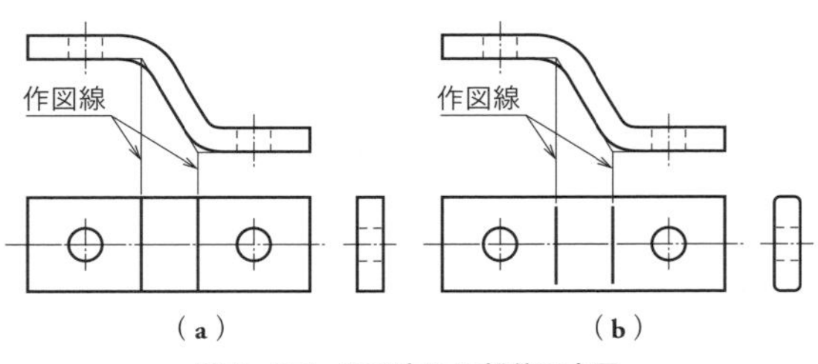

図 1·57　面の交わり部分の表示

② 曲面相互または曲面と平面が交わる部分の線(相貫線)は，本来なら複雑な曲線となるが，これを簡単に直線あるいは近似した円弧で示せばよい(図 **1·58**)．

③ リブなどを表す線の端は，直線のまま止めればよい（図 **1·59**)．ただし双方の丸みがかなり異なる場合には，端末を内側または外側に曲げて止めてもよい．

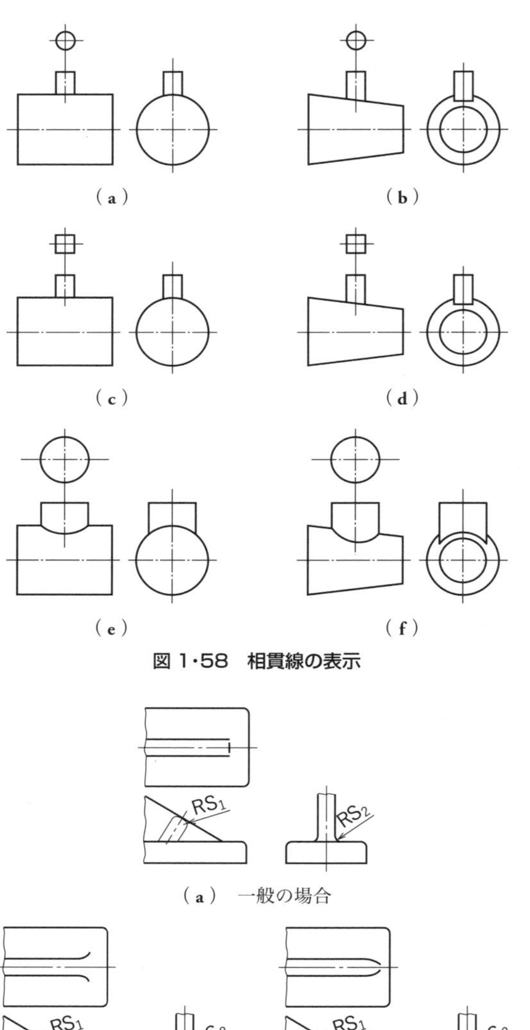

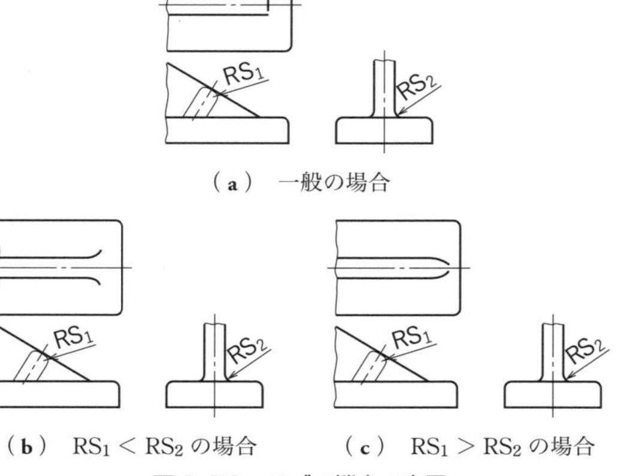

図 1·59　リブの端末の表示

④ 平面部分 … 図形内のある部分が平面であることを示すには，細い実線で対角線を記入しておけばよい (図 **1·60**)．なおこの対角線は，見えない部分であっても実線で記入することになっている〔同図(**b**)〕．

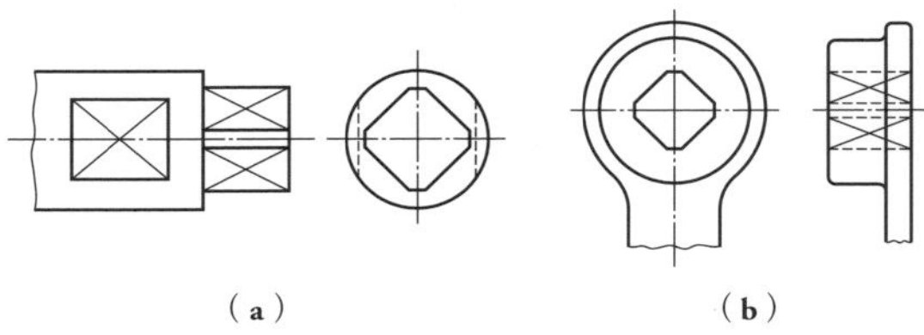

図 1·60　平面部分の明示

⑤ 展開図示 … 板を曲げてつくる品物などでは，投影図のほかに，曲げる前の板の形状を示しておくのがよい．これを展開図といい，図の上側または下側に “展開図” と記入しておく（図 **1·61**)．

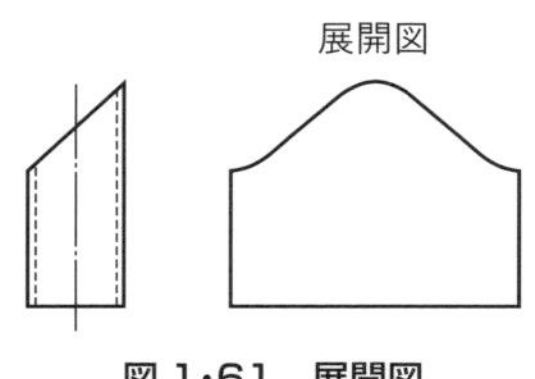

図 1·61　展開図

⑥ 加工などの範囲の指定 … 品物の面の一部分に特殊な加工を施す場合には，その範囲を，外形線に平行にわずかに離して引いた太い一点鎖線によって示すことができる．また，同様の指定を面に行う場合には，その範囲を太い一点鎖線で囲んでおく（図 **1·62**)．なお，これらの場合には，特殊な加工の内容

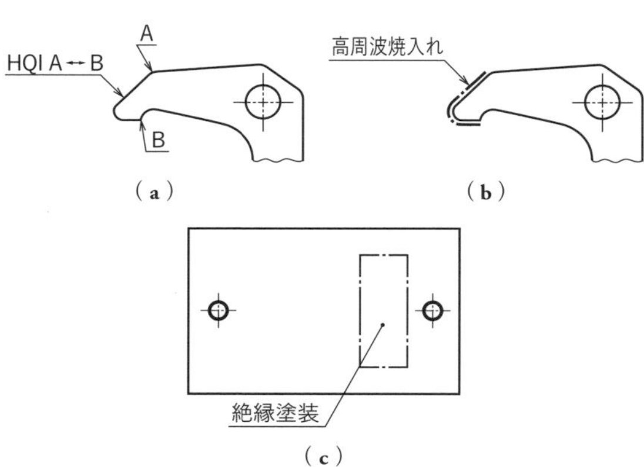

〔注〕 “高周波焼入れ” を “HQI” としてもよい（**JIS B 0122** 参照)

図 1·62　加工などの範囲の指定

を文字で指示しておかなければならない．

⑦ ローレット加工した部分などでは，その特徴を，外形の一部分に模様を描いておけばよい．また，非金属材料をとくに示す必要がある場合には，図**1･66**の表示方法によればよい．この表示方法は，外観を示す場合にも切り口を示す場合にも用いることができる．しかしこの場合でも，部品図には材質を文字で記入しておかなければならない．

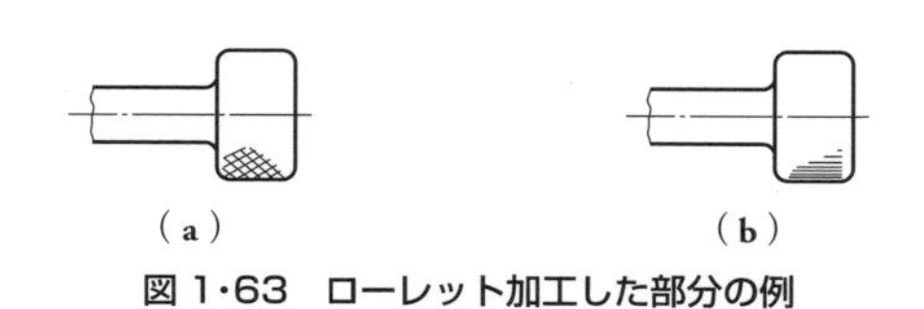

（a）　（b）

図 1･63　ローレット加工した部分の例

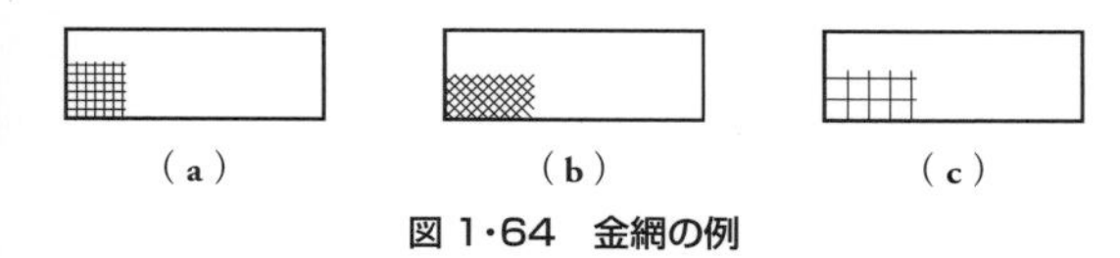

（a）　（b）　（c）

図 1･64　金網の例

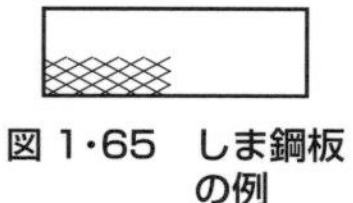

図 1･65　しま鋼板の例

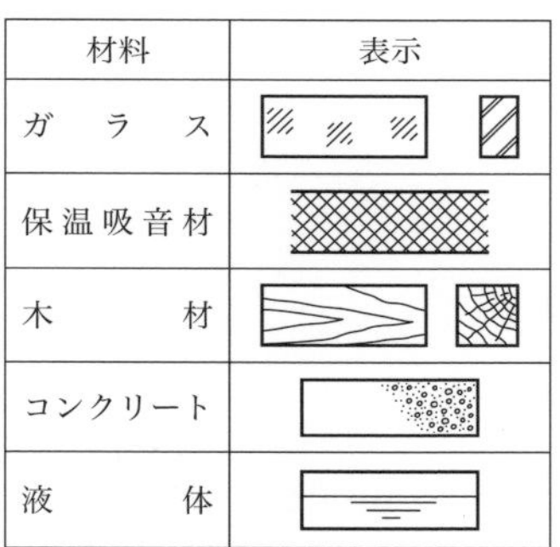

材料	表示
ガラス	
保温吸音材	
木材	
コンクリート	
液体	

図 1･66　非金属材料の表示方法

9. 寸法記入方法

9.1 図面に記入する寸法

図面に記入する寸法は，必ず完成品の仕上がり寸法とすることになっている．したがって，もし途中工程での経過的寸法記入が必要な場合には，そのことを明記しておかなければならない．

また，寸法は，ミリメートルの単位で記入し，mm の記号は付けないでよい．また，桁数の大きい数値では，3 桁ごとにコンマで区切ることがあるが，製図では，コンマを小数点と見誤らないために，コンマは使用しない．また寸法数値は，桁数が多くなったときでもコンマは付けない．

なお，小数点は下の点とし，数字の間隔を適当にあけて，その中間に大きめに打つ．

〔例〕 1200　25　12.00　12350

角度の寸法の場合には，一般に“度”の単位で記入し，必要に応じて“分，秒”を使用する．この場合，寸法数値の右肩に，それぞれ°，′，″を記入する．

〔例〕 180°　22.5°　6°21′5″

9.2 寸法記入の一般形式

9.2.1 寸法線･寸法補助線

寸法数値は，図中に直接記入したのでは，図面が見づらくなるので，寸法線・寸法補助線を用いて記入するのが一般である（図**1･67**）．ただし，寸法補助線を引き出すと図が紛らわしくなるときは，このようにしなくてもよい（図**1･68**）．

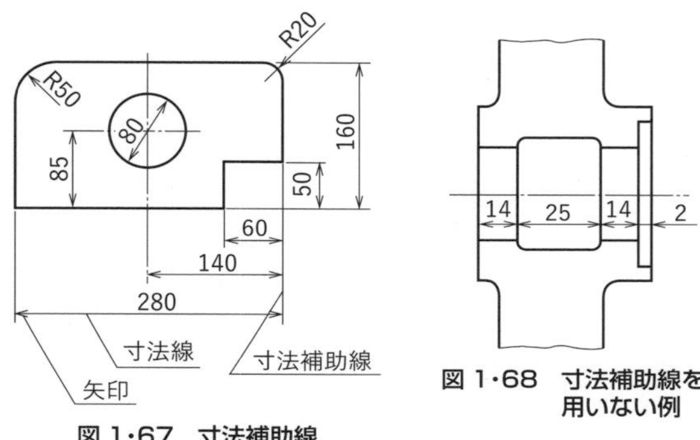

図 1･67　寸法補助線

図 1･68　寸法補助線を用いない例

寸法補助線は，指示する寸法の両端から，これに直角に，適宜な長さに引き出すのであるが，寸法線よりわずかに越えるまで延ばしておく．

寸法線は，指示する長さの方向に平行に，かつ図形から適当に離して引く．同方向にいくつかの寸法線を引く場合には，それぞれの寸法線の間隔はなるべく揃えるのがよい．

とくに必要な場合には，寸法線に対して適宜な角度をもつ互いに平行な寸法補助線を引いてもよい（図**1･69**）．この場合の角度は，なるべく 60°がよい．

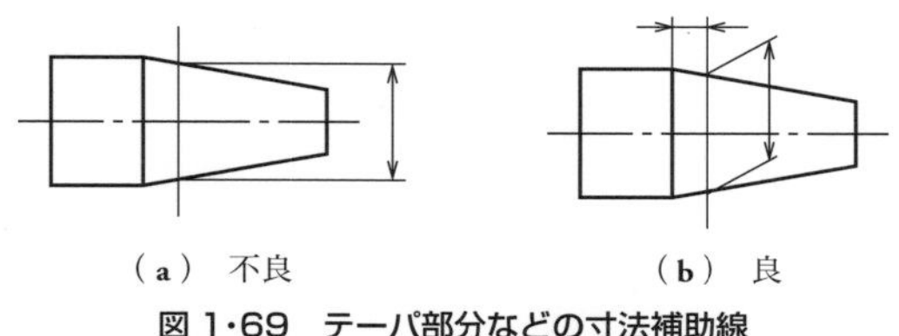

（a） 不良　（b） 良

図 1･69　テーパ部分などの寸法補助線

角度の寸法の場合には，角度を構成する二辺，またはその延長線の交点を中心とする円弧を寸法線として使用する（図**1･70**）．

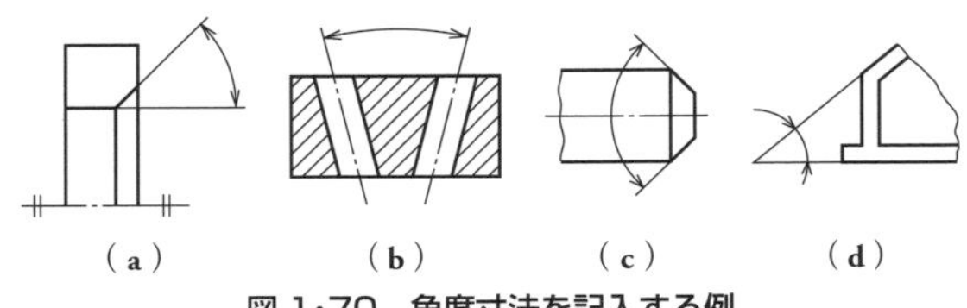

図 1·70　角度寸法を記入する例

9.2.2　端末記号

寸法線の両端には，一般に矢印を付けて，その境界を明らかにしておく．

規格では矢印またはこれに代わるものとして，図示のような黒丸および短い斜線を示している．これらを総称して端末記号（図 **1·71**）という．ただし同一の図面ではこれらのうち一つを用い，混用してはならない．ただし，矢印が記入できないような狭い箇所での黒丸または斜線の混用は差し支えない（次ページ図 **1·78** 参照）．

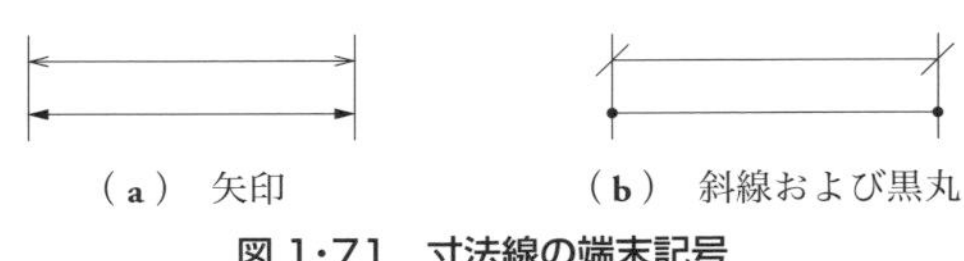

図 1·71　寸法線の端末記号

9.2.3　寸法数値の記入法

（1）　寸法数値記入上の原則（図 1·72）

①　寸法数値は，水平方向の寸法線に対しては図面の下辺から見て読めるように，また，垂直方向の寸法線に対しては，図面の右辺から見て読めるように記入する．

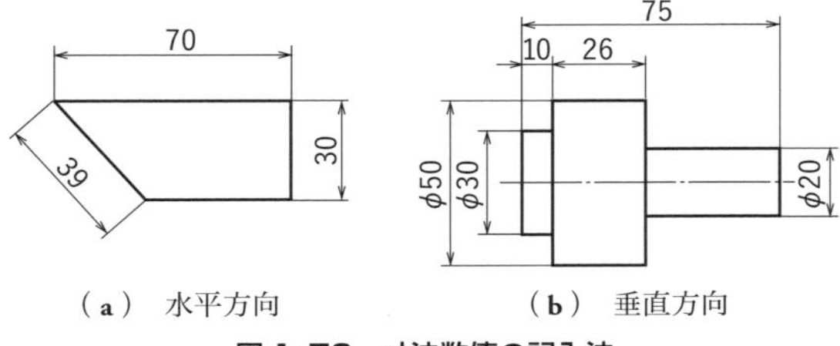

図 1·72　寸法数値の記入法

②　寸法数値は，寸法線を中断しないで，そのほぼ中央の上側に，わずかに離して記入する．

③　斜め方向の寸法線に対しては，上記 ① に準じて記入する（図 **1·73**）．ただし図 **1·74**（**b**）のように，すべて上向きに記入してもよい．

④　垂直線に対し左上から右下に向かって約 30°以下の角度をなす方向には，紛らわしくなりやすいので寸法線の記入は避けるか，あるいは寸法数値を上向きに記入するのがよい（図 **1·75**）．

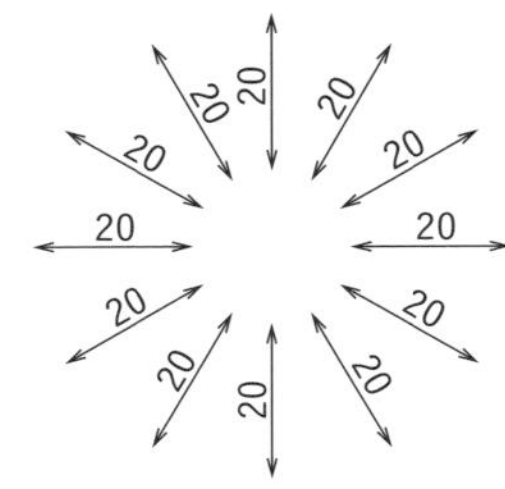

図 1·73　斜め方向の寸法線の長さを表す数値の向き

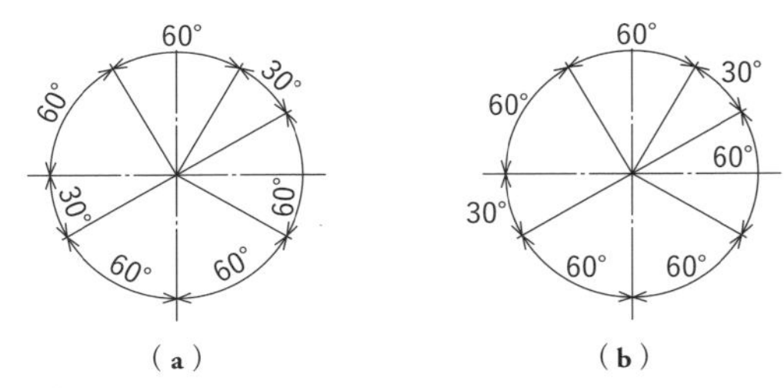

図 1·74　角度を表す数値の向き

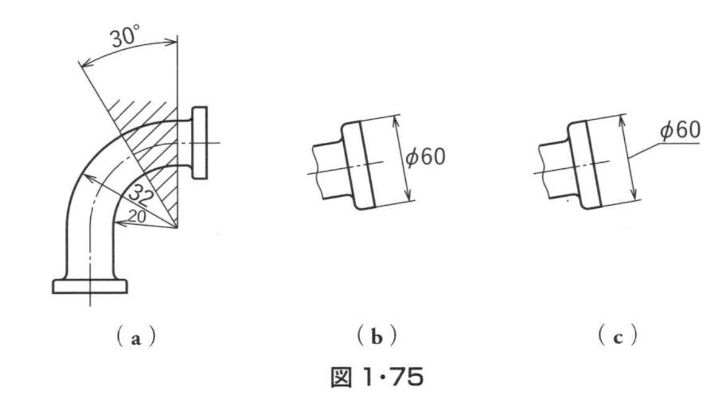

30°
32
20
φ60
φ60

（a）　（b）　（c）

図 1·75

（2）　狭い場所への記入

①　引出線を用いる … 引出線を，その寸法線から斜めに引き出し，その反対側に寸法数値を記入する．この場合，引出線の引き出す側の端には何も付けない（図 **1·76**）．

②　寸法線を延長する … 寸法線を延長して，その上側に寸法数値を記入する（図 **1·77**）．なお，寸法補助線の間隔が狭くて矢印を記入する余地がない場合に

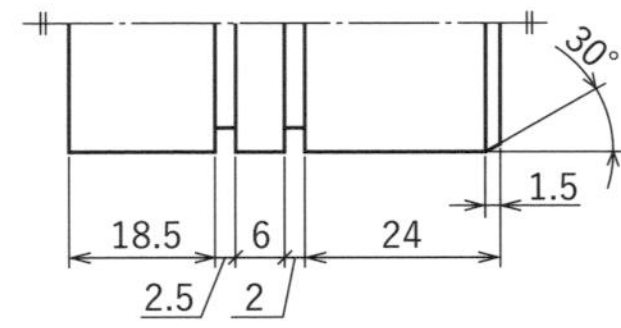

図 1·76　引出線を用いた場合

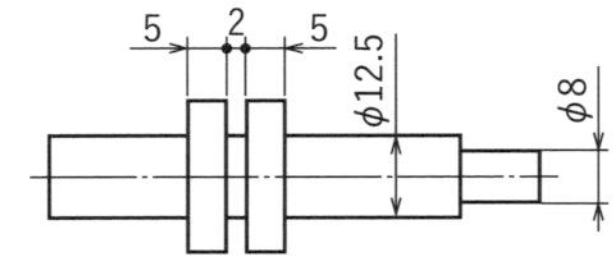

図 1·77　寸法線を延長した場合

は，矢印の代わりに斜線（図**1･76**），または黒丸（図**1･77**）を用いてもよい．

③ 部分拡大図を用いる … その狭小部分を細い実線の円で囲み，これを近くの場所に適宜に拡大して描き，寸法数値を記入する（図**1･78**）．

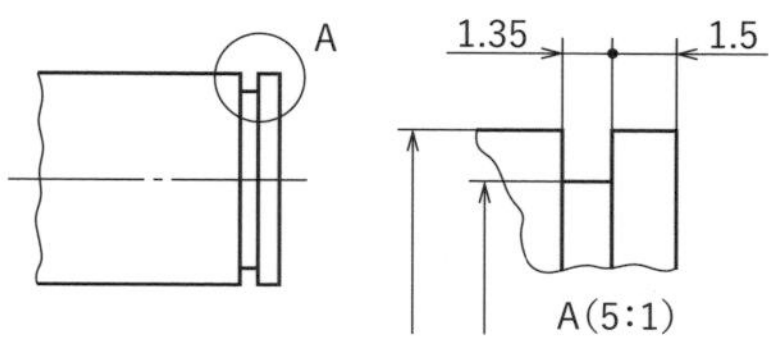

図 1･78 部分拡大図

9.3 寸法補助記号

製図上では，寸法数値とともに種々な記号を併用して，図形を直感させると同時に，図面あるいは説明の省略をはかっている．このような記号を寸法補助記号といい，表**1･6**に示すものが規定されている．

表 1･6 寸法補助記号の種類

記号	意　味	呼び方
φ	180°をこえる円弧の直径または円の直径	“まる” または “ふぁい”
Sφ	180°をこえる球の円弧の直径または球の直径	“えすまる” または “えすふぁい”
□	正方形の辺	“かく”
R	半径	“あーる”
CR	コントロール半径	“しーあーる”
SR	球半径	“えすあーる”
⌒	円弧の長さ	“えんこ”
C	45°の面取り	“しー”
t	厚さ	“てぃー”
⌴	ざぐり[*1] 深ざぐり	“ざぐり” “ふかざぐり”
∨	皿ざぐり	“さらざぐり”
↧	穴深さ	“あなふかさ”

〔注〕[*1] ざぐりは，黒皮を少し削り取るものも含む．

9.3.1 直径の記号φ

品物の断面が円形であるときの直径は，φ（“まる” または “ふぁい” と読む）の記号を，寸法数値の前に同じ大きさで記入しておけばよい（図**1･79**，図**1･80**）．図が円形に描かれている場合は，φの記号は記入しないでよい．ただし引出線を用いて記入する場合は，記号φを記入しなければならない．

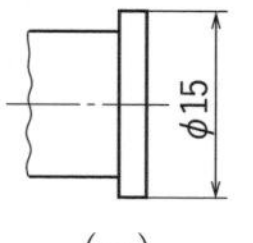

（a）

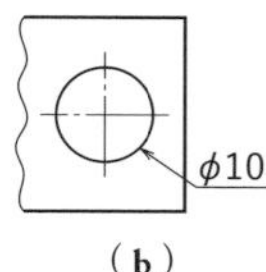

（b）

図 1･79 φの記入例

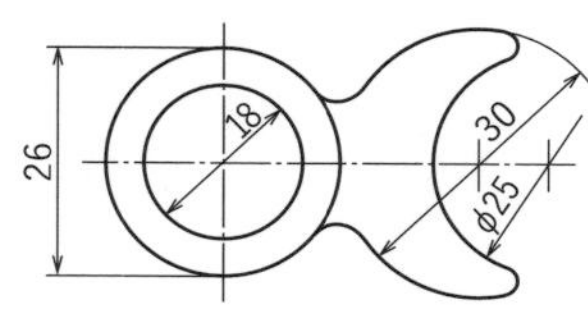

図 1･80 φを省略する場合

なお，円形の一部を欠いた図形で，作業の便宜のため直径寸法を記入する場合には，半径の寸法と誤解しないように，記号φを記入し，かつ欠円部に向かう寸法補助線は，少し短く引いて端末記号を記入しない（図**1･80**のφ25）．

9.3.2 球面の記号 Sφ または SR

球面であることを表すには，Sφ（“えすまる” または “えすふぁい” と読む）あるいは SR（“えすあーる” と読む）の記号（S は sphere の頭文字）を用い，図**1･81**のように示せばよい．

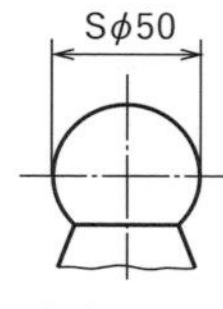

（a） 直径

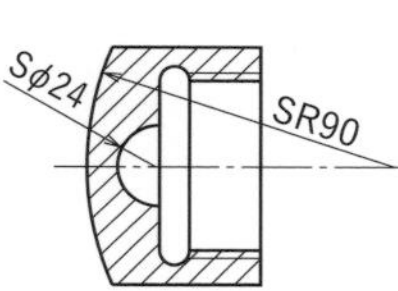

（b） 直径と半径

図 1･81 球面の寸法表示（Sφ，SR）

9.3.3 正方形の記号□

断面が正方形であるとき，その辺の長さを表すには寸法数値の前に□の記号（“かく” と読む）を記入すればよい〔図**1･83**（**a**）〕．ただし図が正方形に描かれている場合には，この記号は使用しないで，その両辺の寸法数値を記入しておく〔同図（**b**）〕．

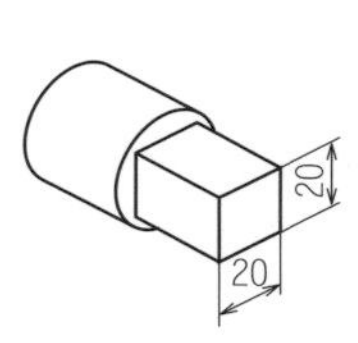

図 1･82 実体図

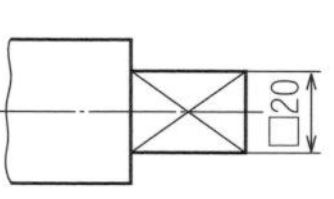

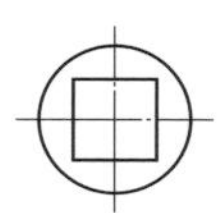

（a） 角柱の一辺の指示例

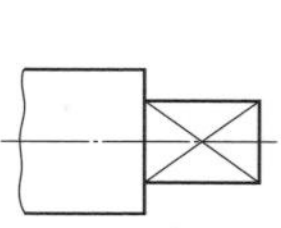

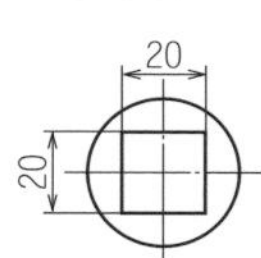

（b） 記号□を記入しない場合

図 1･83 正方形の記号□

9.3.4　半径の記号 R

半径の寸法は，R（“あーる”と読む）の記号（radius の頭文字）を用いて示せばよい（図 **1·84**）．ただし，半径を示す寸法線が，その円弧の中心まで引かれている場合には，この記号は省略してよい．なお，円弧の半径を示す寸法線には，円弧の側にだけ矢印を付け，中心の側には付けない．

図 1·84　半径の表示

9.3.5　コントロール半径 CR

直線部と半径曲線部との接続部がなめらかにつながり，最大許容半径と最小許容半径との間（二つの曲面に接する公差域）に半径が存在するように規制する半径を，コントロール半径 CR（“しーあーる”と読む）といい，図 **1·85** のように示せばよい．

かど（角）の丸み，すみ（隅）の丸みなどにコントロール半径を要求する場合には，半径数値の前に記号“CR”を指示する．なお，CR は control radius の略号である．

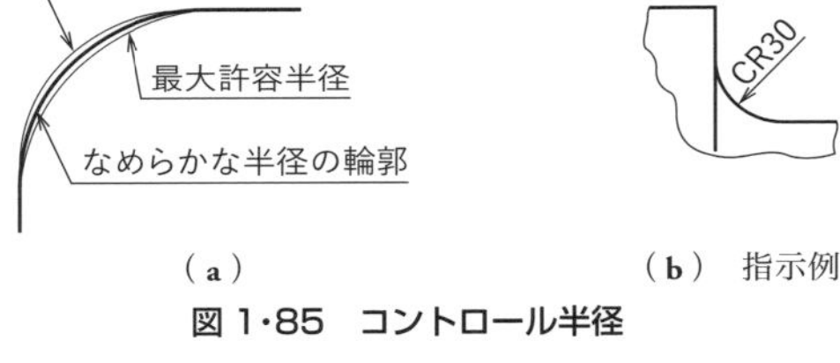

図 1·85　コントロール半径

9.3.6　円弧の長さの記号 ⌒

円弧の長さを示すには，その寸法線は円弧と同心の円弧を用い，かつ寸法数値の前に，円弧の記号 ⌒（“えんこ”と読む）を記入して，円弧であることを明確に示しておく（図 **1·86**）．なお，二つ以上ある円弧のうち，そのいずれかを示す必要がある場合には，その寸法数値に対して引出線を引き，引き出された円弧の側に矢印を付けておけばよい（図 **1·87**）．

ただし，その円弧に対する弦の長さを指示する場合には，弦と平行な直線の寸法線を用いればよい（図 **1·88**）．

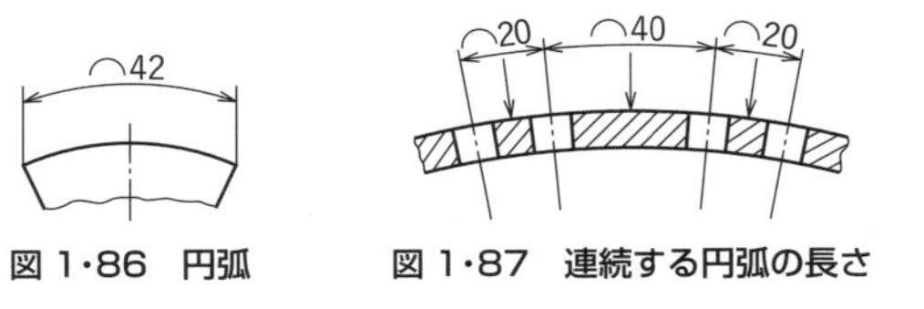

図 1·86　円弧　　図 1·87　連続する円弧の長さ

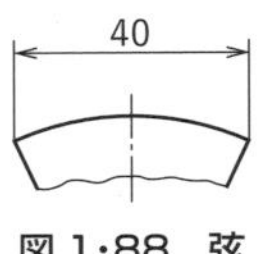

図 1·88　弦

9.3.7　面取りの記号 C

品物のかどの部分はふつう直角に仕上げられることが多いが，そのままだといたみやすいので，一般にある角度でかどを落としておく．これを面取りという．

一般の面取りの場合には，通常の寸法記入方法によって表せばよい（図 **1·89**）が，45°面取りの場合には，面取りの寸法数値 ×45°とするか，あるいは面取りの記号 C（chamfer の頭文字，“しー”と読む）を用いて，図 **1·90**，図 **1·91** のように示してよいことになっている．

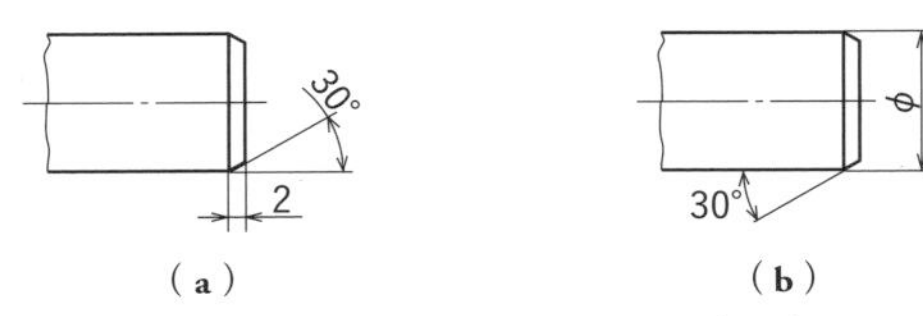

図 1·89　45° 以外の面取りの表し方

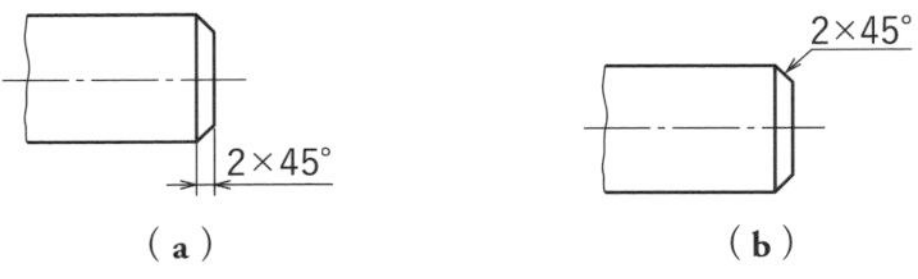

図 1·90　面取り寸法数値 ×45° の表し方

図 1·91　45° 面取りの表し方

9.3.8　板の厚さの記号 t

板の厚さを図示しないで示すには，t（“てぃー”と読む）の記号（thickness の頭文字）を用い，図中もしくは図の付近に記入して示す（図 **1·92**）．

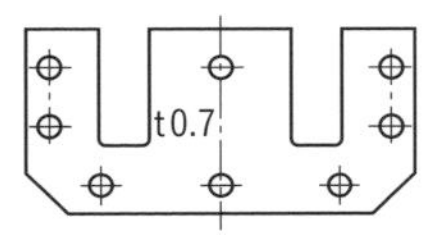

図 1·92　厚さ表示記号 t

9.4 穴の表し方

穴には，いろいろなあけ方があるので，その寸法記入に際しては，その加工法その他の事項を併記しておくのがよい．表 **1·7** に規格に示された加工方法の簡略表示を示す．

表 1·7 加工方法の簡略表示

加工方法	鋳放し	プレス抜き	きりもみ	リーマ仕上げ
簡略表示	イヌキ	打ヌキ	キリ	リーマ

9.4.1 穴深さ↧の寸法記入

穴の深さを指示するときは，穴の直径を示す寸法の次に，穴の深さを示す記号“↧”に続けて深さの数値を記入する〔図 **1·93**(**a**)〕．ただし，貫通穴のときは，穴の深さを記入しない〔同図(**b**)〕．

なお，穴の深さとは，ドリルの先端で創生される円すい部分，リーマの先端の面取り部で創生される部分などを含まない円筒部の深さ〔同図(**c**)の H〕をいう．

きり穴の場合には，ドリルの先端角度は 118°であるので，近似的に 120°で図示するが，穴の深さ寸法には，この円すい部分は含まないものとする〔同図(**d**)〕．また，傾斜した穴の深さは，穴の中心線上の長さ寸法で表す〔同図(**e**)〕．

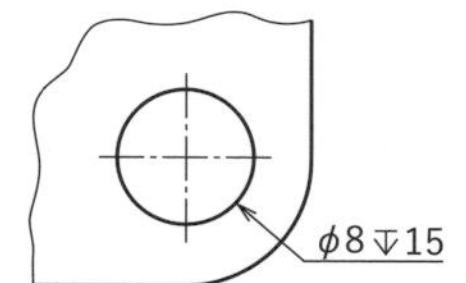

(**a**) 穴の深さの指示例①

(**b**) 貫通穴の指示例

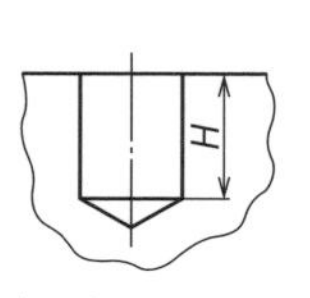

(**c**) 穴の深さの指示例②

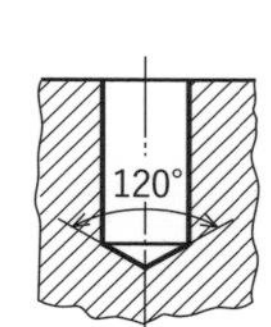

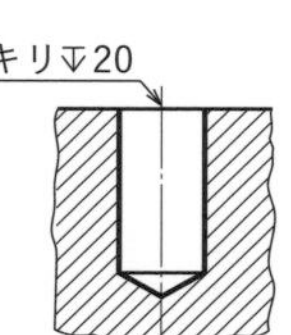

(**d**) 貫通しない穴

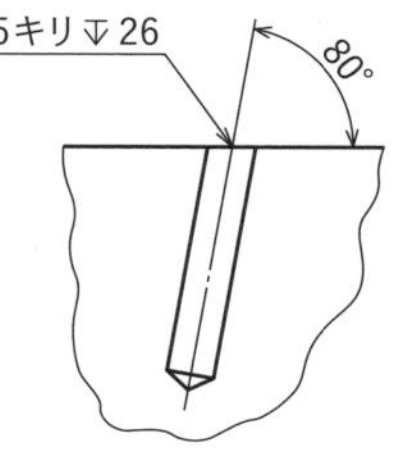

(**e**) 傾斜した穴の深さの指示例

図 1·93 穴の深さの表示

9.4.2 きり穴の場合

一般に小径の穴は，ドリル（きり）を用いてあけられることが多く，さらに穴の表面を平滑かつ一定の寸法に仕上げるときは，リーマという工具が用いられる．

このような穴の寸法を表示する場合，穴から寸法引出線を引き出して，その端を水平に折り曲げ（参照線という），その参照線上に穴の直径寸法および加工方法を記入しておけばよい．この場合，穴が丸く現れているときは引出線を穴の中心に向け，矢は穴の外周に当てる〔図 **1·94**(**a**)，(**b**)〕が，断面図などで穴が直線で表されているときは，穴の中心線と外形線の交点に当てる〔同図(**c**)〕．

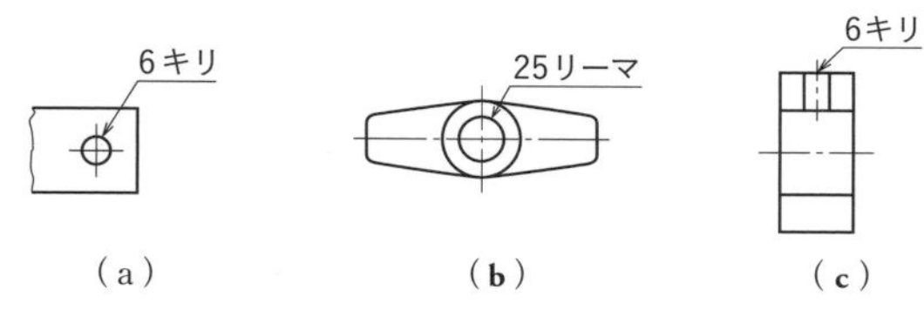

(a) (b) (c)

図 1·94 穴の寸法と加工方法の表示

9.4.3 大径の穴の場合

鋳物やプレス加工品などの穴は，一般に大径のものが多いので，図 **1·95** のように，加工方法の略号を用いて指示しておけばよい．

また旋盤や中ぐり盤を用いる切削加工による穴では，とくに加工方法を指定しないでもよく，一般の寸法記入と同様に行えばよい．

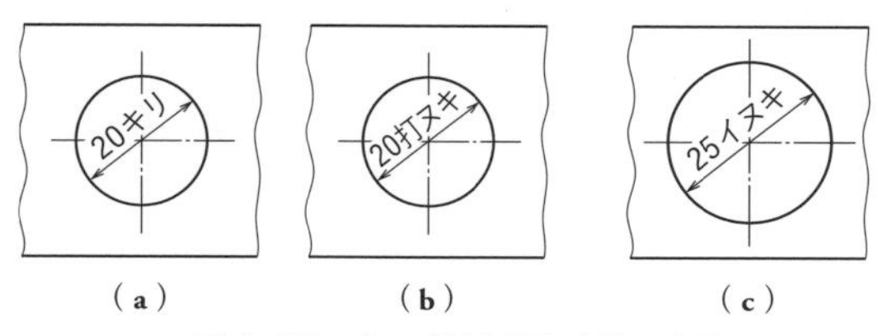

(a) (b) (c)

図 1·95 穴の寸法と加工方法の表示

9.4.4 ざぐり・深ざぐり⌴，皿ざぐり∨の寸法記入

鋳物などの表面では，ボルト・ナットなどの座りをよくするために，穴の上面をさらっておくことがあ

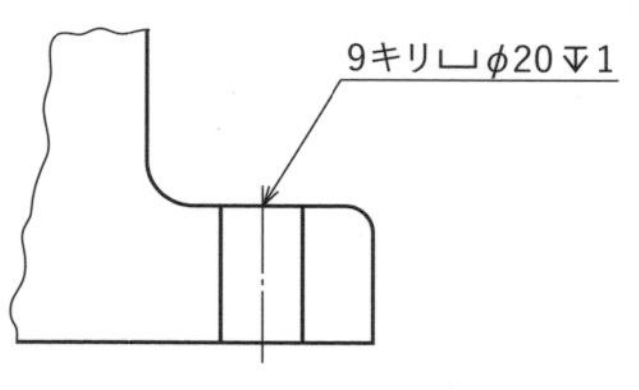

図 1·96 ざぐりの記入法

る．これをざぐりという．ざぐりの表し方は，ざぐりの直径を示す寸法の前に，ざぐりの記号⌴に続けて，ざぐりの数値を記入する．

ボルトやナット頭部などを決めるために行う深いざぐりを深ざぐりという．この場合は，ざぐり径や深さも指示する必要がある．この場合，表**1･6**の穴深さ記号↧を使用し，続けてざぐりの数値を記入しておく（図**1･97**）．皿ざぐりでは，図**1･98**のように，皿ざぐりを示す記号⌵に続けて，ざぐり穴の直径を記入しておけばよい．

なお，皿ざぐり穴が表れている図形の場合は，皿ざぐり穴の入り口の直径か穴の開き角，深さ寸法を記入しておけばよい（図**1･99**）．

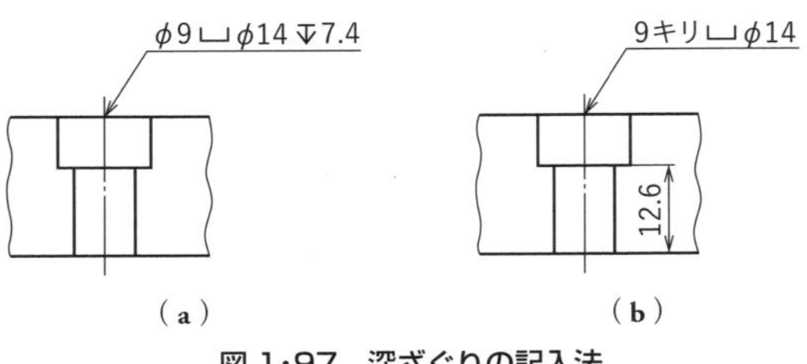

（a）　（b）

図 1･97　深ざぐりの記入法

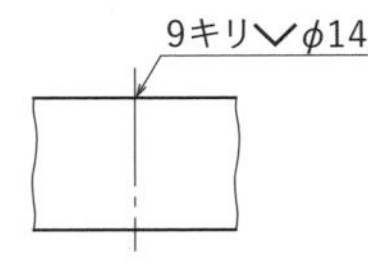

（a）皿ざぐりの指示例

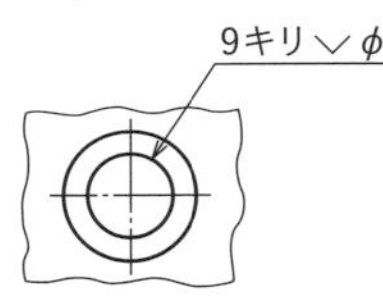

（b）円形形状に指示する皿穴の指示例

図 1･98　皿ざぐりの穴の表し方

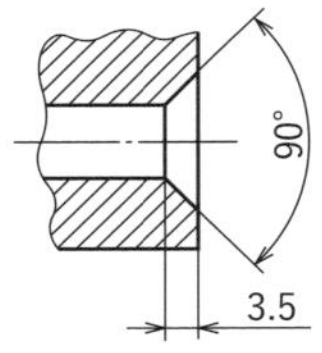

図 1･99　皿ざぐりの開き角および皿穴の深さの指示例

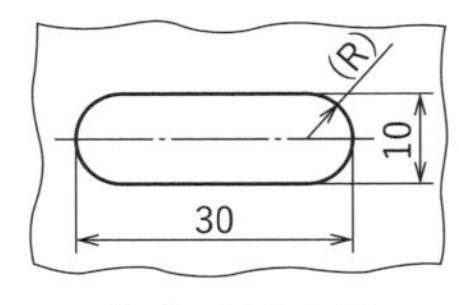

（a）長さと幅

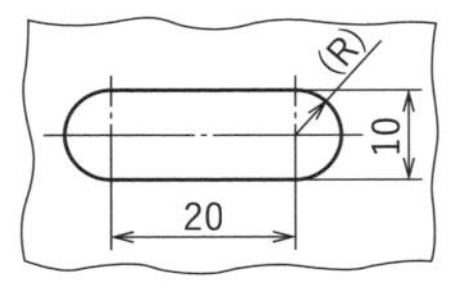

（b）中心線間と幅

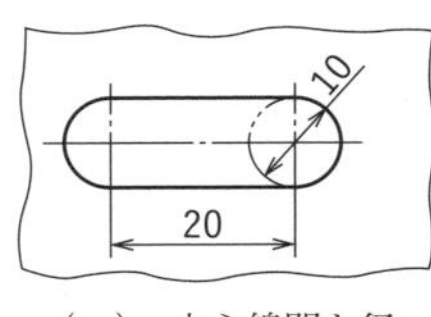

（c）中心線間と径

図 1･100　長円の穴の寸法表示

9.4.5 長円の寸法記入

エンドミル加工によるキー溝など，長円の溝あるいは穴においては，両端の円弧部分の半径は，その幅の寸法で自然に決定するから，図**1･100**（**a**），（**b**）に示すように，半径の寸法線に（R）と記入するだけでよいが，必要があれば同図（**c**）のように直径の寸法を記入すればよい．

9.5 円弧および曲線の寸法記入法

9.5.1 円弧の半径

円弧が小さくて，矢印や寸法数値を記入する余地がない場合には，図**1･101**のように記入すればよい．また，円弧の中心が遠く，半径を示す寸法線が長くなるときは，図（**c**）のように，寸法線を中間で折り曲げ，その中心を円弧の付近において示す．また，とくに中心を示す必要がある場合，図（**b**），（**c**）のように，その中心に黒丸または十字を記入する．

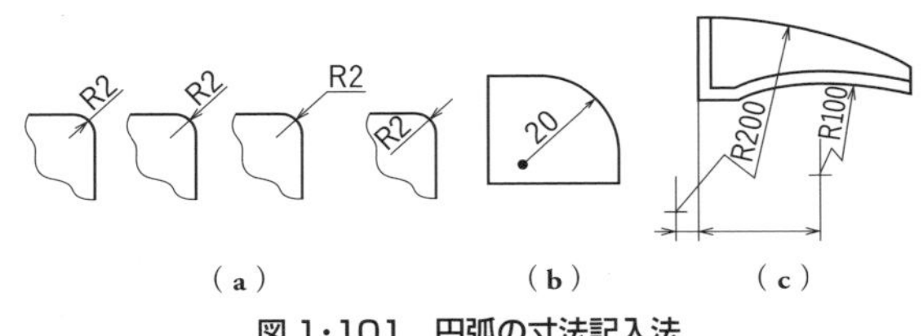

（a）　（b）　（c）

図 1･101　円弧の寸法記入法

9.5.2 曲線の寸法記入法

図**1･102**（**a**）のように，円弧で構成される曲線では，

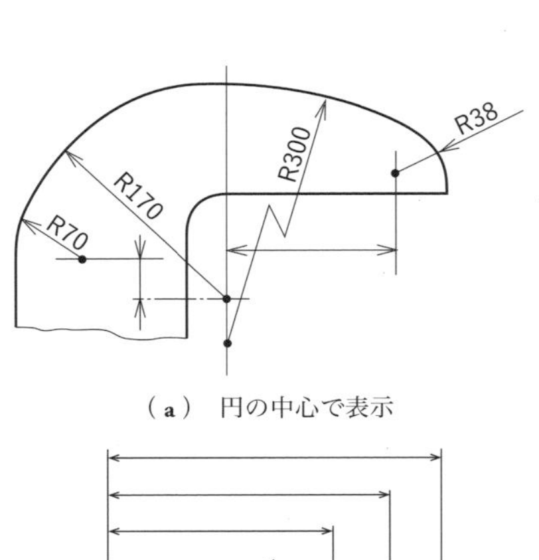

（a）円の中心で表示

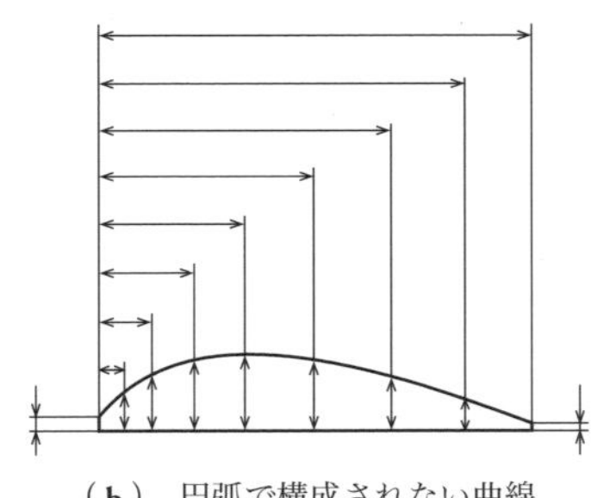

（b）円弧で構成されない曲線

図 1･102　曲線の寸法記入法

これらの円弧の半径とその中心，または円弧の接線の位置で表せばよい．また，図 **1・102**(**b**)のように，円弧によらない曲線では，その曲線をいくつかの間隔に区分し，その基準となる一端から，それぞれの区分点までの距離およびその寸法を座標的に表す．

9.6 こう配およびテーパの表し方

9.6.1 こう配およびテーパについて

図 **1・103**(**a**)のように，四辺形の一辺だけが傾斜している場合をこう配という．こう配は，物を固く締め付けるときとか，この斜面を滑らせて物を持ち上げるときなどに使用される．

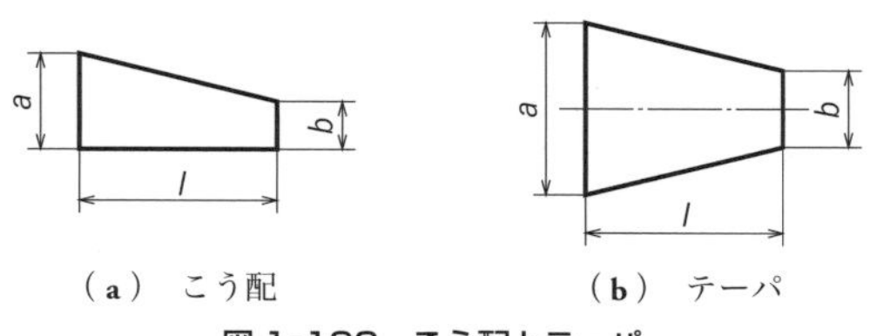

(**a**) こう配　(**b**) テーパ

図 1・103 こう配とテーパ

また，同図(**b**)のように，中心軸に対して対称に傾斜している場合をテーパという．テーパはふつうこの中心軸を中心として回転させたとき得られる立体図形（円錐体）として用いられる．テーパは，ドリルの柄などのように，簡単にぴったりはめあわせたり取り外したりするときに使用されている．

9.6.2 こう配およびテーパの表し方

こう配およびテーパは，前述の図 **1・103** に示すように，大端部と小端部の差（図の $a-b$）と，底辺（または中心部）の長さ（図の l）により，〔$(a-b):l$〕で表すが，通常，左辺を 1 とした比の形（1：5，1：50 のように）で呼ぶことになっている．

製図においてこう配を表示するには，図 **1・104** に示すように，こう配部から引出線を引き出して水平に引いた参照線と結び，その上に，直角三角形の図記号をこう配の向きと一致させて描き，その後にこう配の値を記入すればよい．

テーパの場合もこれとほとんど同じであるが，図 **1・105** に示すように，テーパを示す二等辺三角形の図記号は，参照線を中心として上下対称に描く．

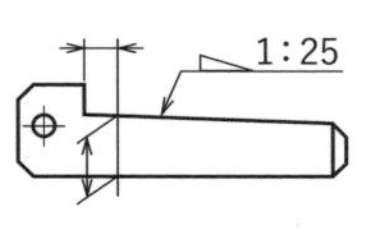

図 1・104 こう配の記入法

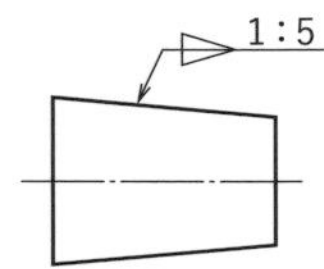

図 1・105 テーパの記入法

ただし，図から，こう配あるいはテーパであること，ならびにその向きが明らかである場合には，これらの図記号は省略してもよい（図 **1・106**）．

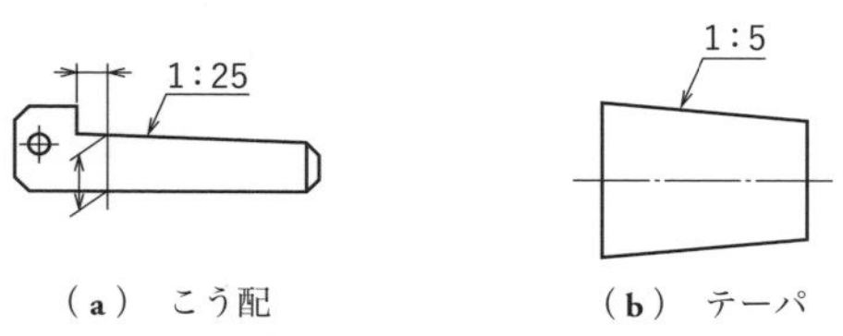

(**a**) こう配　(**b**) テーパ

図 1・106 こう配あるいはテーパであることが明らかな場合

9.7 キー溝の表し方

9.7.1 軸のキー溝の表し方

軸のキー溝の寸法は，図 **1・107**(**a**)および(**b**)に示すように，キー溝の幅，深さ，長さ位置および端部を表す寸法を記入すればよい．

キー溝の端部をフライスなどによって切り上げる場合は，同図(**c**)に示すように，基準の位置から工具の中心までの距離と工具の直径とを示しておく．

なおキー溝の深さは，一般にはキー溝と反対側の軸径面から，キー溝の底までの寸法で示すが，とくに必

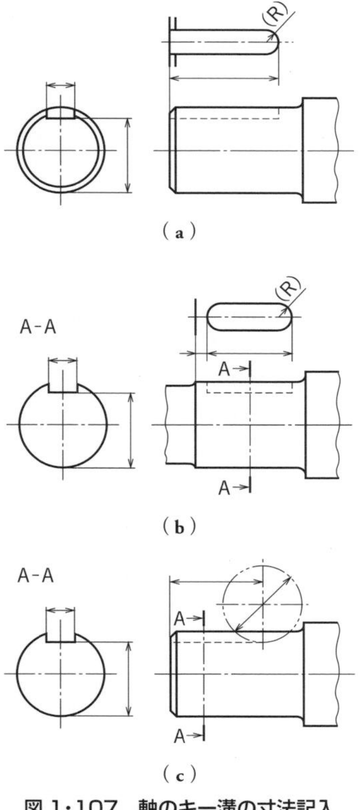

図 1・107 軸のキー溝の寸法記入

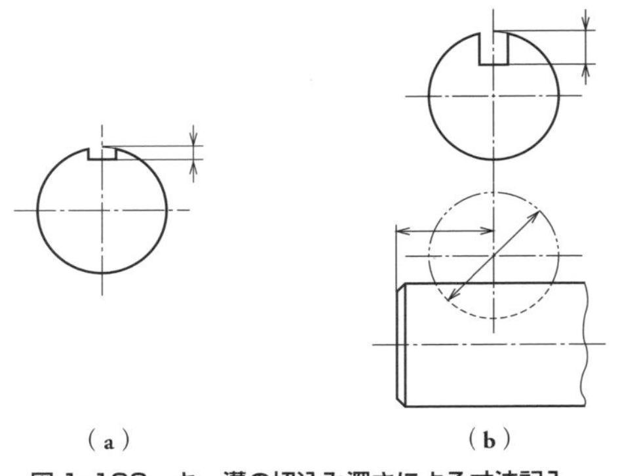

（a）　　（b）

図 1･108　キー溝の切込み深さによる寸法記入

要がある場合には，図 **1･108** のように，切込みの深さ（キー溝の中心面上における軸径面から，キー溝の底までの寸法）で示してもよい．

9.7.2　穴のキー溝の表し方

穴のキー溝の寸法は，図 **1･109** に示すように，キー溝の幅および深さを示す寸法を記入すればよい．

穴の場合でも，キー溝の深さはキー溝の反対側の穴径面からキー溝の底までの寸法で示す場合〔同図（**a**）〕と，キー溝側の穴径面からキー溝の底までの寸法で示す場合〔同図（**b**）〕がある．

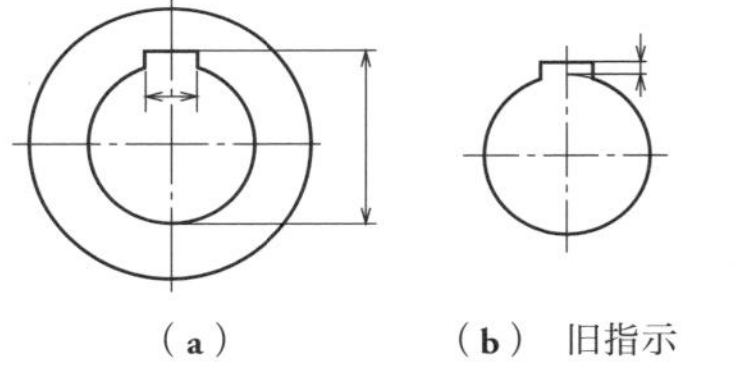

（a）

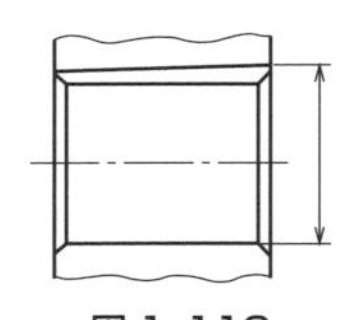

（b）　旧指示

図 1･109　穴のキー溝の寸法

図 1･110

こう配キー用のボスのキー溝の深さは，図 **1･110** のように，キー溝の深い側で示す．

9.8　寸法記入上の注意

9.8.1　寸法線の整列

（1）　隣接して連続する寸法線　図 **1･111**（**a**）のように，寸法線が隣接して連続する場合には，寸法線は一直線上に揃えて記入するのがよい．また，関連する部分の寸法は，図（**b**）のように，一直線上に記入すると明確になる．

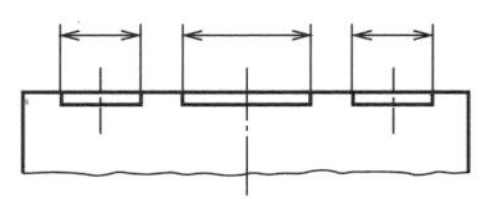

（**a**）　寸法線が隣接して連続する場合

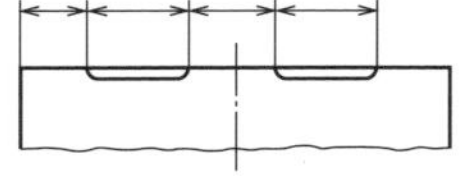

（**b**）　関連する部分の寸法

図 1･111　隣接して連続する寸法線

（2）　多数の平行する寸法線　多数の寸法線を平行にいくつも並べる場合には，図 **1･112** に示すように，各寸法線はなるべく等間隔に引き，かつ小さい寸法を内側に，大きい寸法を外側にして，寸法数値は揃えて記入するのがよい．ただし紙面の都合で寸法線の間隔が狭い場合には，同図（**b**）に示すように，両方の矢印の近くに交互に振り分けて記入すればよい．

また，寸法線が長くて，その中央に寸法数値を記入したのでは，どの部分の寸法であることがわかりにくいような場合には，同図（**c**）のようにいずれか一方の矢印の近くに寄せて記入すればよい．

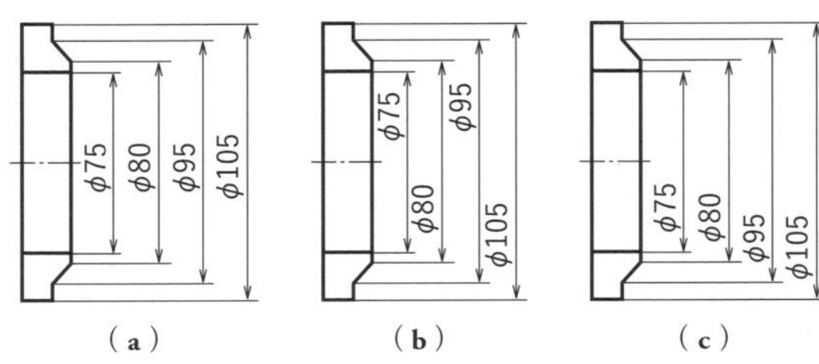

（a）　（b）　（c）

図 1･112　多数の平行する寸法線

（3）　対称図形の寸法線　対称図形で中心線の片側を省略した図形において，対称中心線にまたがる寸法線は，その中心線を越えて適宜な長さまで延長しておく．この場合，延長した寸法線の側には，矢印を付けない〔図 **1･113**（**a**）〕．ただし，誤解のおそれのない

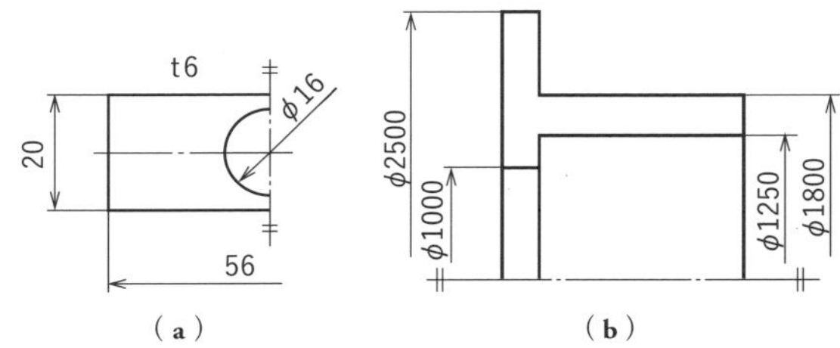

（a）　（b）

図 1･113　対称省略図形の寸法記入

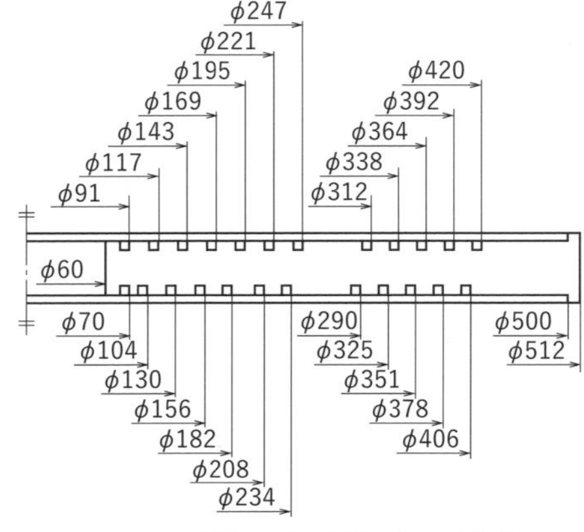

図 1･114　対称図形で多数の径の寸法表示

場合には，寸法線は中心線を越えなくてもよい〔同図（**b**）〕．

また，対称の図形で，多数の径の寸法を記入するものでは，寸法線の長さをさらに短くして，図 **1・114** の例のように数段に分けて記入してもよい．

9.8.2　寸法数値の記入位置

寸法数値は，寸法線に対して読みやすいような位置を選んで記入し，他の線に分割されるような位置や，あるいはこれに重なるように記入してはならない（図 **1・115**）．

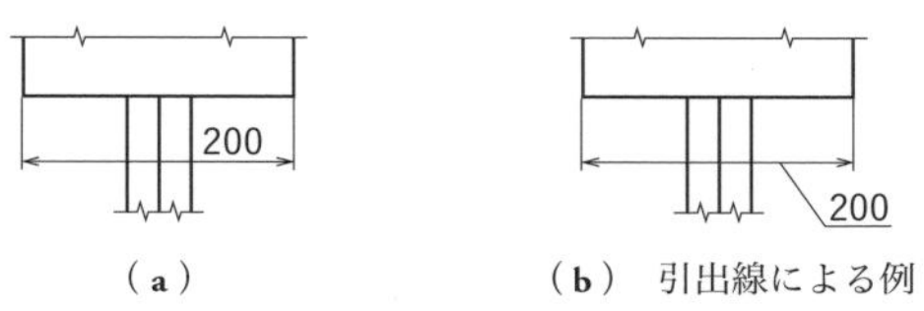

図 1・115　図形と重ねない寸法の記入

9.8.3　文字記号による寸法記入

寸法は，数値によらず，文字記号を用いて記入してもよい．図 **1・116** はその例を示したものであるが，その文字記号の表している意味を，別に明記しておかなければならない．

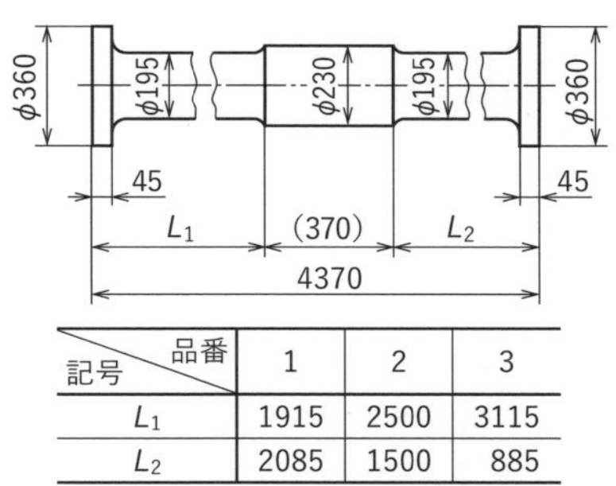

記号＼品番	1	2	3
L_1	1915	2500	3115
L_2	2085	1500	885

図 1・116　文字記号による寸法記入

9.8.4　連続する穴の寸法記入

同一寸法の多数の穴が，等間隔で，一直線あるいは同一ピッチ円上に並ぶ場合は，穴から引出線を引き出して，その総数を示す数字の次に × を挟んで穴の寸法を記入すればよい（図 **1・117**）．この場合，穴の総数は，同一箇所の一群の穴の総数（たとえば，両側のフランジをもつ管継手ならば，片側のフランジについての総数）を記入する．

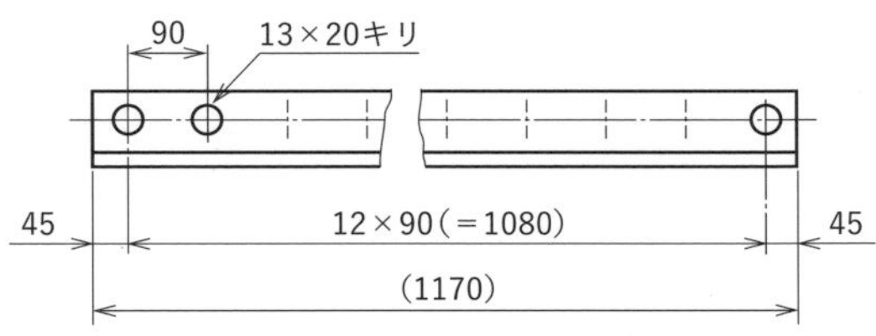

図 1・117　同一寸法の穴の個数表示

なお図において 12 × 90（＝1080）と記入してあるのは，ピッチ数×ピッチの値およびその計算結果を示したもので，その全長（1170）は参考のため（　）に入れて記入するのがよい．

9.8.5　尺度によらない場合

なんらかの都合により図形の一部が寸法に比例しないで描かれた場合，その寸法数値の下に，太い実線を引いておき，それが比例しない寸法であることを示しておく（図 **1・118**）．

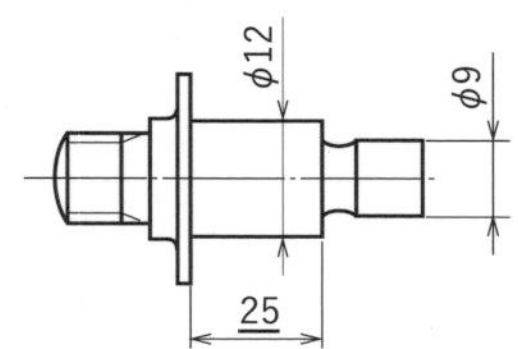

図 1・118　非比例寸法の記入

9.9　寸法記入上とくに留意すべき事項

以上のほか，図面に寸法を記入する場合には，次の事項に注意し，記入漏れやむだな記入をしないよう注意しなければならない．

なお，寸法には図 **1・119** に示すように，その品物の機能に直接関係する**機能寸法**と，工作上その他の便宜のために記入される**非機能寸法**とがあり，さらに，参考または補助的に記入される**参考寸法**とがある．この区別は，後述する寸法許容差指定のときに重要な意味をもつので，寸法記入に際してはとくに注意しなければならない．

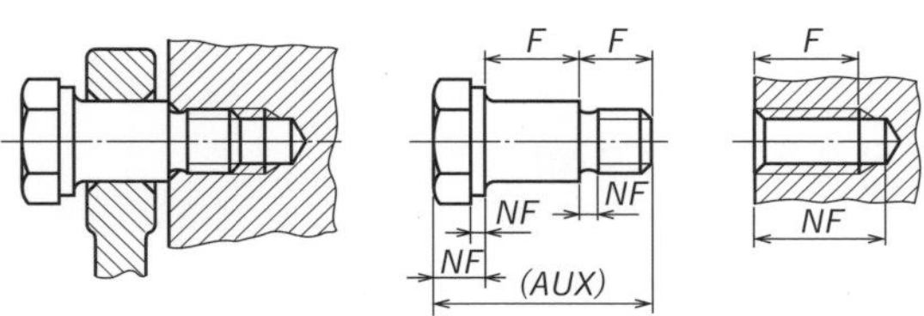

図 1・119　機能寸法（F），非機能寸法（NF）および参考寸法（AUX）

9.9.1　寸法記入箇所の選択

（1）　寸法はなるべく正面図に集中させる　正面図は，投影図の中でもっとも重要な図であるから，図 **1・120** に示すように，寸法記入もできるだけ正面図に集中して記入し，できない場合だけ他の面に記入する．

この場合，相関連する図で双方に関係する寸法は，

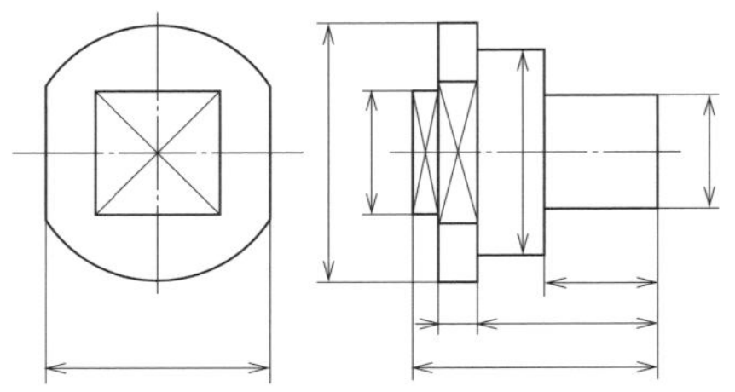

図 1・120　寸法は正面図に集中させる

参照に便利なように，その中間に記入するのがよい．

（2）　寸法の重複記入は避ける　寸法は，同じ寸法を他の投影図にも重複して記入することは避け，もっとも重要な図にだけ記入する．

（3）　寸法は計算して求める必要がないように記入する　個々の寸法が記入してあっても，全体の寸法が記入してなければ，現場で計算して求めなければならないから，現場で計算させなければならないような寸法の記入はしてはならない．

（4）　不必要な寸法は記入しない　品物の全体の寸法は，図 **1・121** のように，個々の寸法の外側に記入するのであるが，基準部（この図では品物の左端）から個々の寸法を順にとっていくと，同図（**a**）の C の寸法は，これを記入しなくてもあまり不都合はない．したがってこのような重要度の少ない部分の寸法は，記入しないか，あるいは参考寸法として（　）に入れて記入するのがよい．

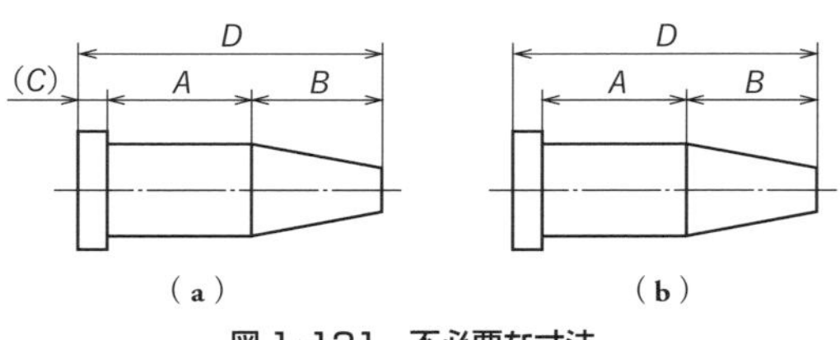

図 1・121　不必要な寸法

9.9.2　寸法の配置

（1）　直列寸法記入法　図 **1・122** は基準部を設けず，直列に連なる個々の寸法を記入したもので，これを直列寸法記入法という．このような記入法では，とくに各寸法間の狂いがあまり問題にならない場合に使用される．

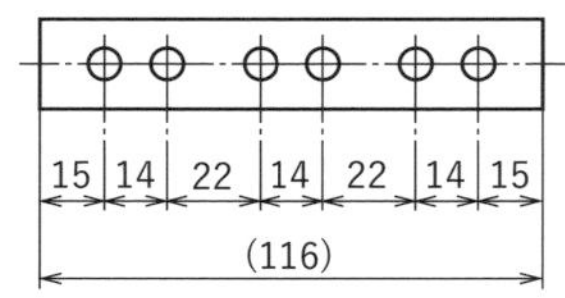

図 1・122　直列寸法記入法

（2）　並列寸法記入法　前記の記入法では，個々の寸法に誤差があると，それが累積して，全体の寸法に影響を及ぼすことになる．

工作上の誤差はいわば必然的なもので，これをゼロにすることは不可能である．そこである程度の誤差は公認することとし，寸法の場合はこれを**寸法公差**という．

図 **1・123** のような記入法を並列寸法記入法といい，個々の寸法はそれぞれ独立して記入されているから，公差の累積を防ぐことができる．この場合，共通側の寸法補助線の位置は，機能・加工などの条件を考慮して，適切に選ばなければならない．

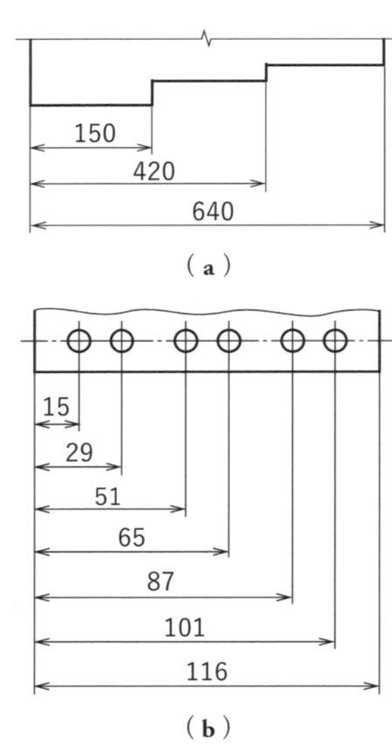

図 1・123　並列寸法記入法

（3）　累進寸法記入法　図 **1・124** は，上記の並列寸法記入法とまったく同等の意味をもちながら，1 本の連続した寸法線によって個々の寸法を簡便に図示したもので，このような記入法を累進寸法記入法という．

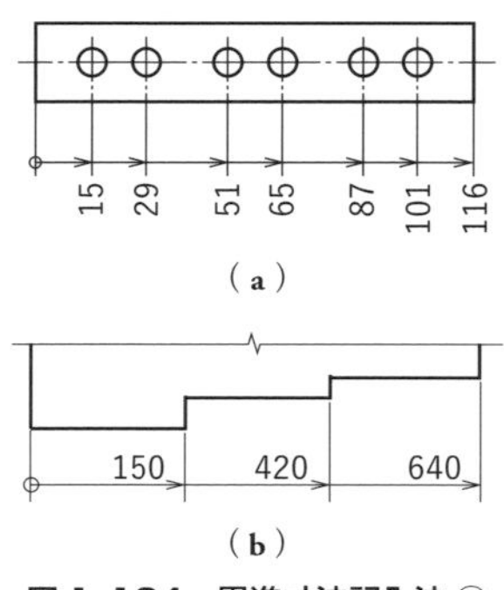

図 1・124　累進寸法記入法 ①

この場合，寸法の起点の位置は，起点記号（白抜きの小円）で示し，寸法線の他端は矢印で示す（黒丸や斜線は用いてはならない）．寸法数値は，同図(**a**)に示すように寸法線に並べて記入するか，または同図(**b**)のように，矢印の近くに寸法線の上側にこれに沿って記入する．

なおこの記入法は，図**1·125**に示すように，反対方向の寸法を記入するのに用いてもよい．

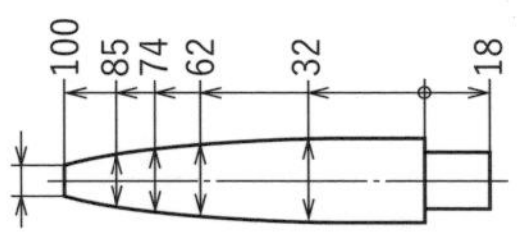

図 1·125　累進寸法記入法 ②

(4)　座標寸法記入法　穴の位置，大きさなどの寸法は，座標に用いて表にしてもよい（図**1·126**）．この場合，表に示す X，Y の数値は，起点からの寸法である．

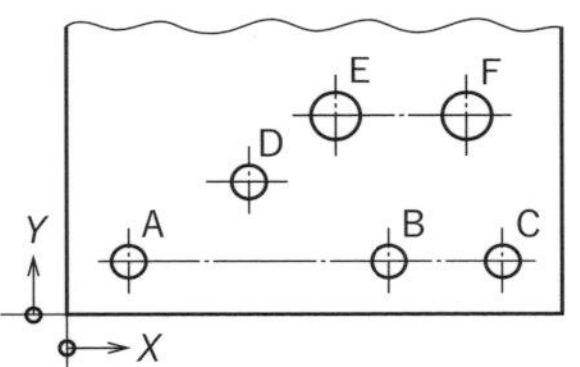

	X	Y	ϕ
A	20	20	13.5
B	140	20	13.5
C	200	20	13.5
D	60	60	13.5
E	100	90	26
F	180	90	26

図 1·126　座標寸法記入法

9.9.3　その他の一般的注意事項

①　円弧の部分の寸法は，円弧が180°までは半径で表し，それを越える場合には直径で表す（図**1·127**）．ただし，円弧が180°以内であっても，機能または加工上，とくに直径の寸法を必要とするものに対しては，直径の寸法を記入する（図**1·128**）．

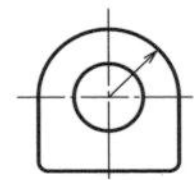

（**a**）　180°以下の円弧

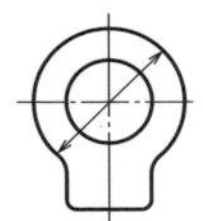

（**b**）　180°を超える円弧

図 1·127

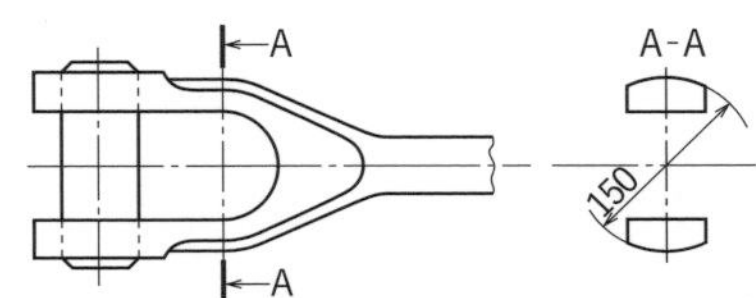

図 1·128　機能や加工上必要な場合の直径表示

②　キー溝が断面に現れているボスの内径寸法を記入する場合には，図**1·129**に示すように，キー溝側の矢印は付けない．

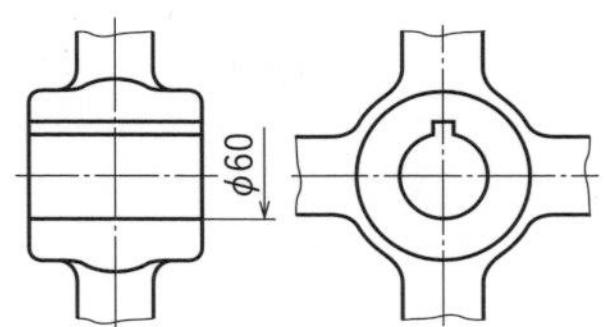

図 1·129

③　加工または組立の際，基準とする箇所がある場合には，寸法はその箇所をもとにして記入する（図**1·130**）．とくにその箇所を示す必要がある場合には，同図(**b**)のように，その旨を記入しておく．

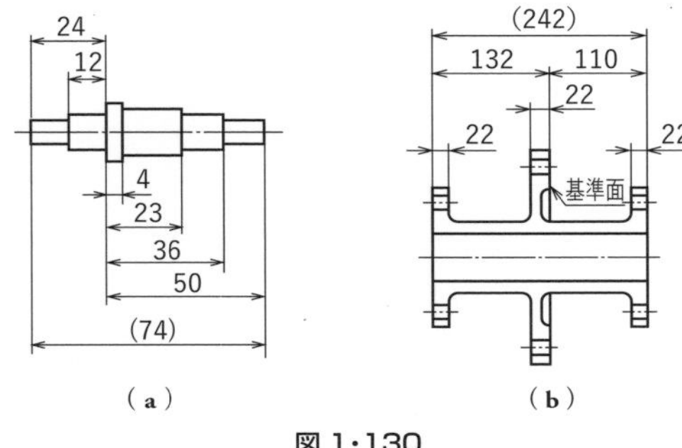

（**a**）　（**b**）

図 1·130

④　工程を異にする部分の寸法は，その配列を分けて記入するのがよい〔図**1·131**(**a**)〕．

⑤　互いに関連する寸法は，一箇所にまとめて記入する．たとえば，フランジ形状の場合のボルト穴のピッチ円の直径と穴の配置は，ピッチ円が描かれている方

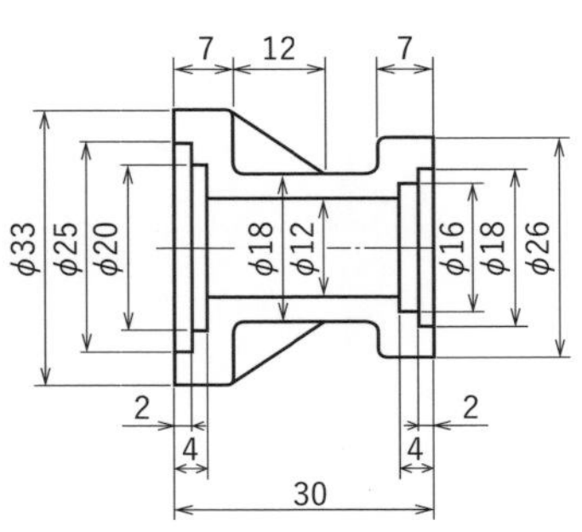

（**a**）　内径・外径の寸法

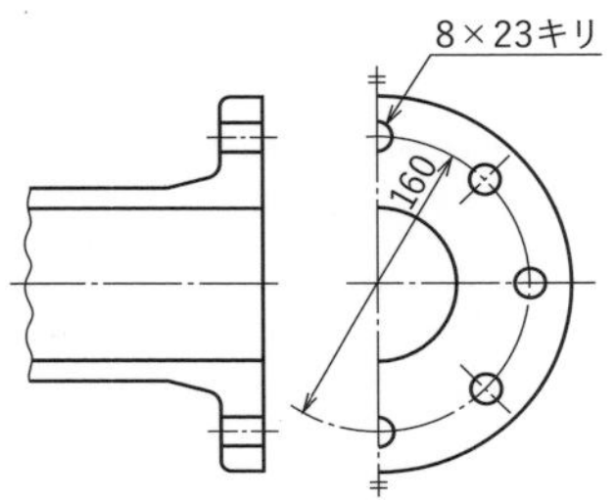

（**b**）　工程が同じ場合

図 1·131

の図にまとめて記入するのがよい〔図 **1･131**（**b**）〕.

⑥　T 形管継手，弁箱，コックなどのフランジ形状のように，1 個の品物にまったく同一寸法の部分が二つ以上ある場合には，寸法はそのうちの一つだけに記入し，寸法を記入しない方には，同一寸法であることの注意書きをしておく（図 **1･132**）.

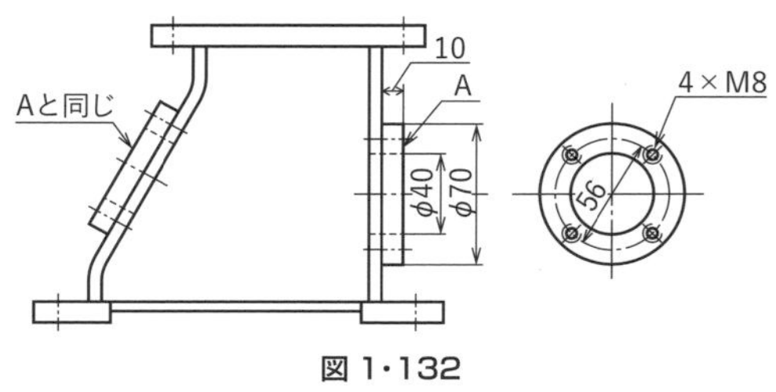

図 1･132

10. 照　合　番　号

機械は，すべていくつかの部品から成り立っているので，これらの部品には，それぞれ固有の番号を与えておく．これを**照合番号**という．ただし一品一葉の図面では，図面番号を照合番号として用いる場合もある．

組立図に照合番号を記入する場合には，図 **1･133** に示すように，一般に適宜な大きさの円内にその番号を示す数字を記入し，かつ各部品から引出線を引き出して，円と結んでおく．

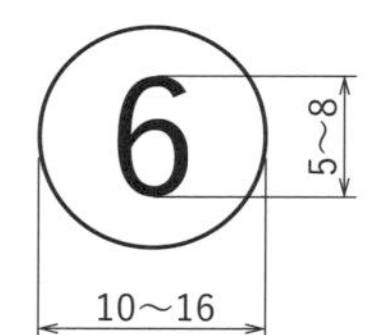

図 1･133　照合番円

この引出線の先は，外形線に当てるときは矢印を付けるが，その内側の実質部に向けるときは，黒丸を付けておく．

11. 図面内容の変更

図面は，その発行後，種々な理由のために変更されることがある．これを**図面の変更**という．

図面は，出図後にその内容を訂正・変更する必要が生じる場合がある．この場合には，図 **1･134** に示すように，訂正または変更箇所に記号を付記し，かつ訂

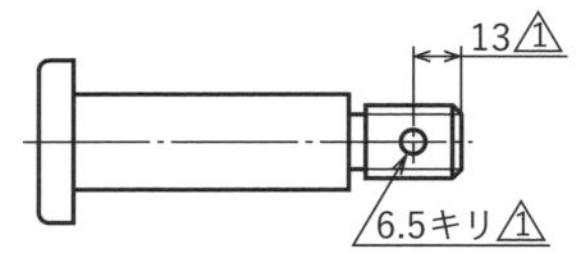

変更履歴		
記号	内容	日付
△1	円筒穴を追加	XX･X･X

（a）　形状の変更例

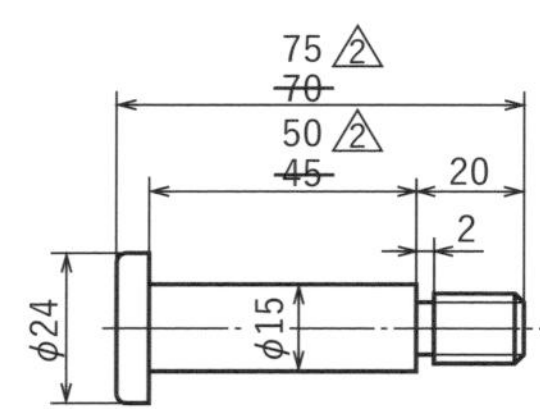

変更履歴		
記号	内容	日付
△2	寸法変更	XX･X･X

（b）　寸法の変更例

記号	年月日	内容	印
△1	XX･X･X	円筒穴の追加のため	平野
△2	同上	寸法変更のため	平野

（c）　訂正欄の例

図 1･134　図面の変更

正または変更以前の図形，寸法などは判読できるよう，適切に保存しなければならない．

図面の変更は，原図だけの変更にとどまらないので，変更前の形は必ず保存して，線によって消して訂正し，これに変更の理由，日付けおよび署名などを行って，変更の責任を明らかにしておく必要がある．

12. 公差の記入法

12.0　製品の幾何特性仕様（GPS）について

2016 年 3 月，永年利用されてきた「寸法公差及びはめあいの方式 ― 第 **1** 部：公差，寸法差及びはめあいの基礎（**JIS B 0401 − 1：1998**）」が全面的に改正された．新旧規格の内容を比べてみると，考え方および数値そのものにはまったく変わりがないが，使われている用語が大幅に改正されている．ただし，原典（ISO）の誤訳，不整合な解釈が散見されるため，本書では教育現場での混乱をさけるべく，旧規格の用語

表 1･8　主な用語の新旧対比

新規格　JIS B 0401-1：2016		旧規格　JIS B 0401-1：1998	
製品の幾何特性仕様（GPS）―長さに関わるサイズ公差のISO コード方式―第 1 部：サイズ公差，サイズ差及びはめあいの基礎		寸法公差及びはめあいの方式―第 1 部：公差，寸法差及びはめあいの基礎	
箇条番号	用　語	箇条番号	用　語
3.1.1	サイズ形体	―	―
3.1.2	図示外殻形体	―	―
3.2.1	**図示サイズ**	4.3.1	基準寸法
3.2.2	**当てはめサイズ**	4.3.2	実寸法
3.2.3	**許容限界サイズ**	4.3.3	許容限界寸法
3.2.3.1	**上の許容サイズ**	4.3.3.1	最大許容寸法
3.2.3.2	**下の許容サイズ**	4.3.3.2	最小許容寸法
3.2.4	**サイズ差**	4.6	寸法差
3.2.5.1	**上の許容差**	4.6.1.1	上の寸法許容差
3.2.5.2	**下の許容差**	4.6.1.2	下の寸法許容差
3.2.6	**基礎となる許容差**	4.6.2	基礎となる寸法許容差
3.2.7	Δ 値	―	―
3.2.8	**サイズ公差**	4.7	寸法公差
3.2.8.1	サイズ公差許容限界	―	―
3.2.8.2	**基本サイズ公差**	4.7.1	基本公差
3.2.8.3	**基本サイズ公差等級**	4.7.2	公差等級
3.2.8.4	**サイズ許容区間**	4.7.3	公差域
3.2.8.5	**公差クラス**	4.7.4	公差域クラス
3.3.4	**はめあい幅**	4.10.4	はめあいの変動量
3.4.1	**ISO はめあい方式**	4.11	はめあい方式
3.4.1.1	**穴基準はめあい方式**	4.11.2	穴基準はめあい
3.4.1.2	**軸基準はめあい方式**	4.11.1	軸基準はめあい
―	―	4.3.2.1	局部実寸法
―	―	4.4	寸法公差方式
―	―	4.5	基準線
―	―	4.7.5	公差単位

〔参考〕 寸法線，寸法補助線，理論寸法（理論的に正確な寸法）については変更なし．

のまま解説することとした．表 1･8 に主な用語の新旧対比を掲載するので，読者諸氏も適切に活用してほしい．

12.1　寸法公差の記入法

12.1.1　寸法公差とは

実際の工作においては，図面に記入された寸法（これを**基準寸法**という）ぴったりに加工することはきわめて困難であり，また実用上には多少の誤差は許しうる場合が多い．

そこで上記の基準寸法に対して，実用上差し支えない上下二つの限界の寸法（**許容限界寸法**という）を定め，この範囲内に仕上がったものをすべて合格とすれば，きわめて経済的となる．このような方式を，寸法公差方式という．

このような二つの許容限界寸法のうち，大きい方を**最大許容寸法**，小さい方を**最小許容寸法**という．したがってこれらの最大許容寸法から最小許容寸法を引いたものが**寸法公差**となる．

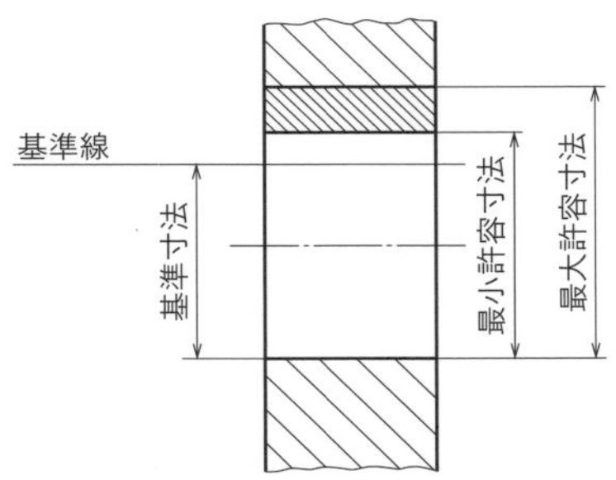

図 1･135　基準寸法，最大許容寸法および最小許容寸法

寸法公差を表すには，上記の最大・最小許容寸法によるほか，これらの寸法から基準寸法を差し引いた値を**寸法許容差**という．このとき

（最大許容寸法）−（基準寸法）

＝（上の寸法許容差）

（最小許容寸法）−（基準寸法）

＝（下の寸法許容差）

というが，いずれも基準寸法より大きい場合にはその数値に正の記号（＋）を，小さい場合には負の記号（−）を付ける．

図 **1･136** はその状態を示したものであるが，図の斜線を施した領域（上の寸法許容差と下の寸法許容差を表す線の間の領域）を，**公差域**といっている．

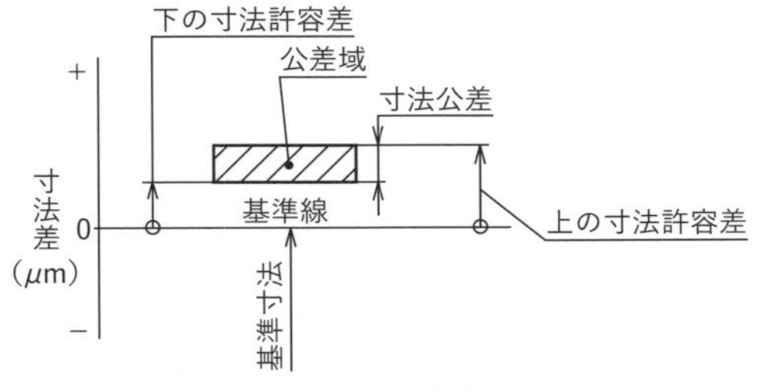

図 1･136　公差域の簡略化した図

12.1.2　長さの寸法公差の記入法

（1）　寸法許容差による方法　この方法では，図 **1･137** に示すように，寸法数値の後，上の寸法許容差

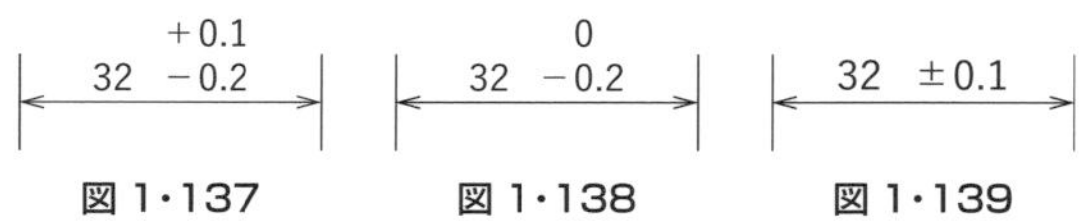

図 1･137　図 1･138　図 1･139

を上に，下の寸法許容差を下に重ねて記入する．いずれか一方の寸法許容差がゼロのときは，数字 0 で示(図 **1･138**）す．また，上下の寸法許容差が同じである場合には，寸法数値を一つとし，数値の前に±の記号を付けるのがよい（図 **1･139**）.

（2） 許容限界寸法による方法　二つの許容限界寸法を，最大寸法を上に，最小寸法を下に，重ねて記入してよい（図 **1･140**）.

なお寸法公差を，最大または最小のいずれか一方だけ許容すればよい場合には，寸法数値に“min.”または“max.”を付記しておけばよい（図 **1･141**）.

図 1･140　図 1･141

（3） 記号による方法　この方法には公差の数値の代わりに公差域クラス（**034** ページ参照）を用い，基準寸法の後に図 **1･142** のように記入すればよい.

必要があれば，これに寸法許容差あるいは限界寸法を，(　) を付けて付記すればよい（図 **1･143**, 図 **1･144**）.

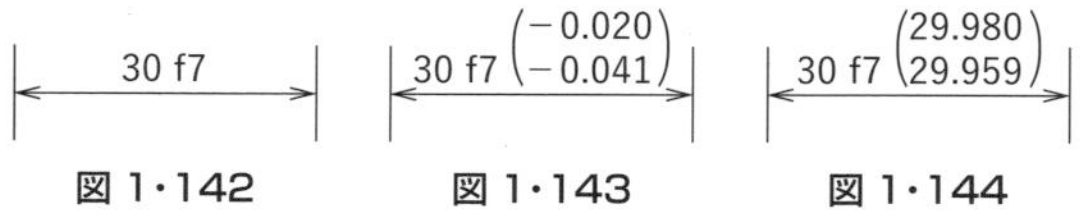

図 1･142　図 1･143　図 1･144

（4） 組立部品への記入法　これには 1 本の寸法線を用い，その上下に，それぞれ穴・軸の文字あるいは照合番号を明記して記入する（図 **1･145**，図 **1･146**）.

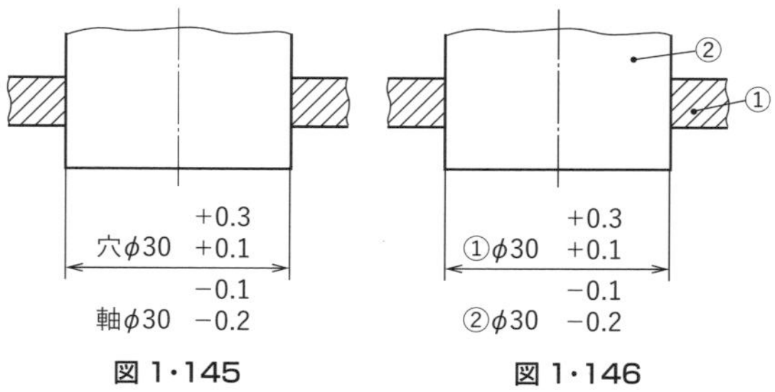

図 1･145　図 1･146

公差域クラスによる場合には，基準寸法を一つだけ書き，それに続けて，穴の公差域クラスを，軸の公差域クラスの前，または上側に記入する（図 **1･147**, 図**1･148**）.

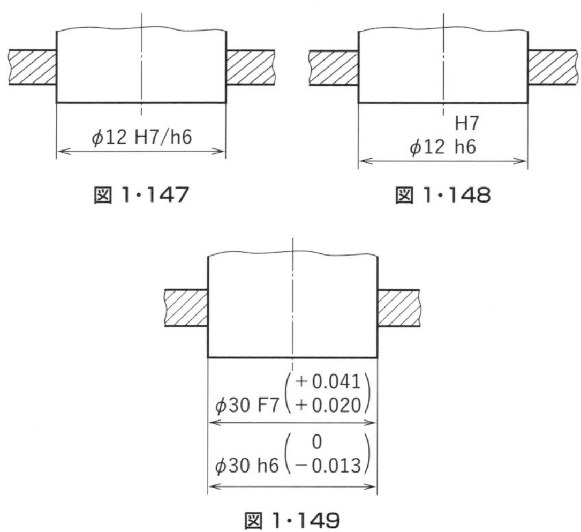

図 1･147　図 1･148

図 1･149

寸法許容差の数値を指示する必要があるときには，寸法記入を 2 段に分けて，図 **1･149** のようにすればよい.

12.1.3　角度の寸法公差の記入法

角度の寸法公差の記入に際しても，上述の長さの寸法の場合と同様に行えばよい．ただし基準寸法および端数の単位は必ず記入しなければならない（図 **1･150**，図 **1･151**）．角度許容差が，分単位または秒単位だけのときには，それぞれ 0°または 0° 0′を数値の前に付けておく.

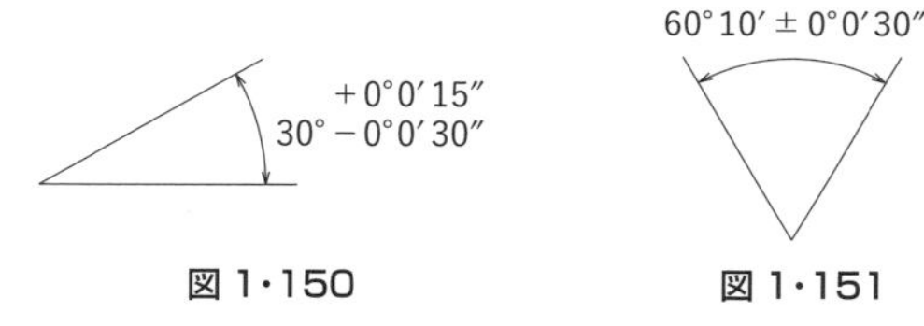

図 1･150　図 1･151

12.2　はめあい方式とその記入法

12.2.1　はめあい方式とは

機械の部分には丸い穴と軸をはめあわせた例が非常に多い．このような丸い穴と軸とがはまりあう関係をはめあいという．このようなはめあい部分では，その使用目的によって，固くはめあわせたり，ゆるくはめあわせたりするが，固すぎてもゆるすぎても使い物にならないから，精密に仕上げる必要がある.

はめあい関係にある穴と軸を加工する場合にも，前述した寸法公差を利用することができる．すなわち穴と軸のいずれにも，適宜な最大・最小許容寸法を定めておいて，その範囲内に仕上がりさえすれば，どれとどれを組合わせても，必要なはめあいが得られるはずである.

このように，穴と軸の双方に寸法公差を与え，その公差を管理することによりはめあいを管理する方法を，はめあい方式という．

はめあい方式によれば，相手方にまったく無関係に作業を進めても，また，無作為な組合わせにおいても，必要な機能を得ることができる．このように，部品のすべてが直ちに取り替えることのできる性質を，**互換性**という．

12.2.2 はめあいの種類

はめあいにおいて，大きい穴に小さい軸をはめれば，図 **1·152**(**a**)のようにすきまを生じ，反対に，小さい穴に大きい軸をはめれば，同図(**b**)のようにしめしろを生じる．これらの関係には次のような三つの場合がある．

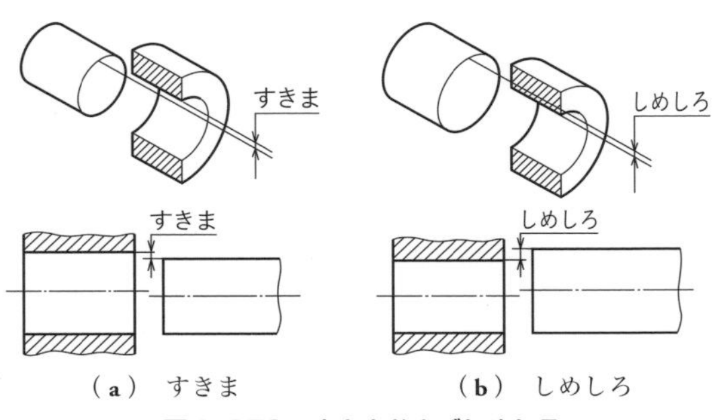

（**a**） すきま　　（**b**） しめしろ

図 1·152 すきまおよびしめしろ

（1） すきまばめ 穴と軸の間にすきまがあるはめあい．軸が穴を支えにして回転する場合などに用いる．

（2） しまりばめ 穴と軸にしめしろのあるはめあい．軸が穴にしっかりとはまって抜け出さないようにする場合などに用いる．

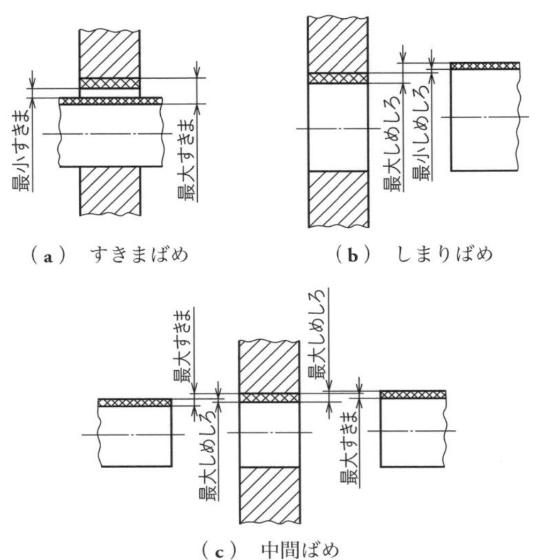

（**a**） すきまばめ　　（**b**） しまりばめ

（**c**） 中間ばめ

図 1·153 実際のすきまおよびしめしろ

（3） 中間ばめ 文字どおり両者の中間的なはめあいであるが，主として小さいしめしろが必要な場合に用いる．

以上において，図 **1·153** に示すように，すきまばめの場合には，穴の最小許容寸法と軸の最大許容寸法の差を**最小すきま**，穴の最大許容寸法と軸の最小許容寸法の差を**最大すきま**という．また，しまりばめの場合には，軸の最大許容寸法と穴の最小許容寸法の差を**最大しめしろ**，軸の最小許容寸法と穴の最大許容寸法の差を**最小しめしろ**という．

12.2.3 穴基準式と軸基準式

はめあい部分を工作する場合，次に述べるように，穴か軸のいずれか一方を基準にして工作する．

（1） 穴基準式 図 **1·154**(**a**)のように，穴を基準としてこれに一定の公差を与えておき，軸径の方をいろいろ変えて，各種のすきま，あるいはしめしろをもつはめあいを規定する方式．

（2） 軸基準式 同図(**b**)のように，軸を基準としてこれに一定の公差を与えておき，穴径の方をいろいろ変えて，各種のすきま，あるいはしめしろを規定する方式．

実際にはこれらの二つの基準式のうち，ごく特殊な例を除けば穴基準式の方が有利な場合が多い．

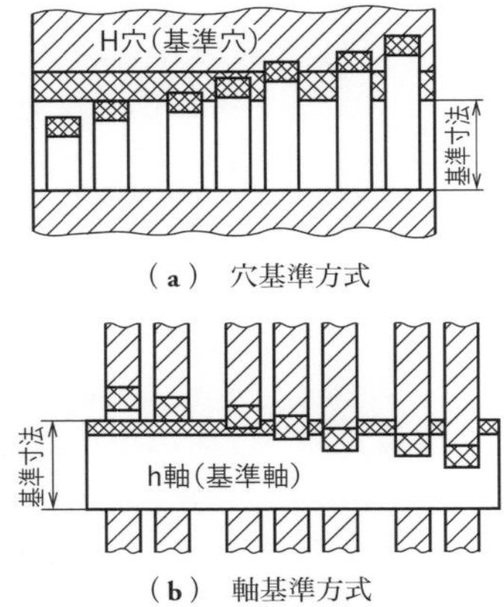

（**a**） 穴基準方式

（**b**） 軸基準方式

図 1·154 穴基準式と軸基準式

12.2.4 はめあいの種類と等級（公差域クラス）

はめあい方式では，穴基準の場合には，製品の寸法公差の大小によって，H 6，H 7，H 8，H 9 および H 10 の 5 種類の等級の穴を基準穴として用いる．

この場合のラテン文字の大文字 H は，基準穴であることを示し，数字 6，7 … 10 は，それぞれの公差の等級を示す．たとえば H 7 は，7 級の基準穴であるこ

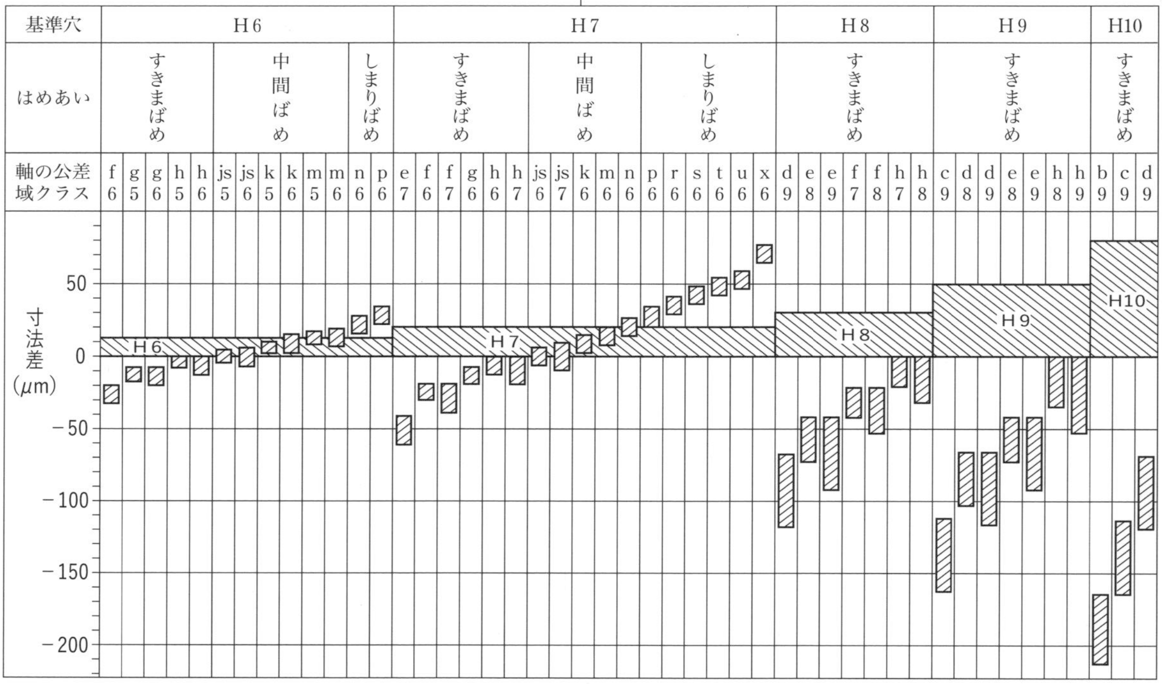

基準穴	はめあい	軸の公差域クラス
H6	すきまばめ	f6 g5 g6 h5 h6
	中間ばめ	js5 js6 k5 k6 m5 m6
	しまりばめ	n6 p6
H7	すきまばめ	e7 f6 f7 g6 h6 h7
	中間ばめ	js6 js7 k6 m6 n6
	しまりばめ	p6 r6 s6 t6 u6 x6
H8	すきまばめ	d9 e8 e9 f7 f8 h7 h8
H9	すきまばめ	c9 d8 d9 e8 e9 h8 h9
H10	すきまばめ	b9 c9 d9

図 1·155 多く用いられる穴基準はめあいにおける公差域の相互関係（図は，基準寸法 30 mm の場合を示す）

とを示している（図 **1·155**）.

そして，この基準穴にいろいろの種類の軸をはめあわせて必要なはめあいを得るわけである．この場合の軸の記号にはラテン文字の小文字を用い，h を中心として，g，f，e のようにアルファベットをさかのぼるごとに，軸の径は細くなり（すきまばめとなる），また j，k，m，n のようにアルファベットを先に進むごとに軸は太くなる（しまりばめとなる）ように，各種のものが用意されている．

これらの小文字の記号と等級を示す数字を組み合わせて，たとえば f 7，g 6 のように示すのであるが，このような穴の記号，あるいは軸の記号に等級を示す数字を組み合わせたものを，**公差域クラス**と呼んでいる．

軸基準の場合も穴・軸の記号が入れ替わる（大文字が小文字に，小文字が大文字になる）だけでほかは同様であるが，本書ではその説明は省略する．

なおこの図 **1·155** は，参考のために基準寸法 30 mm の場合の各種はめあいの状態を示したものであるが，基準寸法がこれ以外の場合でも，寸法許容差の値は変わるが，はめあいのだいたいの関係は変わらない．

12.2.5 はめあい方式の記入

12.1.2（3）を参照．

12.2.6 普通公差

法許容差の中には，はめあいのように機能的なものと，工作精度のように製作的なものがあって，本来ならば，図面上ではすべての寸法に公差を指定すべきであるが，実際問題として，あまり重要ではないところにまで公差を指定することは少ない．

ところがこのような場合には，必要以上に検査が厳しくなったり，緩やかになったりしやすいので，やはりなんらかの規制が必要である．そこで JIS では，個々に公差の指示がない場合の長さ寸法，および角度寸法に，一括して適用できるものとして，**普通公差**（**JIS B 0405：1991**「普通公差 — 第 **1** 部：個々に公差指示がない長さ寸法及び角度寸法に対する公差」）を定めている．

ここでは，金属の除去加工または板金成形を対象として，長さ寸法および角度寸法に対する普通公差を規定している．表 **1·9** ～表 **1·10** に一般の長さ寸法，面取り部分の長さ寸法および角度寸法の許容差を示す．

どの公差等級を選択するかは，表 **1·9** ～表 **1·10** のいずれも，基準寸法の区分ごとに，精級（f），中級（m），粗級（c）および極粗級（v）の 4 等級に分け，それぞれの許容値を定めているので，表題欄の中またはその付近に，この規格の何級によるということを，

表 1·9 面取り部分を除く長さ寸法に対する許容差（単位 mm）

公差等級		基準寸法の区分							
記号	説明	0.5*以上 3 以下	3 を超え 6 以下	6 を超え 30 以下	30 を超え 120 以下	120 を超え 400 以下	400 を超え 1000 以下	1000 を超え 2000 以下	2000 を超え 4000 以下
		許容差							
f	精級	±0.05	±0.05	±0.1	±0.15	±0.2	±0.3	±0.5	—
m	中級	±0.1	±0.1	±0.2	±0.3	±0.5	±0.8	±1.2	±2
c	粗級	±0.2	±0.3	±0.5	±0.8	±1.2	±2	±3	±4
v	極粗級	—	±0.5	±1	±1.5	±2.5	±4	±6	±8

〔注〕* 0.5 mm 未満の基準寸法に対しては，その基準寸法に続けて許容差を個々に指示する．
〔備考〕 角の丸みおよび角の面取り寸法については表 **1·10** 参照．

表 1·10 面取り部分の長さ寸法（角の丸みおよび角の面取り寸法）に対する許容差（単位 mm）

公差等級		基準寸法の区分		
記号	説明	0.5*以上 3 以下	3 を超え 6 以下	6 を超えるもの
		許容差		
f	精級	±0.2	±0.5	±1
m	中級			
c	粗級	±0.4	±1.0	±2
v	極粗級			

〔注〕* 0.5 mm 未満の基準寸法に対しては，その基準寸法に続けて許容差を個々に指示する．

表 1·11 角度寸法の許容差（単位 mm）

公差等級		対象とする角度の短いほうの辺の長さの区分				
記号	説明	10 以下	10 を超え 50 以下	50 を超え 120 以下	120 を超え 400 以下	400 を超えるもの
		許容差				
f	精級	±1°	±30′	±20′	±10′	± 5′
m	中級					
c	粗級	±1°30′	± 1°	±30′	±15′	±10′
v	極粗級	±3°	± 2°	± 1°	±30′	±20′

例のように記入しておけば，すべての寸法に公差の指示を行ったことになる．

〔**例**〕 JIS B 0405 − m

製図用紙に，輪郭や表題欄をあらかじめ印刷しておく場合には，その普通公差の必要部分を抜粋して，表題欄のそばに，印刷しておけば便利である．

これらの公差等級を選ぶときには，個々の現場で，通常に得られる加工の精度をとくに考慮して決定しなければならない．

12.3 幾何公差の記入法

12.3.1 幾何公差とは

前項で例に出した穴と軸は，必ずしもつねに正確な円筒形に仕上げられているとは限らない．むしろ逆にその断面は真円ではなく，また，軸線も真直でない場合が多い．したがって図 **1·156** のように，それぞれは寸法公差内に仕上がっていても，たとえば断面がゆがんでいたり，軸線が曲がっていたりして，組立てることができない場合も生じる．

このようなことは，穴と軸の場合に限らず，あらゆる形状の場合にもいえることである．したがって JIS では，形状や位置に対しても公差を与えて，これを図面に指示する方法を規定している．

このように，品物の形状や位置などの幾何学的形体に対して与えられる公差を，**幾何公差**という．たとえば図 **1·156**(**a**)のような場合には，幾何学的に正しい円（真円）からの狂いの大きさを真円度といい，その許容値を真円度公差という．同様にして同図(**b**)のような直線からの狂いを真直度といい，その許容値を真直度公差という．

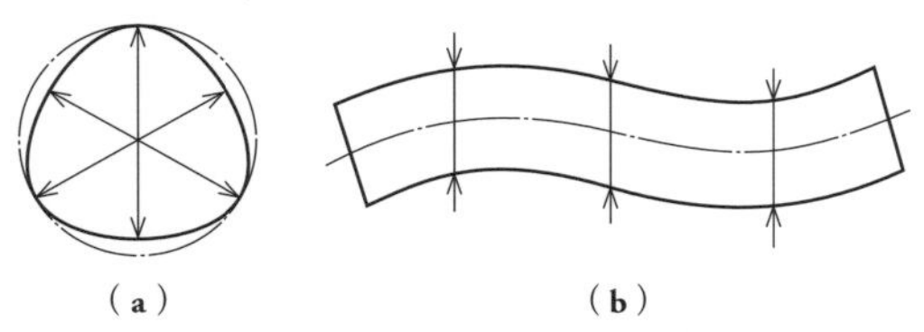

図 1·156 実際に仕上がった形状の例

以下同様にそれらの定義が定められている．

表 **1·12** は，JIS に定められた幾何公差の種類，およびそれらを図中に指示するときに用いる記号を示したものである．

表 1・12　幾何公差の種類と記号（抜粋）

適用する形体	公差の種類		記　号
単独形体	形状公差	真直度公差	—
		平面度公差	▱
		真円度公差	○
		円筒度公差	⌭
単独形体または関連形体		線の輪郭度公差	⌒
		面の輪郭度公差	⌓
関連形体	姿勢公差	平行度公差	//
		直角度公差	⊥
		傾斜度公差	∠
	位置公差	位置度公差	⌖
		同軸度公差または同心度公差	◎
		対称度公差	⌯
	振れ公差	円周振れ公差	↗
		全振れ公差	⌰

また，真直度公差，平面度公差などのように，それ自体に単独に公差が適用される形体を単独形体といい，平行度，直角度などのように，関連する相手があって適用される形体を関連形体という．なお，後者の場合，関連する相手側のことを**データム**といっている．したがって関連形体の幾何公差を記入する場合には，必ずこのデータムを明示しておかなければならない．

（a）円または球の中の領域

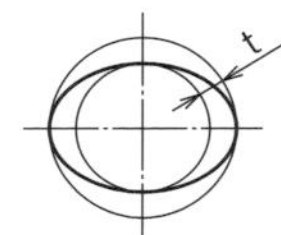

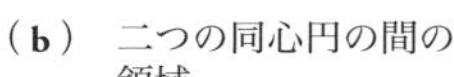

（b）二つの同心円の間の領域

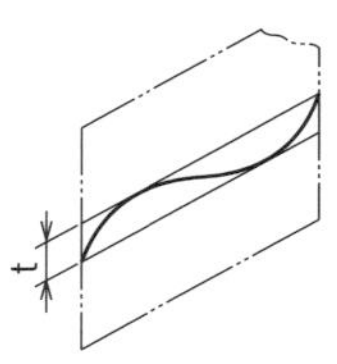

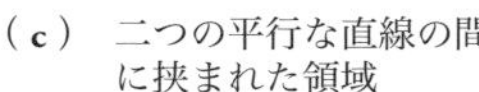

（c）二つの平行な直線の間に挟まれた領域

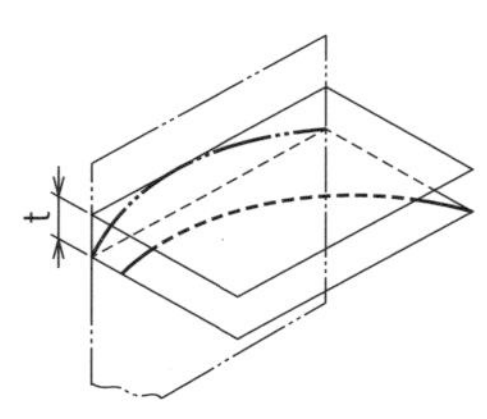

（d）二つの平行な平面の間に挟まれた領域

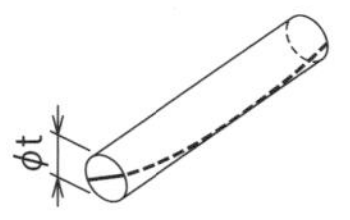

（e）円筒の中の領域

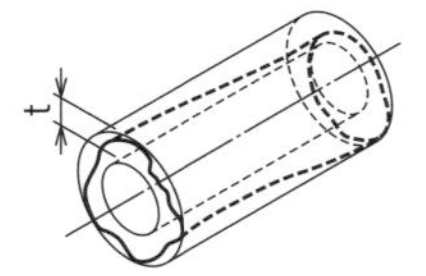

（f）二つの同軸の円筒の間に挟まれた領域

図 1・157　公差域の例

12.3.2　幾何公差における公差域

幾何公差において，形状の狂いは，寸法公差の場合のように2点間の距離だけではなく，一般に平面的あるいは空間的な広がりをもつことが多いので，その許容差の定め方は，円，線，平面あるいはそれらの組合わせによる領域を規制することによって行われる．この規制する領域を**公差域**という（図 1・157）．

このように幾何公差では，それぞれに適した公差域を指定し，規制される形体が，それらの領域内にありさえすれば，どのように偏っていようが曲がっていようが許されるのである．

12.3.3　幾何公差の図示方法

幾何公差を図中に記入するときには，図 1・158 のような公差記入枠を用い，縦線で区切って，必要事項を記入し，指示線によって適用する部分に結べばよい．

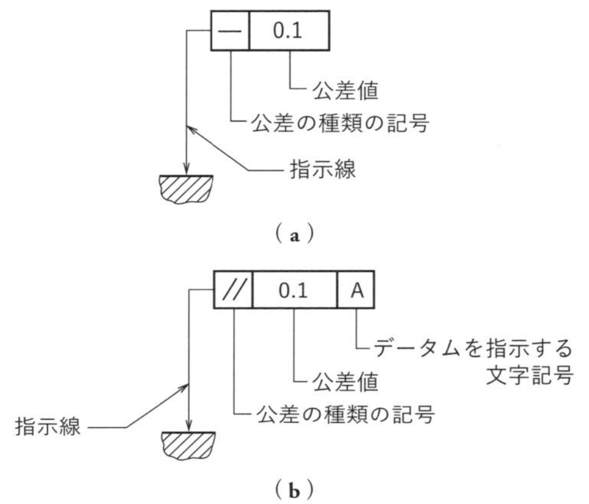

図 1・158　公差記入枠

表 1・13 に幾何公差の図示例と，その公差域を示す．

なお関連形体において，データムを記入するには，公差記入枠の右端に区切りを設け，データムを示す文字をラテン文字の大文字を用いて記入し，一方データム部分には，その付近に図 1・159 のように，データムを示す文字を書いて正方形の枠で囲み，データムであることを示す塗りつぶした直角三角形（データム三角形という）をデータムとなる部分に当てて，両者を結んでおけばよい．

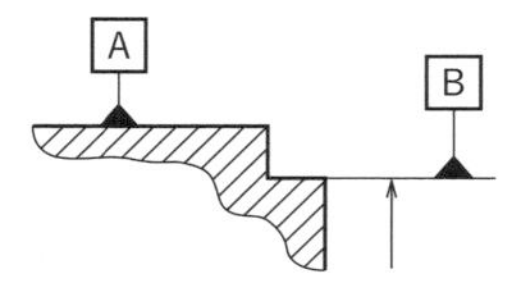

（a）線または面がデータムのとき

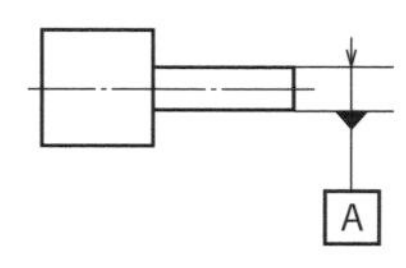

（b）軸線がデータムのとき

図 1・159　データムの図示方法

表 1・13　幾何公差の図示例とその公差域

	図　示　例	公　差　域
真直度	一定方向の真直度（円筒の場合） 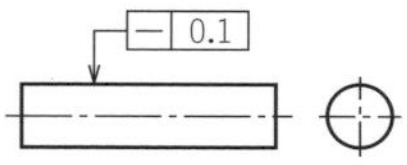 —｜0.1	0.1 mm の間隔をもつ，互いに平行な二つの平面の間の空間 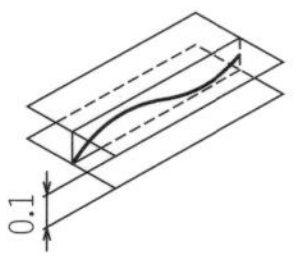 0.1
平面度	一般の平面度 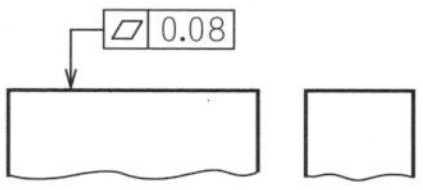 ▱｜0.08	0.08 mm の間隔をもつ，互いに平行な二つの平面の間の空間 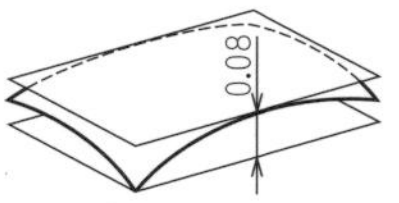 0.08
真円度	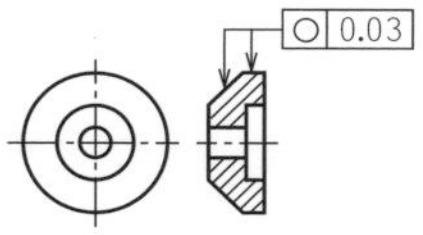 ○｜0.03	半径が 0.03 mm の差をもつ，同軸の二つの円の中間部．これは，軸線に直角な任意の横断面に適用 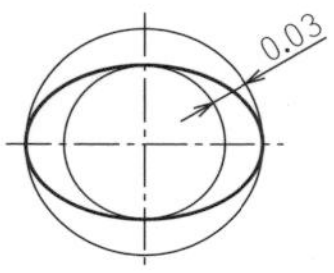 0.03
円筒度	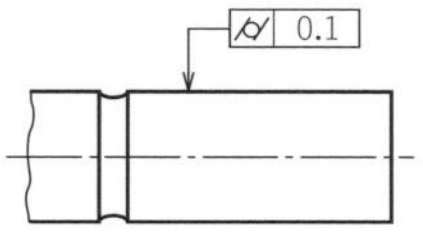 ⌭｜0.1	半径が 0.1 mm の差をもつ，同軸の二つの円筒の間の空間 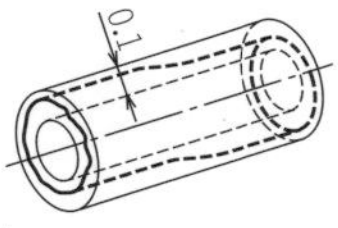 0.1
線の輪郭度	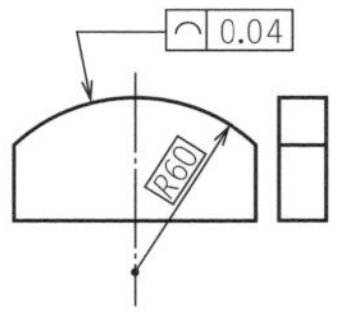 ⌒｜0.04 R60	定められた幾何学的な輪郭線上のあらゆる点に中心をもつ，直径 0.04 mm の円を包絡する二つの曲線の中間部 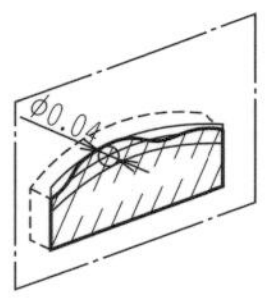 ϕ0.04
面の輪郭度	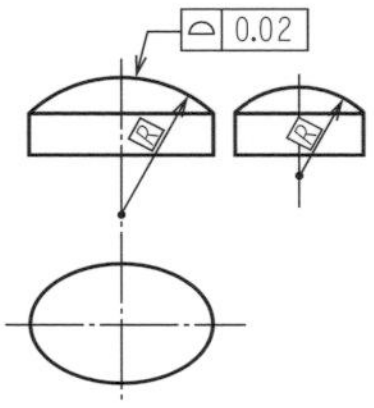 ⌓｜0.02 R　R	定められた幾何学的な輪郭線上のあらゆる点に中心をもつ，直径 0.02 mm の球で包絡される二つの曲面の間の空間 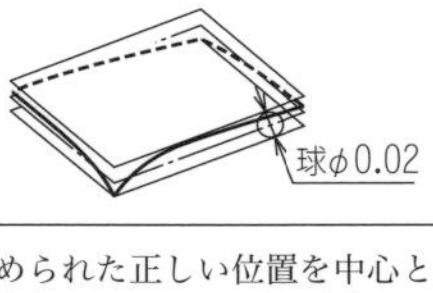 球ϕ0.02
位置度	平面上の点の位置度 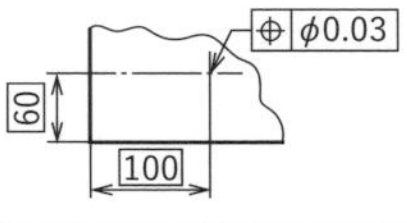 ⌖｜ϕ0.03 60　100	定められた正しい位置を中心とする直径 0.03 mm の円の内部 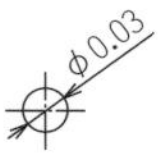 ϕ0.03
平行度	直線部分の基準直線に対する縦方向の平行度（穴の軸線の場合） 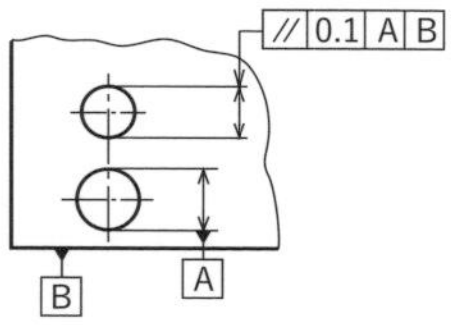 //｜0.1｜A｜B B　A	基準直線を含む平面に直交し，0.1 mm の間隔をもつ，互いに平行な二つの平面の間の空間 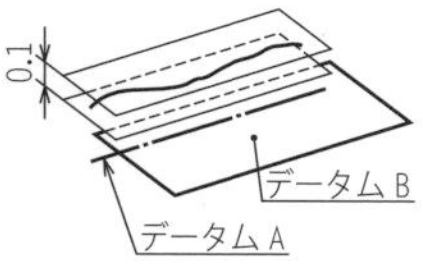 0.1 データム B データム A
直角度	直線部分の基準直線に対する直角度（穴の軸線を基準とする場合） 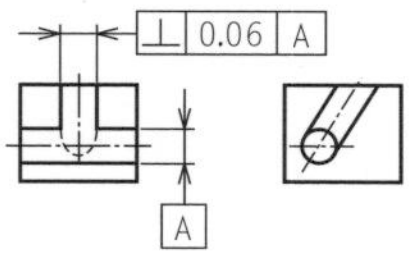 ⊥｜0.06｜A A	基準直線に直角に 0.06 mm の間隔をもつ，互いに平行な二つの平面の間の空間 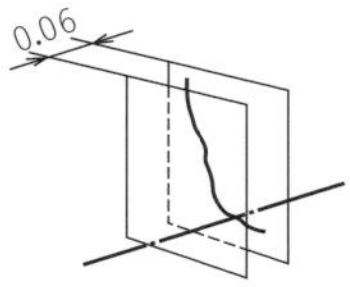 0.06
傾斜度	直線部分と基準直線が同一平面上にない場合の傾斜度（穴と円筒の軸線の場合） 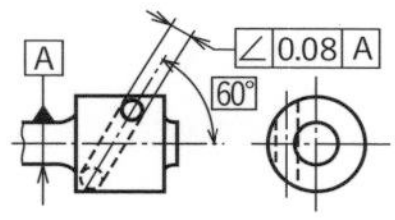 ∠｜0.08｜A A　60°	基準直線に 60°傾斜し，図示された矢の方向に 0.08 mm の間隔をもつ，互いに平行な二つの平面の間の空間 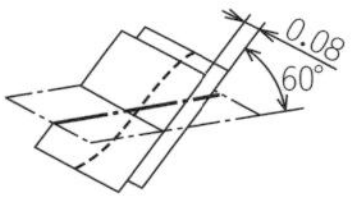 0.08　60°
同軸度	円筒部分の同軸度 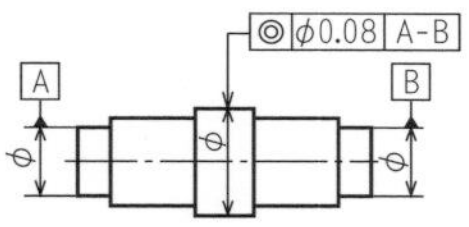 ◎｜ϕ0.08｜A-B A　B　ϕ　ϕ　ϕ	基準軸線と同軸の直径 0.08 mm の円筒内部の空間 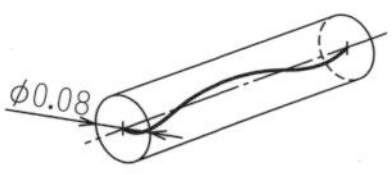 ϕ0.08
対称度	軸線の基準中心平面に対する一定方向の対称度 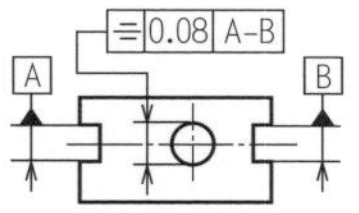 ≡｜0.08｜A-B A　B	溝 A および B の共通する基準中心平面を中心として 0.08 mm の間隔をもつ，互いに平行な二つの平面の間の空間 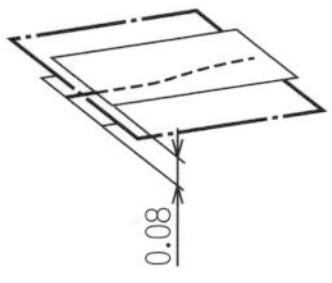 0.08
振れ	半径方向の振れ（円筒面の場合） 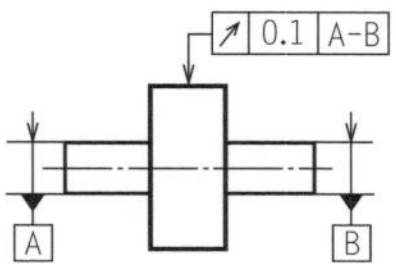 ↗｜0.1｜A-B A　B	矢の方向の測定平面内で，振れが 0.1 mm を超えないこと 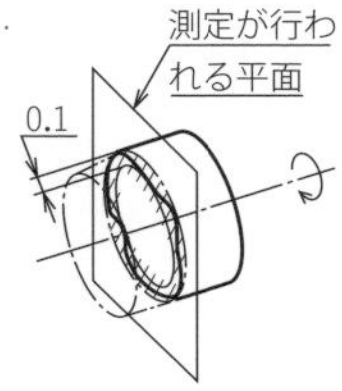 測定が行われる平面 0.1

〔**備考**〕 公差域欄で用いている線は，次の意味を表している．
太い実線　　：実　体
太い一点鎖線：基準直線，基準平面，基準軸線または基準中心平面
細い実線　　：公差域
細い一点鎖線：中心線および補足の投影面

13.　表面性状の図示方法

13.1　表面性状について

機械部品や構造部材などの表面を見ると，鋳造，圧延などのままの生地の部分と，刃物などで削り取った部分があることがわかる．この場合，後者のように，削り取る加工のことを，とくに**除去加工**という．

また除去加工と否とを問わず，その表面にはざらざらからすべすべに至るまでさまざまな凹凸の段階があることがわかる．この段階のことを**表面粗さ**という．

さらに製品の表面には，加工によってさまざまな筋目模様を印されている．これを**筋目方向**という．

13.2　表面性状パラメータについて

パラメータとは，ある事柄の性質を計る物差しのようなものであるが，以前では表面の性質を計るパラメータは 6 種類だけであったが，表面性状測定機のデジタル化に伴い，その性能が飛躍的に進歩して，数十を超えるパラメータが規定されるに至った．しかし，ごく普通に使用されるパラメータは，次に説明する輪郭曲線パラメータのうちの粗さ曲線の数種類に過ぎないので，他のパラメータの説明は省略する．

13.3　輪郭曲線・断面曲線・粗さ曲線・うねり曲線

表面粗さの測定は，一般に触針式表面粗さ測定機を用いて行う（図 **1・160**，図 **1・161**）．

測定面を筋目方向に直角に触針によってなぞり，得られた**輪郭曲線**から，λs 輪郭曲線フィルタによって粗さ成分より短い波長成分を除去した曲線を**断面曲線**という（図 **1・162**）．この曲線には，細かい凹凸の成分と，より大きい波の**うねり成分**を含んでおり，両者を分離するため λc 輪郭曲線フィルタ，λf 輪郭曲線フィルタによって片方を除去したものがそれぞれ**粗さ曲線**および**うねり曲線**である．

粗さ曲線は，一般に表面のなめらかさが問題になる場合に広く用いられる．

うねり曲線は粗さよりも波長の長い波であるから，流体の漏れが問題になる表面などに使用される．

断面曲線は，漏れのほかに摩耗が問題になる場合などに使用される．

これらの曲線は，初学者には理解しにくいと思われるが，実際にはすべて機械によりデジタル化して記録される．ハイブリッドの表面性状測定機では，その輪郭形状解析機能は，平面は無論のこと，半径，距離，角度など多彩な寸法測定が可能となり，表面粗さ解析機能では，1 回の測定で上記のあらゆるパラメータに対応することができる．

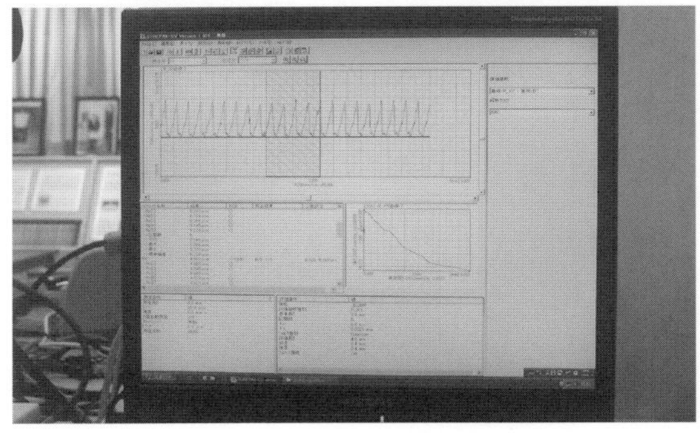

図 1・160　ハイブリッド表面性状測定機（上）とその操作画面

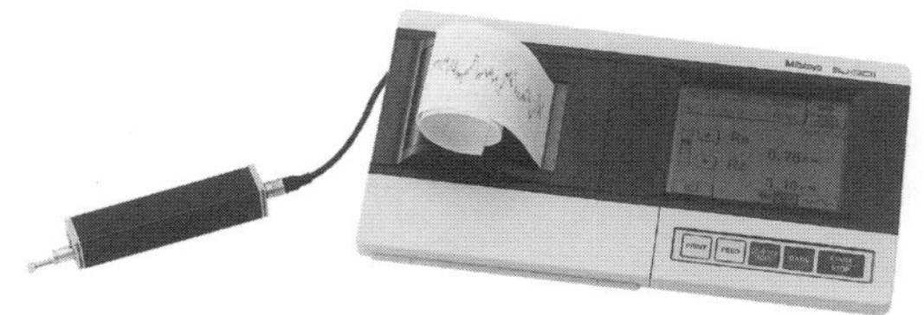

図 1・161　可搬式表面性状測定機

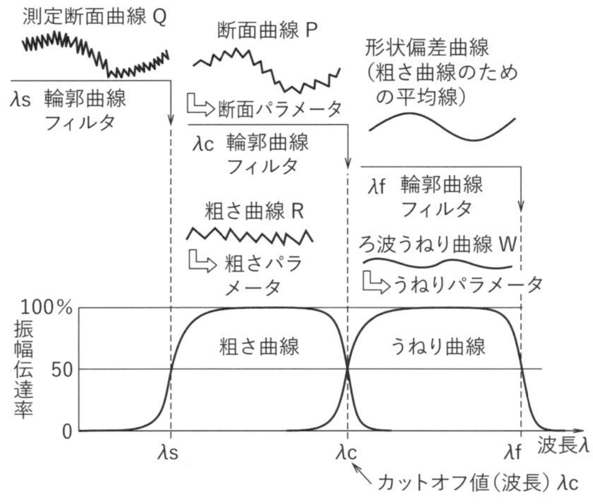

図 1・162　断面曲線・粗さ曲線・うねり曲線

表 1·14　粗さパラメータ記号（JIS B 0031：2003 附属書より）

	高さ方向のパラメータ										横方向のパラメータ	複合パラメータ	負荷曲線に関連するパラメータ		
	山および谷						高さ方向の平均								
粗さパラメータ	*Rp*	*Rv*	*Rz*	*Rc*	*Rt*	Rz_{JIS}	*Ra*	*Rq*	*Rsk*	*Rku*	Ra_{75}	*RSm*	*RΔq*	*Rmr*（*c*）	*Rδc*	*Rmr*

その操作の一例をあげれば，まず対象物の輪郭曲線を測定して液晶操作画面に表示させ，そこに列挙されたパラメータのうち必要なものを選んでクリックすれば，たちどころにその数値が計算され，表示されるというものである．

また，このような大型の測定機でなくとも，小形の可搬式測定機（図 **1·161**）でも，それなりに 10 数種類のパラメータに対応することができるといわれている．

13.4　輪郭曲線パラメータ

表 **1·14** に輪郭曲線から計算されたパラメータのうち，粗さパラメータとその記号を示す．ただし現在においては，情報の不足などにより誰もが多種のパラメータを駆使できる状況ではないので，本書ではこれらのパラメータのうち，以前から広く用いられていた**算術平均粗さ *Ra***，**最大高さ粗さ *Rz*** および**十点平均粗さ Rz_{JIS}** などのパラメータについて説明を行うこととする．実際，一般機械部品の加工表面では，これらのパラメータで指示すれば十分であるとされている．

図 **1·163** に，これらのパラメータの説明を示す．

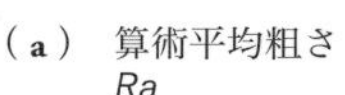

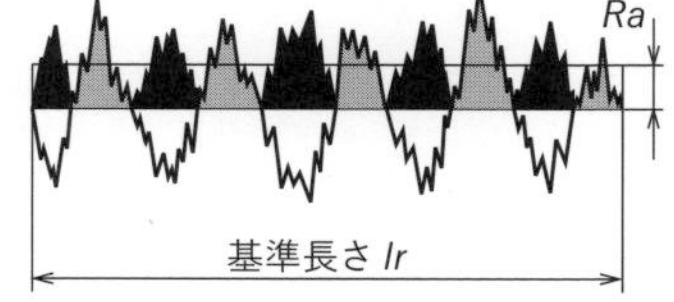

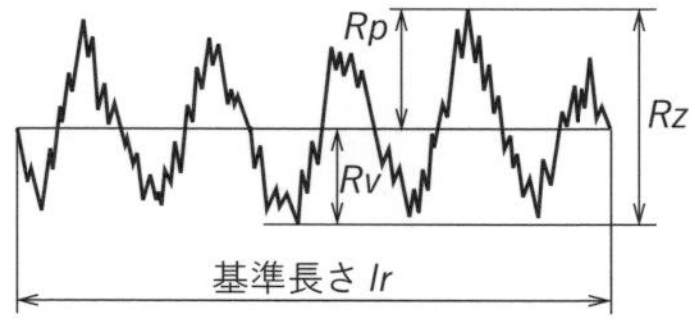

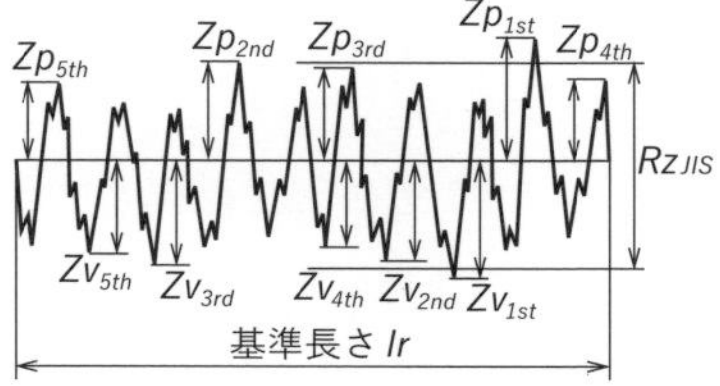

図 1·163　粗さ測定法の種類

13.5　その他の用語解説

① **カットオフ値**　輪郭曲線パラメータでは，表面の凹凸の低周波部分（うねりの成分）を除くために，電気回路に高域フィルタを入れてカットしているが，その利得が 50%になる周波数の波長．

② **基準長さ**　粗さ曲線からカットオフ値の長さを抜き取った部分の長さ．

③ **評価長さ**　最大断面高さの場合などでは，基準長さでは短すぎて評価が十分になされないので，一つ以上の基準長さを含む長さ（一般にはその 5 倍とする）を取り，これを評価長さという．

④ **平均線**　断面曲線の抜き取り部分におけるうねり曲線を直線に置き換えた線．

⑤ **抜き取り部分**　粗さ曲線からその平均線の方向に基準長さだけ抜き取った部分．

⑥ **16%ルール**　パラメータの測定値のうち，指示された要求値を越える数が 16%以下であれば，この表面は要求値を満たすものとするルールであり，これを標準ルールとする．

⑦ **最大値ルール**　対象域全域で求めたパラメータのうち，一つでも指示された要求値を越えてはならないというルール．このルールに従うときには，パラメータの記号に“max”を付けなければならない．

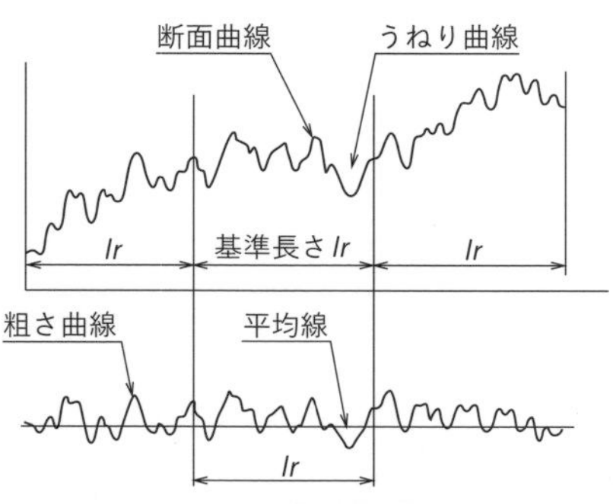

図 1·164　断面曲線と粗さ曲線

13.6　表面性状の図示方法

13.6.1　表面性状の図示記号

表面性状を図示するときは，その対象となる面に図 **1·165** に示すような記号をその外側から当てて示すことになっている．

（a）基本図示記号　（b）除去加工をする場合　（c）除去加工をしない場合

図 1・165　表面性状の図示記号

同図（a）は基本図示記号を示したもので，約 60°傾いた長さの異なる 2 本の直線で構成する．この記号は，その面の除去加工の要否を問わない場合，あるいは後述する簡略図示の場合に使用する．

同図（b）は，対象面が除去加工を必要とする場合に，記号の短い方の線に横線を付加して示す．

また，対象面が除去加工をしてはならないことを示す場合には，同図（c）のように，記号に内接する円を付加して示す．

これらの図示記号に表面性状の要求事項を指示する場合には，図 **1・166** のように，記号の長い線の方に適宜な長さの線を引き，その下に記入することになっている．

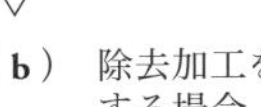

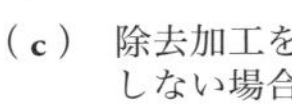

（a）除去加工の有無を問わない場合　（b）除去加工をする場合　（c）除去加工をしない場合

図 1・166　要求事項を指示する場合の表面性状の図示記号

13.6.2　表面性状の要求事項の指示位置

表面性状の図示記号に要求事項を指示するときは，図 **1・167** に示す位置に記入することになっている．

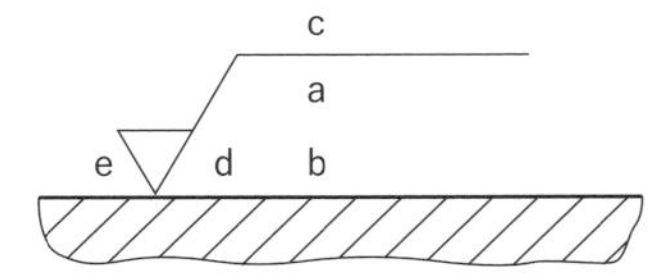

a：通過帯域または基準長さ，パラメータとその値
b：二つ以上のパラメータが要求されたときの二つ目以上のパラメータ指示
c：加工方法　d：筋目およびその方向　e：削り代

図 1・167　表面性状の要求事項を指示する位置

なお図の a の位置には，必要に応じ種々の要求事項が記入される場合があるが，その大半には標準値が定められているので，それに従う場合には，パラメータの記号とその限界値だけを記入しておけばよい．ただし，この場合，記号と限界値の間隔は，ダブルスペース（二つの半角スペース）としなければならない（図 **1・168**）．スペースをあけないと，評価長さと誤解されるためである．

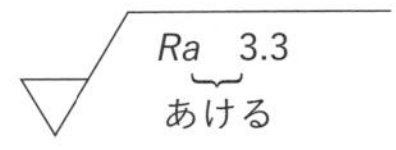

図 1・168　記号と許容限界値のあき

URa 0.9
LRa 0.3

図 1・169　上限・下限の指示

なお，許容限界値に上限と下限が用いられることがあるが，この場合には上限値には U，下限値には L の文字を用い，上下 2 列に記入すればよい（図**1・169**）．

また，d の位置には筋目方向を記入するが，これには表 **1・15** に示す記号を用いて記入することになっている．

13.6.3　表面性状図示記号の記入方法

（1）　一般事項　表面性状図示記号（以下，図示記号という）は，図 **1・170** に示すように，対象面に接するように，図面の下辺または右辺から読めるように記入する．この場合，図形の下側および右側にはそのまま記入できないので，同図の下，右に示すように外形線から引き出した引出線を用いて記入しなければならない．

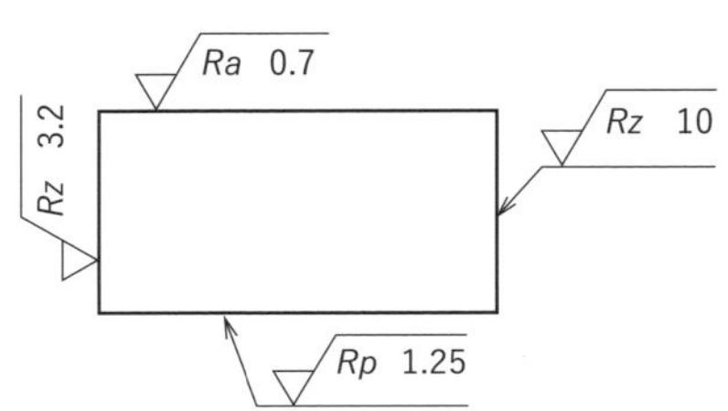

図 1・170　表面性状の図示記号の向き

表 1・15　筋目方向の記号

記　号	=	⊥	X	M	C	R	P
意　味	筋目の方向が記号を指示した図の投影面に平行	筋目の方向が記号を指示した図の投影面に直角	筋目の方向が記号を指示した図の投影面に斜めで 2 方向に交差	筋目の方向が多方向に交差	筋目の方向が記号を指示した面の中心に対してほぼ同心円状	筋目の方向が記号を指示した面の中心に対してほぼ放射状	筋目が粒子状のくぼみ，無方向または粒子状の突起
説明図	=	⊥	×	M	C	R	P

対象面が線でなく面の場合には，端末記号を矢でなく黒丸にすればよい．

（2） 外形線または引出線に指示する場合 図示記号は，外形線（またはその延長線）に接するか，対象面から引き出された引出線に接するように記入する（図**1･171**）．また，同一図示記号を接近した2箇所に指示する場合には，図示のように矢印を分岐して当てる．

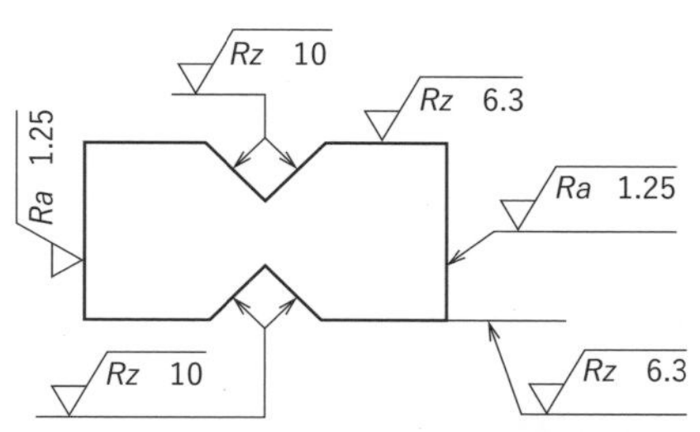

図 1･171 表面を表す外形線上に指示した表面性状の要求事項

（3） 寸法補助線に記入する場合 図示記号は，図**1･172**のように，寸法補助線に接するか，寸法補助線に接する引出線に，矢印で接するように指示する．

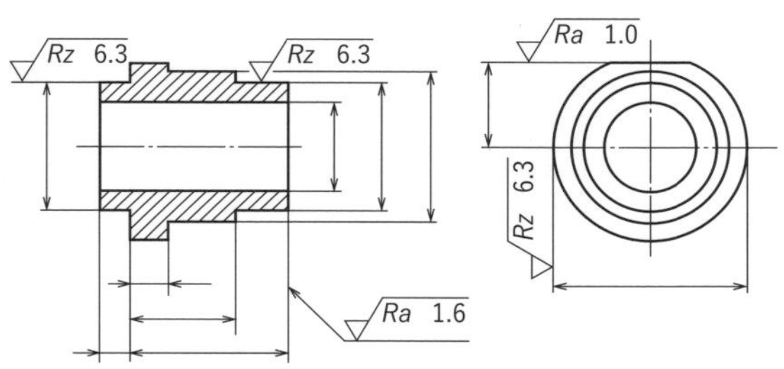

図 1･172 寸法補助線に記入する場合

（4） 円筒表面に指示する場合 中心線によって表された円筒表面または角柱表面（角柱の各表面が同じ表面性状である場合）では，図示記号はどちらかの片側に1回だけ指示すればよい〔図**1･173(a)**〕．

ただし角柱の場合，その各面に異なった表面性状を要求する場合には，角柱の各表面に対して個々に指示しなければならない〔同図(**b**)〕．

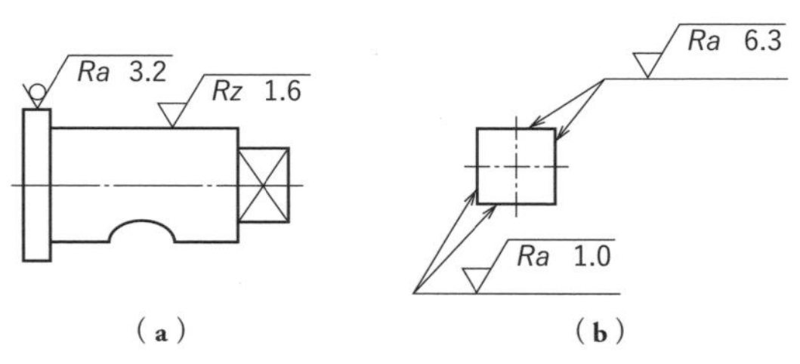

図 1･173 円筒面および角柱面への記入

（5） 部品一周の全面に同じ図示記号を指示する場合 図面に閉じた外形線によって表された部品一周の全周面に同じ表面性状が要求される場合には，図**1･174(a)**のように，図示記号の交点に丸記号を付けておけばよい（**CHAPTER 4**の製作図**26**参照）．

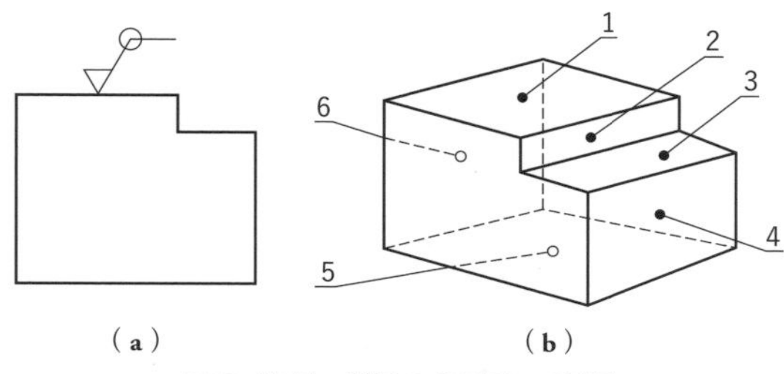

図 1･174 部品の全周面への記入

13.6.4 表面性状の要求事項の簡略図示

（1） 大部分の表面が同じ図示記号の場合 部品の大部分に同じ図示記号を指示する場合には，大部分の図示記号を，図面の表題欄のかたわら，もしくは図のそばの目立つ所に指示し，その後にかっこで囲んだ何も付けない基本図示記号〔前ページ図**1･165(a)**参照〕を記入しておく一方，部分的に異なった図示記号を，図の該当する部分に指示する（図**1･175**）．

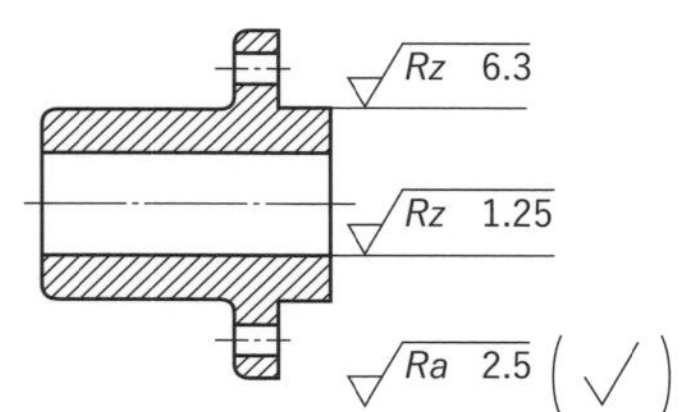

図 1･175 大部分が同一の表面性状の場合

（2） 指示スペースが限られた場合 図**1･176**のように，図中には文字付き簡略図示記号を用い，適宜な箇所にその意味を示しておけばよい．

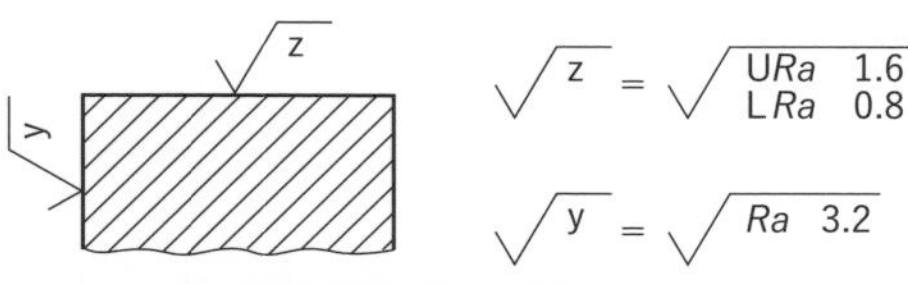

図 1･176 要求事項の簡略図示（文字付き図示記号による場合）

（3） 図示記号だけによる場合 同じ図示記号が部品の大部分で用いられる場合には，対象面に図**1･177**に示す簡略図示記号を用い，適宜な箇所にそれぞれの意味を示しておけばよい．

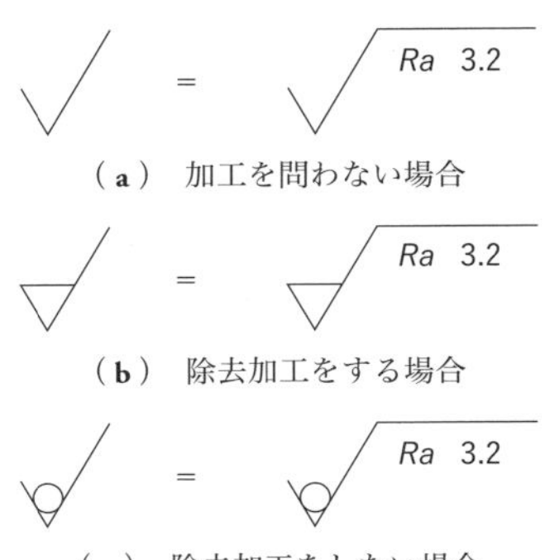

（a） 加工を問わない場合

（b） 除去加工をする場合

（c） 除去加工をしない場合

図 1・177 要求事項の簡略図示（図示記号だけによる場合）

14. 機械要素の略画法

ねじ部品とか歯車などの機械要素は，その形や寸法がJISによって規定されている．したがってこのような部品などは，いちいち正確に製図することは非常に能率を阻害するので，以下説明するような定められた略画法によって簡単に図示することとしている．

14.1 ねじ製図

14.1.1 ねじの図示法

（1） 実形図示 ねじの実形図示は，ねじの組立てられた状態の説明などのために描かれるものであるが，非常に手数を要するので，どうしても必要な場合にだけ使用するのがよい．しかし実形とはいっても，ねじのピッチや形状などは厳密な尺度によらないでよく，またつる巻き線は直線で表せばよい（図 **1・178**, 図 **1・179**）．

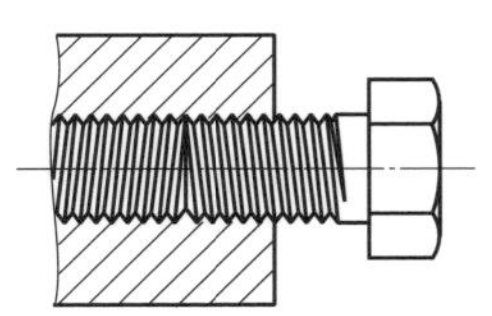

図 1・178 ねじのはまり合い

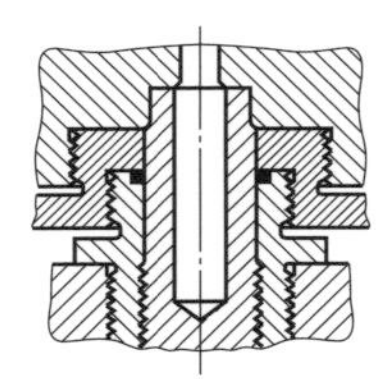

図 1・179 ねじの組立断面図

（2） 通常図示 通常，すべての種類の製図では，ねじおよびねじ部品は，図 **1・180** ～図 **1・182** に示すように，単純に描けばよい．

① ねじの外観および断面図では，ねじ山の頂を連ねた線（おねじの外径線，めねじの谷径線）は太い実線で，ねじの谷底を連ねた線（おねじ，めねじの谷径線）は細い実線で描く．

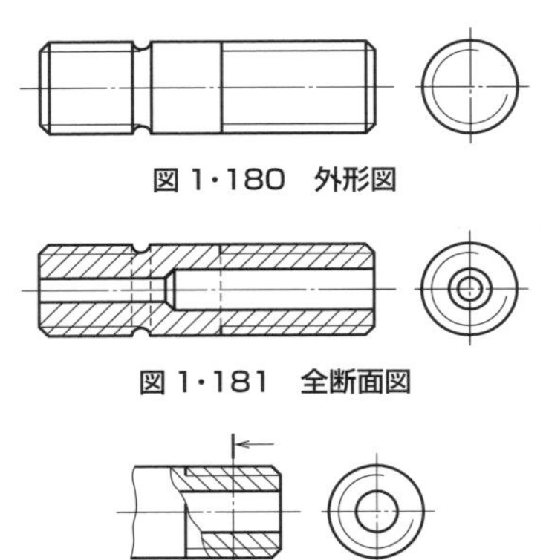

図 1・180 外形図

図 1・181 全断面図

図 1・182 部分断面図

② ねじの端面から見た図では，ねじの谷底は，図 **1・183** および図 **1・184** に示すように，細い実線で描いた円周のほぼ 3/4 の欠円で示す．この場合，できれば右上方に 4 分円をあけるのがよいが，やむをえない場合には他の位置にあってもよい．なお，端面から見た図では，面取り円を表す太い線は，一般に省略する．

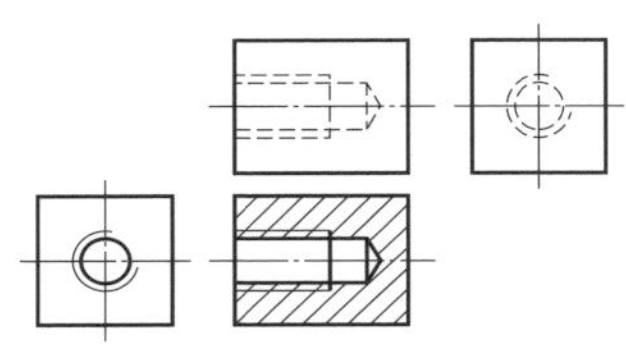

図 1・183 かくれたねじの表示

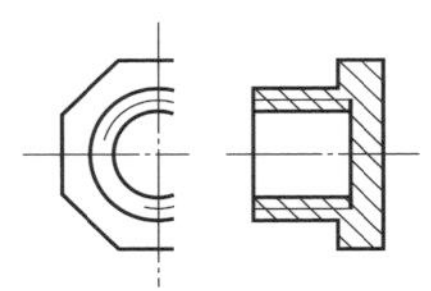

〔参考〕 ねじを加工する際に必要な，不完全ねじ部または逃げ溝を図示するのがよい．

図 1・184 断面図と端面図

③ かくれたねじを表すには，ねじを表すすべての線を，細い破線で描けばよい（図 **1・183**）．

④ 断面図で示すねじ部品にハッチングを施す場合には，ハッチングはねじの山の頂を示す線まで延ばして引く（図 **1・183** 参照）．

⑤ ねじ部の長さの境界を示す線は，それが見える場合には太い実線で図示するが，見えない場合には細い破線で図示するか，または省略してもよい．

⑥ 図 **1・185** に示すような完全ねじ部を越えた部分を不完全ねじ部といい，一般には図示しないでもよいが，図 **1・186** の植込みボルトの植込み部のように，機能上必要な場合（植込みボルトではこの部分までしっかりとねじ込む），あるいはこの部分の寸法を記

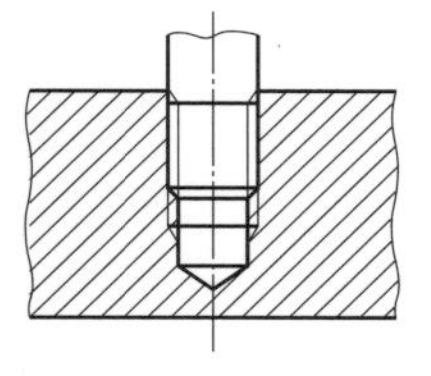
図 1·185

図 1·186　めねじの不完全ねじ部

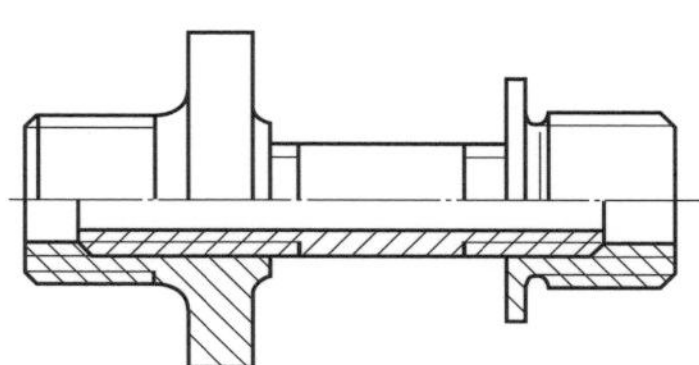
図 1·187　ねじ部品の組立図

入する場合には，傾斜した細い実線で示す．

⑦　組立てられたねじ部品では，おねじ部品を優先し，おねじ部品がめねじ部品をかくした状態で示すこととなっている（図 **1·187**）．

⑧　ねじ長さ寸法は一般に必要であるが，止まり穴深さは，通常，省略してもよい（図 **1·188**）．指定しない場合は，ねじ長さの 1.25 倍程度に描く．また，図 **1·189** に示すような簡単な表示を使用してもよい．

（3）　簡略図示　ねじをもっとも簡略に図示する場合には，ねじ部品の必要最小限の特徴だけを示せばよく，次の特徴は描かない．

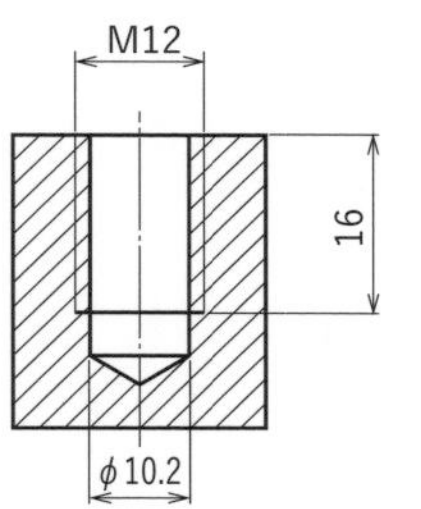

図 1·188　止まり穴深さの省略

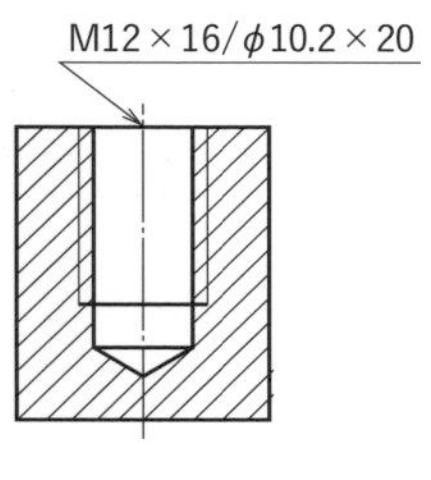

図 1·189　引出線による簡略化

ナットおよび頭部の面取り，不完全ねじ部，ねじ先の形状，逃げ溝．

①　ねじの頭の形状，ねじ回し用の穴などの形状，またはナットの形状を示すには，表 **1·16** に示す簡略図示の例を使用すればよい．なお，この図に示してない特徴の組合わせも使用してよい．

②　図面上の直径が 6 mm 以下の小径のねじや，規則的に並ぶ同一形状，同一寸法のねじ，または穴では，もっと簡略した図示法（図 **1·190** ～図 **1·193**）を用いてもよい．

14.1.2　ねじの表し方

ねじには，その種類，寸法およびピッチなどによってさまざまなものがあるので，JIS では，表 **1·17** に

表 1·16　ボルト・ナット・小ねじの簡略図示

No.	名称	簡略図示	No.	名称	簡略図示
1	六角ボルト		9	十字穴付き皿小ねじ	
2	四角ボルト		10	すりわり付き止めねじ	
3	六角穴付きボルト		11	すりわり付き木ねじおよびタッピンねじ	
4	すりわり付き平小ねじ（なべ頭形状）		12	ちょうボルト	
5	十字穴付き平小ねじ		13	六角ナット	
6	すりわり付き丸皿小ねじ		14	溝付き六角ナット	
7	十字穴付き丸皿小ねじ		15	四角ナット	
8	すりわり付き皿小ねじ		16	ちょうナット	

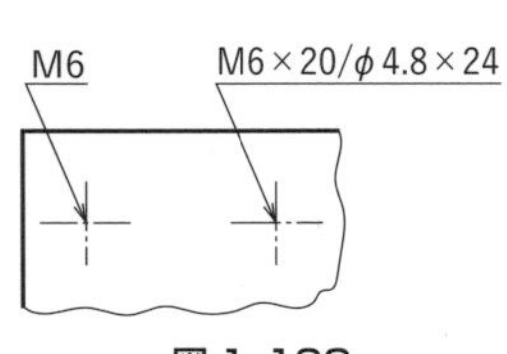

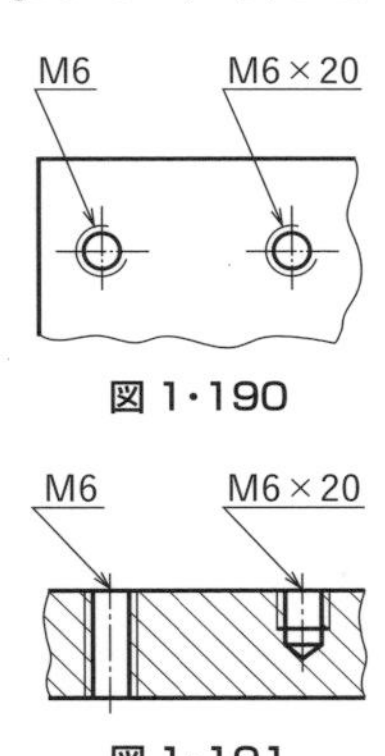

図 1·190

図 1·191

図 1·192

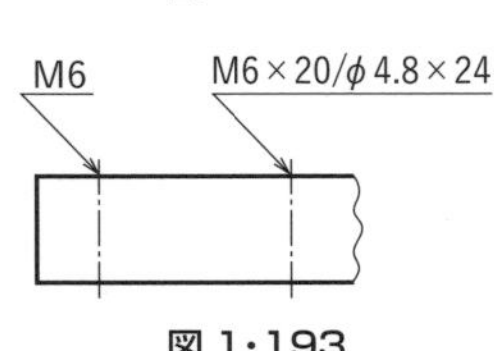

図 1·193

表 1·17 ねじの種類を表す記号およびねじの呼びの表し方の例（JIS B 0123：1999 抜粋）

区分	ねじの種類		ねじの種類を表す記号	ねじの呼びの表し方の例	引用規格
ピッチを mm で表すねじ	一般用メートルねじ	並目	M	M10	**JIS B 0209-1**
		細目		M10×1	**JIS B 0209-1**
	ミニチュアねじ		S	S 0.5	**JIS B 0201**
	メートル台形ねじ		Tr	Tr 12×2	**JIS B 0216**
ピッチを山数で表すねじ	管用テーパねじ	テーパおねじ	R	R ¾	**JIS B 0203**
		テーパめねじ	Rc	Rc ¾	
		平行めねじ	Rp	Rp ¾	
	管用平行ねじ		G	G ⅝	**JIS B 0202**
	ユニファイ並目ねじ		UNC*1	½ − 13 UNC	**JIS B 0206**
	ユニファイ細目ねじ		UNF*2	No. 6 − 40 UNF	**JIS B 0208**

〔注〕 *1 UNC … unified national coarse の略．*2 UNF … unified national fine の略．

示すような，ねじの呼びというものを用いて，そのねじを特定することになっている．

これによれば，まずねじの種類を表すラテン文字の記号（メートルねじでは M）に，そのねじの呼び径を表す数字（たとえば 10 mm では 10）を組合わせて M10 として表す．しかしメートルねじ“並目”では，一つの呼び径に一つのピッチしか定めていないからこれでよいが，メートルねじ“細目”などでは複数のピッチのものが定めてあるので，そのピッチがたとえば 1 mm である場合には，“×”の記号を用いて M10×1 として表す．

このほか，インチ系のねじの場合には，ピッチを 1 インチ当たりの山数で表すが，この場合には“×”の記号ではなく，ハイフン“−”を用いることになっている．

なお，ねじにはそれぞれいくつかの等級が定めてあって，必要があれば上記の呼びの後に追記することになっているが，本書では説明を省略する．

14.2 歯車製図

14.2.1 歯車の図示法

インボリュート歯車の製図については，歯車製図（**JIS B 0003：2012**）に規定された略画法を用いて図示することになっている．この場合の線の使用法は，次のとおりである．

歯先円 … 太い実線
基準円 … 細い一点鎖線
歯底円 … 細い実線
歯すじ方向 … 3 本の細い実線

上記のうち，歯底円は，軸に直角な方向から見た

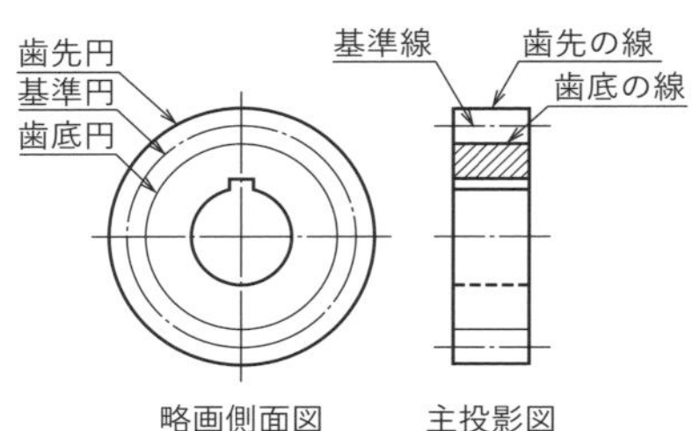

図 1·194 歯車の一般図示方法

図（丸く表れない方の図：これを正面図すなわち主投影図とする）において，これを断面にして表す場合には，太い実線で表す．これは，歯車の歯は，切断してはならないからである．なお，かさ歯車やウォームホイールの軸方向から見た図（側面図）では，この歯底円は省略することになっている．

14.2.2 かみ合う歯車の図示法

図 **1·195** は，かみ合っている一対の歯車の図示法を示したものである．このように主投影図を断面で示すときには，かみ合い部の一方の歯先円を示す線は，破線（図中 Ⓐ）としなければならない．ただし側面図の方は，双方とも太い実線（図中 Ⓑ）の円で交わらせる．

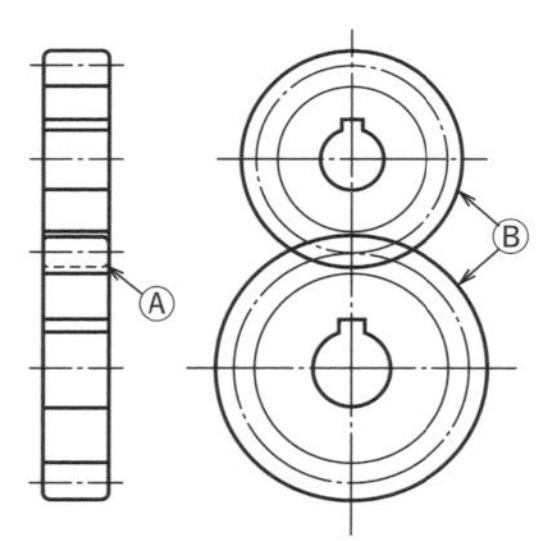

図 1·195 かみ合う一対の平歯車

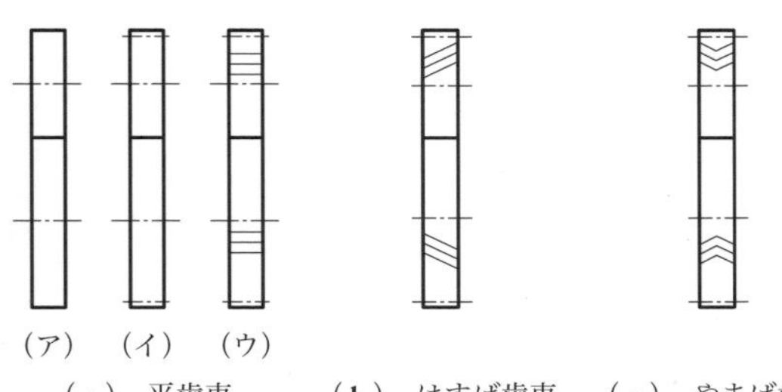

図 1・196 かみ合う一対の歯車の略画法

図 **1・196** は，組立図などに用いられるかみ合う一対の歯車の略画法を示したものであるが，基準円，歯底円などは適宜省略してよい．なお必要があれば，歯すじ方向を示す平行な 3 本の細い実線を引いて，それぞれが平歯車，はすば歯車，あるいはやまば歯車であることを示すことができる．ただし主投影図を断面図にして示す場合には，この歯すじ方向は，紙面の手前の歯すじ方向を，想像線（二点鎖線）を用いて示すことになっている．

いくつかの歯車がかみ合っている場合（これを歯車列という），図 **1・197**(**b**) により主投影図を正しく投影して図示すると図(**a**)となるが，中心間の実距離が表せないので，図(**c**)のように回転投影図の要領で，主投影図は軸心が一直線上になるように展開して描くのがよい．この場合，側面図と主投影図の投影関係は正しくならないが，やむをえない．

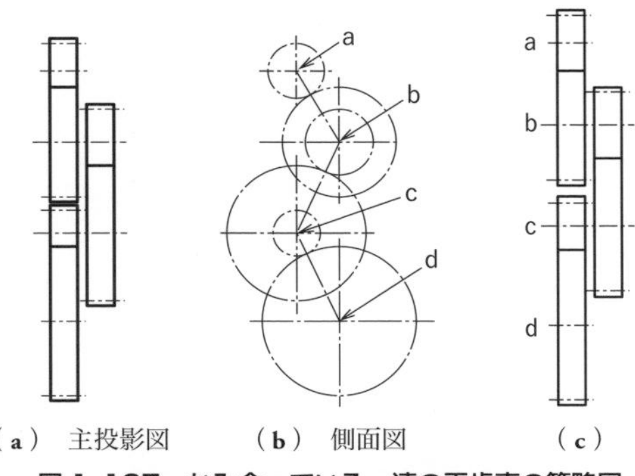

図 1・197 かみ合っている一連の平歯車の簡略図

図 **1・198** は，各種歯車の省略画法を示したものである．

14.2.3 歯車の製作図

歯車を製作する場合に用いる図面の場合には，図 **1・199**，図 **1・200** に示すように，図と要目表を併用して，必要な事項を漏れなく明記するようにしている．すなわち図には，主として歯車素材（ブランクという）を製作するのに必要な寸法を記入し，要目表には，歯切り，検査，組立に必要な事項を記載するのである．

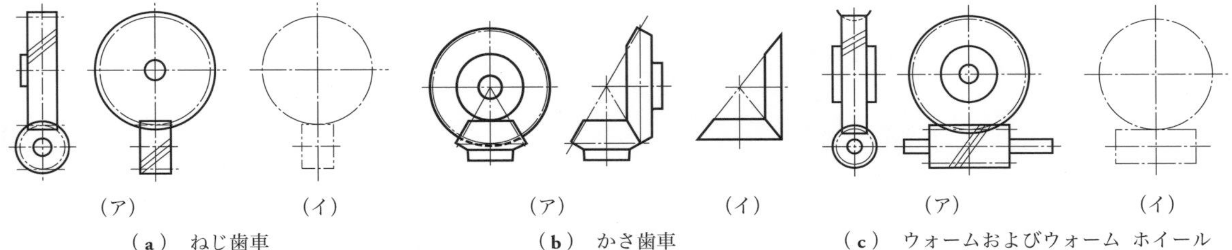

図 1・198 各種歯車の略画法

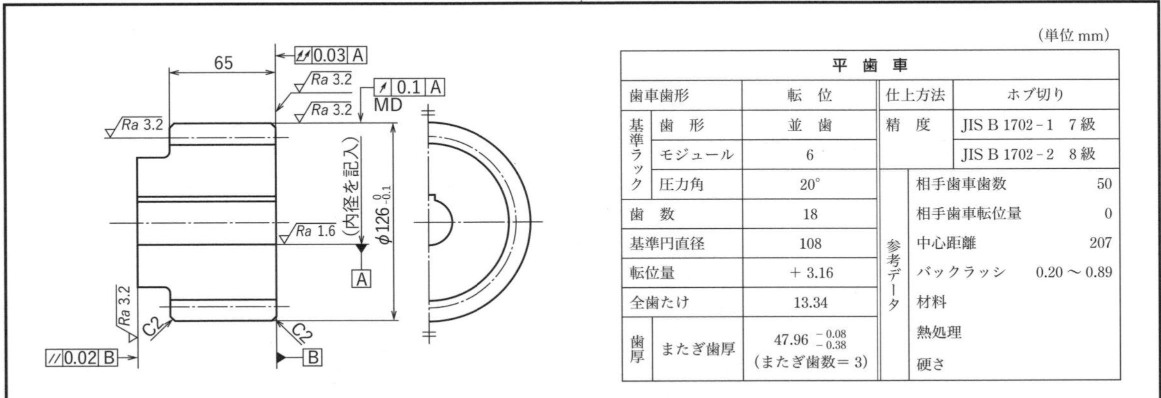

(単位 mm)

平歯車					
歯車歯形		転位	仕上方法		ホブ切り
基準ラック	歯形	並歯	精度		JIS B 1702-1 7級
	モジュール	6			JIS B 1702-2 8級
	圧力角	20°	参考データ	相手歯車歯数	50
歯数		18		相手歯車転位量	0
基準円直径		108		中心距離	207
転位量		+ 3.16		バックラッシ	0.20 ～ 0.89
全歯たけ		13.34		材料	
歯厚	またぎ歯厚	$47.96^{-0.08}_{-0.38}$ (またぎ歯数＝3)		熱処理	
				硬さ	

図 1・199 平歯車の製作図例

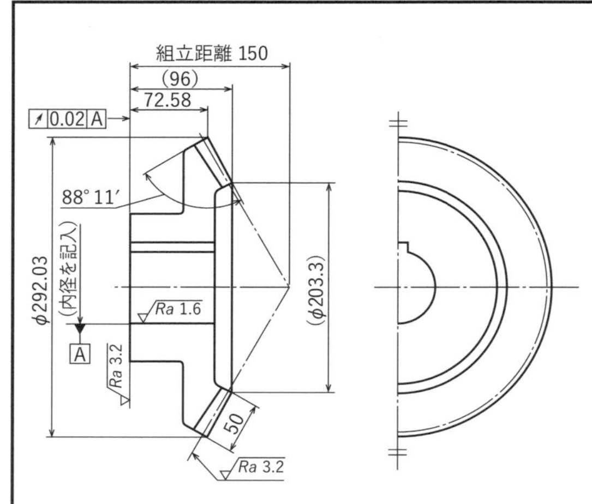

（単位 mm）

すぐばかさ歯車						
区別	大歯車	（小歯車）		区別	大歯車	（小歯車）
モジュール	6		歯厚	測定位置	外端歯先円部	
圧力角	20°		歯厚	弦歯厚	$8.08^{-0.10}_{-0.15}$	
歯数	48	(27)	歯厚	弦歯たけ	4.14	
軸角	90°			仕上方法	切　削	
基準円直径	288	(162)		精　度	JIS B 1704　8 級	
歯たけ	13.13		参考データ	バックラッシ	0.2 ～ 0.5	
歯末のたけ	4.11		参考データ	歯当たり	JGMA 1002 - 01 区分 B	
歯元のたけ	9.02		参考データ	材料	SCM 420 H	
外端円すい距離	165.22		参考データ	熱処理		
基準円すい角	60°39′	(29°21′)	参考データ	有効硬化層深さ	0.9 ～ 1.4	
歯底円すい角	57°32′		参考データ	硬さ（表面）	HRC 60±3	
歯先円すい角	62°28′					

図 1·200　すぐばかさ歯車の製作図例

14.3　ば ね 製 図

14.3.1　コイルばねの図示法

図 **1·201** は，コイルばねの略画法を示したものである．すなわちコイルの両端は，同一傾斜の直線で示し，中間の同一形状部分は省略して，コイル線径の中心線だけを細い一点鎖線で示しておけばよい．

なお，コイルばねは，無荷重の状態で図示するのを標準としている．

組立図などの場合には，材料の中心線を 1 本の太い

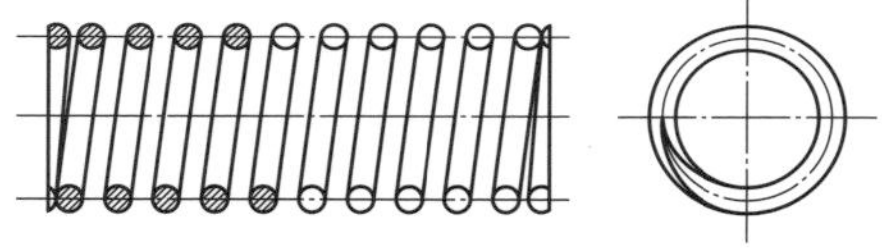

（a）　圧縮コイルばね（断面図）

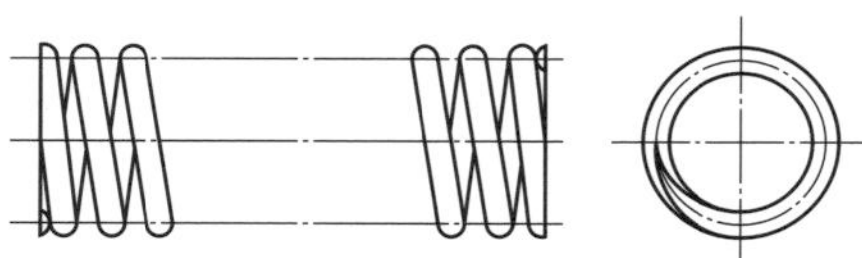

（b）　圧縮コイルばね（一部省略図）

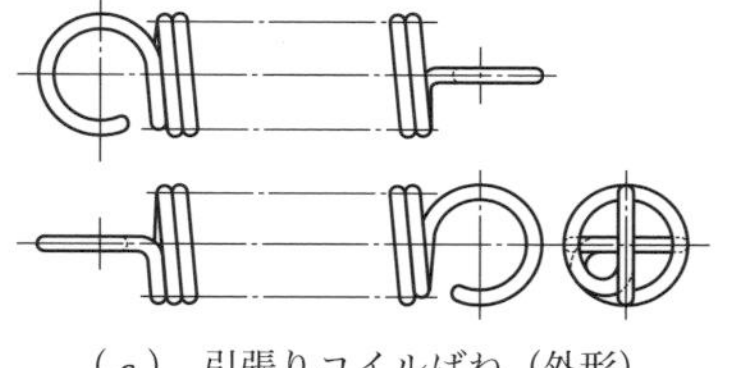

（c）　引張りコイルばね（外形）

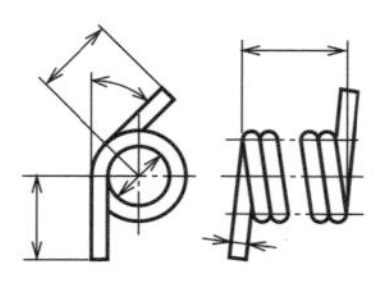

（d）　ねじりコイルばね（外形）

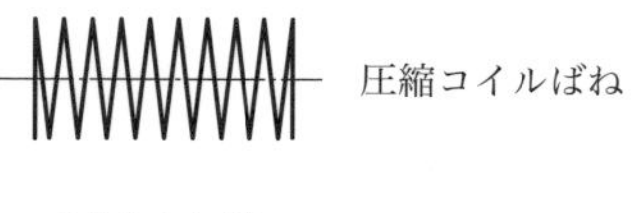

（e）　1 本の実線による図示

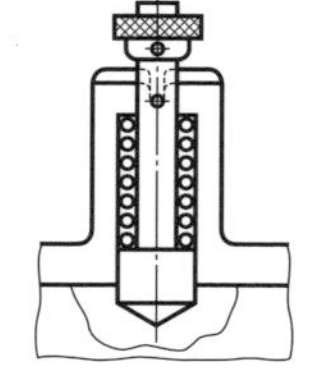

（f）　断面での図示

図 1·201　コイルばねの略画法

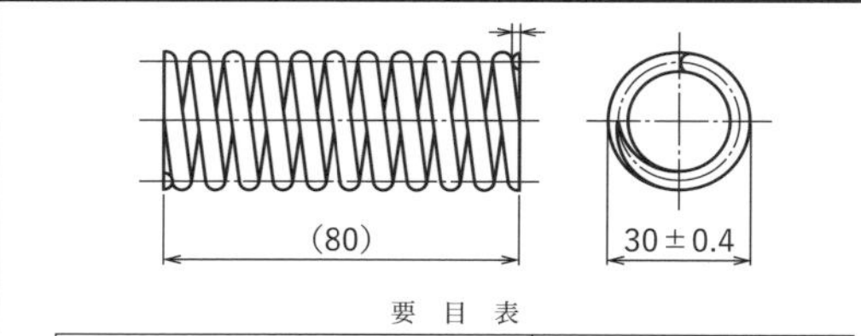

要　目　表

項目		単位	値
材　　料			SWOSC-V
材料の直径		mm	4
コイル平均径		mm	26
コイル外径		mm	30±0.4
総 巻 数			11.5
座 巻 数			各 1
有効巻数			9.5
巻 方 向			右
自由高さ		mm	(80)
ばね定数		N/mm	15.0
指　　定	高　　さ	mm	70
	高さ時の荷重	N	150±10%
	応　　力	N/mm^2	191
最大圧縮	高　　さ	mm	55
	高さ時の荷重	N	375
	応　　力	N/mm^2	477
密着高さ		mm	(44)
先端厚さ		mm	(1)
コイル外側面の傾き		mm	4 以下
コイル端部の形状			クローズドエンド（研削）
表面処理	成形後の表面加工		ショットピーニング
	防せい処理		防せい油塗布

図 1·202　圧縮コイルばねの製作図例

実線で描くか，または断面で示してもよい．

14.3.2 コイルばねの製作図

コイルばねの製作図の場合には，歯車の場合と同様に，図と要目表を併用して，必要な諸元を漏れなく記入しておくことが必要である（図**1·202**）．なお，要目表は，本来，図面の右側に置くが，紙面の都合により製作図の下側に置いたので留意してほしい．

14.3.3 重ね板ばねの図示法

重ね板ばねは，無荷重の状態では各ばね板にそりが与えられているので描きにくい．そこで規格では，原則としてばね板が水平の状態で描くこととしている．しかし参考のために，両端部の一部を，想像線を用いてその自由状態の位置に示しておくのがよい（図**1·203**）．

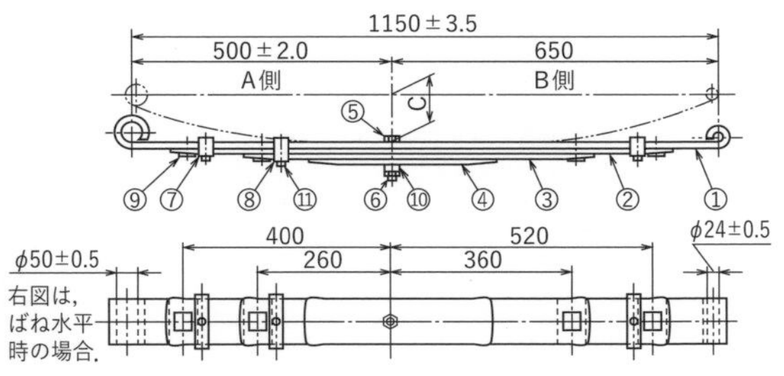

図 1·203　重ね板ばねの図示法（要目表は省略）

組立図などの場合には，図**1·204**のように，ばね材料の中心線を太い実線で描き表してもよい．

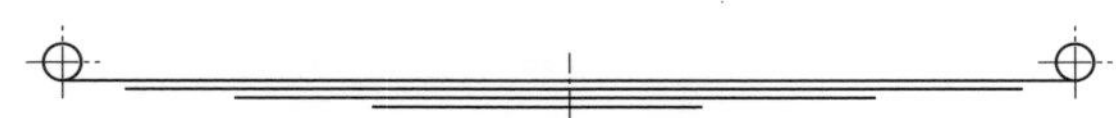

図 1·204　重ね板ばねの簡略図

14.4 転がり軸受製図

転がり軸受は，専門メーカーの製品を購入してそのまま使用するので，これを図示するには定められた簡略図示法によればよい．JIS では，その簡略の度合いによって，次の二つの図示方法を定めている．

14.4.1 基本簡略図示方法

この図示法は，転がり軸受の形状や詳細を示す必要

表 1·18　転がり軸受の個別簡略図示方法（JIS B 0005－2：1999）

（a）玉軸受およびころ軸受

簡略図示方法	適用：玉軸受 図例および規格	適用：ころ軸受 図例および規格
	単列深溝玉軸受(JIS B 1512) ユニット用玉軸受(JIS B 1558)	単列円筒ころ軸受(JIS B 1512)
	複列深溝玉軸受(JIS B 1512)	複列円筒ころ軸受(JIS B 1512)
	—	単列自動調心ころ軸受(JIS B 1512)
	自動調心玉軸受(JIS B 1512)	自動調心ころ軸受(JIS B 1512)
	単列アンギュラ玉軸受(JIS B 1512)	単列円すいころ軸受(JIS B 1512)

（b）針状ころ軸受

簡略図示方法	図例および関連規格		
	内輪付き(またはなし)針状ころ軸受(JIS B 1536-1)	内輪なしシェル形針状ころ軸受(JIS B 1536-2)	ラジアル保持器付き針状ころ(JIS B 1536-3)
	複列内輪付き(またはなし)針状ころ軸受	内輪なし複列シェル形針状ころ軸受	複列ラジアル保持器付き針状ころ

（c）スラスト軸受

簡略図示方法	適用：玉軸受 図例および規格	適用：ころ軸受 図例および規格
	単式スラスト玉軸受(JIS B 1512)	単式スラストころ軸受 スラスト保持器付き針状ころ(JIS B 1512) スラスト保持器付き円筒ころ
	複式スラスト玉軸受(JIS B 1512)	—
	複式スラストアンギュラ玉軸受	—
	調心座付き単式スラスト玉軸受	—
	調心座付き複式スラスト玉軸受	—
	—	スラスト自動調心ころ軸受(JIS B 1512)

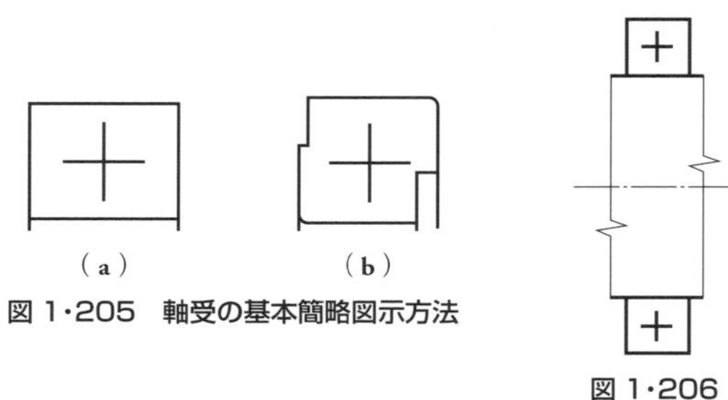

図 1·205　軸受の基本簡略図示方法

図 1·206

がない場合に用いるもので，軸受は図 **1·205** に示すように，四角形で表し，かつその中央に直立した十字を描いておくことになっている．ただしこの十字は，外形線に接してはならない．

なお同図(**b**)は，軸受の正確な外形を示す場合であって，その断面を実際に近い形状で示し，同様にその中央に十字を描いておけばよい．

これらの図示法は，軸受中心に対し，片側または両側を示す場合に用いてもよい（図 **1·206**）．

14.4.2　個別簡略図示方法

この図示方法は，転動体の列数とか調心の有無など，転がり軸受をより詳細に示す必要がある場合に用いる．

前ページの表 **1·18** は，軸受の種類およびその簡略図示方法を示したものである．表の簡略図示方法における図要素の意味は，表 **1·19** のとおりである．

表 1·19　転がり軸受形体に関する個別簡略図示方法の要素

要　素	説　明	用い方
	長い実線の直線	調心できない転動体の軸線を示す．
	長い実線の円弧	調心できる転動体の軸線，または調心輪・調心座金を示す．
〔他の表示例〕	長い実線の直線で，上記の長い実線に直交し，各転動体のラジアル中心線に一致する．	転動体の列数および転動体の位置を示す．
	円	玉
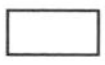	長方形	ころ
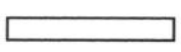	細い長方形	針状ころ，ピン

同表において，長い実線の直線は，アンギュラ玉軸受，円すいころ軸受などでは傾けて使用する．また，円，長方形，細い長方形は，それぞれ転動体の代わりに使用してもよい．

図 **1·207** の上半分は，個別簡略図示法を用いた例を示したものである．

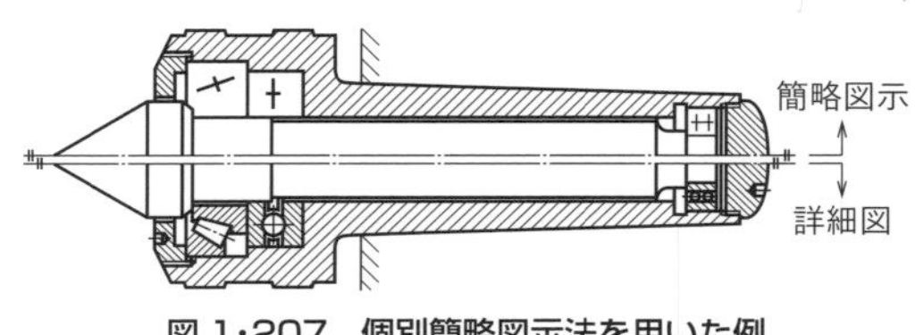

図 1·207　個別簡略図示法を用いた例

15. 溶　接　記　号

15.1　溶 接 の 種 類

溶接とは，金属を種々の熱源によって局部的に融解させて接合する方法で，この方法によって得られた継手（つぎて）を溶接継手という．溶接にはその熱源によって，アーク溶接，ガス溶接，抵抗溶接などがある．そのうちアーク溶接は，構造物，ボイラ，建築，船舶などにさかんに用いられている．

一般に用いられている溶接継手の種類を図 **1·208** に示す．溶接される金属のことを母材といい，溶接継手においては，この母材の端部（たんぶ）を種々な形に仕上げ，これをいろいろに組み合わせて使用する．

このような溶接部分を図示する場合，実形によるのは不便なので，JIS ではこれを簡単に図示できる溶接記号（**JIS Z 3021：2016**）を規定している．

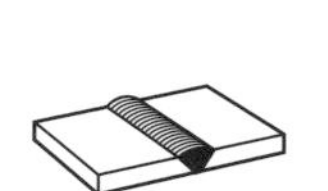
（a）突合わせ継手

（b）当て金継手

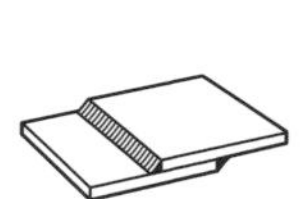
（c）重ね継手

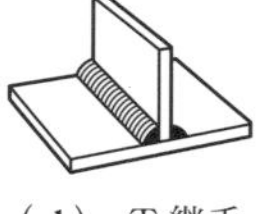
（d）T 継手

（e）かど継手

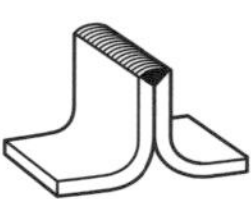
（f）へり継手

図 1·208　溶接継手の種類

15.2　溶接の特殊な用語

溶接には特殊な用語が用いられるので，いくつかの用語について説明する．

①　**開先**（かいさき）　溶接においては，その母材の端部を図 **1·209** に示すようないろいろな形に仕上げ，それを並べてできる空間部分に溶着金属を流し込んで接合する．このときの端部の形を開先といい，そのように仕上げることを**開先をとる**という．また，そのとき削り取られた部分の寸法を**開先寸法**という．開先の形状およびその寸法は，継手の強度に大きく影響

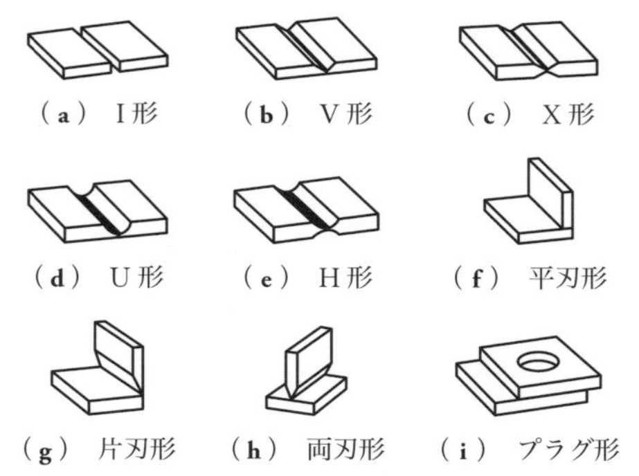

（a） I形　（b） V形　（c） X形

（d） U形　（e） H形　（f） 平刃形

（g） 片刃形　（h） 両刃形　（i） プラグ形

図 1・209　開先形状のいろいろ

するので慎重に決定される．

② **溶接深さ**　開先溶接において，溶接表面から溶接底面までの距離（図 **1・210** 中の s）のことをいう．完全溶込み溶接では板厚（いたあつ）に等しい〔同図（**a**）〕．

③ **ルート間隔**　母材間の最短距離のことをいう〔同図（**b**）〕．

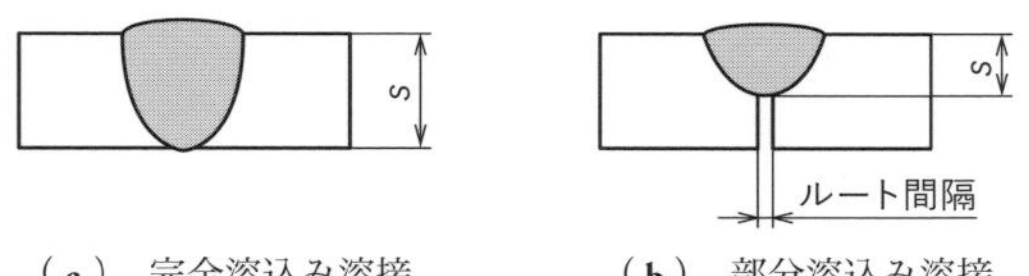

（a） 完全溶込み溶接　（b） 部分溶込み溶接

図 1・210　溶接深さ

15.3 溶接記号の構成

JIS に定められた溶接記号を次ページの表 **1・20** に示す．この溶接記号は，図 **1・211**（**a**）のように用いることになっている．次に溶接記号の構成と指示について説明していく．

① **矢**　矢は基線に対し，角度 60°の直線などで表す．矢は基線のどちらの端に付けてもよく，必要があれば一端から 2 本以上付けてもよい．ただし，基線の両端に付けることはできない．

なお，図 **1・211**（**b**）のように，溶接記号に矢，基線および尾のみで，溶接記号などが示されていないときは，この継手は，ただ単に溶接継手であることだけを示している．

② **基線**　溶接記号は，基線のほぼ中央に記入する．図 **1・212**（**a**）のように，溶接する側が矢の側または手前側にあるときは，溶接記号は基線の下側に記入する．また，同図（**b**）のように矢の反対側または向こう側にあるときは，基線の上側に記入する．

したがって，溶接が基線の両側に行われるもの，たとえば X 形，K 形，H 形などでは，溶接記号は基線の上下対称に記入すればよい．同図（**c**）はスポット溶接の例を示す（なお，図 **1・212** の投影法は第三角法である）．

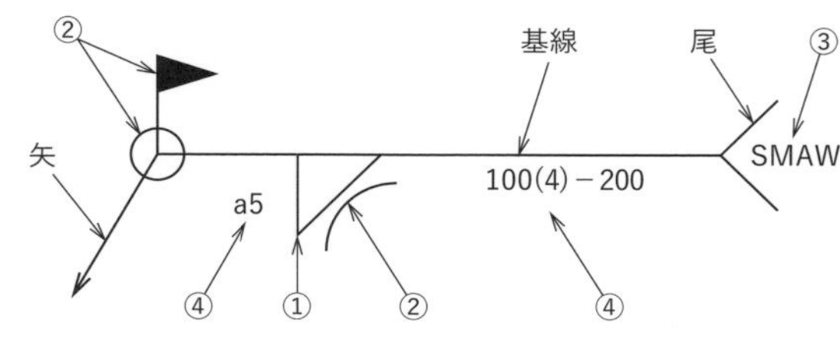

① 基本記号（すみ肉溶接）
② 補助記号（凹形仕上げ，現場溶接，全周溶接）
③ 補足的指示（被覆アーク溶接）
④ 溶接寸法（公称のど厚 5 mm，溶接長 100 mm，ビードの中心間隔 200 mm，個数 4 の断続溶接）

（a） 各要素の配置例

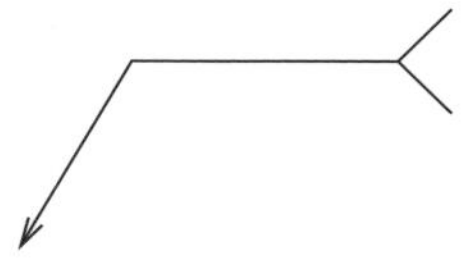

（b） 簡易溶接記号

図 1・211　溶接記号の構成

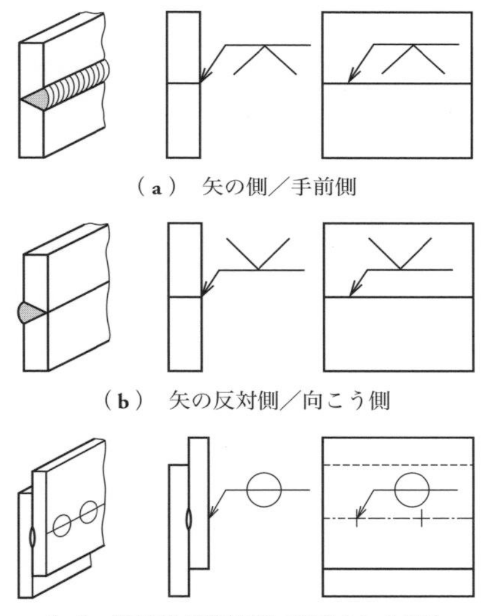

（a） 矢の側／手前側

（b） 矢の反対側／向こう側

（c） 溶接部が接触面に形成される場合

図 1・212　基線に対する溶接記号の位置

上下で異なる溶接を組み合わせるときは，図 **1・213** のように，それらの記号をそれぞれ上下に記入すればよい．

また，これらの溶接記号以外に指示を付加する必要があるときは，前述の図 **1・211**（**b**）や図 **1・213**（**b**）のように，基線の矢と反対側の端に，基線に対して上下

表 1·20 溶接記号（記号欄の ----- は基線を示す）

（a） 基本記号

溶接の種類	記号	溶接の種類	記号	溶接の種類	記号
I 形開先溶接		レ形フレア溶接		ステイク溶接	
V 形開先溶接		へり溶接		抵抗スポット溶接	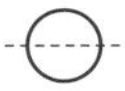
レ形開先溶接		すみ肉溶接*	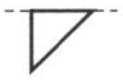		
J 形開先溶接		プラグ溶接 スロット溶接	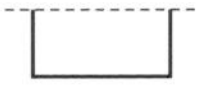	抵抗シーム溶接	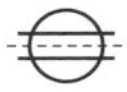
U 形開先溶接	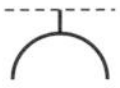	溶融スポット溶接		溶融シーム溶接	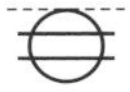
V 形フレア溶接		肉盛溶接		スタッド溶接	

〔注〕 *千鳥断続すみ肉溶接の場合は，補足の記号 または を用いてもよい．

（b） 対称的な溶接の組合わせ記号

溶接の種類	記号	溶接の種類	記号	溶接の種類	記号
X 形開先溶接		H 形開先溶接	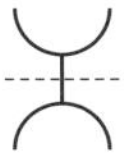	K 形開先溶接 および すみ肉溶接	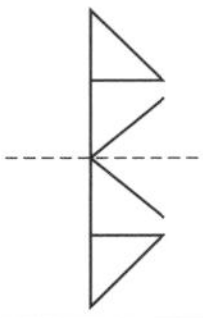
K 形開先溶接					

（c） 補助記号

名称	記号		名称	記号		名称	記号
裏溶接*1, 2		表面形状	平ら*4		仕上げ方法	チッピング	C
裏当て溶接*1, 2							
裏波溶接*2			凸形*4			グラインダ	G
裏当て*2	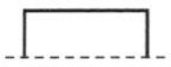						
全周溶接			凹形*4			切削	M
現場溶接*3			なめらかな止端仕上げ*5			研磨	P

〔注〕 *1 溶接順序は，複数の基線，尾，溶接施工要領書などによって指示する．
*2 補助記号は基線に対し，基本記号の反対側に付けられる．
*3 記号は基線の上方，右向きとする．
*4 溶接後仕上げ加工を行わないときは，平らまたは凹みの記号で指示する．
*5 仕上げの詳細は，作業指示書または溶接施工要領書に記載する．

45°の角度で開いた尾を付けて，この中に指示を記入すればよい．

なお基本記号をともなった基線は溶接が施工される側を示し，図 **1·214**（**a**）に示すように製図の図枠の底辺に平行に描く．ただし，基線を底辺に平行に描くことができない場合に限り，同図（**b**）に示すように図枠の右側辺に平行に描いてもよい（溶接記号は 90°回転させる）．

③ **開先をとる面の指定** レ形や J 形などのように，非対称な溶接部においては，開先をとるほうの面を指示しておく必要がある．そのときは，図 **1·215**（**a**）のように，矢を必ず折れ線にして，矢の先端を開先をとる面に当てて，そのことを示す．同図（**b**）のように，開先をとる面が明らかな場合は省略してもよいが，折れ線としない場合は，いずれの面に開先をとってもよいことになるので記入には注意する．

④ **全周溶接と現場溶接** 全周溶接の場合〔図 **1·216**（**a**）〕は，その記号を図示された部分の全周に

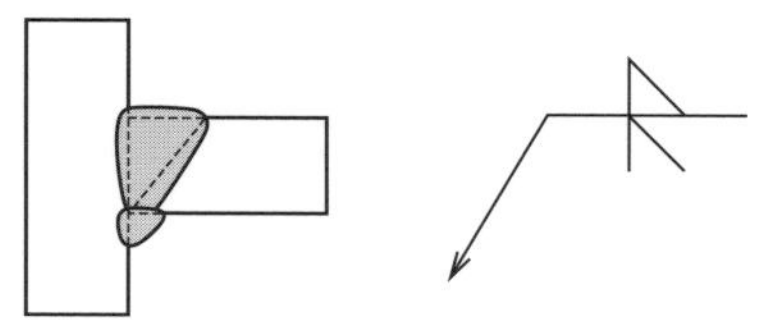

（a） レ形開先溶接およびすみ肉溶接

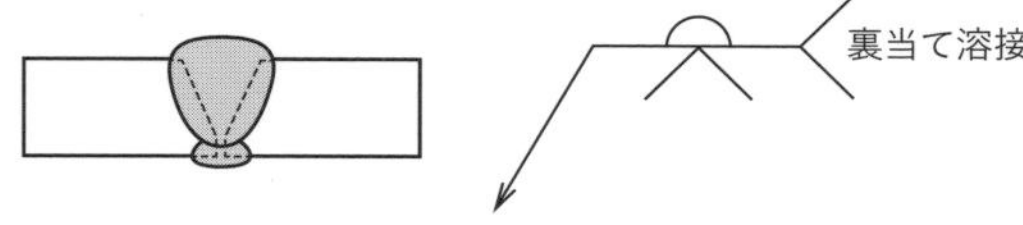

（b） 裏当て溶接（V形開先溶接前に施工）

図 1･213 組合わせ記号の例

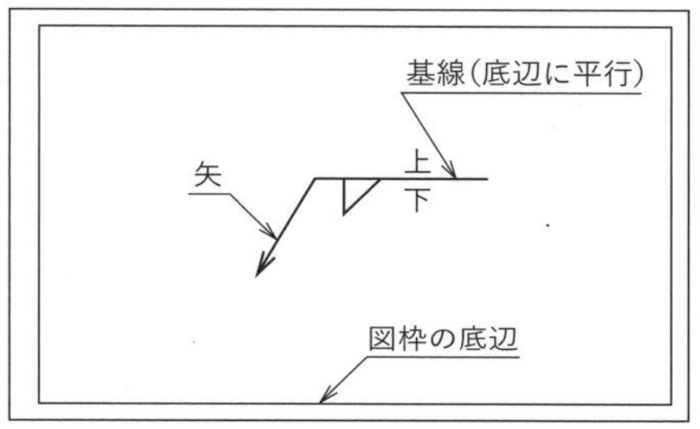

（a） 基線は底辺に平行に描く

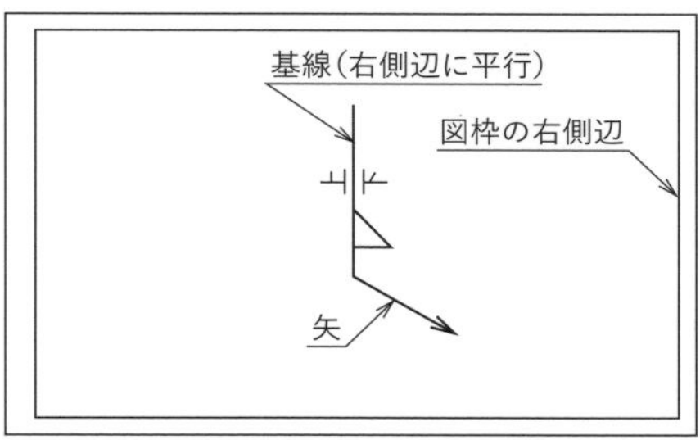

（b） 基線を底辺に平行に描くことができない場合

図 1･214 基線の描き方の例

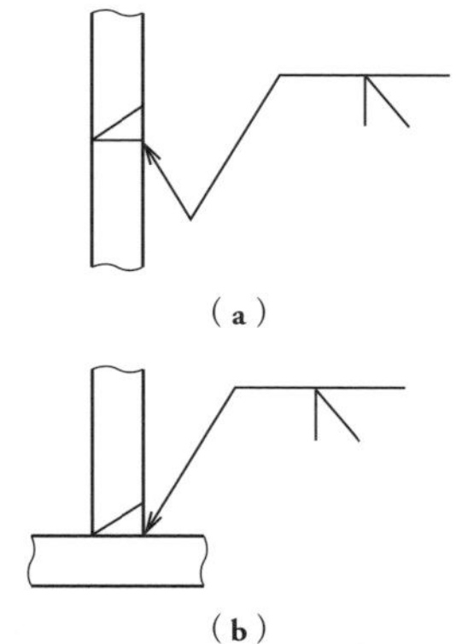

（a）

（b）

図 1･215 開先をとる面の指定

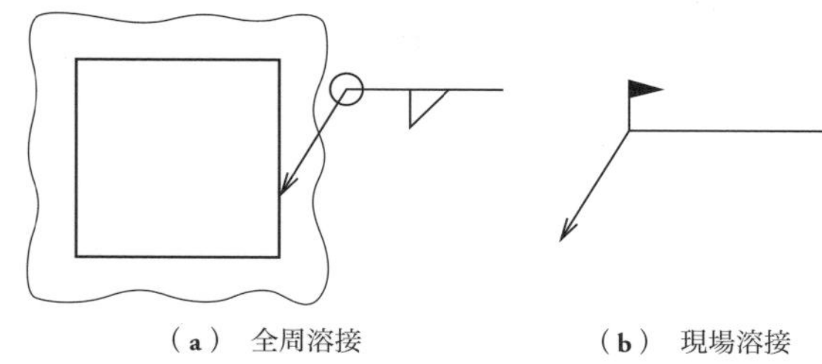

（a） 全周溶接　（b） 現場溶接

図 1･216 全周溶接と現場溶接

わたって行うこと，または同図（b）のように，その溶接を工事現場において行うことを指示するものである．いずれも溶接記号を，矢と基線の交点に記入しておく．

15.4 寸 法 の 指 示

図 **1･217** は，溶接記号における寸法の記入例を示したものである．同図（a）の開先溶接の断面主寸法は"開先深さ"および"溶接深さ"か，またはそのいずれかで示される．溶接深さ 12 mm は，開先深さ 10 mm に続けてかっこに入れて（12）と記入する．次に Y 記号の中にルート間隔 2 mm を，さらにその上に開先角度 60°を記入する．さらに指示事項があるときは，尾を付け，それに適宜記入すればよい．

同図（b）においても，V形開先記号 ∧ の中に記入された数字 0 は，ルート間隔が 0 mm を示しており，その下の数字 70°は，開先角度 70°を示している．また，（5）は溶接深さを示している．I形溶接のときは開先深さを，完全溶込み溶接のときは溶接深さを省略する．

表 **1･21** は，第三角法による溶接記号の使用例を示したものである．

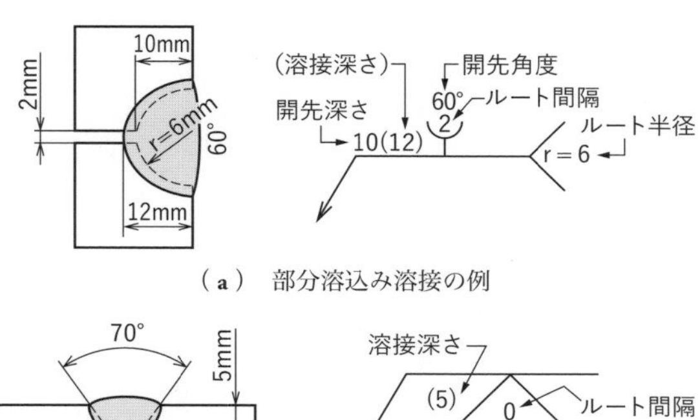

（a） 部分溶込み溶接の例

（b） 溶込み深さが開先深さと同じ例

図 1･217 開先溶接の断面寸法

表 1･21　溶接記号の使用例（投影法は第三角法）

溶接部の説明	実形	記号表示	溶接部の説明	実形	記号表示
I 形開先溶接 ルート間隔 2 mm	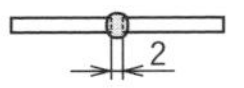	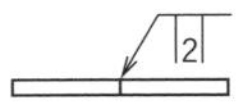	**U 形開先溶接** 完全溶込み溶接 開先角度 25° ルート間隔 0 mm ルート半径 6 mm	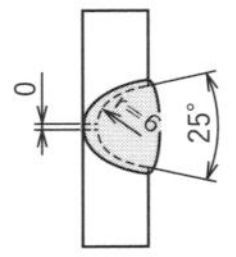	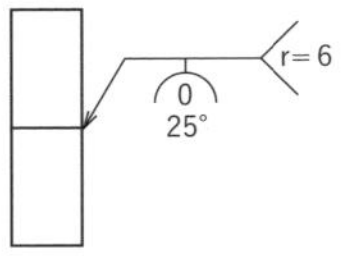
V 形開先溶接 部分溶込み溶接 開先深さ 5 mm 溶込み深さ 5 mm 開先角度 60° ルート間隔 0 mm	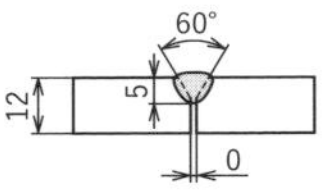	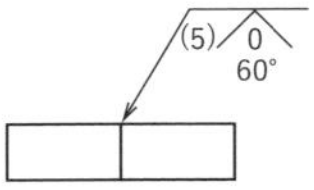	**H 形開先溶接** 部分溶込み溶接 開先深さ 25 mm 開先角度 25° ルート間隔 0 mm ルート半径 6 mm	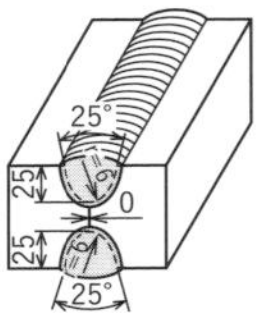	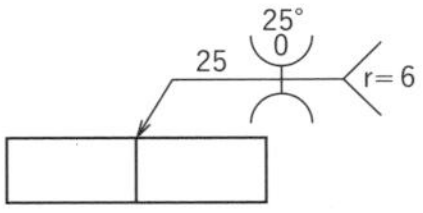
V 形開先溶接 裏波溶接 開先深さ 16 mm 開先角度 60° ルート間隔 2 mm	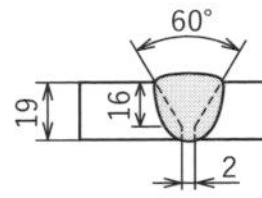	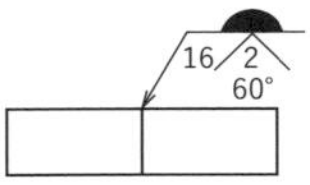	**V 形フレア溶接**	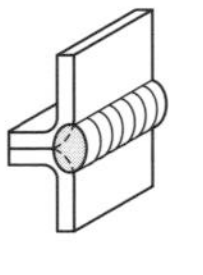	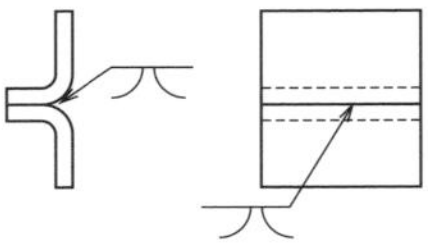
X 形開先溶接 (非対称) 開先深さ 矢の側 16 mm 反対側 9 mm 開先角度 矢の側 60° 反対側 90° ルート間隔 3 mm	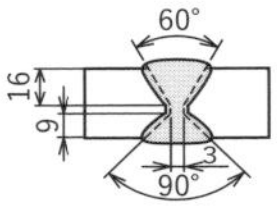	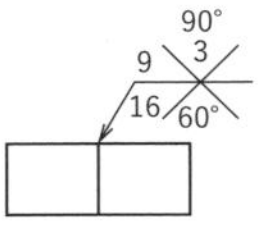	**レ形フレア溶接**	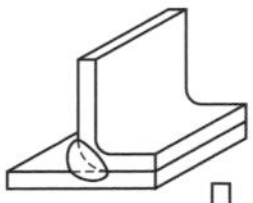	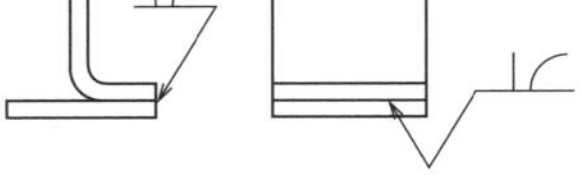
レ形開先溶接 部分溶込み溶接 開先深さ 10 mm 溶込み深さ 10 mm 開先角度 45°	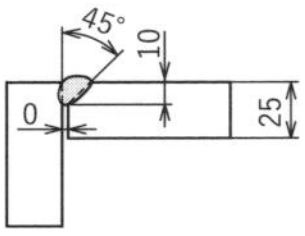	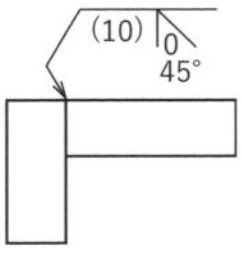	**へり溶接**(角) 溶着量 2 mm 研磨仕上げ	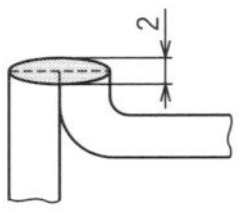	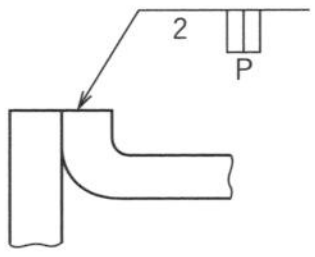
K 形開先溶接 開先深さ 10 mm 開先角度 45° ルート間隔 2 mm	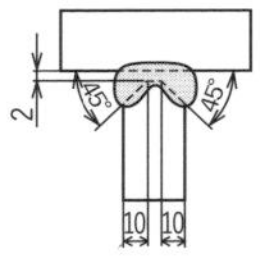	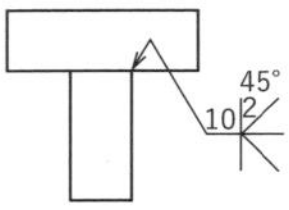	**すみ肉溶接** 矢の側の脚 9 mm 反対側の脚 6 mm	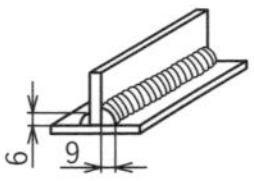	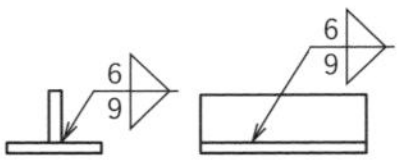
レ形開先溶接とすみ肉との組合わせ 開先深さ 17 mm 開先角度 35° ルート間隔 5 mm すみ肉のサイズ 7 mm	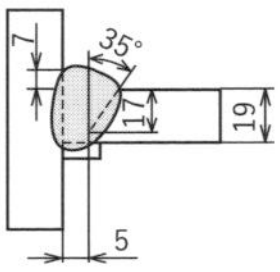	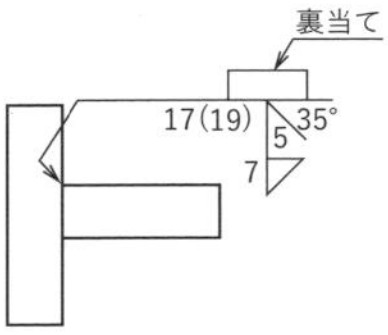	**すみ肉溶接** 縦板側脚長 6 mm 横板側脚長 12 mm	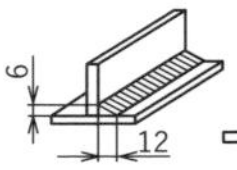	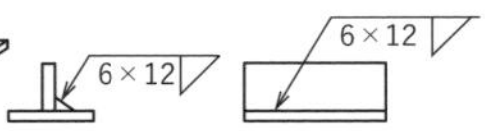
J 形開先溶接 開先深さ 28 mm 開先角度 35° ルート間隔 2 mm ルート半径 12 mm	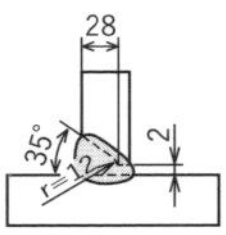	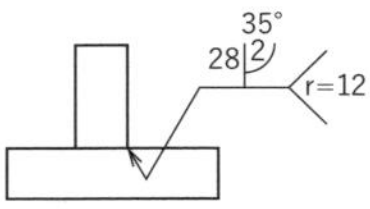	**裏当て溶接** 裏はつり後加工	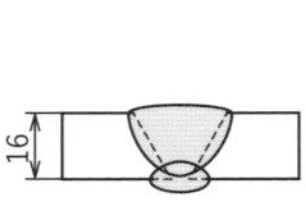	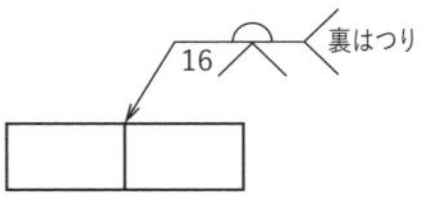
両面 J 形開先溶接 開先深さ 24 mm 開先角度 35° ルート間隔 3 mm ルート半径 12 mm	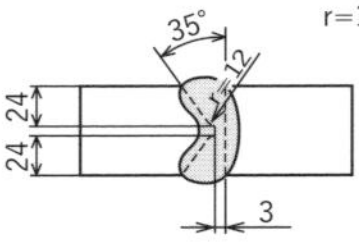	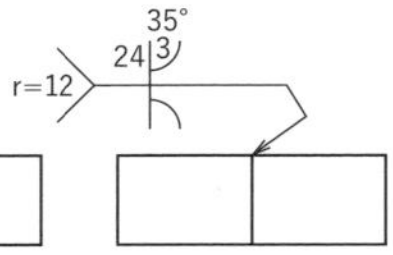	**肉盛溶接** 肉盛の厚さ 6 mm 幅 50 mm 長さ 100 mm	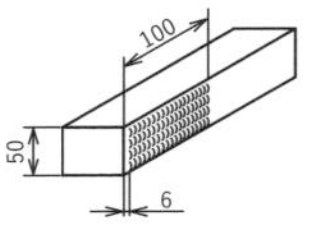	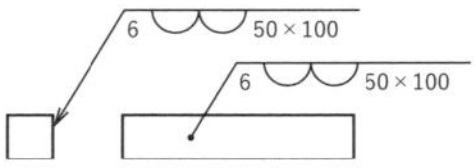

CHAPTER 2　線・文字・記号および用器画

1. 線の練習

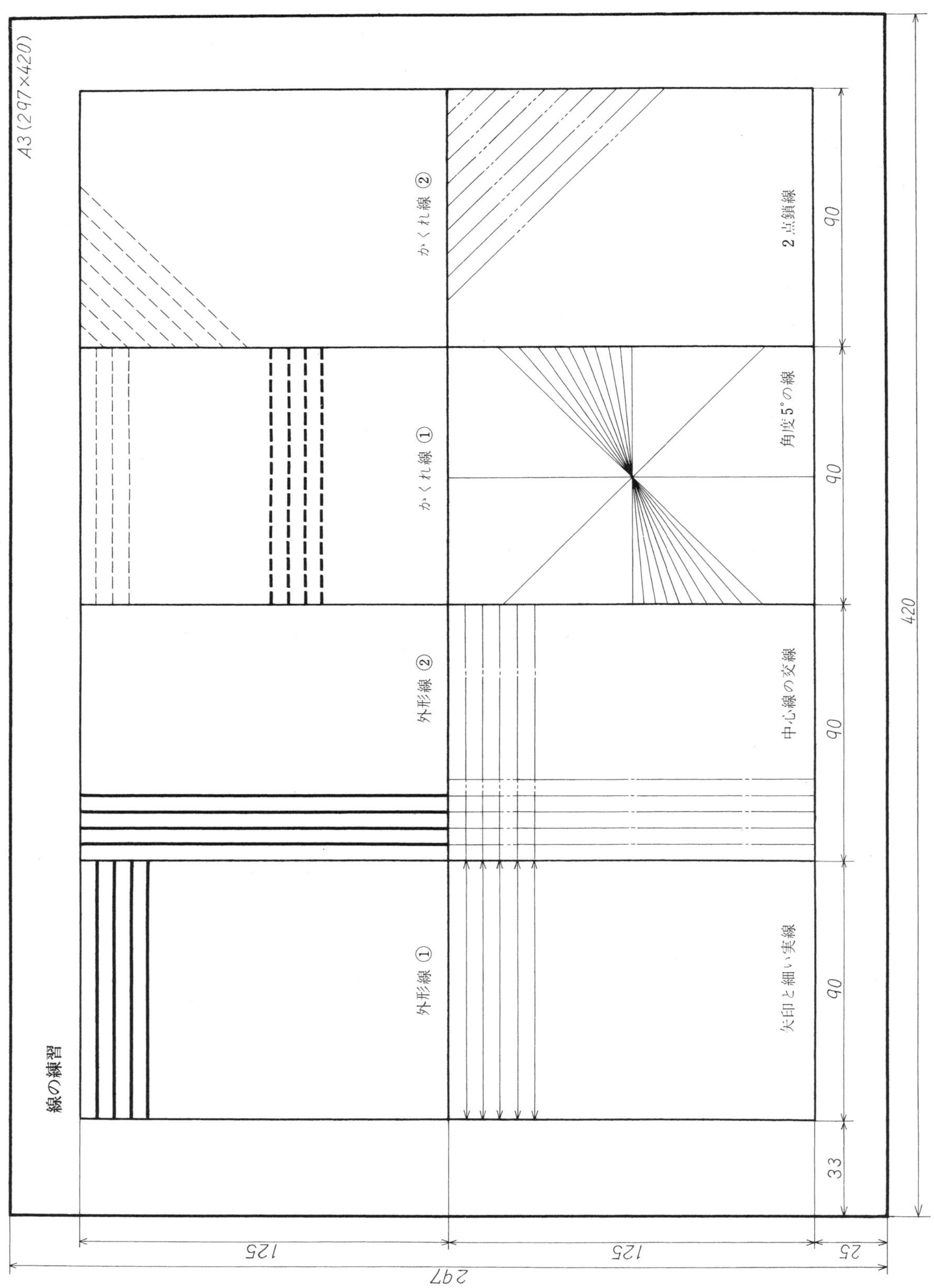
A3 (297×420)
かくれ線 ②
2点鎖線
かくれ線 ①
角度5°の線
外形線 ②
中心線の交線
外形線 ①
矢印と細い実線
線の練習
90
90
90
90
33
420
125
125
25
297

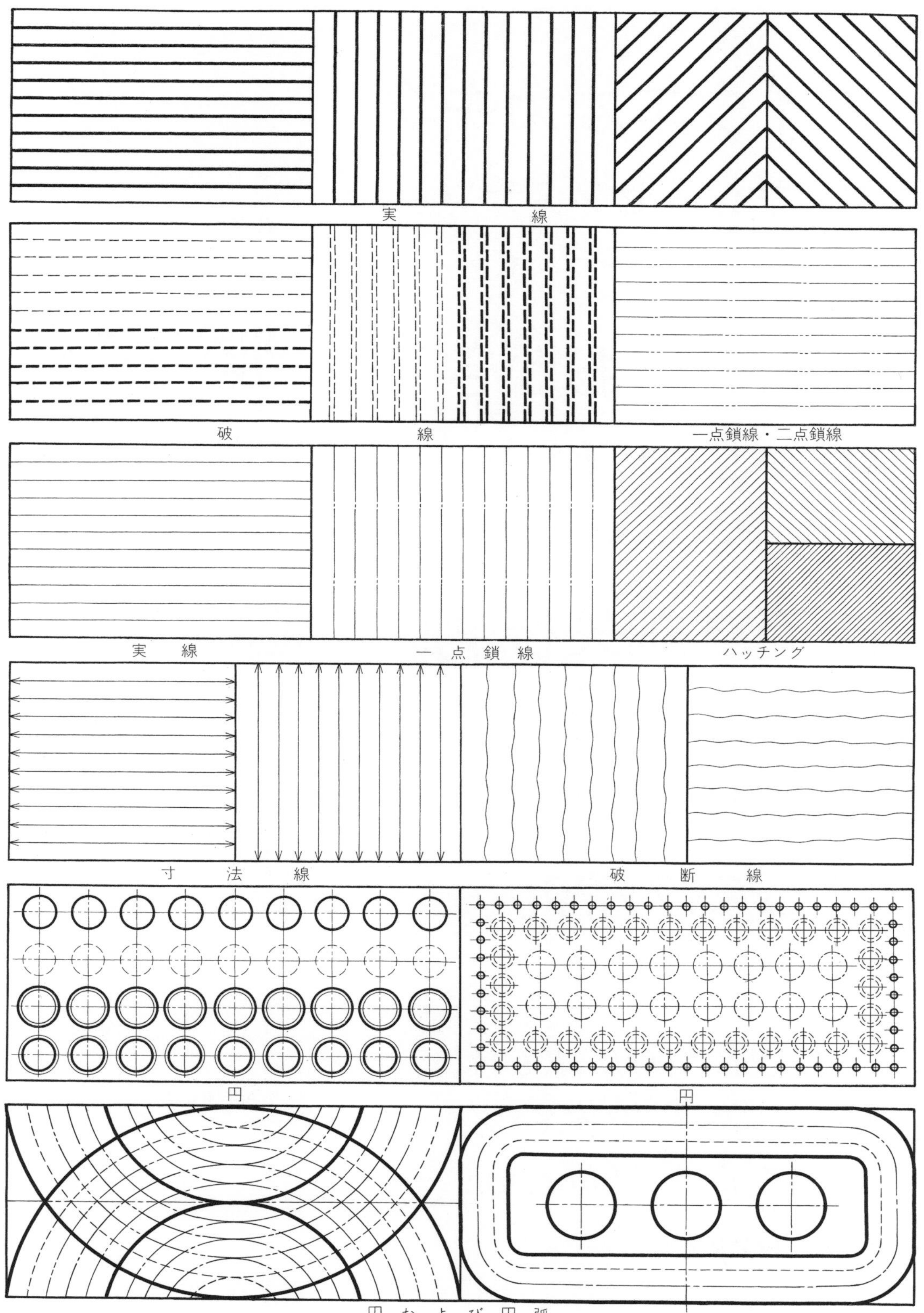
実　　　　　　　　　線
破　　　　　　　　　線
一点鎖線・二点鎖線
実　　線
一　点　鎖　線
ハッチング
寸　　法　　線
破　　断　　線
円
円
円 お よ び 円 弧

2. 文字の練習

大きさ 10 mm

アイウエオカキク

大きさ 7 mm

ケコサシスセソタチツ

大きさ 5 mm

テトナニヌネノハヒフヘホマ

大きさ 10 mm

あいうえおかきく

大きさ 7 mm

けこさしすせそたちつ

大きさ 5 mm

てとなにぬねのはひふへほま

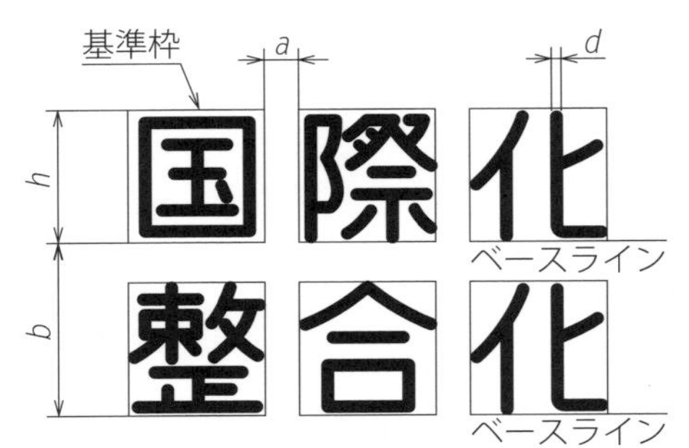

a ≧ (2/14) h

b ≧ (14/10) h

d ≧ (1/14) h

漢字の例

大きさ 10 mm

断面詳細矢視側図計画組

大きさ 7 mm

断面詳細矢視側図計画組

大きさ 5 mm

断面詳細矢視側図計画組

大きさ 10 mm

12345677890

大きさ 5 mm

12345677890

大きさ 7 mm

ABCDEFGHIJKLM

NOPQRSTUVWXYZ

aabcdefghijklmnopqr

stuvwxyz

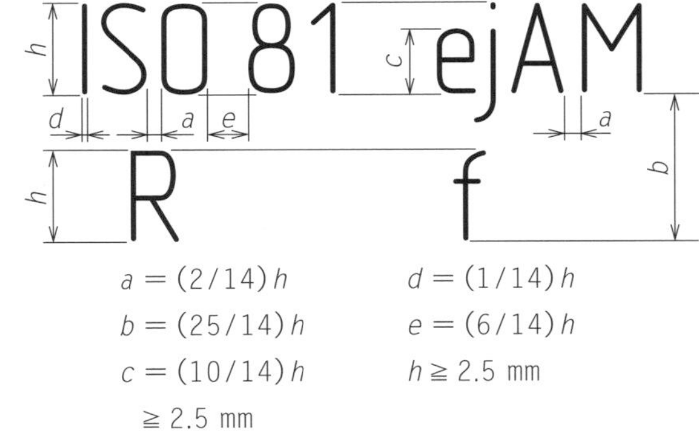

a = (2/14) h　　d = (1/14) h

b = (25/14) h　　e = (6/14) h

c = (10/14) h　　h ≧ 2.5 mm

≧ 2.5 mm

A 形直立体の例

ラテン文字の筆順

A B C D E F G H I J K L M
N O P Q R S T U V W X Y Z
a b c d e f g h i j k l m
n o p q r s t u v w x y z

数字
10mm 12
10mm
7mm 12
7mm
5mm 12
5mm

ラテン文字
大文字
7mm AB
7mm
5mm AB
5mm

小文字
7mm ab
7mm
5mm ab
5mm

片かな・漢字
7mm アイ
7mm 設計製図
5mm
5mm

ひらがな
7mm あい
7mm
5mm あい
5mm

3. 各種の製図用記号

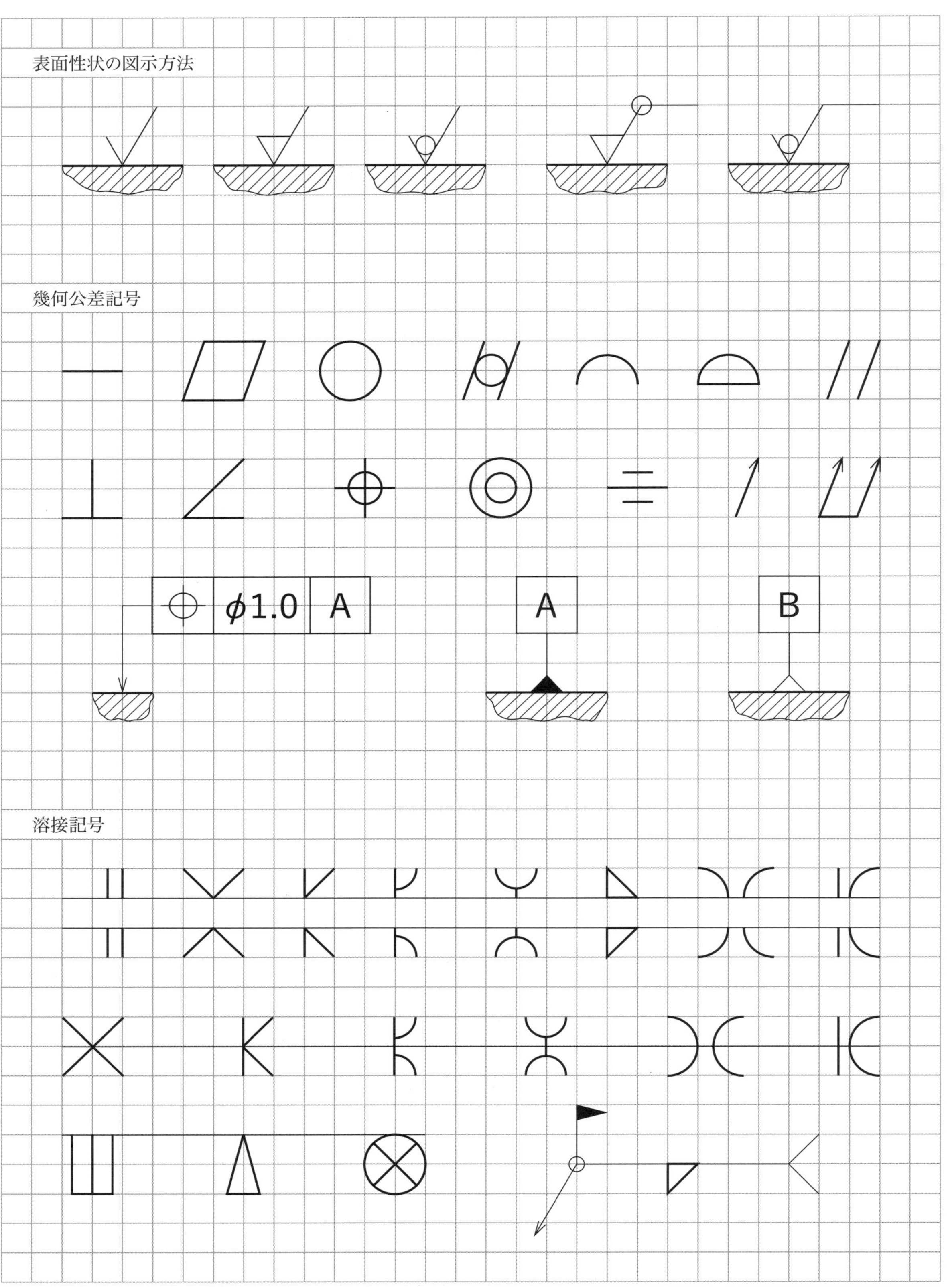

4. 用 器 画 法

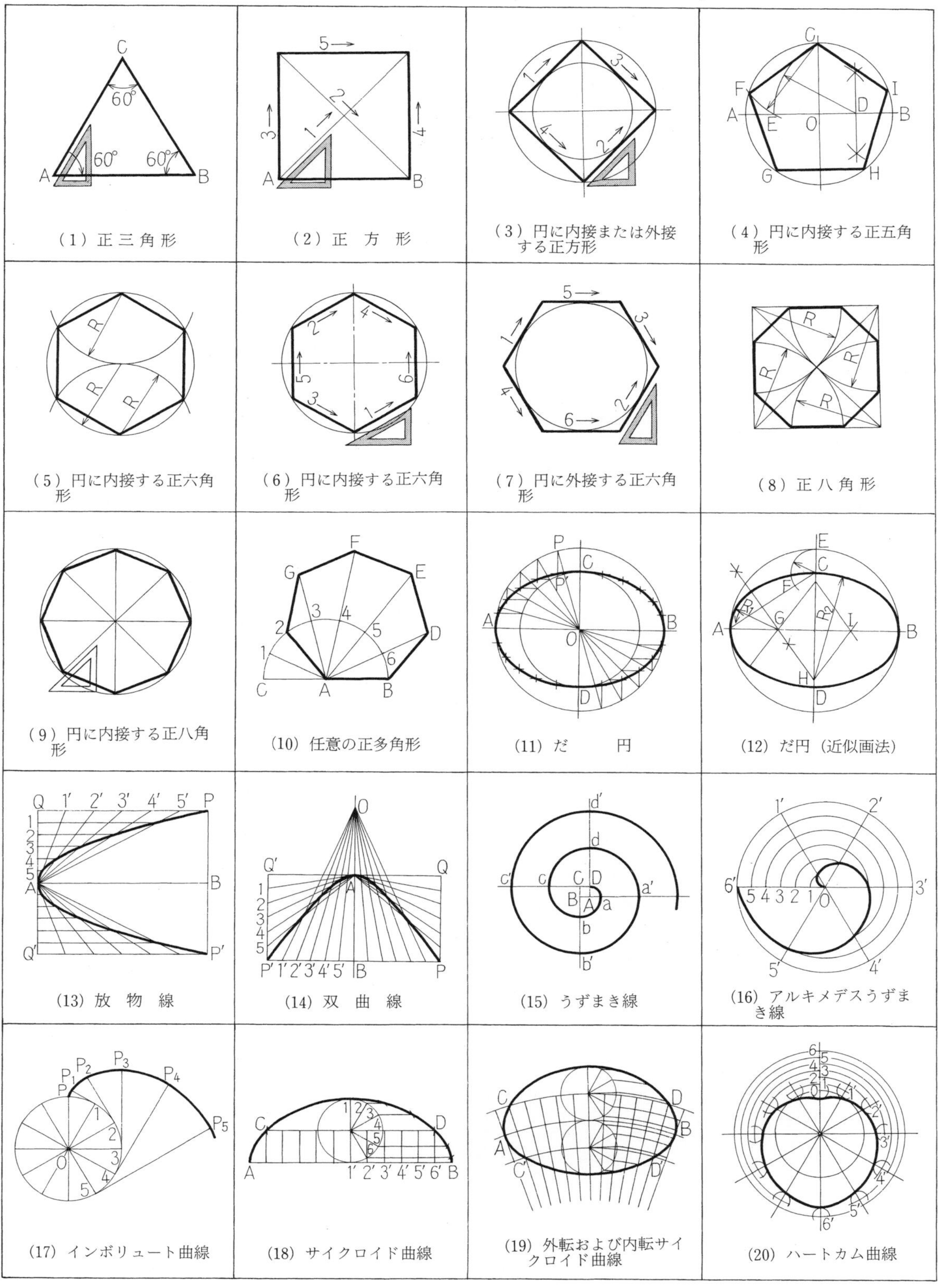

(1) 正三角形

(2) 正　方　形

(3) 円に内接または外接する正方形

(4) 円に内接する正五角形

(5) 円に内接する正六角形

(6) 円に内接する正六角形

(7) 円に外接する正六角形

(8) 正八角形

(9) 円に内接する正八角形

(10) 任意の正多角形

(11) だ　　円

(12) だ円（近似画法）

(13) 放　物　線

(14) 双　曲　線

(15) うずまき線

(16) アルキメデスうずまき線

(17) インボリュート曲線

(18) サイクロイド曲線

(19) 外転および内転サイクロイド曲線

(20) ハートカム曲線

CHAPTER 3　製図の練習

以下の図を，A4 判の用紙を用いて現尺もしくは縮尺（1：2）で製図しなさい（立体図は **p.070** を参照）.

1. シャフト ガイド①

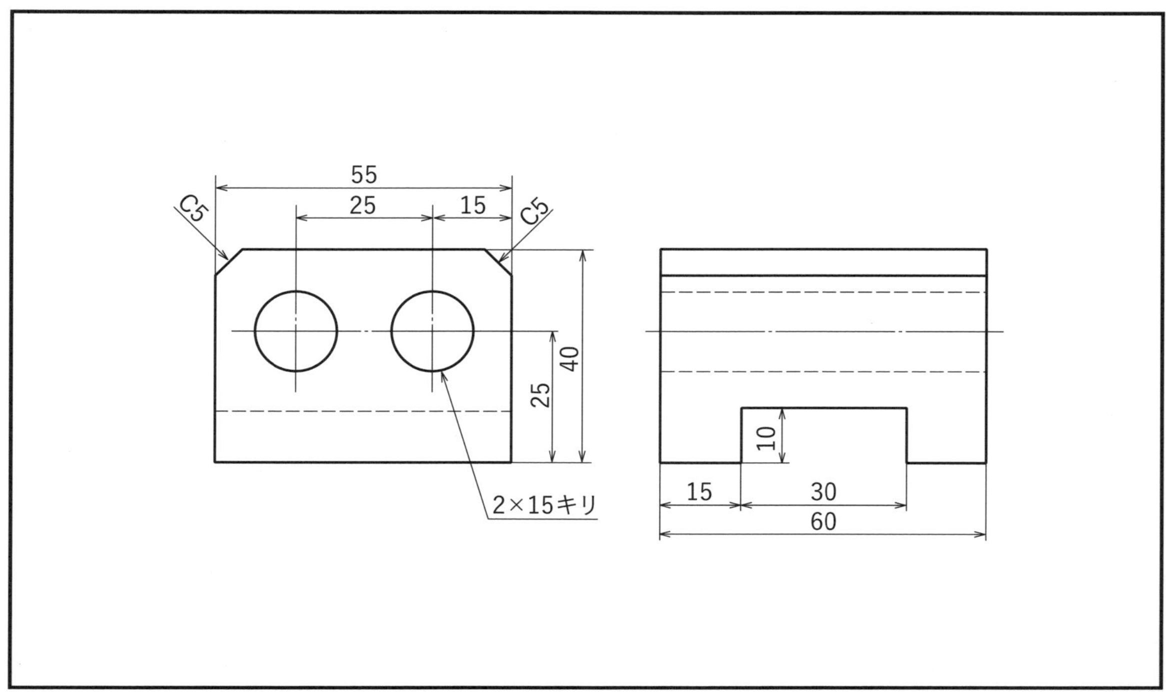

2. シャフト サポート①

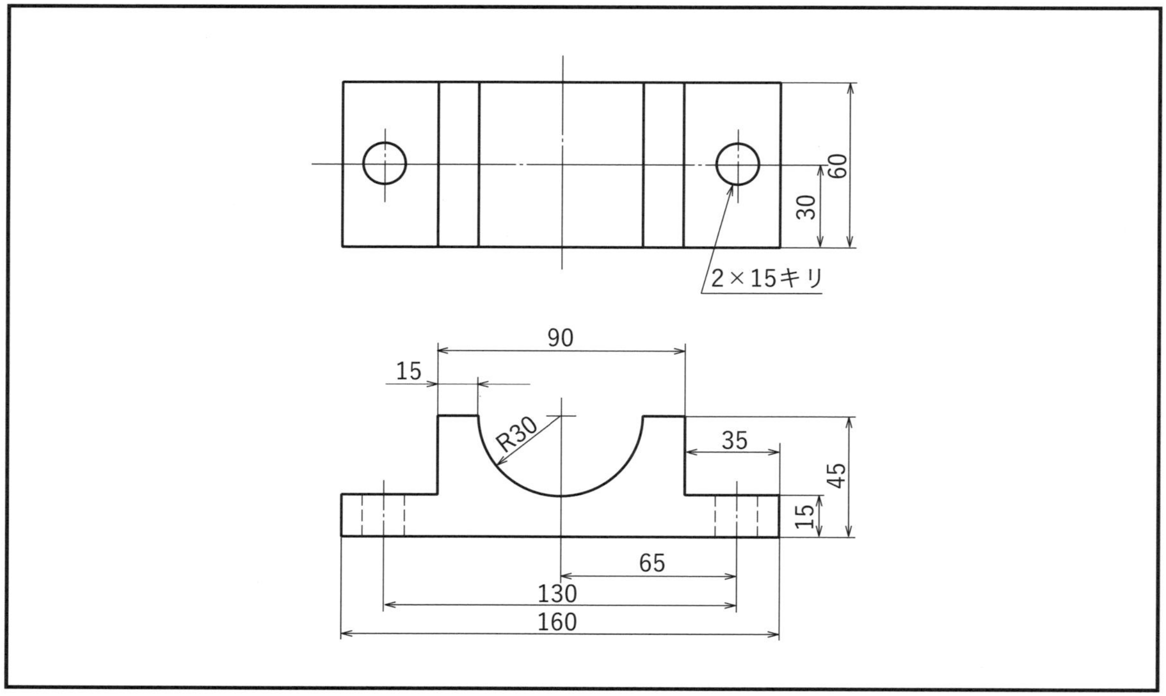

3. シャフト ガイド②

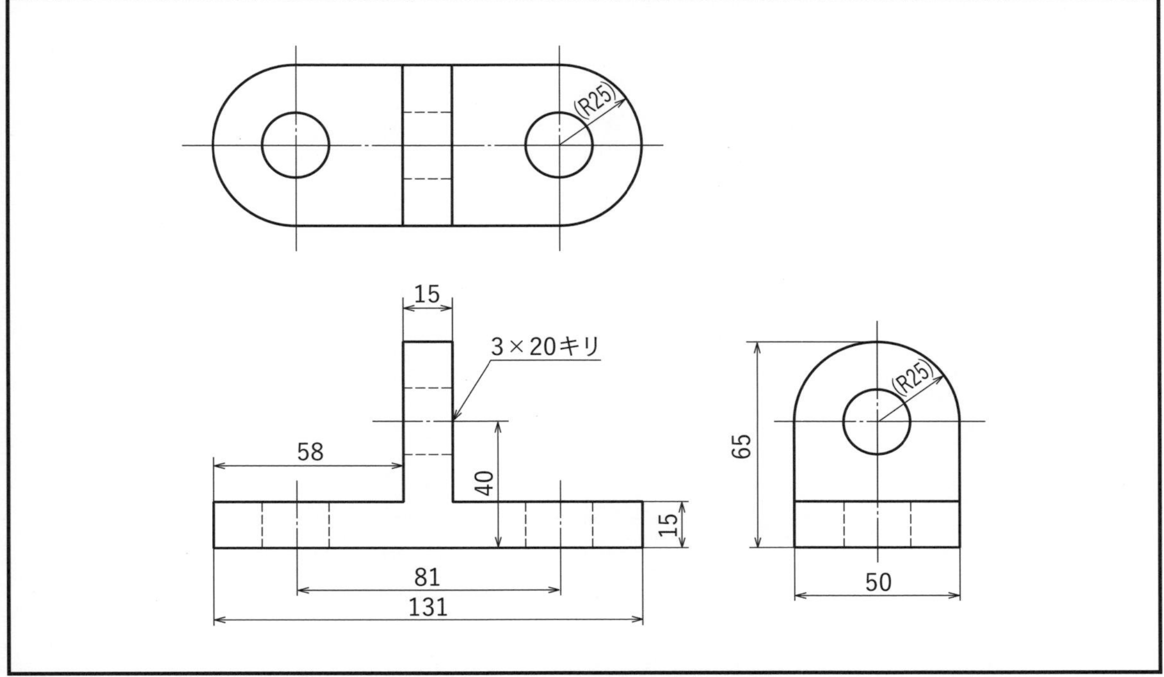

4. シャフト ガイド③

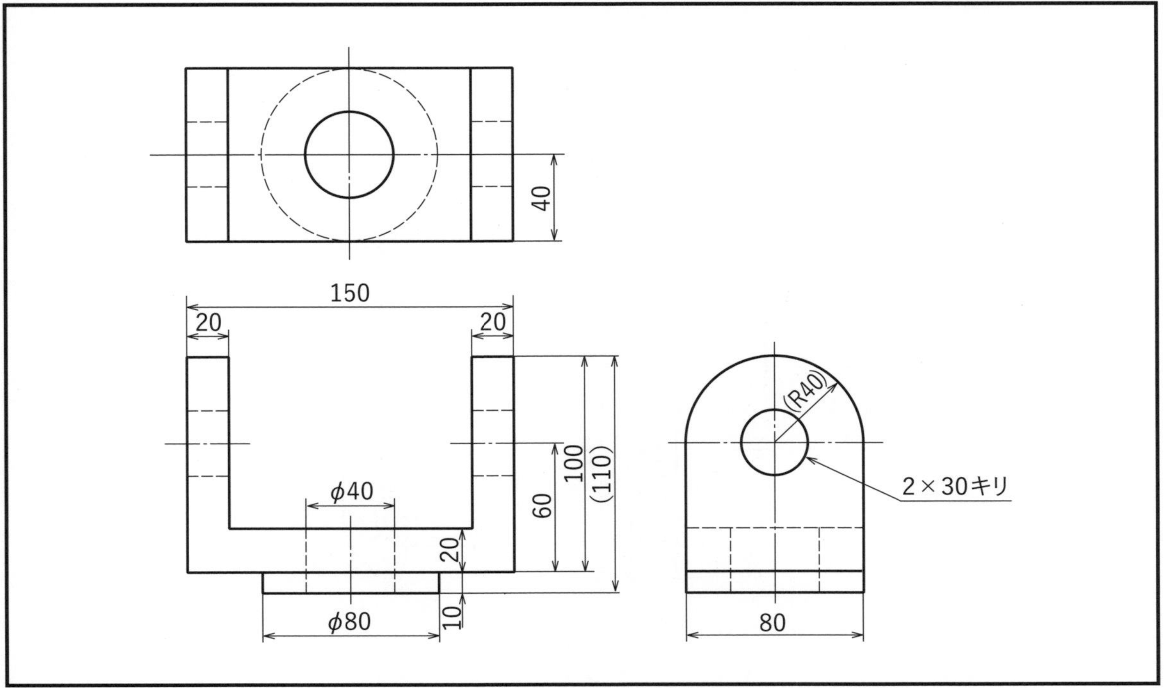

5. シャフト ガイド④

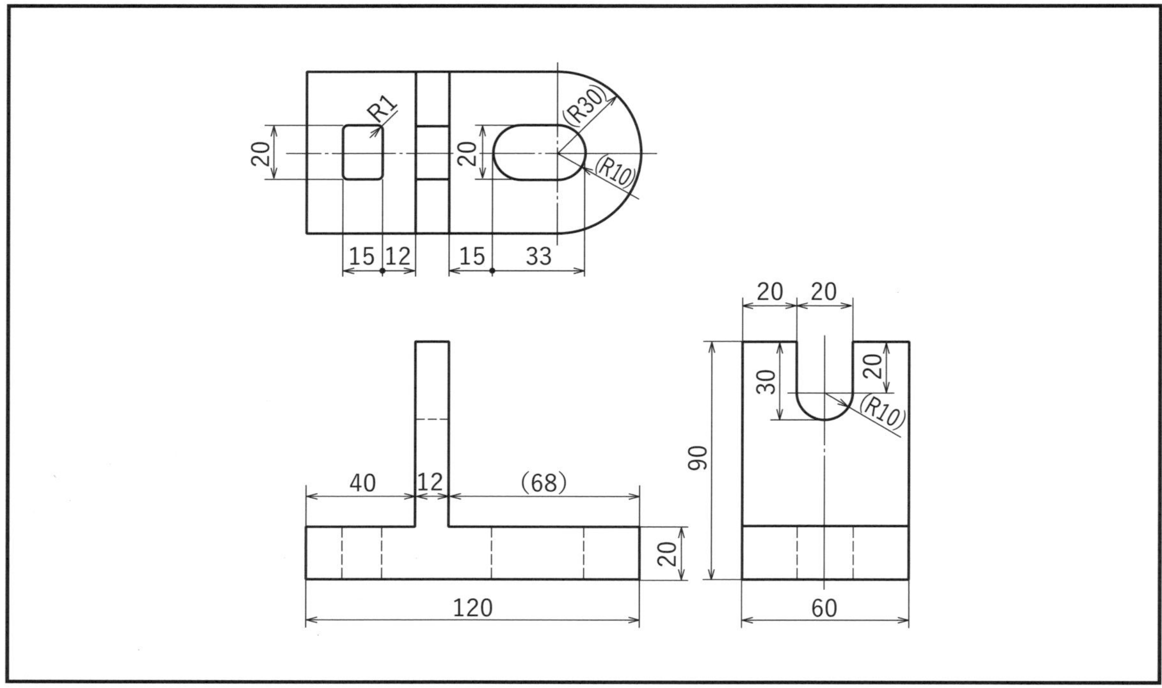

6. 調整ブラケット

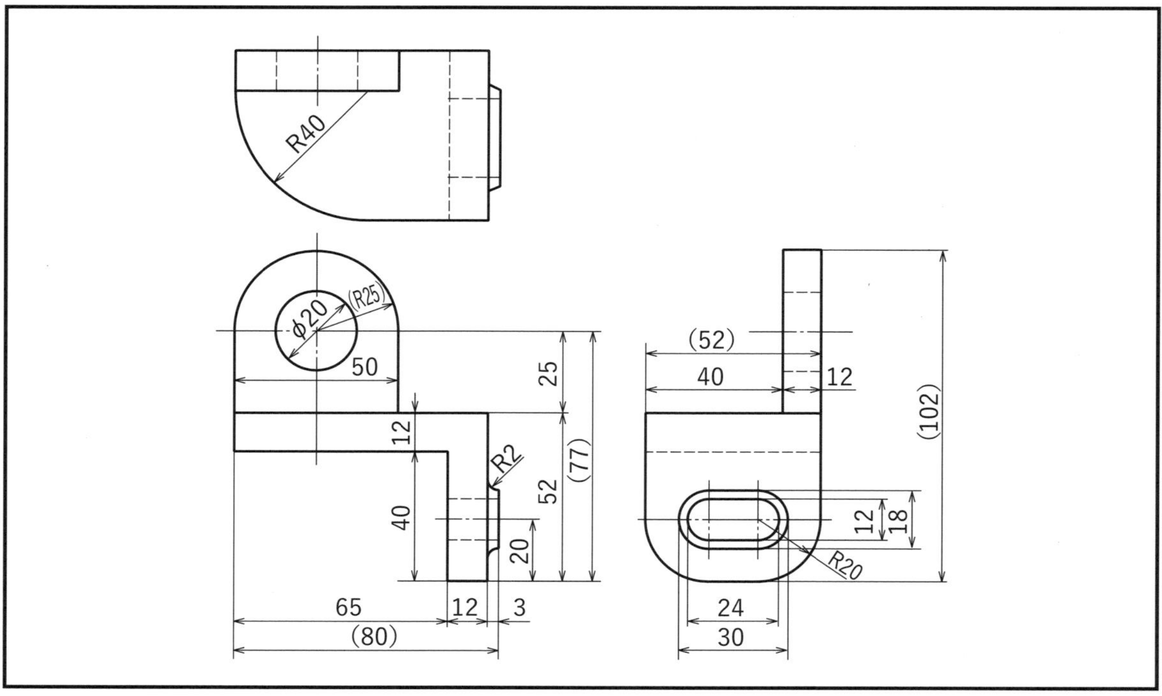

7. シャフト サポート②

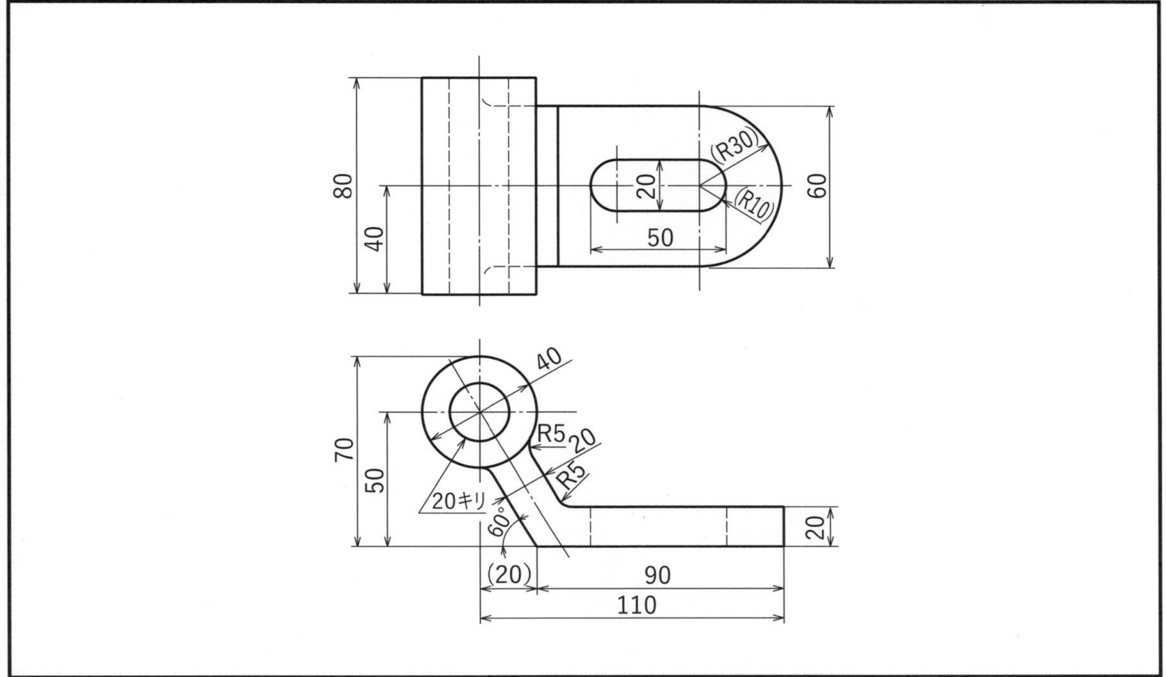

8. 万力本体

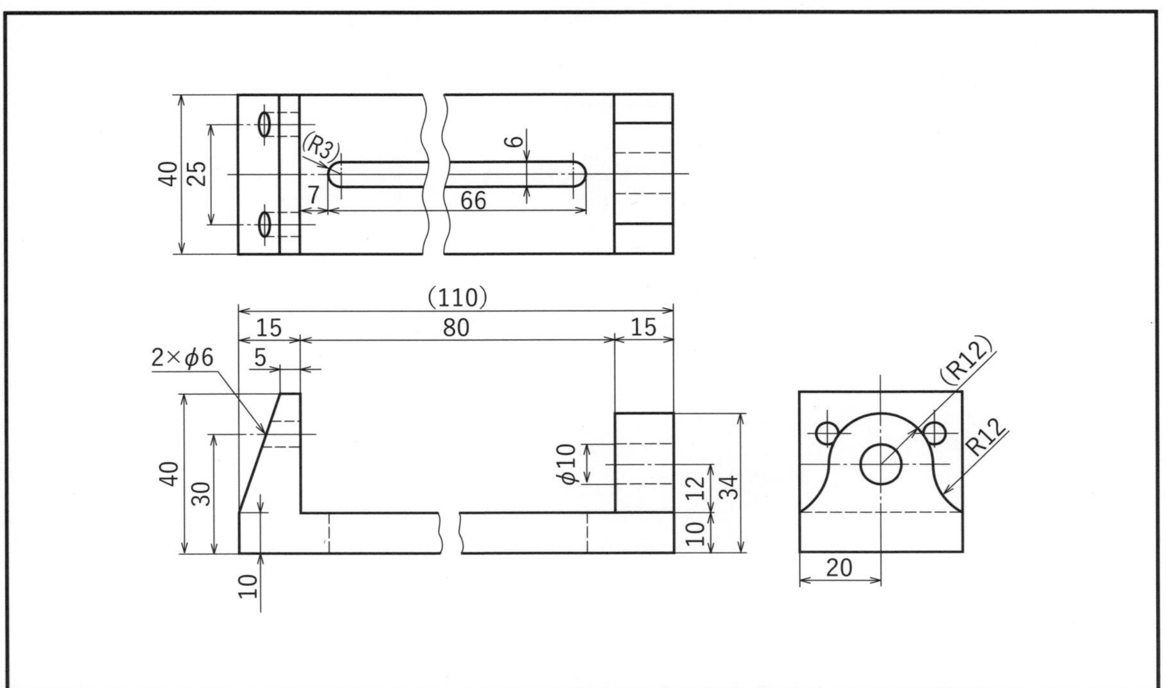

9. スライド ベース

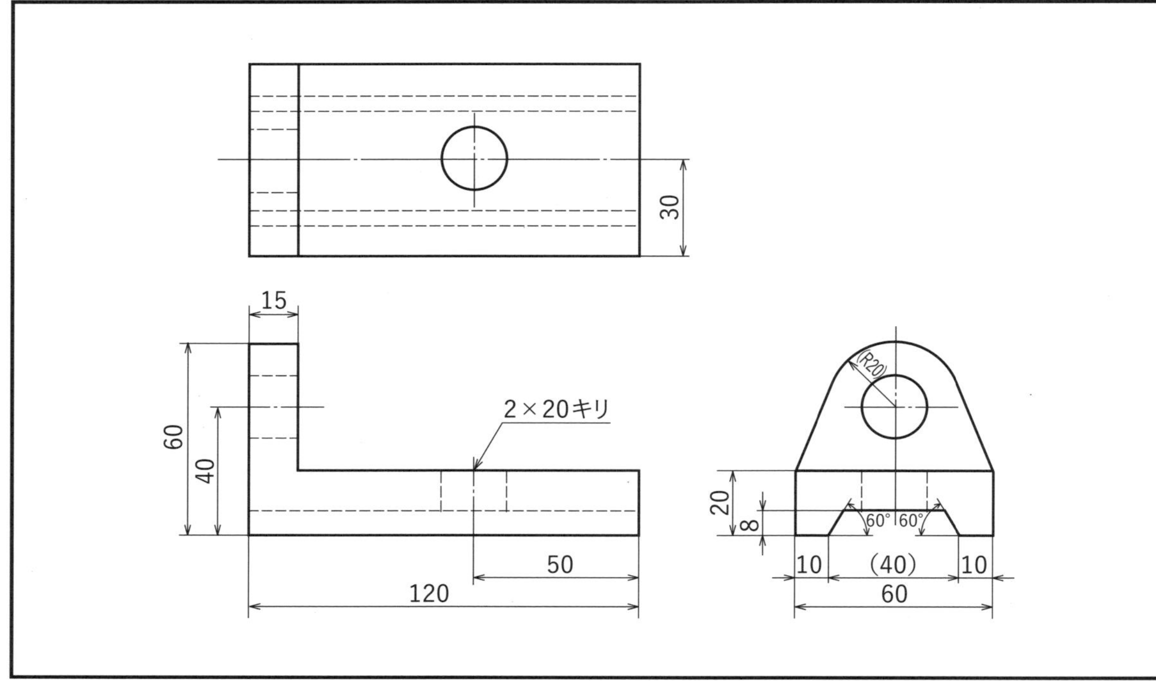

10. カム ブラケット

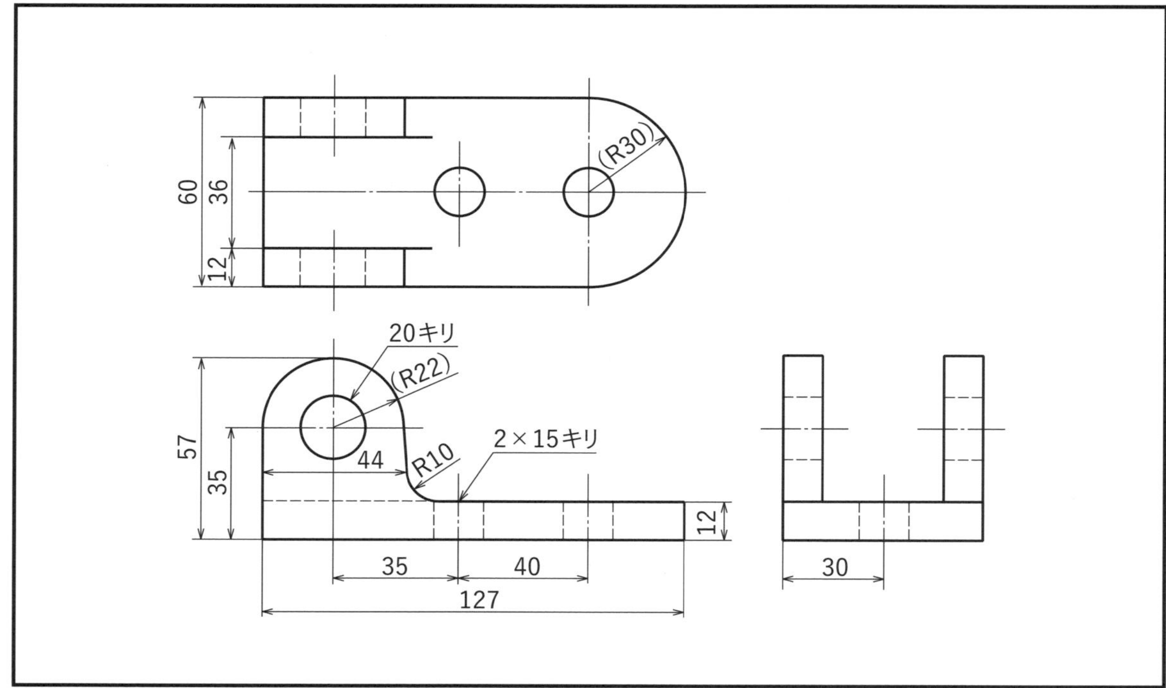

11. ロッド サポート

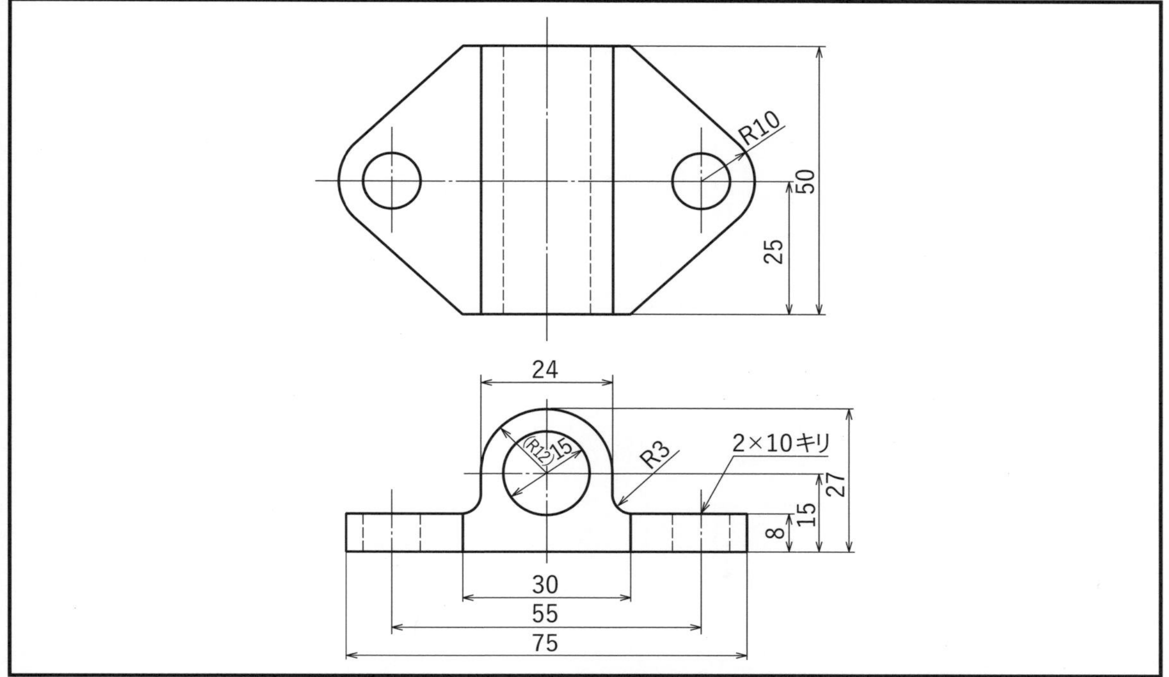

12. ハンガー ブラケット

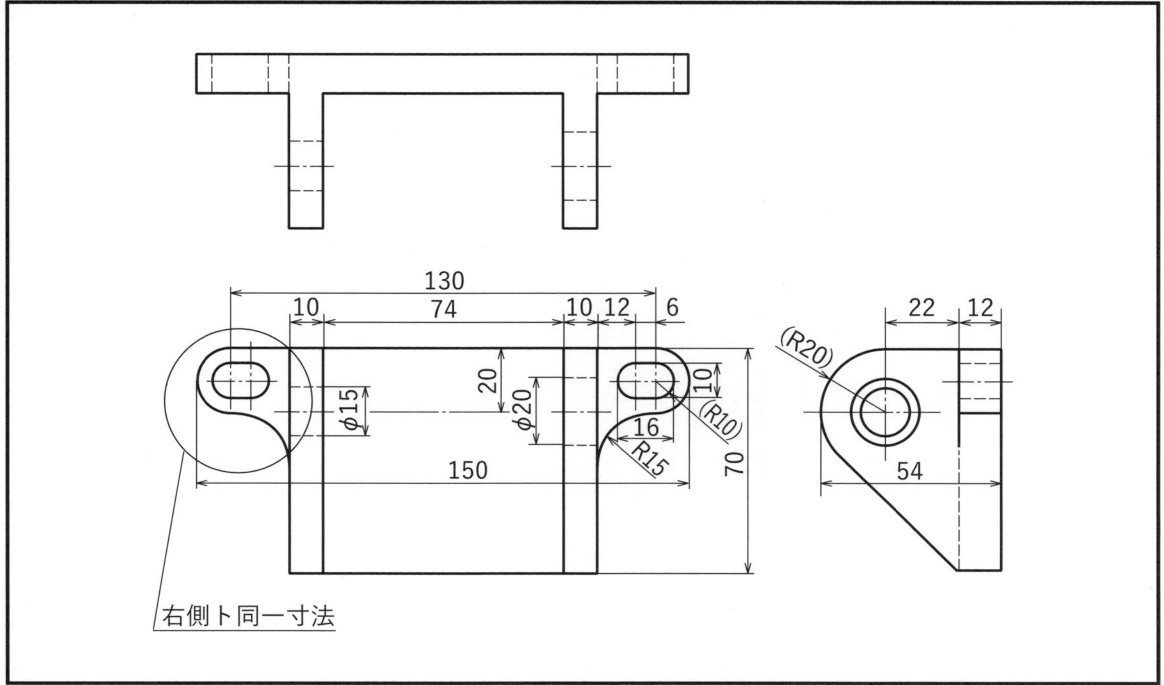

13. シャフト ブラケット①

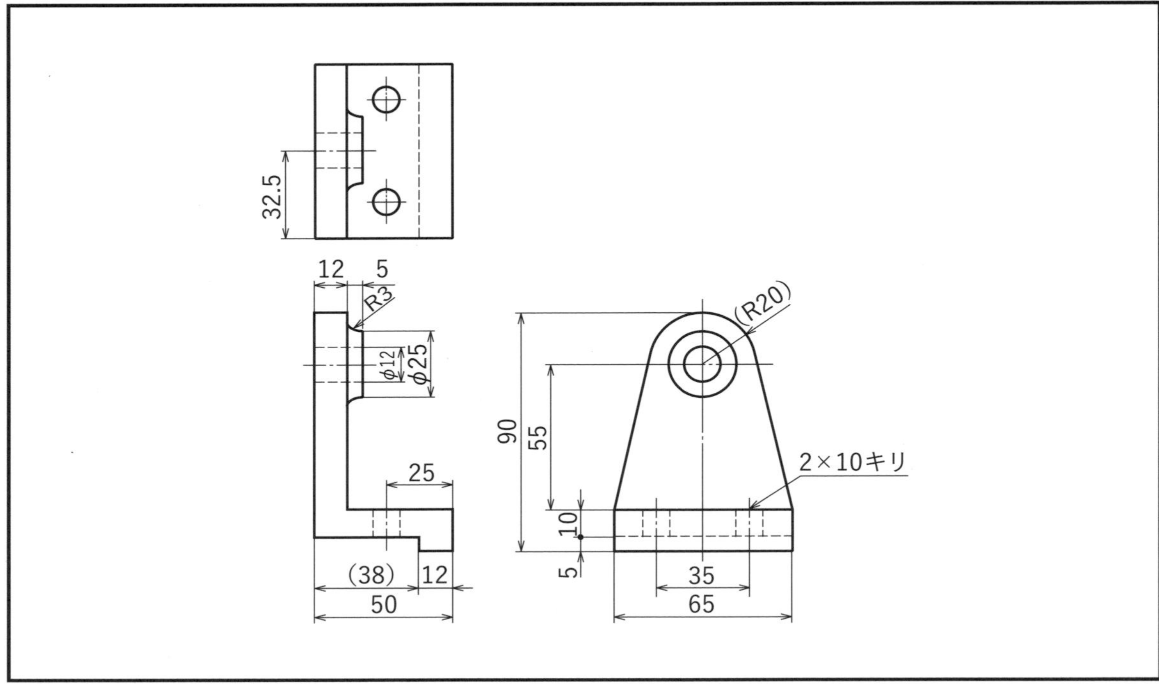

14. シャフト ブラケット②

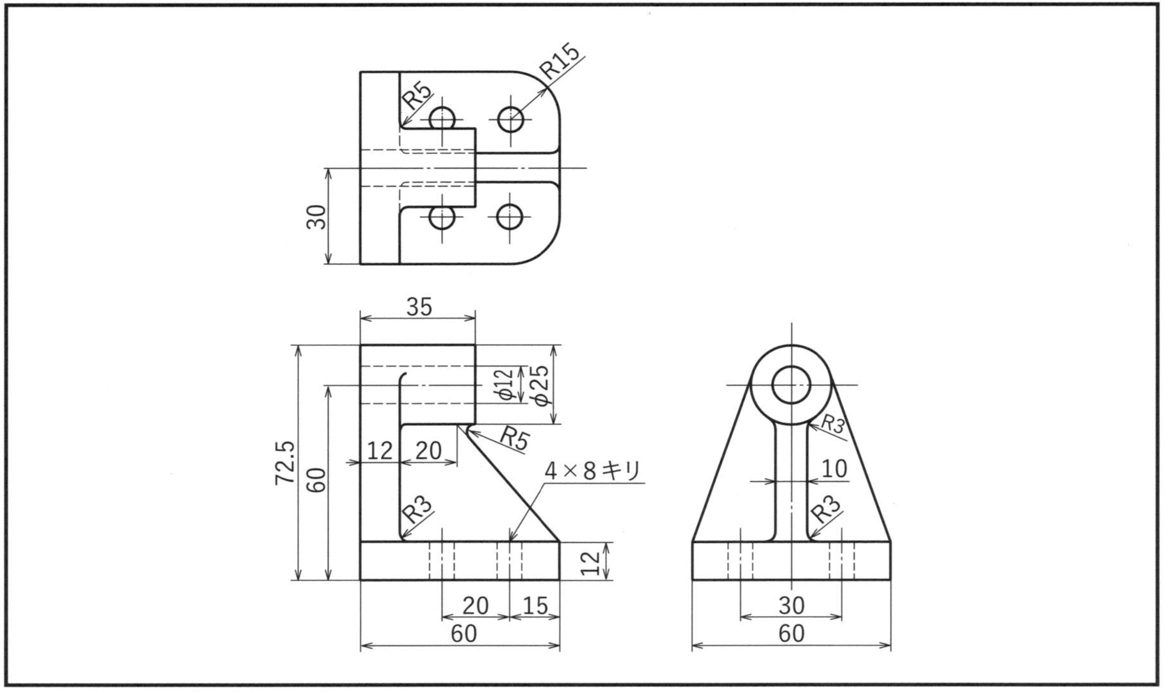

15. シャフト ガイド⑤

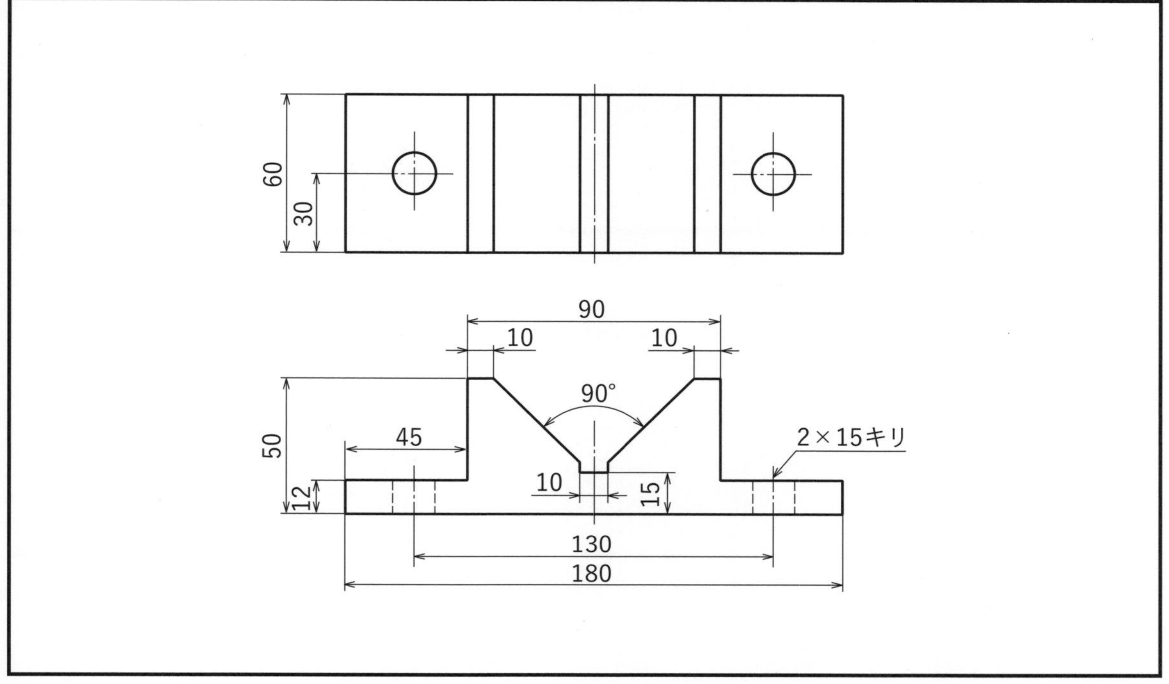

それぞれの図を立体図で表わすと以下のようになる.

1. シャフト ガイド①

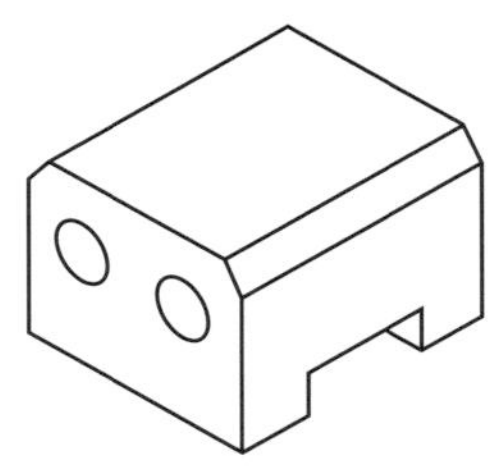

2. シャフト サポート①

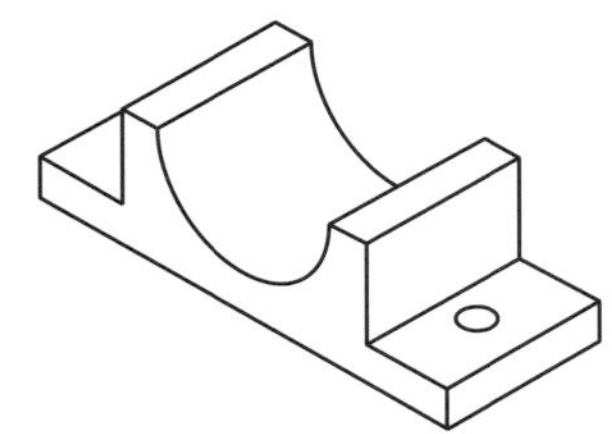

3. シャフト ガイド②

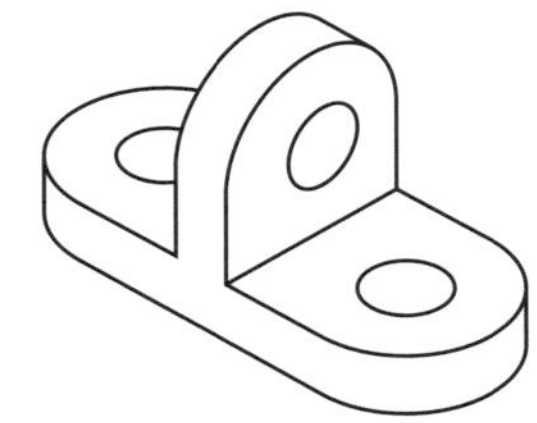

4. シャフト ガイド③

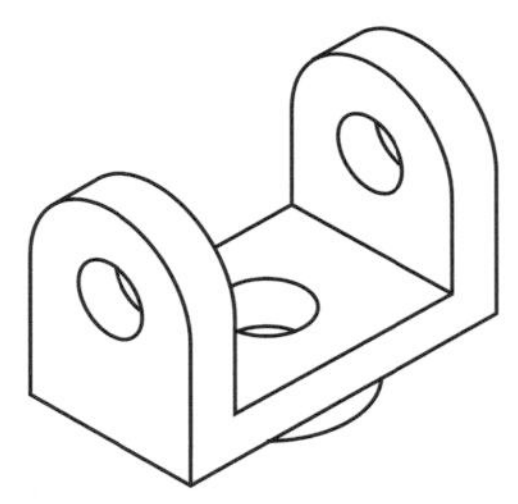

5. シャフト ガイド④

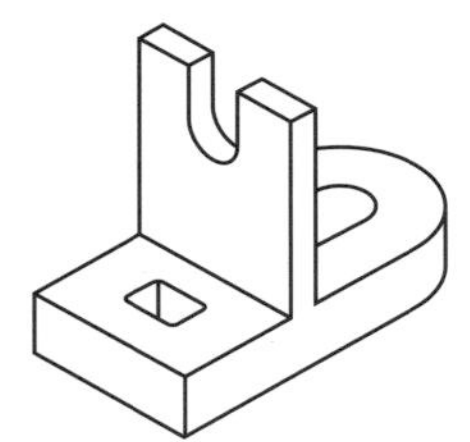

6. 調整ブラケット

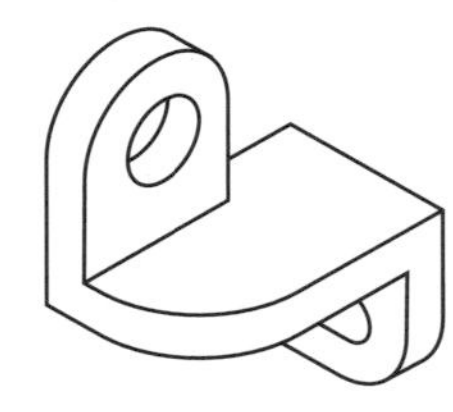

7. シャフト サポート②

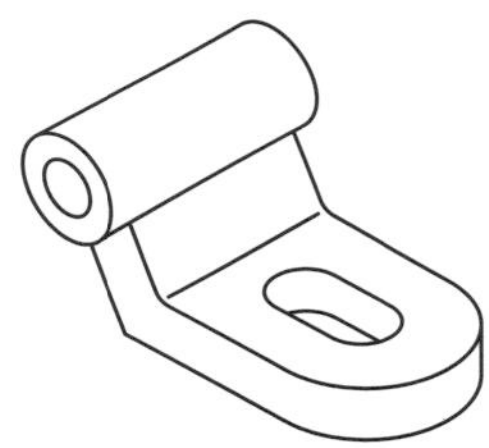

8. 万力本体

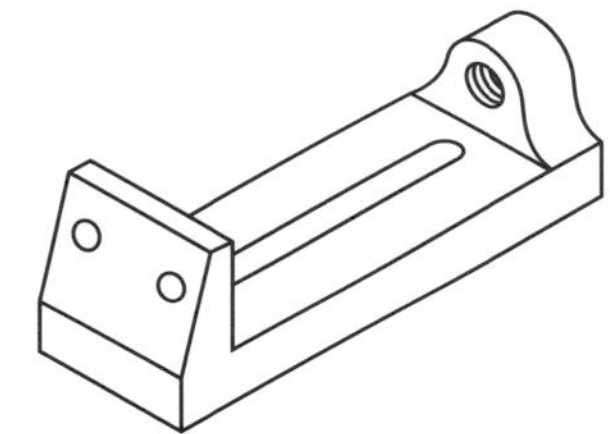

9. スライド ベース

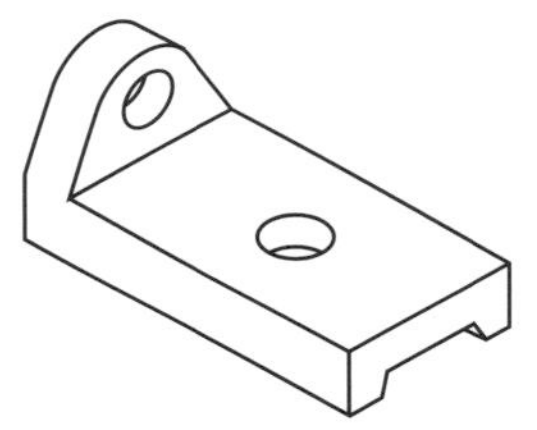

10. カム ブラケット

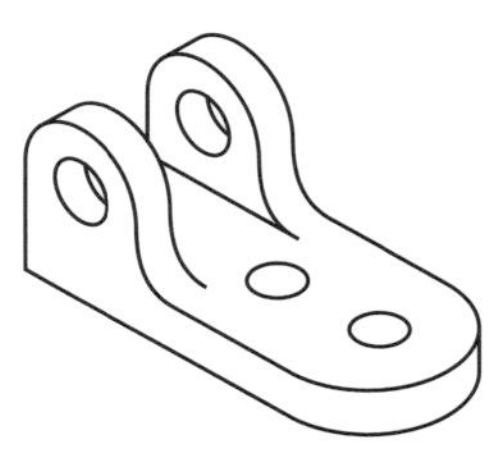

11. ロッド サポート

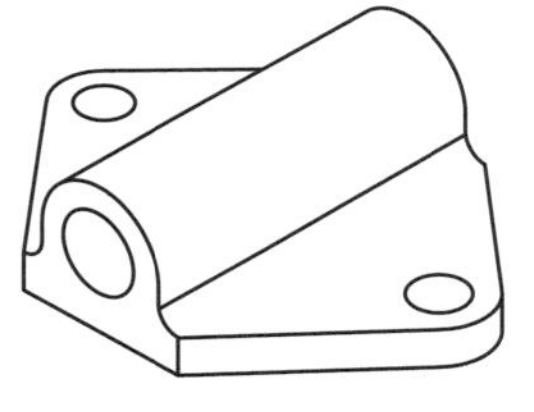

12. ハンガー ブラケット

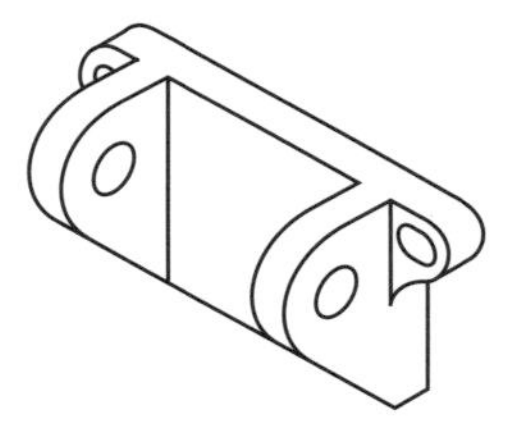

13. シャフト ブラケット①

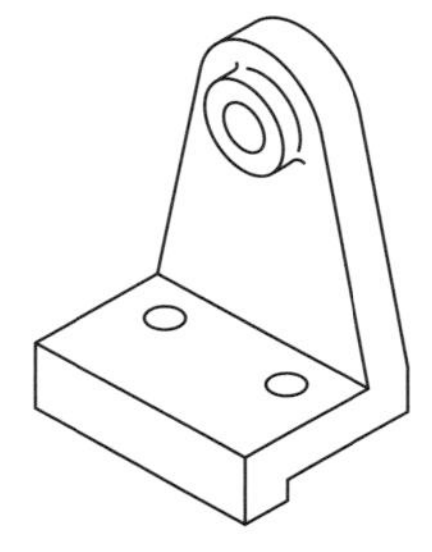

14. シャフト ブラケット②

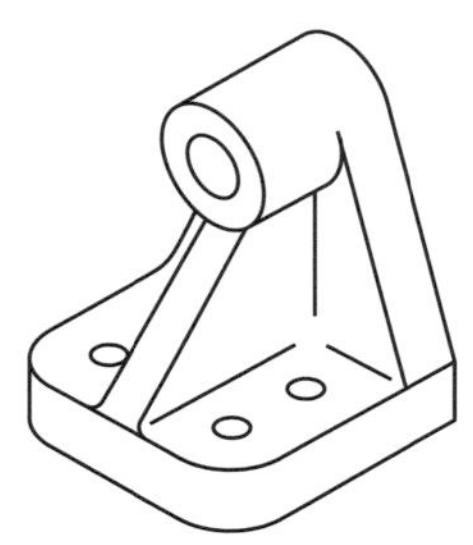

15. シャフト ガイド⑤

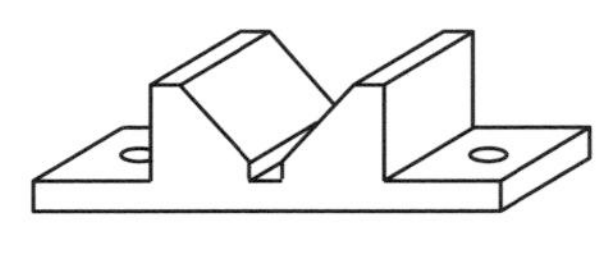

CHAPTER 4　機械製作図集

寸法許容差の数値の表示について

本章の製作図例中において，寸法許容差の数値の表示（**CHAPTER 1** の **031** ページ参照）は，紙面の関係から，寸法数値より小さく表示している．

〔**例**〕

正しい表示	図例中での表示
$\phi 28\ ^{+0.4}_{\ \ 0}$	$\phi 28\ ^{+0.4}_{\ \ 0}$
$\phi 20.8\mathrm{H7}\ ^{+0.021}_{\ \ 0}$	$\phi 20.8\mathrm{H7}\ ^{+0.021}_{\ \ 0}$

MT-4101

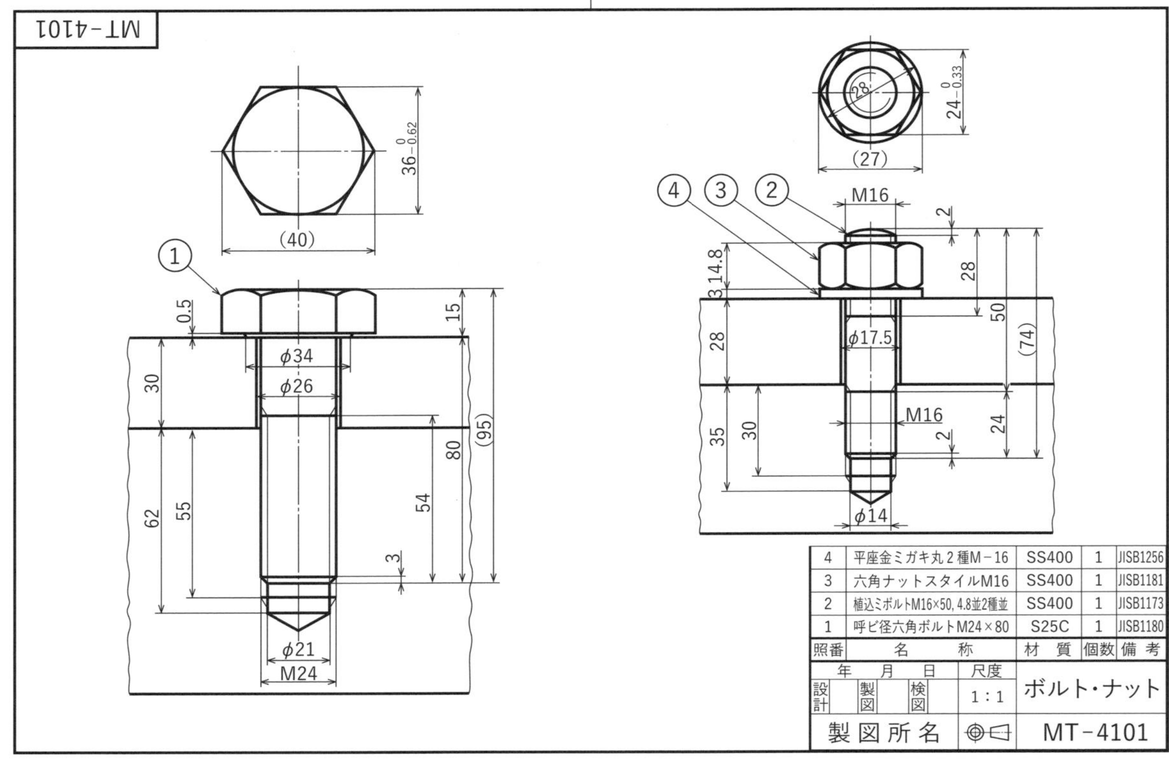

4	平座金ミガキ丸２種M－16	SS400	1	JISB1256
3	六角ナットスタイルM16	SS400	1	JISB1181
2	植込ミボルトM16×50, 4.8並2種並	SS400	1	JISB1173
1	呼ビ径六角ボルトM24×80	S25C	1	JISB1180
照番	名　称	材　質	個数	備　考

年　月　日	尺度	ボルト・ナット
設計　製図　検図	1：1	
製図所名		MT－4101

製作図１　ボルト・ナット

製作図1　ボルト・ナット

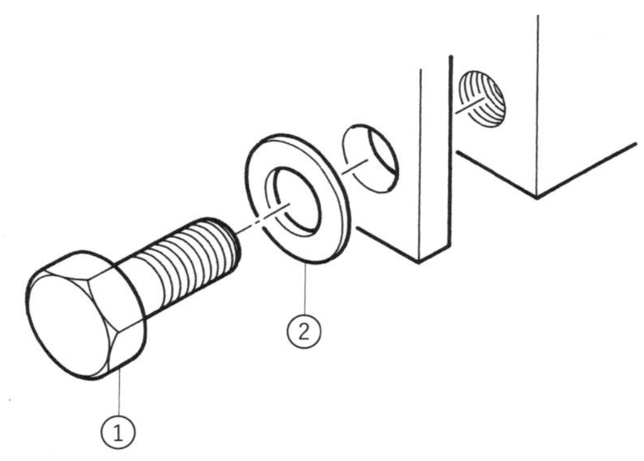

図4･1　ボルト・ナット分解組立図

ねじ部品のもっとも一般的なものである．ねじは，ねじ山およびらせんによって形づくられているが，すべての種類の製図では，単純化して次のように図示する．

①　ねじの山の頂（おねじの外径およびめねじの内径）は太い実線で，ねじの谷底（おねじの谷の径およびめねじの谷の径）は細い実線で示す（製作図**1**）．

②　ねじの端面から見た図では，ねじの谷底は，円周の3/4だけを細い実線で描いて示す．この場合，1/4の欠円部分は，できれば右上方にあけるのがよい（図**4･2**）．

なお，規格には示されていないが，ボルト・ナットの六角部は，規格寸法どおりに正確に描く必要はなく，図**4･2**に示す比例寸法を用いて描けばよい．

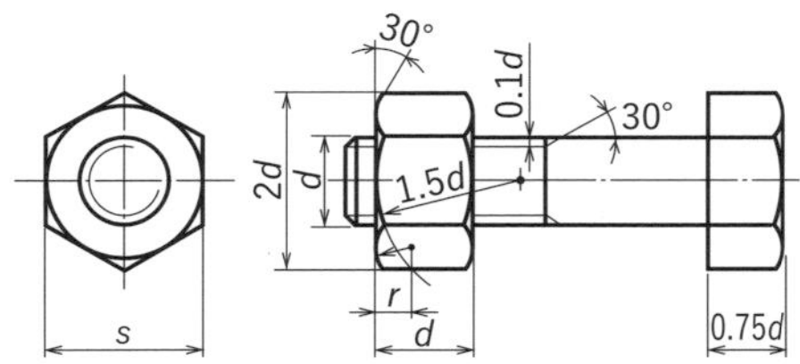

図4･2　比例寸法による六角ボルトの描き方

③　ねじを切削する場合，完全なねじ山形状を越えた所に完全でないねじ山の部分が形成される．この部分を不完全ねじ部という（製作図**1**）．一般には不完全ねじ部は描かなくてもよいが，この部分の寸法を記入する場合とか，不完全ねじ部が機能上必要な場合（たとえば図の部品②の植込みボルトのような場合には，この部分までしっかりねじ込む）には，図のように傾斜した細い実線で示しておけばよい．

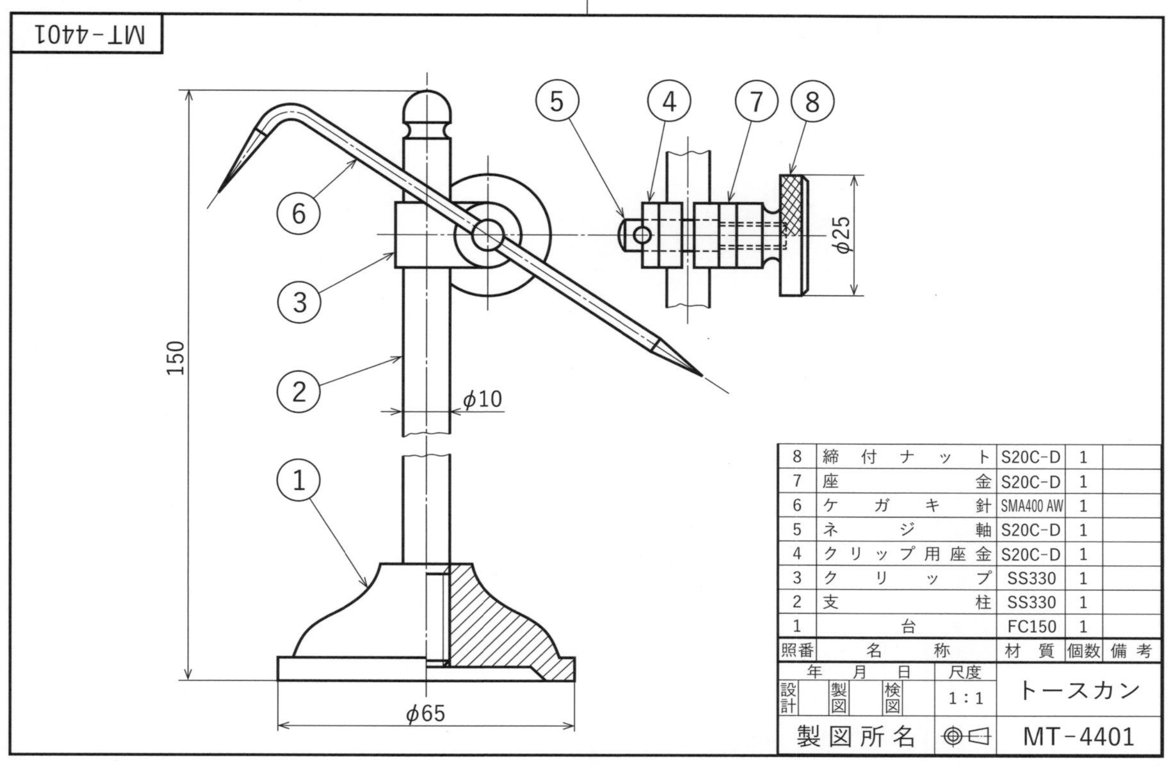

照番	名称	材質	個数	備考
8	締付ナット	S20C-D	1	
7	座金	S20C-D	1	
6	ケガキ針	SMA400 AW	1	
5	ネジ軸	S20C-D	1	
4	クリップ用座金	S20C-D	1	
3	クリップ	SS330	1	
2	支柱	SS330	1	
1	台	FC150	1	

年月日	尺度	
設計　製図　検図	1：1	トースカン
製図所名	⊕◁	MT-4401

製作図２　トースカン ①

製作図２　トースカン

底部を定盤などの上に滑らせて工作物に平行線などを引く（けがくという）ときに用いる工具である．

組立図では，支柱は長ければ切断・短縮して描けばよい．側面図では，組付け関係を示せばよいので，部分投影を用いて必要部分だけを描く．照合番号（部品番号）は，直線上に見やすいように配列させるのがよい．

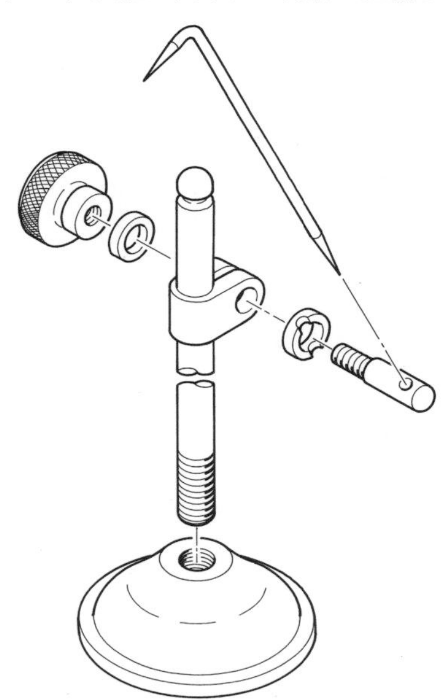

図４·３　トースカン分解組立図

部品図では，① は鋳物であるから，削り加工を行う部分にだけ仕上げ記号および粗さの数値を記入し，鋳肌を残す部分にはこれを記入しないで，照合番円に続けて除去加工を禁ずる旨の記号および（　）に入れてその他の加工がある旨の記号を並べて記入しておく．

② では，一般に長い品物では，使用時の状態にかかわらず横位置に置いて描くのがよい．図の左端部は球面仕上げで半円をやや越えているが，その程度が少ない場合は，球の半径を示す記号 SR を用いて半径寸法で記入しても差し支えない．

⑥ は，直線状の線材（硬鋼線）を用いれば，製造上に線径の許容差（この場合は ±0.005）が規定されているので，そのまま使用できる．両端加工を行った後 90°の曲げ加工を行うため，その加工前の状態は想像線を用いて示しておく．

⑧ のつまみ部分はローレット加工であり，その加工模様は一部分だけ示してもよい．

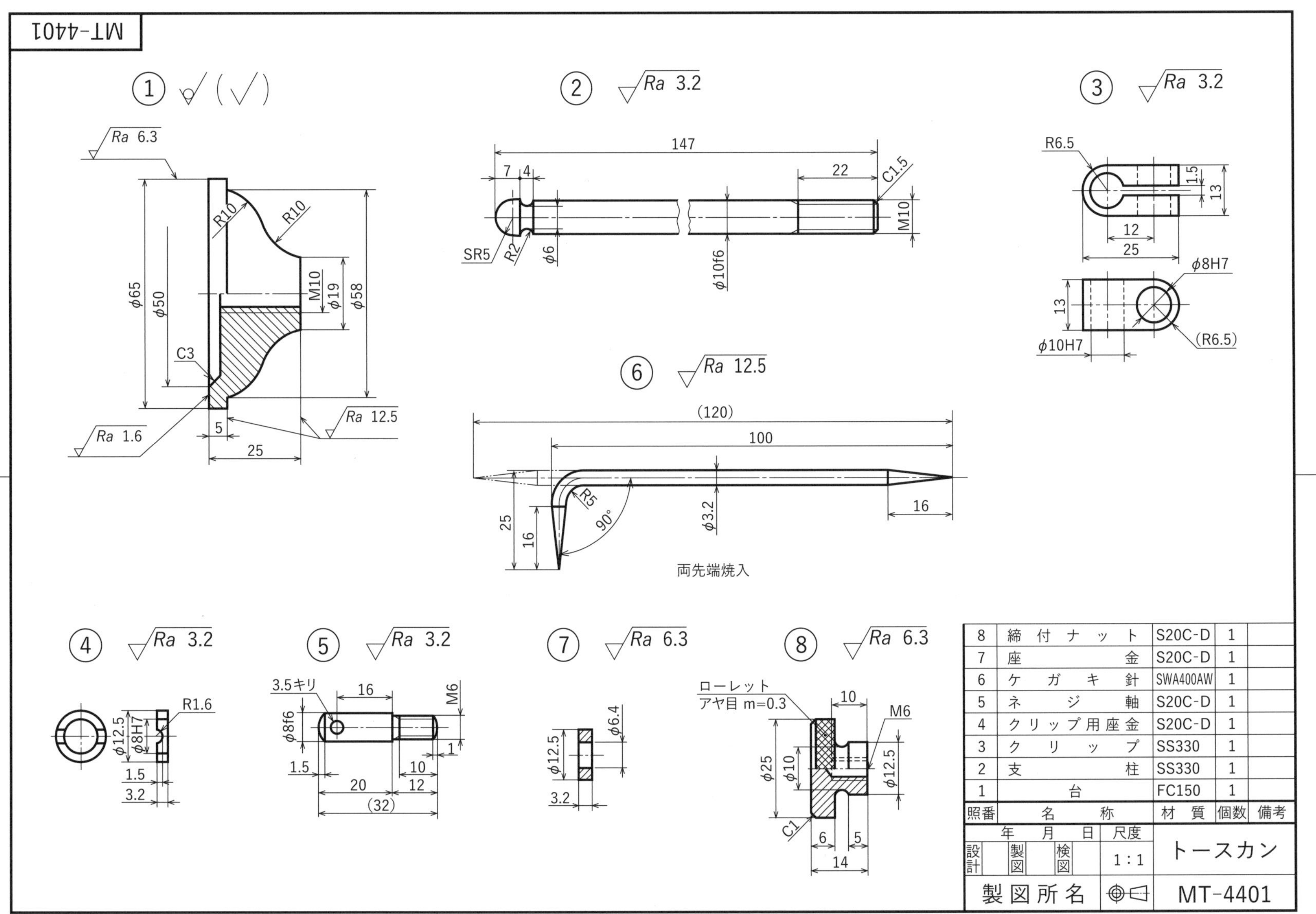
MT-4401
① (√)
Ra 6.3
R10
R10
φ65
φ50
M10
φ19
φ58
C3
Ra 1.6
Ra 12.5
5
25
② Ra 3.2
147
7
4
22
C1.5
SR5
R2
φ6
φ10f6
M10
③ Ra 3.2
R6.5
1.5
13
12
25
φ8H7
13
φ10H7
(R6.5)
⑥ Ra 12.5
(120)
100
R5
16
25
16
90°
φ3.2
両先端焼入
④ Ra 3.2
R1.6
φ12.5
φ8H7
1.5
3.2
⑤ Ra 3.2
3.5キリ
16
M6
φ8f6
1.5
1
10
20
12
(32)
⑦ Ra 6.3
φ6.4
φ12.5
3.2
⑧ Ra 6.3
ローレット
アヤ目 m=0.3
10
M6
φ25
φ10
φ12.5
C1
6
5
14
8 締付ナット S20C-D 1
7 座金 S20C-D 1
6 ケガキ針 SWA400AW 1
5 ネジ軸 S20C-D 1
4 クリップ用座金 S20C-D 1
3 クリップ SS330 1
2 支柱 SS330 1
1 台 FC150 1
照番 名称 材質 個数 備考
年月日 尺度
設計 製図 検図 1:1
トースカン
製図所名 MT-4401
製作図３ トースカン②

MT-4701

Tr12×3　50　135　開キ最大68　55

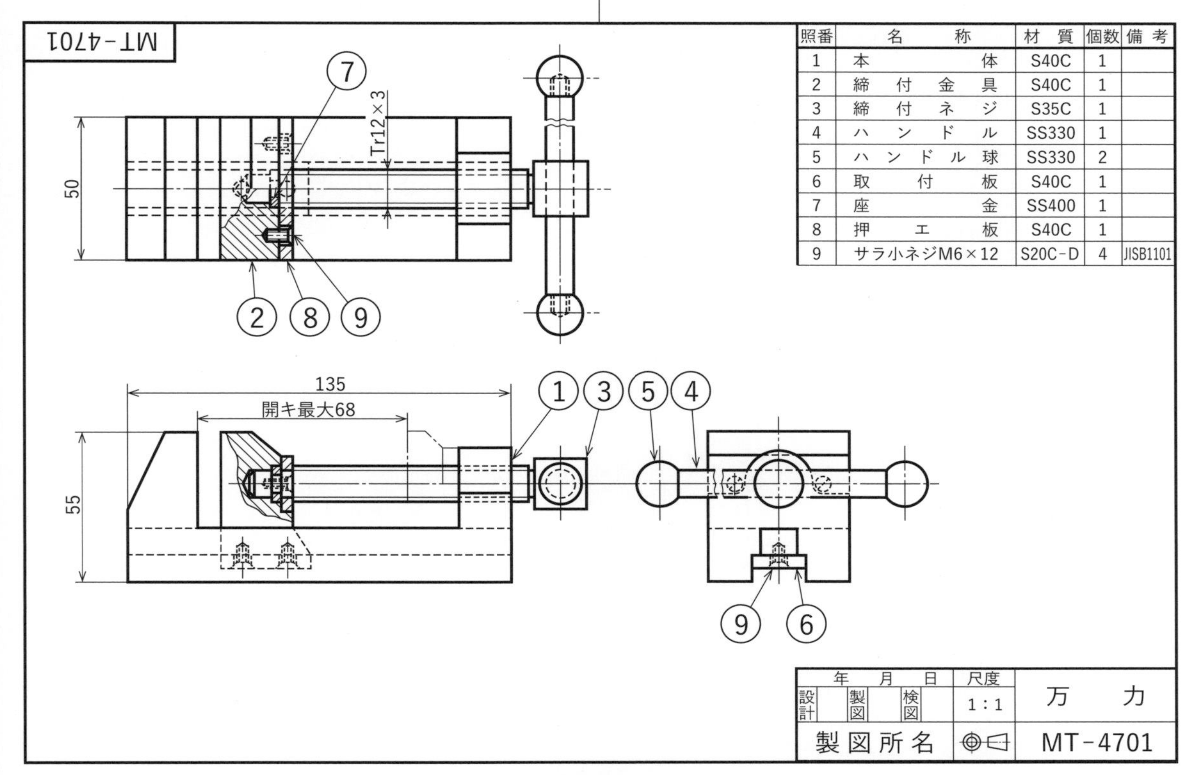

照番	名称	材質	個数	備考
1	本体	S40C	1	
2	締付金具	S40C	1	
3	締付ネジ	S35C	1	
4	ハンドル	SS330	1	
5	ハンドル球	SS330	2	
6	取付板	S40C	1	
7	座金	SS400	1	
8	押エ板	S40C	1	
9	サラ小ネジM6×12	S20C-D	4	JISB1101

年月日			尺度	
設計	製図	検図	1：1	万　力
製図所名				MT-4701

製作図４　万　力①

製作図４　万　　力

マシンバイスともいう．

この品物の組立図では，その性能すなわちこの万力がどれだけの大きさの工作物をくわえることができるかという，締付金具（ジョーともいう）の最大開き寸法を示しておくことが必要であるが，それには想像線（細い二点鎖線）を用いて，その位置にジョーを描いて示す．

万力のねじには，締付抵抗の少ない台形ねじを用いることが多い．JIS ではメートル台形ねじ（**125** ページ参照）を規定しており，その呼び方は，ねじの種類を表す記号 Tr，ねじの呼び径およびピッチによって，Tr 12×3 のように表す．

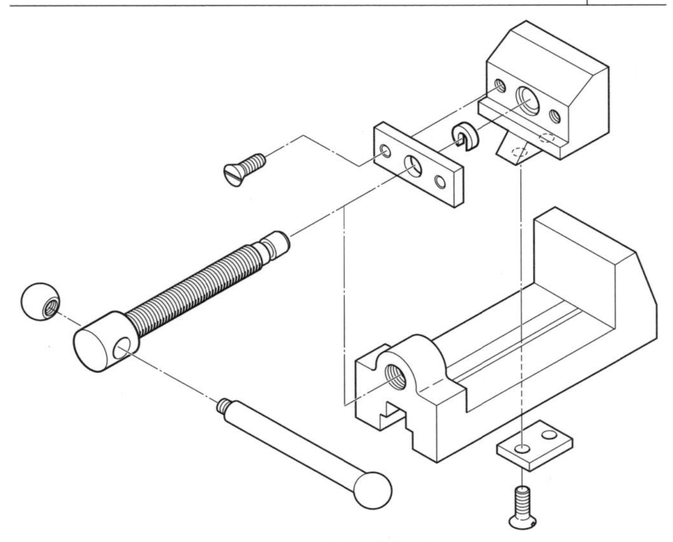

図 4·4　万力分解組立図

ハンドルは，必要があれば（その背後に示したい部品があるときなど）角度をもたせて描いてもよい．この場合，対応する他の投影図と投影関係が正しくならなくても差し支えない．

部品図では，本体 ① のねじ部を描くために部分断面を用いている．② でも同様である．

③ の側面図は，直径寸法が示されているので，なくてもよいように思えるが，端的に示されるので描いておくほうがより親切である．

④ のねじ逃げ溝の直径は，対称図形であるので片方だけでよいように思えるが，やはり両方に記入しておくのがよい．

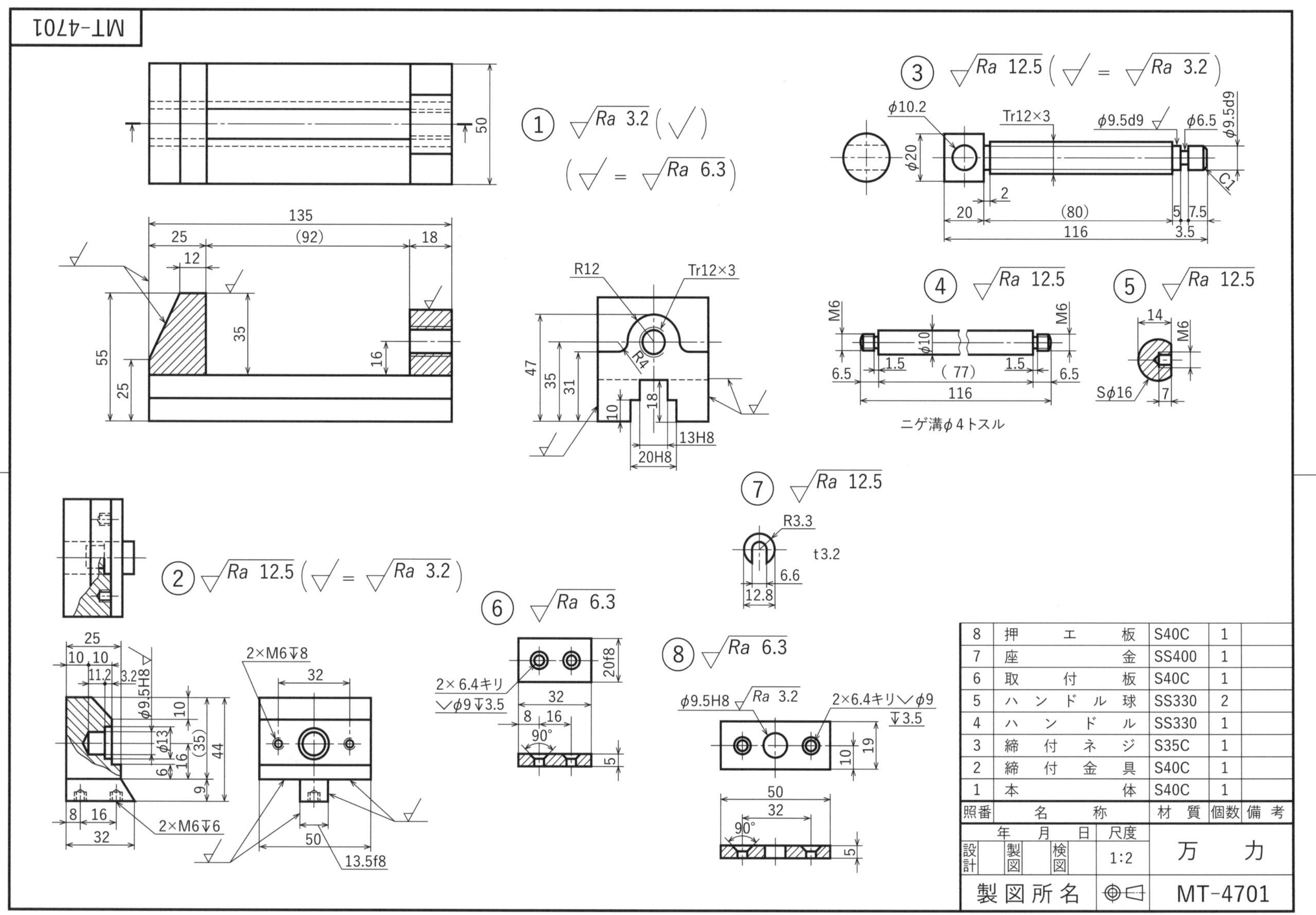

照番	名称	材質	個数	備考
8	押工板	S40C	1	
7	座金	SS400	1	
6	取付板	S40C	1	
5	ハンドル球	SS330	2	
4	ハンドル	SS330	1	
3	締付ネジ	S35C	1	
2	締付金具	S40C	1	
1	本体	S40C	1	

設計	年月日 / 製図 / 検図	尺度 1:2	万力
製図所名			MT-4701

製作図5 万力②

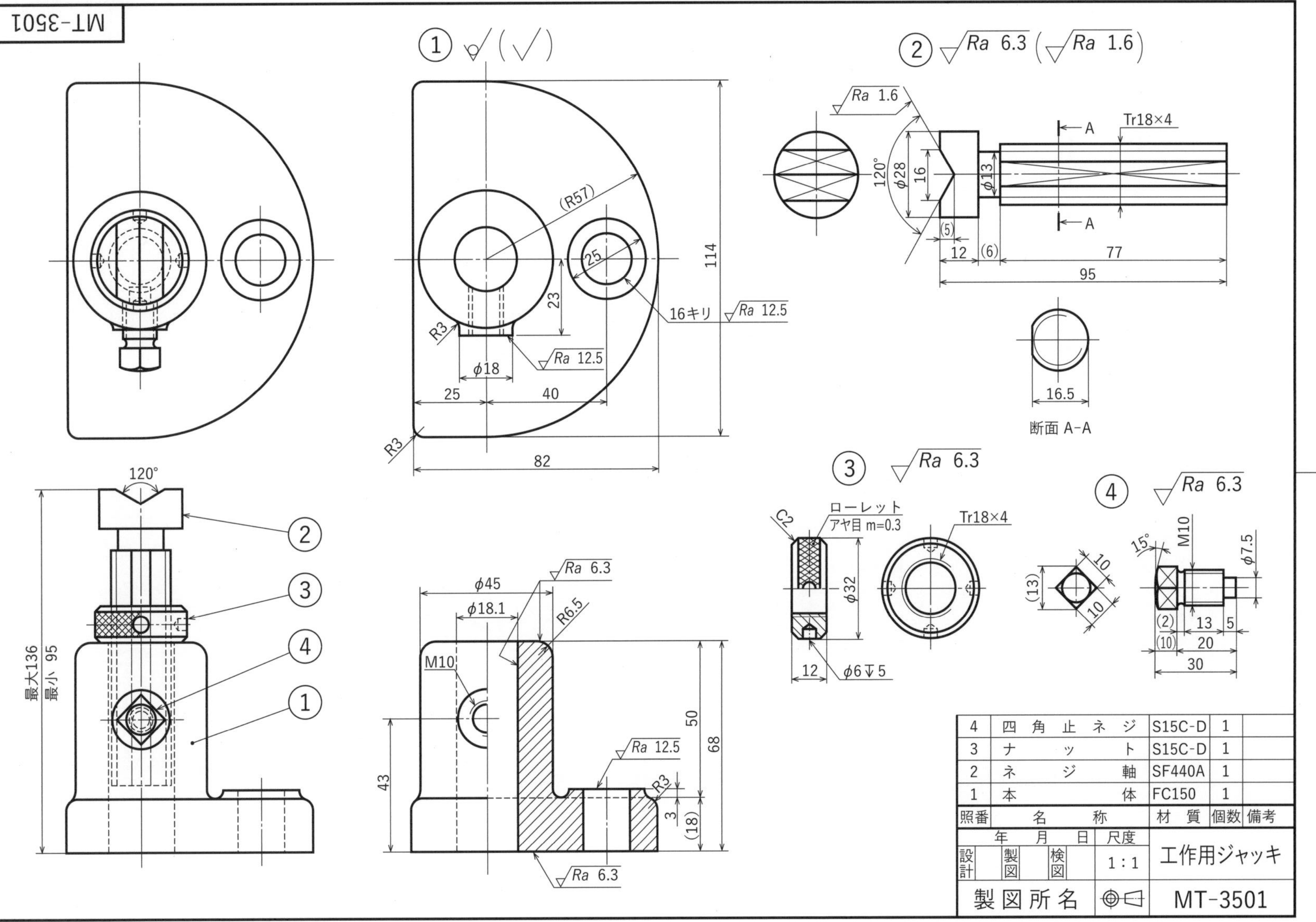

製作図 6　工作用ジャッキ

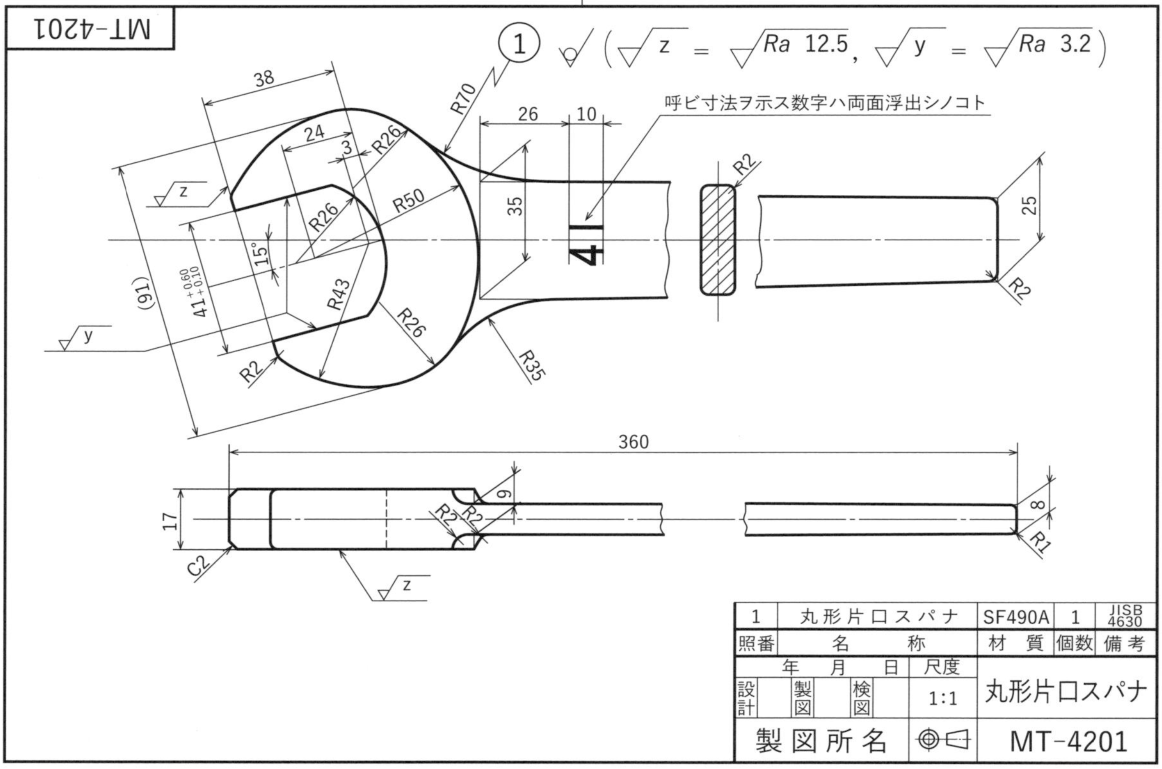
MT-4201
① (z = Ra 12.5, y = Ra 3.2)
呼ビ寸法ヲ示ス数字ハ両面浮出シノコト
41
38
24
3
R26
R70
26
10
35
R2
25
R50
R26
15°
41 +0.60 +0.10
(91)
R43
R26
R35
y
z
R2
360
17
9
8
R2
R2
R1
C2
z
1 丸形片口スパナ SF490A 1 JISB 4630
照番 名 称 材 質 個数 備 考
年 月 日 尺度
設計 製図 検図 1:1 丸形片口スパナ
製図所名 MT-4201

製作図 7　丸形片口スパナ

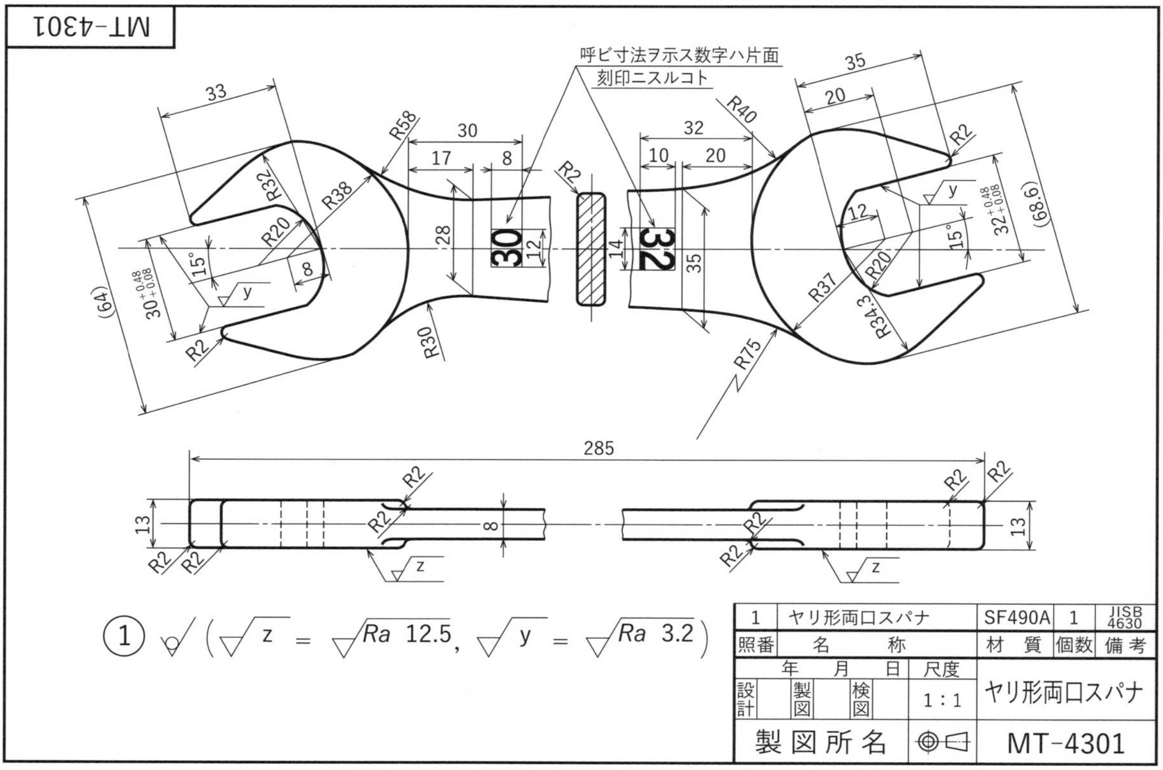
MT-4301
呼ビ寸法ヲ示ス数字ハ片面刻印ニスルコト
33
R58
30
17
8
R32
R38
R20
15°
8
30 +0.48 +0.08
(64)
y
R2
28
30
12
R30
R2
14
32
10
20
32
35
R40
35
20
R2
12
R20
15°
32 +0.48 +0.08
(68.6)
R37
R34.3
R75
y
285
13
8
R2
z
13
① (z = Ra 12.5, y = Ra 3.2)
1 ヤリ形両口スパナ SF490A 1 JISB 4630
照番 名 称 材 質 個数 備 考
年 月 日 尺度
設計 製図 検図 1：1 ヤリ形両口スパナ
製図所名 MT-4301

製作図 8　やり形両口スパナ

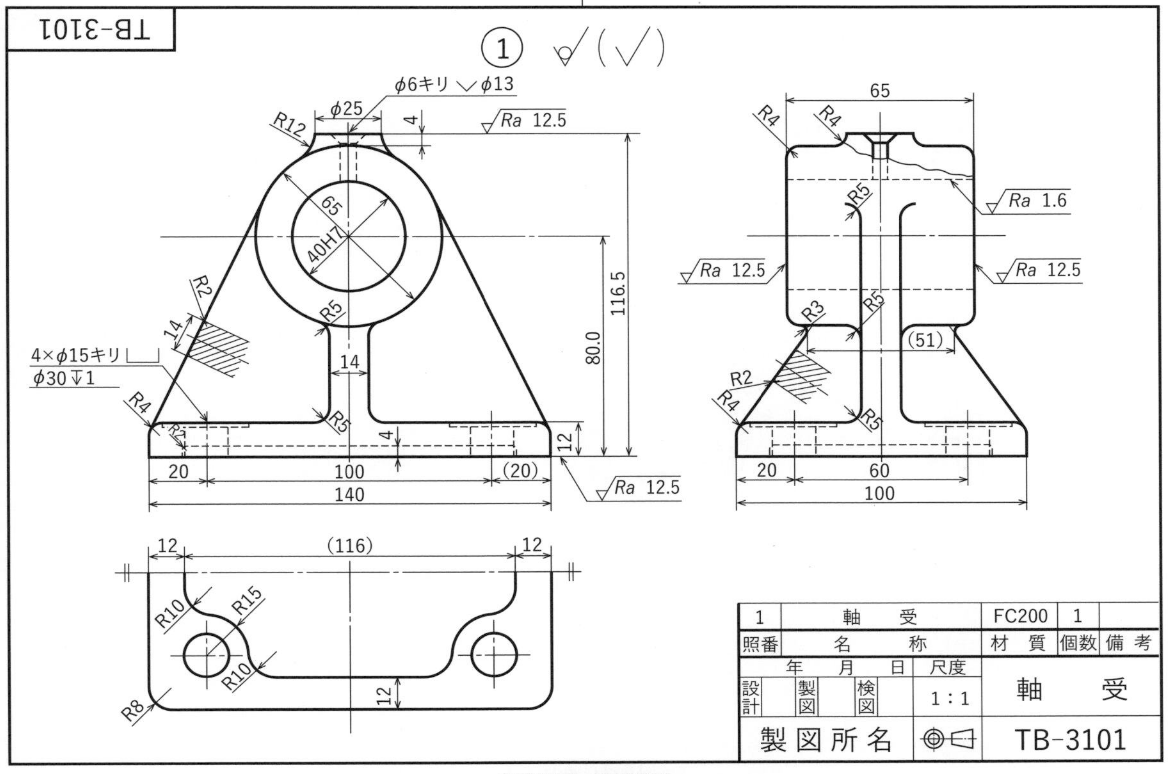

1	軸　受	FC200	1	
照番	名　称	材　質	個数	備　考

年　月　日	尺度	軸　受
設計 ／ 製図 ／ 検図	1：1	
製図所名		TB-3101

製作図 9　鋳造軸受

TB-3102

Ra 12.5 (√)

φ6キリ ∨ φ13

4×φ15キリ

4	ベ　ー　ス	SM400	1	
3	補　強　リ　ブ	SM400	2	
2	リ　ブ	SM400	1	
1	ボ　ス	SS330	1	
照番	名　称	材　質	個数	備　考

年　月　日	尺度	軸　受
設計 ／ 製図 ／ 検図	1：1	
製図所名		TB-3102

(注)加工後 C 1.5 面取リノコト.

製作図 10　溶接軸受

TB-3101
2×23キリ
2×M22
G 3/8グリースカップ
年 月 日
尺度
設計
製図
検図
1：2
スベリ軸受
製図所名
TB-3101

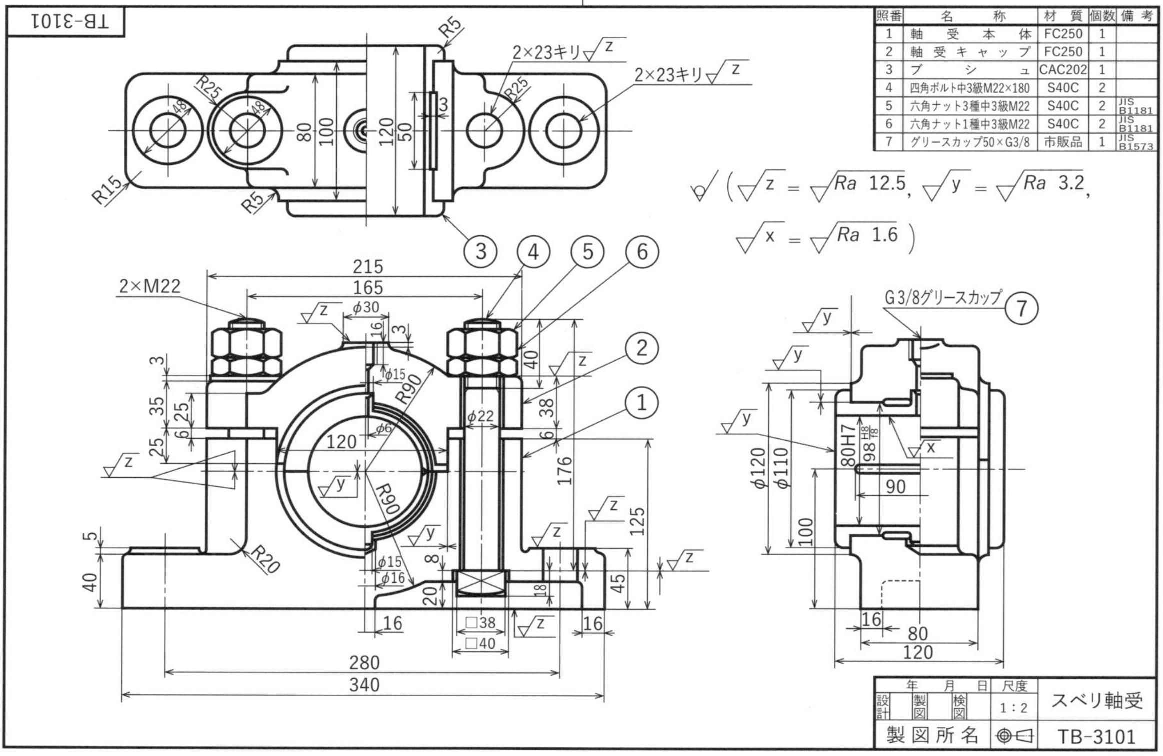

照番	名称	材質	個数	備考
1	軸受本体	FC250	1	
2	軸受キャップ	FC250	1	
3	ブシュ	CAC202	1	
4	四角ボルト中3級M22×180	S40C	2	
5	六角ナット3種中3級M22	S40C	2	JIS B1181
6	六角ナット1種中3級M22	S40C	2	JIS B1181
7	グリースカップ50×G3/8	市販品	1	JIS B1573

製作図 11　分割形すべり軸受（組立・部品兼用図）

製作図9　鋳造軸受

軸と軸受面が直接接して軸を支えるもので，平軸受ともいう．軸受には，軸に対して垂直な方向に荷重を受けるラジアル軸受と，軸方向の荷重を受けるスラスト軸受がある．製作図**9**は鋳造によって一体形に製造されたラジアル軸受を示す．この形式の軸受はジャーナル軸受ともいう．軽量化のためにリブを設けているが，その頂部は丸みをもたせてあるので，その部分の表現に注意してほしい．本図では，平面図には上面図よりも下面図のほうがより効果的である．

製作図10　溶接軸受

上図と同様な役目を果たす軸受を，溶接によって製作したものである．ここではその構造・性能よりも，溶接記号の記入方法の学習を目的としている．

溶接部はほとんどすみ肉溶接表面凹み仕上げによっているが，軸受部下面のリブと接する部分のみフレアK形の指定がなされている．なお，軸方向のリブ部品にはC6の面取りが施されているが，これは溶接部の干渉を考慮したためである．

製作図11　分割形すべり軸受

軸受の上部を取り外して軸を挿入できるようにした軸受である．軸受の軸に接する部分は摩耗しやすいので，青銅あるいはホワイトメタルでつくった軸受メタルを挿入しておいて，摩耗の度合いに応じて交換できるようにしておく．

軸受にとって潤滑は重要であり，さまざまな潤滑方式があるが，製作図**11**では頂部にグリースカップを装着して潤滑を行っている．なお，本図では上下に二分割された軸受メタルを使用しており，その合わせ目に溝を設けて，油溜まりの役をさせている．

軸受キャップ
ボルト穴
軸受メタル
軸受本体

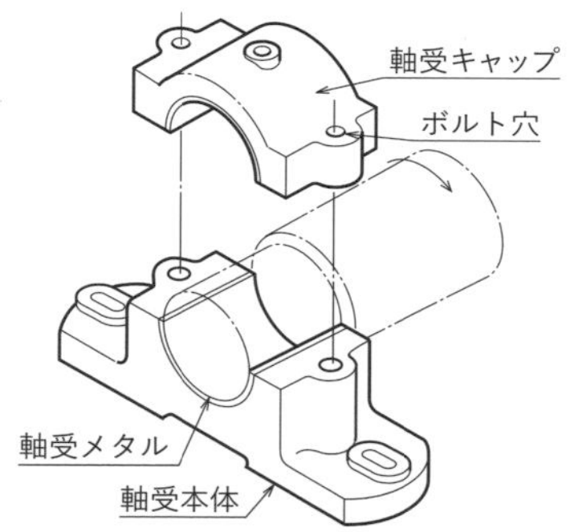

図4･5　分割形すべり軸受

製作図 12 平ベルト車

製作図 12 平ベルト車

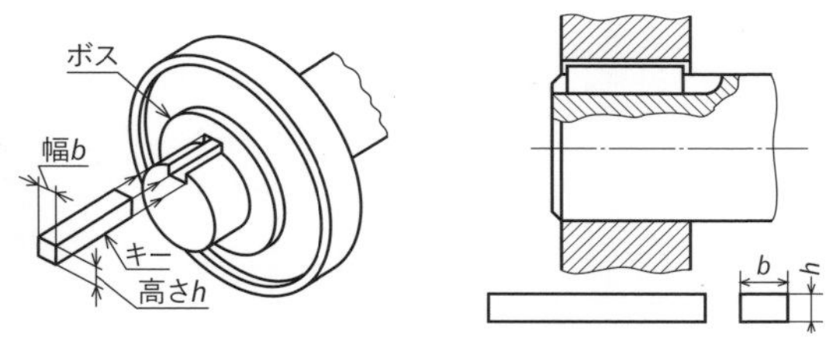

図 4·6 平行キーとキー溝

製作図 **12** は巻掛け伝動に用いられる平ベルト車を示したものであるが，このように軸に平ベルト車その他の回転体を取り付ける場合には，その取付け，取外しがしやすいように，その両者に溝を掘っておき，これにキーという部品を差し込んで固定することが多い．このキーには，その使用箇所によって，平行キー（**132** ページ参照），こう配キー，半月キーなどがある．

平行キーは，上下左右の面が平行につくられた立方体のキーで，もっとも一般的に用いられる．これにはキー溝幅の寸法許容差によって，表 **4·1** に示すような滑動形，普通形および締込み形の 3 種類がある．

滑動形は，キーとキー溝がすきまばめになるようにつくられ，トルクが伝達するとともに軸上をボスが滑動できるようにしたキーである．このキーでは，キーが外れないように，1 ～ 3 個の小ねじで軸に固定することもある．

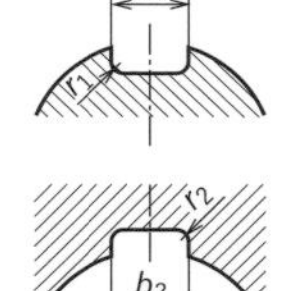

図 4·7 キー溝の幅 b_1 および b_2

普通形は，キーとキー溝を中間ばめとし，やや外れにくいようにしたキーで，もっと外れにくくしたものがしまりばめを用いる締込み形であるが，さらに強固に結合したいときには，上部に 1：100 のこう配を付けたこう配キーを用いればよい．

表 4·1 平行キーのキー溝の幅の許容差（抜粋）

b の基準寸法	滑動形		普通形		締込み形
	b_1 (H9)	b_2 (D10)	b_1 (N9)	b_2 (Js9)	b_1 および b_2 (P9)
2 ～ 3	＋ 0.025 0	＋ 0.060 ＋ 0.020	− 0.004 − 0.029	± 0.0125	− 0.006 − 0.031
4 ～ 6	＋ 0.030 0	＋ 0.078 ＋ 0.030	0 − 0.030	± 0.0150	− 0.012 − 0.042
7 ～ 10	＋ 0.036 0	＋ 0.098 ＋ 0.040	0 − 0.036	± 0.0180	− 0.015 − 0.051
12 ～ 18	＋ 0.043 0	＋ 0.120 ＋ 0.050	0 − 0.043	± 0.0215	− 0.018 − 0.061
20 ～ 28	＋ 0.052 0	＋ 0.149 ＋ 0.065	0 − 0.052	± 0.0260	− 0.022 − 0.074

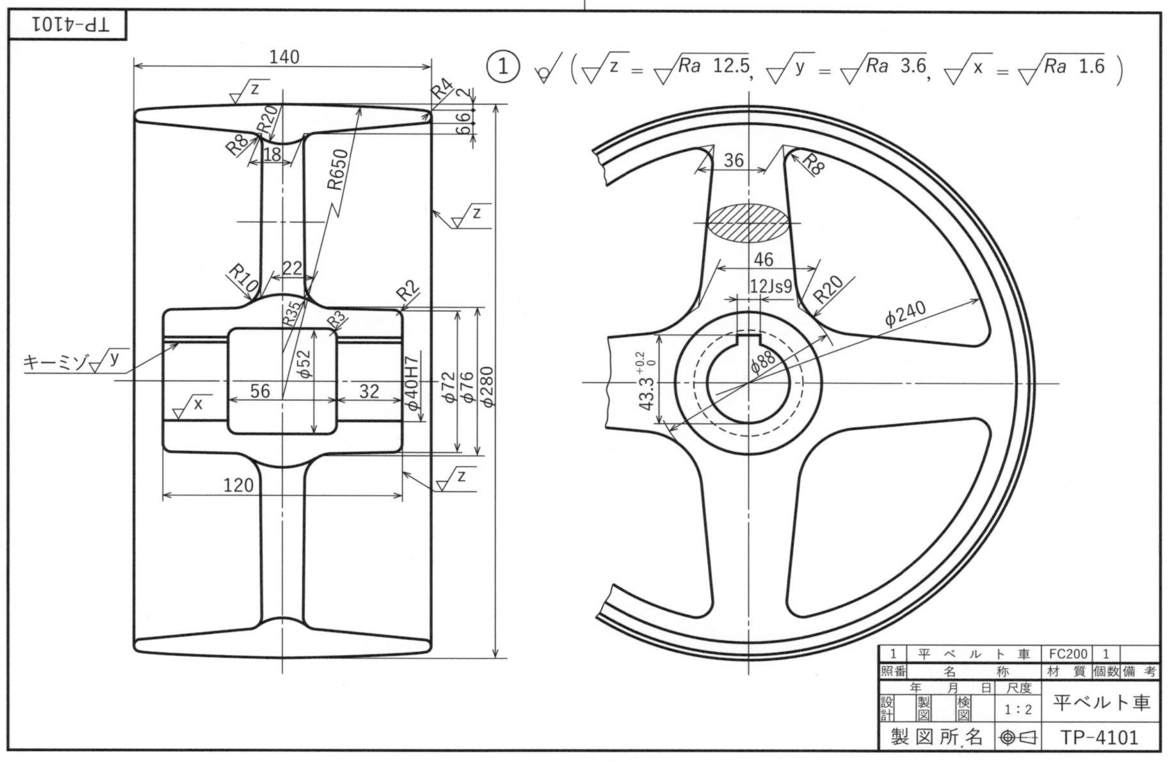

TJ-3501

5	バ　ネ　座　金	SWRH62B	4	2号S
4	六　角　ナ　ッ　ト	SS400	4	スタイル1A M10座付キ
3	継　手　ボ　ル　ト	SS400	4	
2	継　手　F	FC200	1	
1	継　手　M	FC200	1	
照番	名　称	材　質	個数	備　考

年　月　日			尺度	フランジ形固定軸継手
設計	製図	検図	1：1	
製図所名				TJ-3501

製作図 13　フランジ形固定軸継手 ①

製作図 13　フランジ形固定軸継手

二つの軸，たとえばモータ軸と作業機の回転軸を連結する場合にもっとも多く用いられる．軸継手では両軸の軸心の一致が重要なので，両フランジにはめ込み部（これを**いんろう**という）を設け，中心合わせを行っている．

部品図において，① および ② に，はめ込み部が拡大図により示されており，そのはめあいは H7/g7 のやや高級なすきまばめであるが，これは，その目的が正確な中心合わせであることによる．

ボルト穴およびボルトは，H7/h7 という中間ばめである．固定軸継手では，トルクはフランジ面の摩擦力だけでなく，ボルトの受けるせん断力によっても伝えられるため，穴にはリーマ仕上げが施され，ボルトのほうにもそれにふさわしい精度が与えられている．このようなリーマ穴に用いるボルトを**リーマ ボルト**と呼んでいる．

継手穴の H7 は当然としても，はめあいの対象でない継手外周にも，g7 という精度が記入されているのは，一般に固定軸継手の市販品には，軸穴の仕上げ加工がされておらず，購入者が必要な軸径に再加工を行うため，その際の穴ぐりの心出しはこの外周部分を基準（データム：**036** ページ参照）として行うほかはないので，このような精度が与えられているのである．

なお，それぞれの軸心に，幾何公差が指定されているのを理解してほしい．データム A および B が指示されており，継手外周および継手面に対して，それぞれ 0.03 mm の振れ公差が与えられている．したがってこれらの面は，図 **4·8** に示すような領域内に収まっていなければならないことを示している．

なお，本図中 ←⊘ の記号は，この幾何公差を検証する場合の測定器（ダイヤルゲージなど），およびそれを当てる方向を示し，← − − − → の記号は，その測定器をその方向に移動させて測定することを示す．

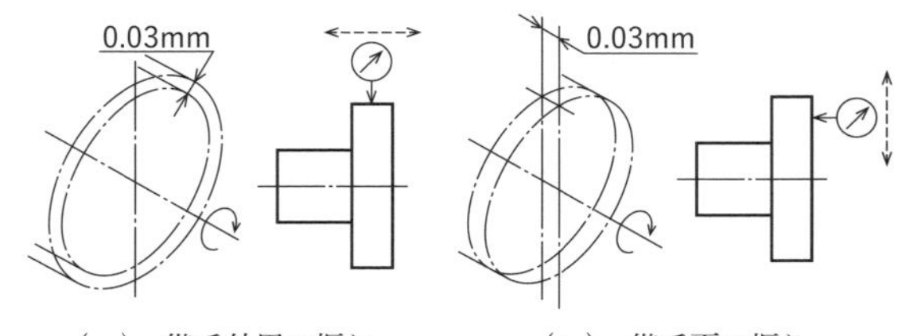

（a）　継手外周の振れ　　（b）　継手面の振れ

図 4·8　幾何公差の指示

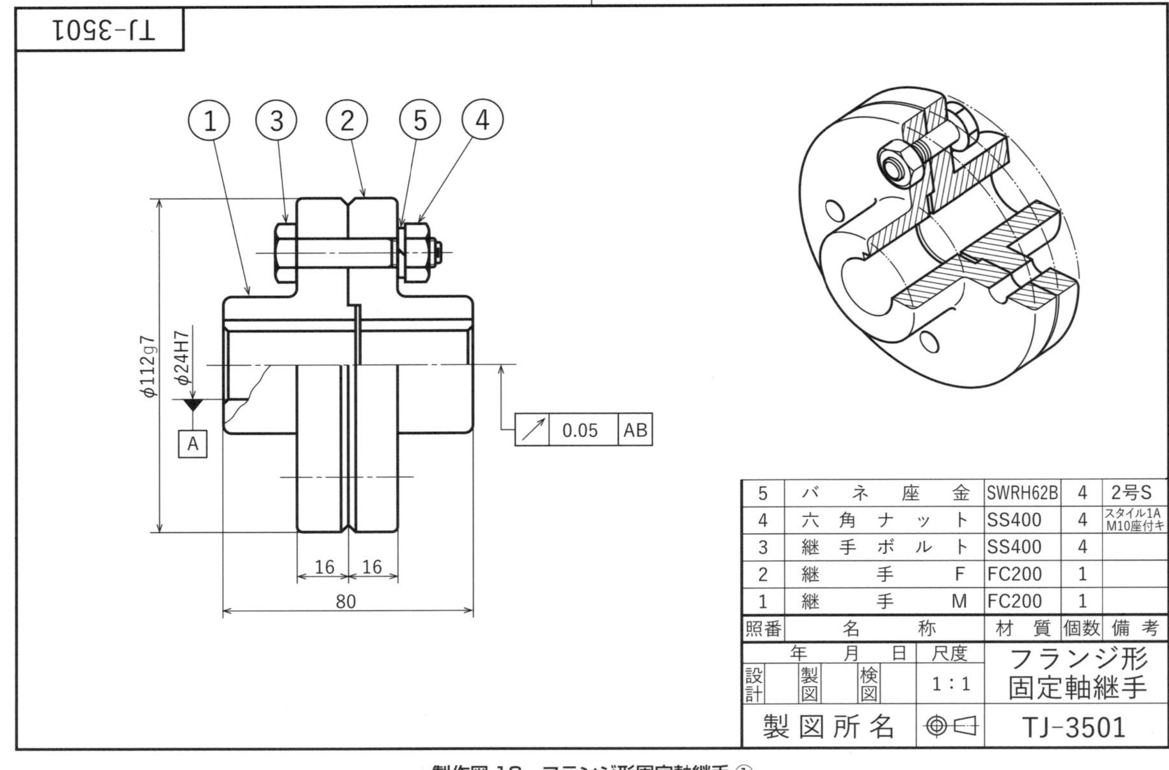

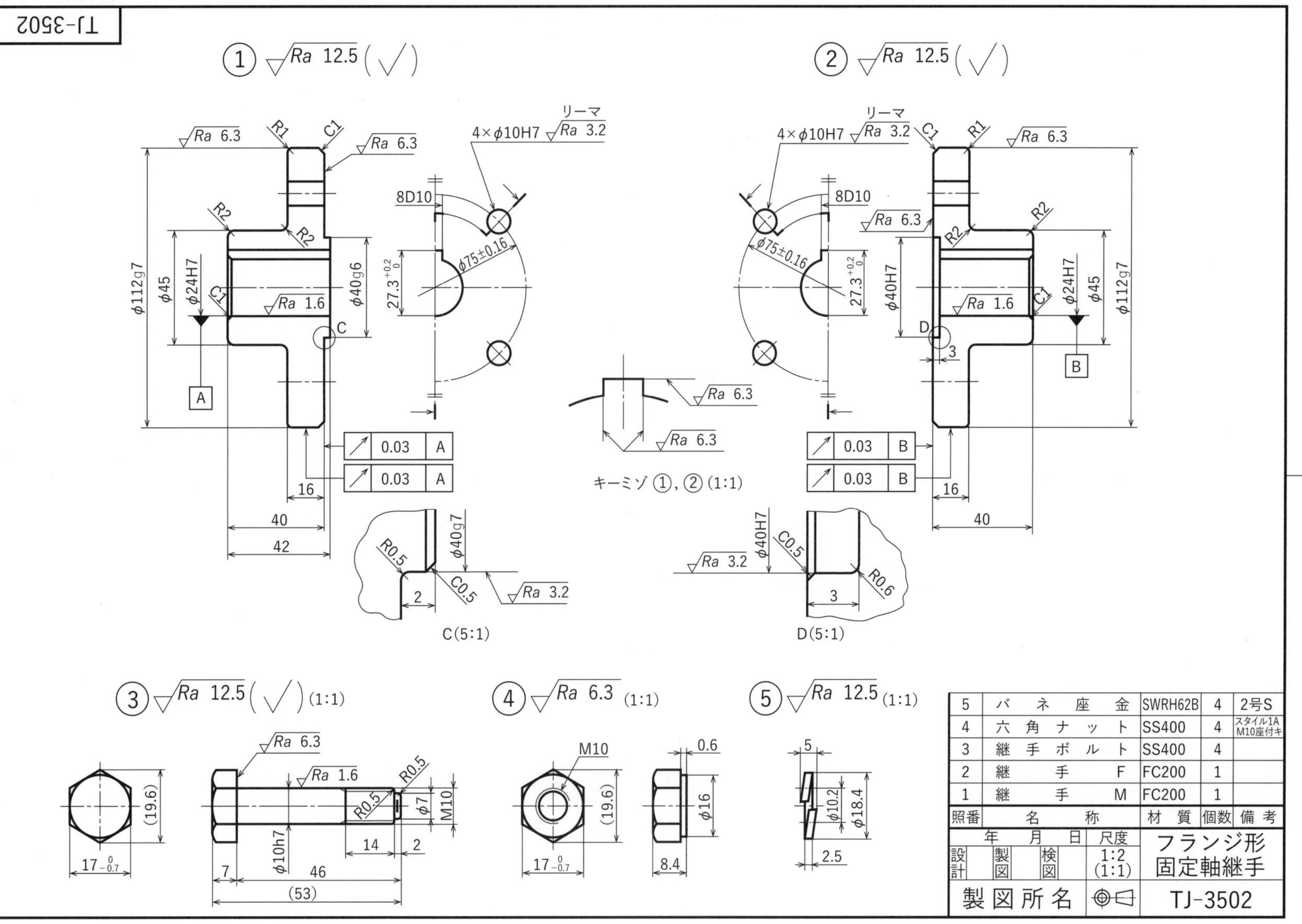

5	バ ネ 座 金	SWRH62B	4	2号S
4	六 角 ナ ッ ト	SS400	4	スタイル1A M10座付キ
3	継 手 ボ ル ト	SS400	4	
2	継 手 F	FC200	1	
1	継 手 M	FC200	1	
照番	名 称	材 質	個数	備 考

年 月 日	尺度	フランジ形固定軸継手
設計 製図 検図	1:2 (1:1)	
製図所名	⊕◁	TJ-3502

製作図 14 フランジ形固定軸継手 ②

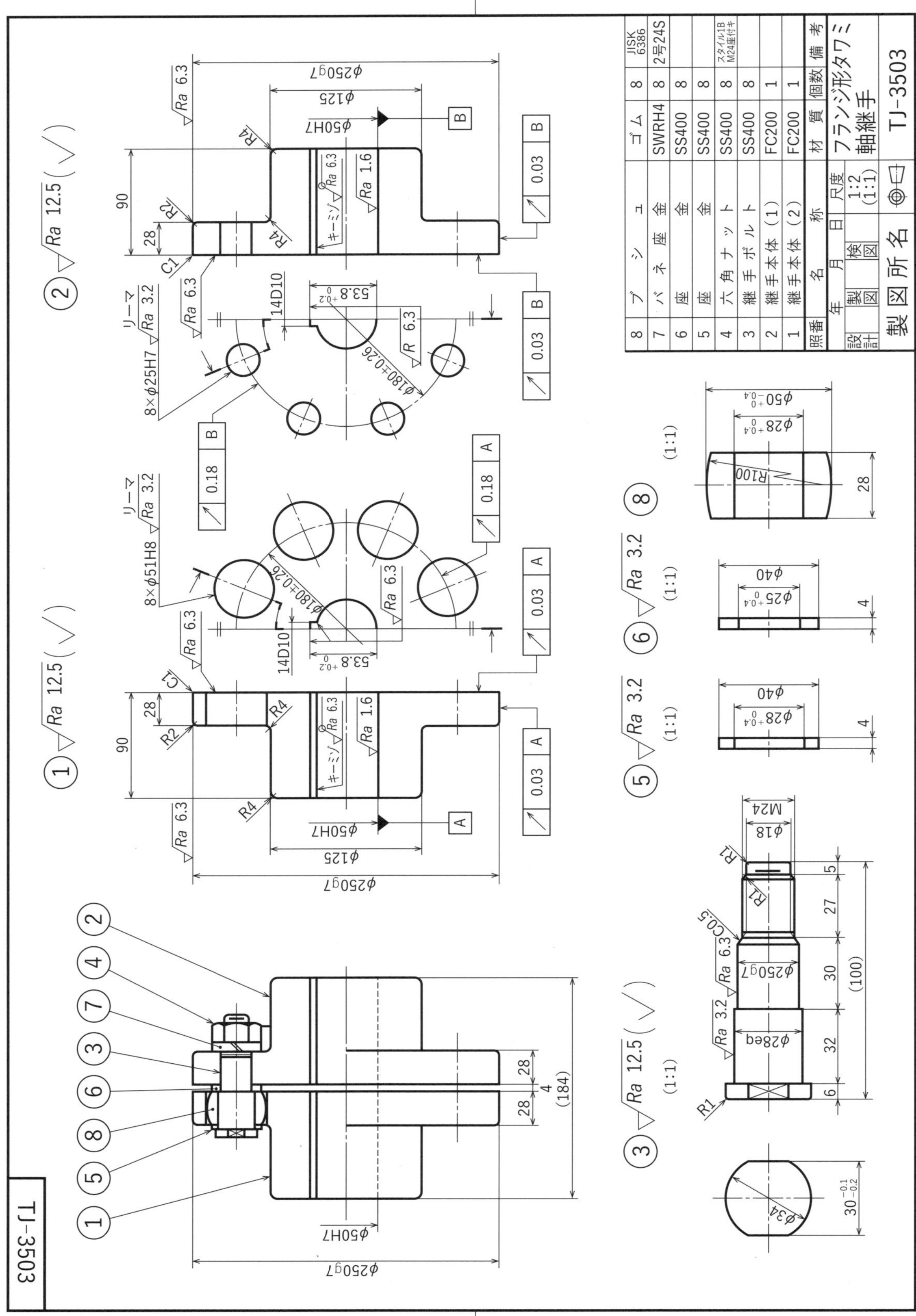

製作図15　フランジ形たわみ軸継手

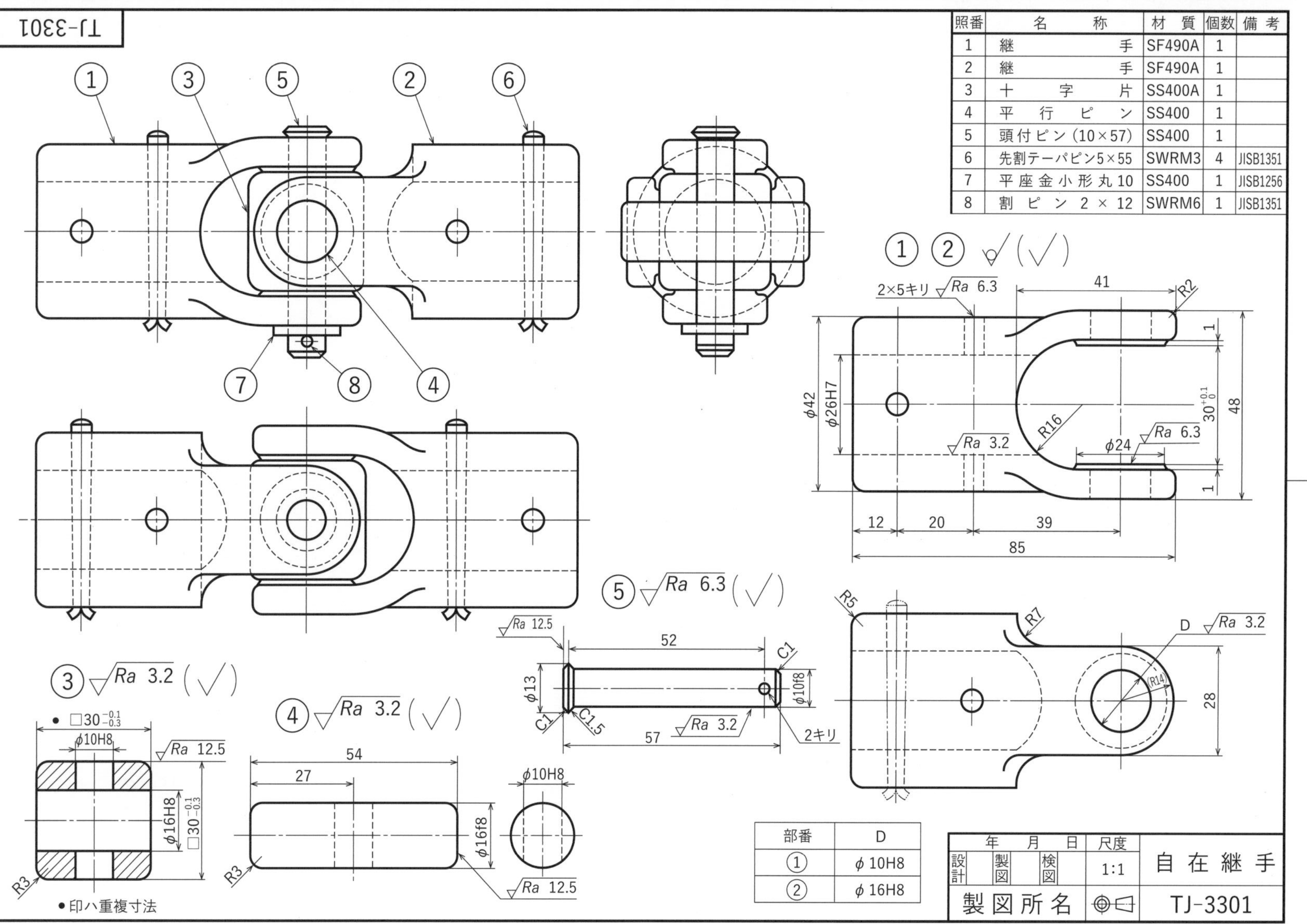

照番	名称	材質	個数	備考
1	継手	SF490A	1	
2	継手	SF490A	1	
3	十字片	SS400A	1	
4	平行ピン	SS400	1	
5	頭付ピン (10×57)	SS400	1	
6	先割テーパピン 5×55	SWRM3	4	JISB1351
7	平座金 小形 丸 10	SS400	1	JISB1256
8	割ピン 2 × 12	SWRM6	1	JISB1351

部番	D
①	φ10H8
②	φ16H8

製作図 16　自在継手

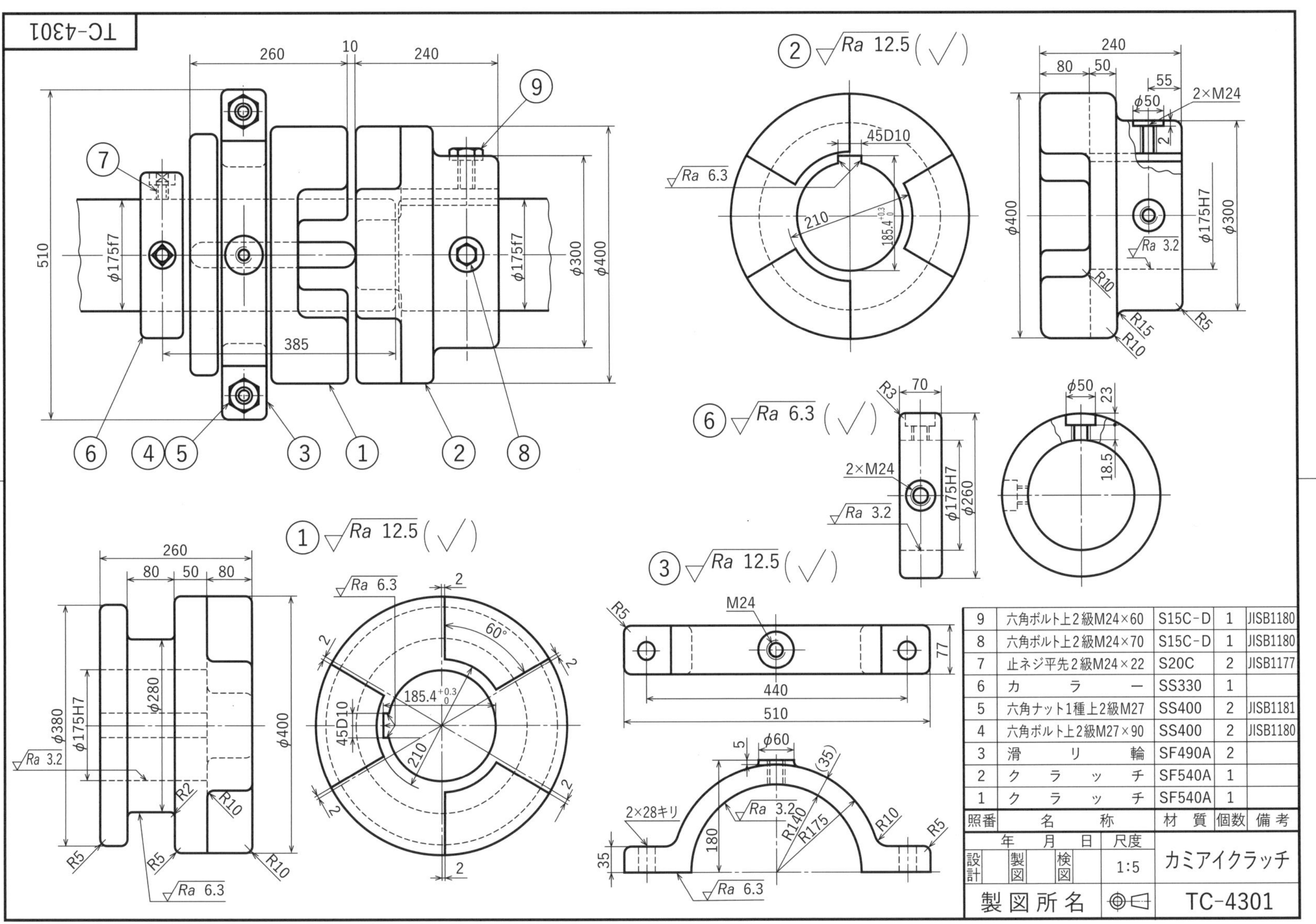

TC-4301
9 六角ボルト上2級M24×60 S15C-D 1 JISB1180
8 六角ボルト上2級M24×70 S15C-D 1 JISB1180
7 止ネジ平先2級M24×22 S20C 2 JISB1177
6 カ ラ ー SS330 1
5 六角ナット1種上2級M27 SS400 2 JISB1181
4 六角ボルト上2級M27×90 SS400 2 JISB1180
3 滑 リ 輪 SF490A 2
2 ク ラ ッ チ SF540A 1
1 ク ラ ッ チ SF540A 1
照番 名 称 材 質 個数 備考
設計 年 月 日 製図 検図 尺度 1:5 カミアイクラッチ
製 図 所 名 TC-4301

製作図 17 かみ合いクラッチ

MA-4201

① $\sqrt{Ra\ 12.5}$ ($\sqrt{}$)

要 目 表

工具	歯 形	標 準
	モジュール	6
	圧 力 角	20°
歯 数		25
基準円直径		150.00

1	平 歯 車	SC410	1	
照番	名 称	材 質	個数	備 考

年 月 日	尺度	平 歯 車
設計 製図 検図	1:1	
製図所名		MA-4201

製作図 18 平歯車

製作図 18 平 歯 車

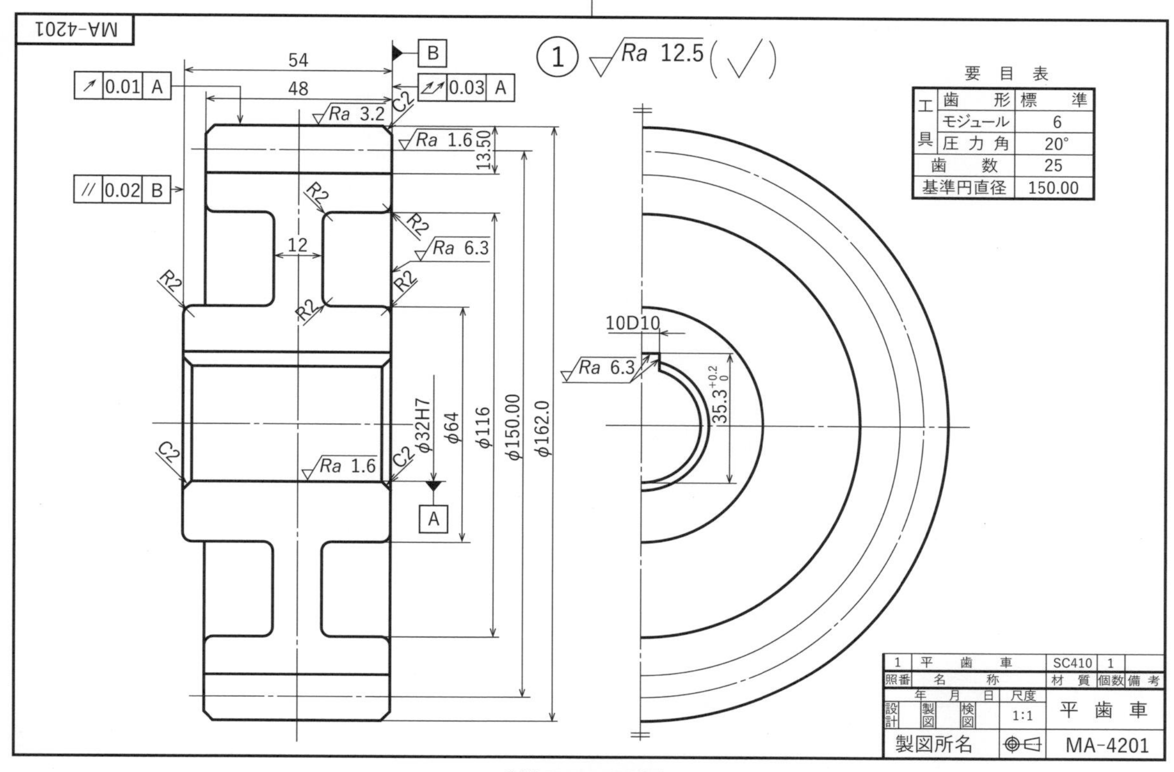

機械製図においては，すべての歯車は，歯形を省略した略画法を用いて描くことになっており，この場合の線の使い方は次のようにする（図 **4・10** 参照）.

歯先円 …… 太い実線

基準円 …… 細い一点鎖線

歯底円 …… 細い実線

歯すじ方向 …… 通常 3 本の細い実線

ただし上記のうち，歯底円は，軸に直角な方向から見た図（丸く表れないほうの図：これを正面図すなわち主投影図とする）を断面にして示す場合には，太い実線で表す．これは，歯車の歯は，切断して示してはならないからである．

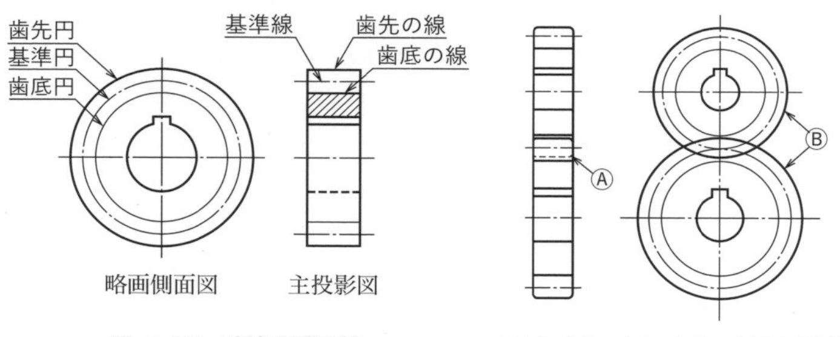

図 4・10 歯車の略画法

図 4・11 かみ合う一対の平歯車

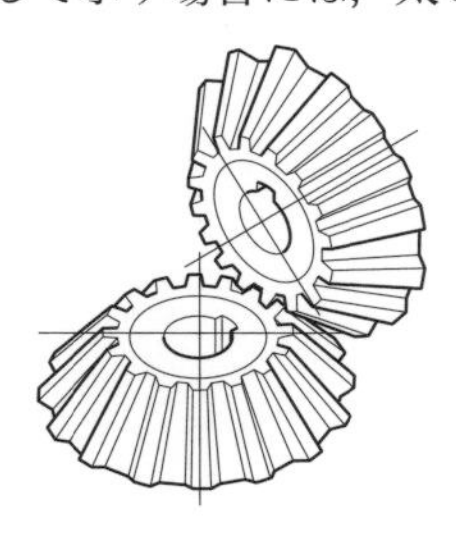

歯車の製作図では，図と要目表を併用して，必要な事項を漏れなく明記するよう定められている．すなわち，図では主として歯切りを行う前の状態（これをブランクという）の形状および寸法を示し，要目表には，歯切り，検査，組立に必要な事項を示すこととしている．

なお，かみ合っている一対の歯車を図示する場合（図 **4・11**），主投影図では，かみ合い部の一方の歯先円を示す線が他方の歯によってかくされるため，破線（図中 Ⓐ）としなければならない．なお，側面図のほうは双方とも太い実線（図中 Ⓑ）で示せばよい．

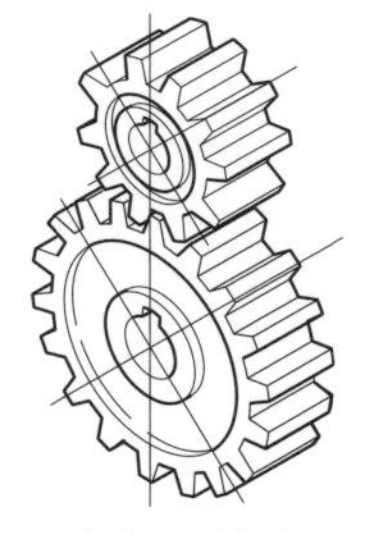

（**a**） 平歯車

（**b**） すぐばかさ歯車

図 4・9

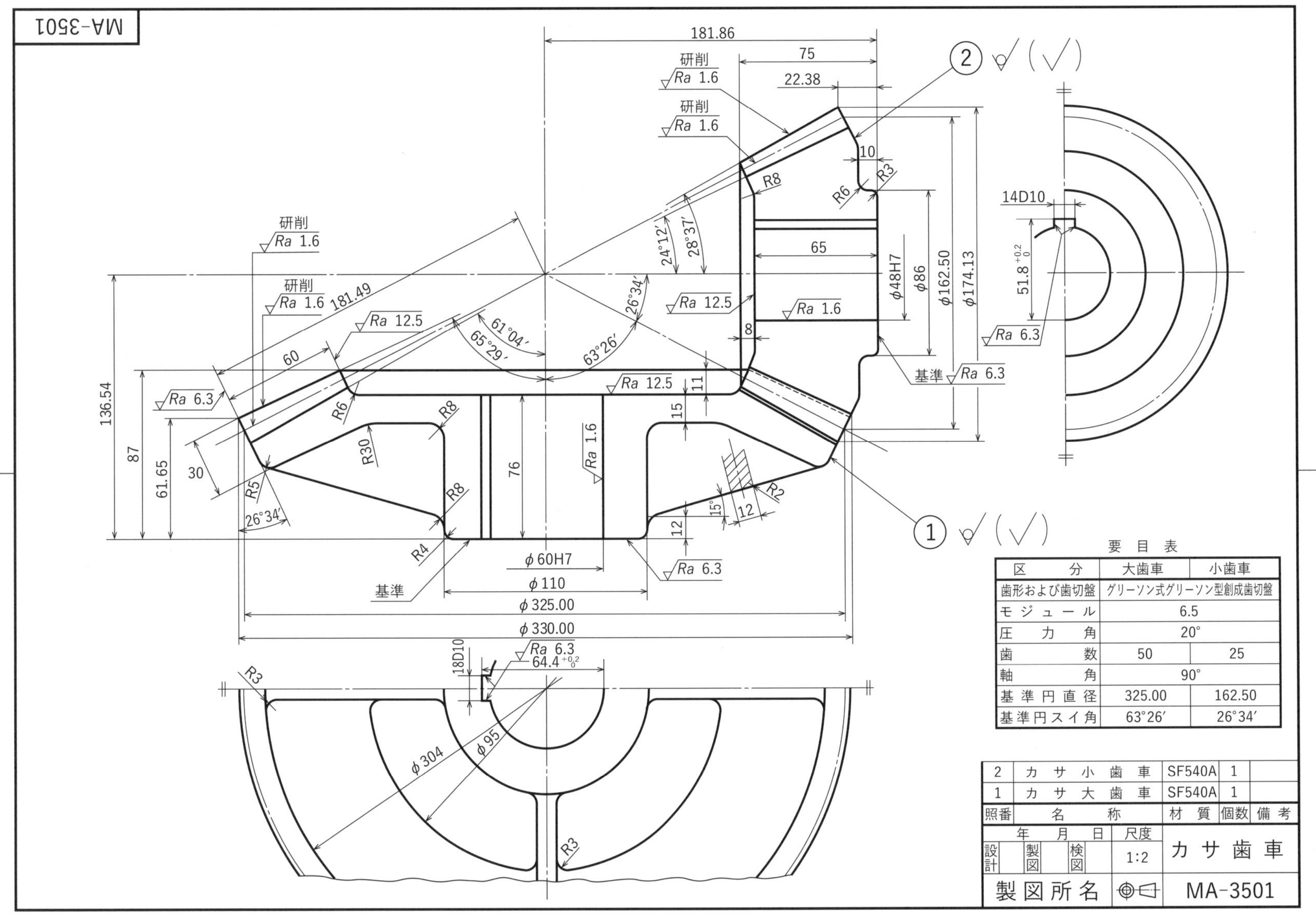
MA-3501
181.86
75
22.38
研削
Ra 1.6
研削
Ra 1.6
② (√)
10
R3
R6
R8
65
φ48H7
φ86
φ162.50
φ174.13
14D10
51.8 +0.2 0
Ra 6.3
24°12′
28°37′
研削
Ra 1.6
研削
Ra 1.6
181.49
Ra 12.5
Ra 12.5
Ra 1.6
26°34′
61°04′
65°29′
63°26′
60
8
Ra 12.5
11
基準
Ra 6.3
136.54
87
61.65
Ra 6.3
30
R6
R8
R30
15
76
Ra 1.6
R5
R8
26°34′
R2
12
15°
12
① (√)
R4
φ60H7
Ra 6.3
基準
φ110
φ325.00
φ330.00
18D10
Ra 6.3
64.4 +0.2 0
R3
φ304
φ95
R3
要目表
区分 | 大歯車 | 小歯車
歯形および歯切盤 | グリーソン式グリーソン型創成歯切盤
モジュール | 6.5
圧力角 | 20°
歯数 | 50 | 25
軸角 | 90°
基準円直径 | 325.00 | 162.50
基準円スイ角 | 63°26′ | 26°34′
2 カサ小歯車 SF540A 1
1 カサ大歯車 SF540A 1
照番 名称 材質 個数 備考
年 月 日 尺度
設計 製図 検図 1:2
カサ歯車
製図所名
MA-3501

製作図 19 かさ歯車

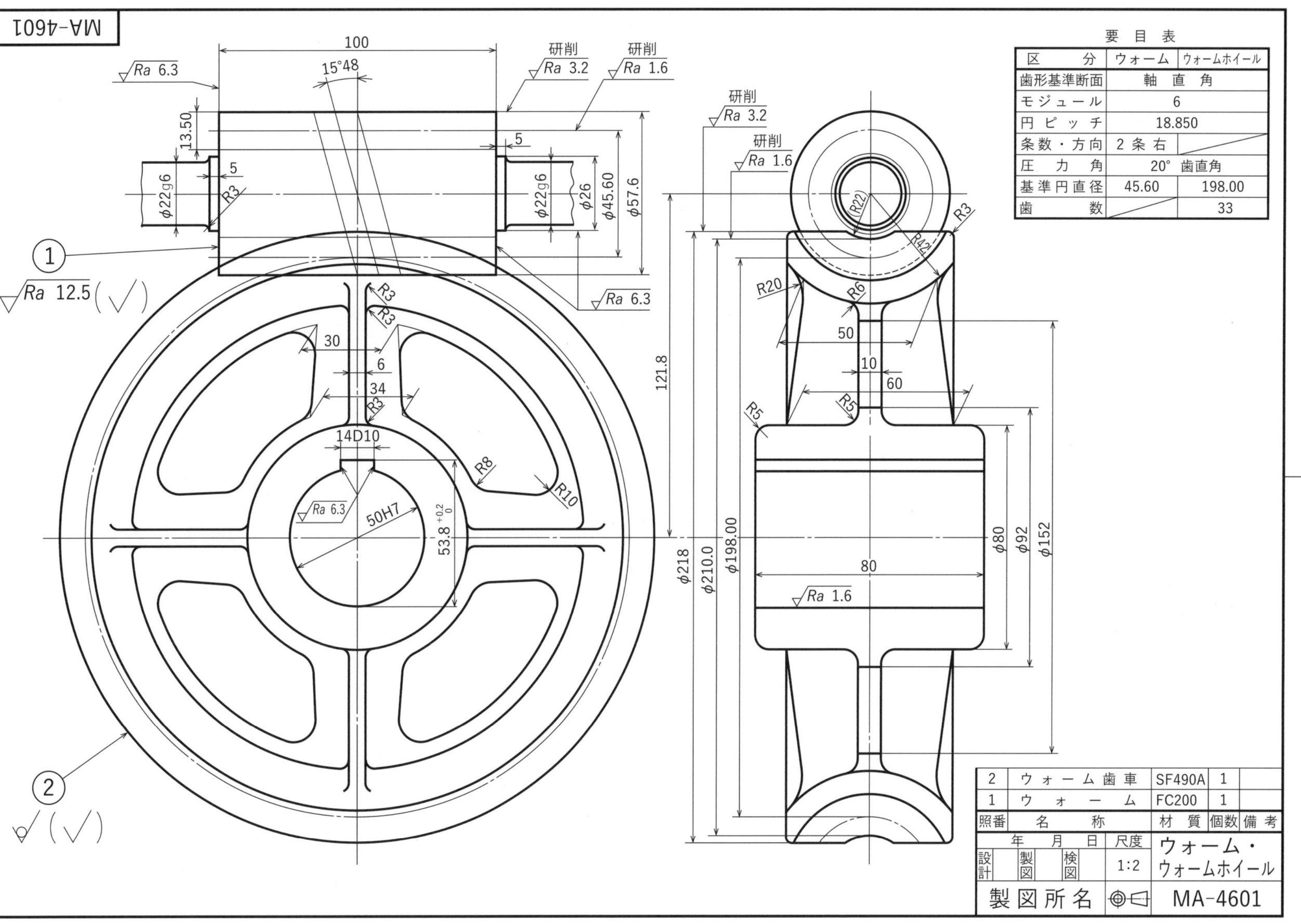

製作図 20　ウォーム・ウォーム ホイール

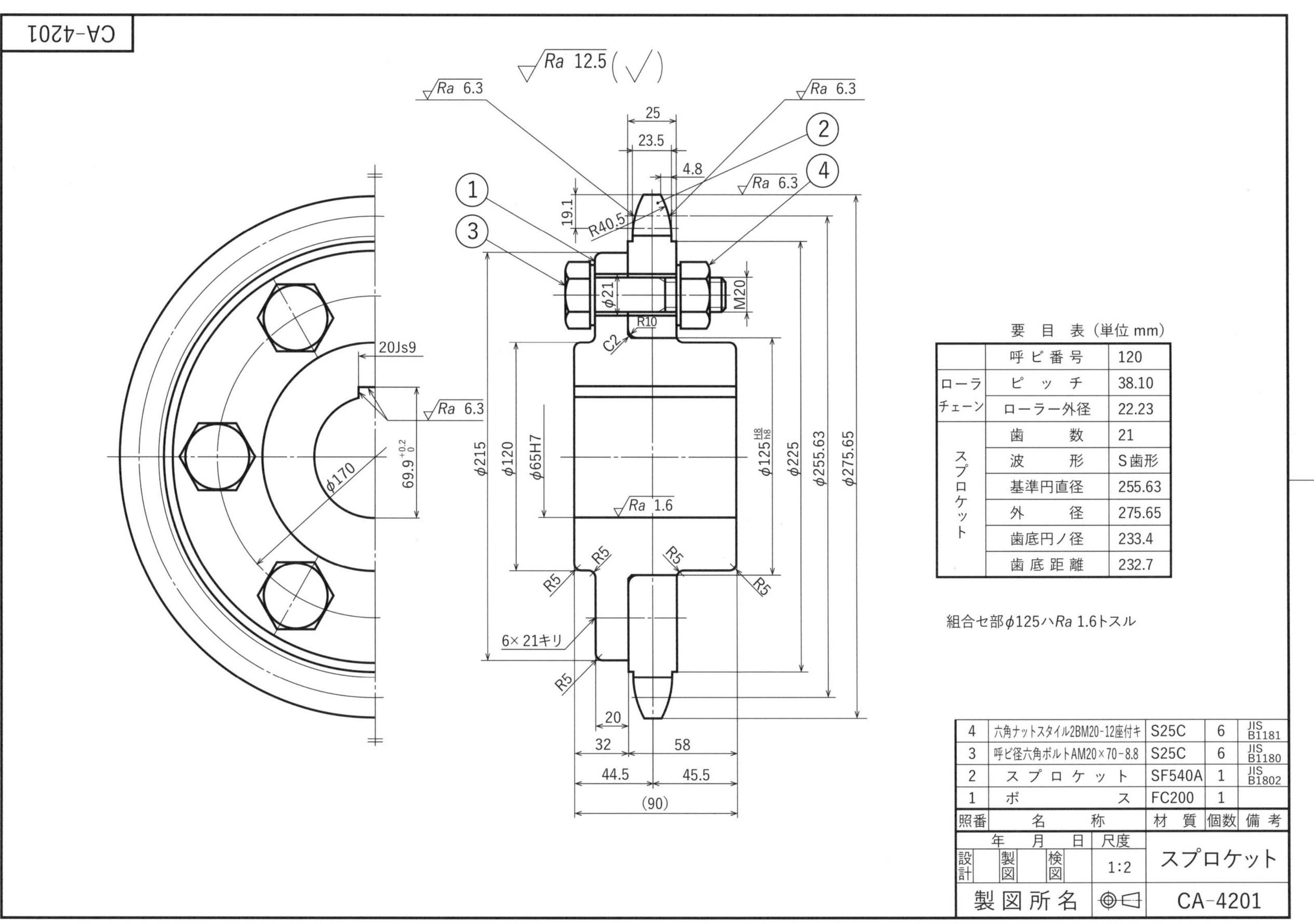

要目表（単位 mm）		
ローラチェーン	呼ビ番号	120
	ピッチ	38.10
	ローラー外径	22.23
スプロケット	歯数	21
	波形	S歯形
	基準円直径	255.63
	外径	275.65
	歯底円ノ径	233.4
	歯底距離	232.7

照番	名称	材質	個数	備考
4	六角ナットスタイル2BM20-12座付キ	S25C	6	JIS B1181
3	呼ビ径六角ボルトAM20×70-8.8	S25C	6	JIS B1180
2	スプロケット	SF540A	1	JIS B1802
1	ボス	FC200	1	

年月日		尺度	スプロケット
設計	製図 / 検図	1:2	
製図所名			CA-4201

製作図21 スプロケット

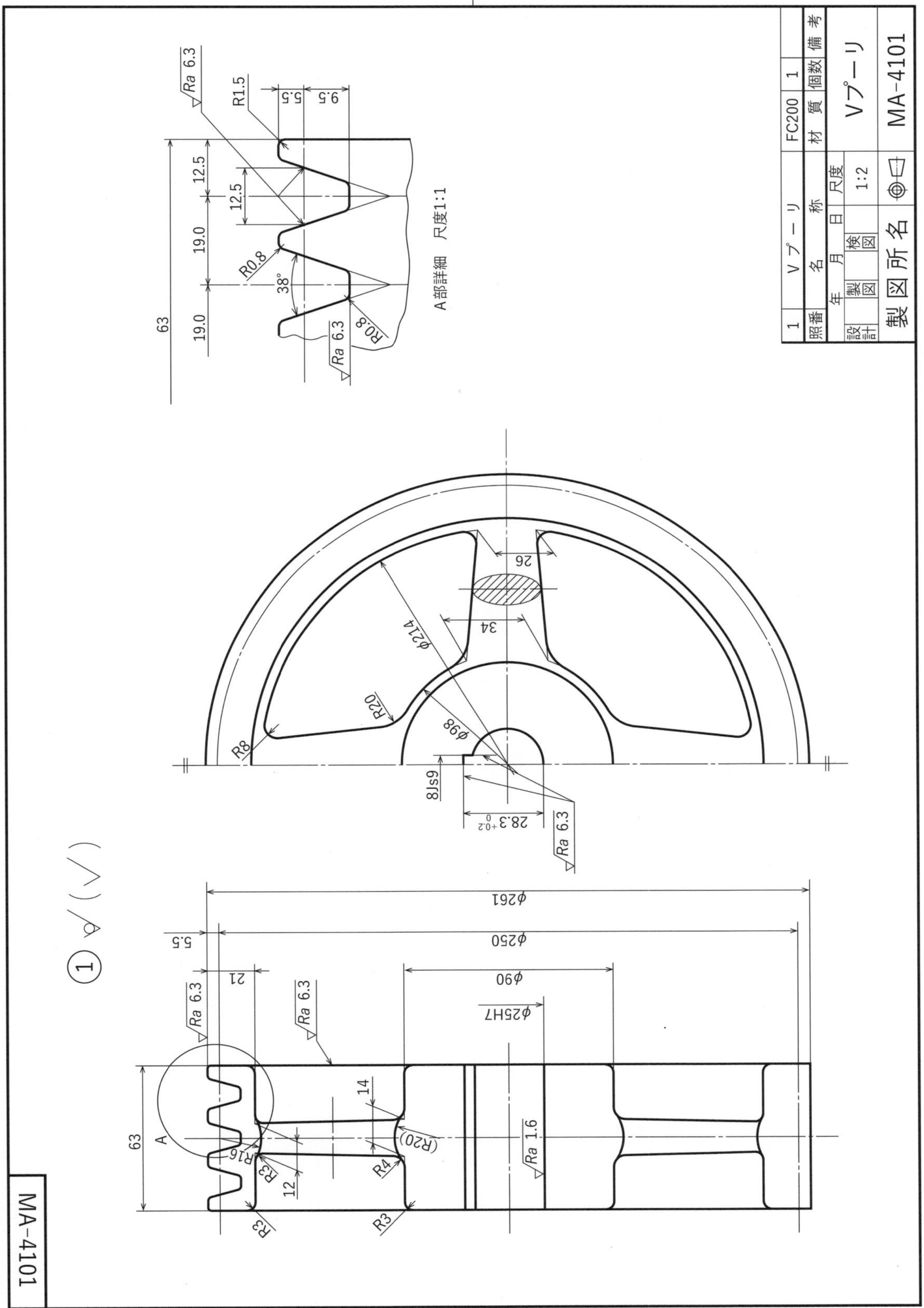

MA-4101

① ($\sqrt{}$)

A部詳細　尺度1:1

1	Vプーリ	FC200	1	
照番	名　称	材　質	個数	備　考

設計	年　月　日	製図	検図	尺度 1:2	Vプーリ
製図所名				◎⊏	MA-4101

製作図 22　Vプーリ

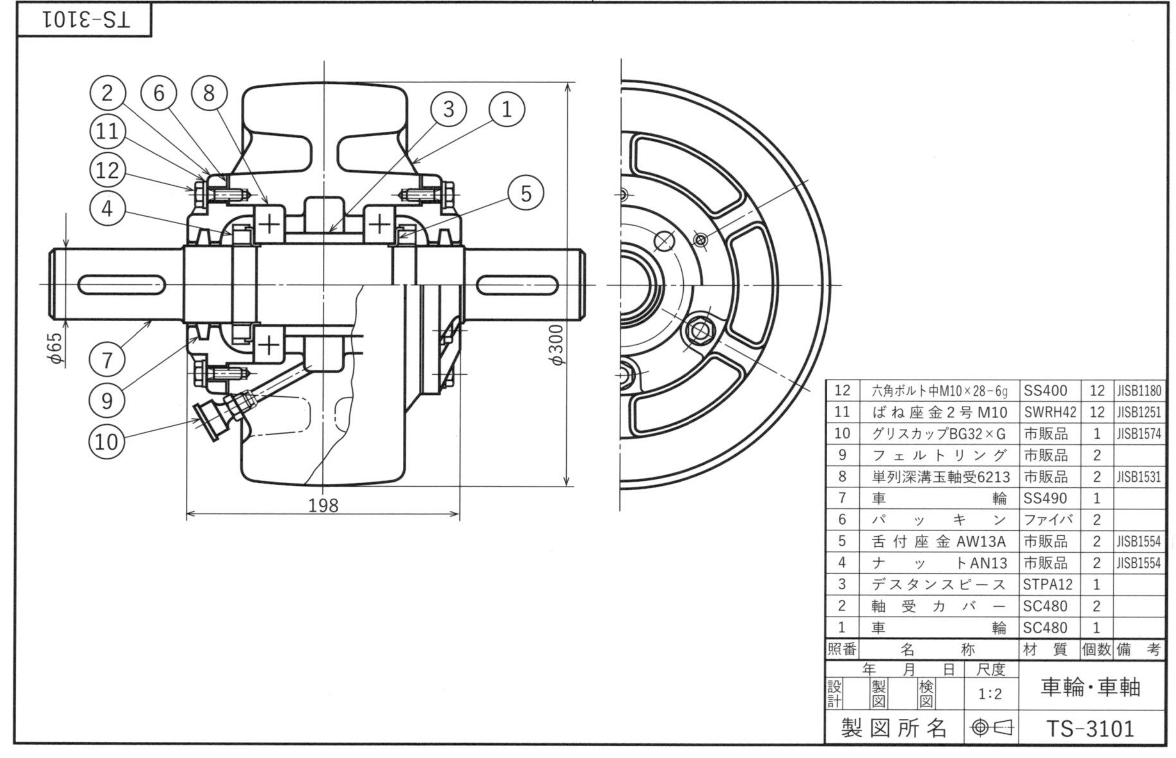

照番	名称	材質	個数	備考
12	六角ボルト中M10×28-6g	SS400	12	JISB1180
11	ばね座金2号M10	SWRH42	12	JISB1251
10	グリスカップBG32×G	市販品	1	JISB1574
9	フェルトリング	市販品	2	
8	単列深溝玉軸受6213	市販品	2	JISB1531
7	車輪	SS490	1	
6	パッキン	ファイバ	2	
5	舌付座金AW13A	市販品	2	JISB1554
4	ナットAN13	市販品	2	JISB1554
3	デスタンスピース	STPA12	1	
2	軸受カバー	SC480	2	
1	車輪	SC480	1	

製作図 23 車輪・車軸 ①

製作図 23 車輪および車軸

転がり軸受の装着例である．

転がり軸受の略画法については，**047** ページに解説してあるように，軸受の内部構造は図示する必要はなく，軸受断面の輪郭を外形線と同じ太さの四角形で図示し，その中に同じ太さの十字を描いておけばよい．ただしこの十字は，外形線に接してはならない．

本図のように側面図を描く場合には，転動体は実際の形状（玉，ころ，針状ころなど）および寸法にかかわらず，1 個の円（外形線と同じ太さ）と，その中心円（細い一点鎖線）を描いておけばよい．

またこの側面図は，上半分は軸受カバーを外した状態で示してある．

次に，転がり軸受の呼び番号と，それが示す軸受各部の寸法の関係について，簡単に説明しておく．

本図の部品表により，この軸受の呼び番号は“6213”である．

最初の数字“6”は，軸受の形式記号と呼ばれ，この場合は単列深溝玉軸受であることを示している．

次の数字“2”は，直径記号と呼ばれ，軸受内径に対する軸受外径の大きさの割合を示すもので，これには 7，8，9，0，1，2，3 および 4 の 8 種類があり，この順で外径が大きくなる．

後の数字“13”は，内径番号と呼ばれ，一般にこの数値を 5 倍したものが内径寸法となるので，この場合は 65 mm であることがわかる．ただし，これには次のような例外がある．

① 17，15，12，10 mm のものは，それぞれ 03，02，01，00 として表す．

② さらに小径の 9 mm 以下のものは，内径寸法の数値そのまま内径番号とする．

③ 22，28，32 および 500 mm 以上のものは，その寸法数値の前に斜線を付して，/22，/28，/32，/500 のように表す．

この形式記号“62”の軸受の各部寸法は，**136** ページを参照してほしい．

> **転がり軸受の呼び番号 6213 の見方**
>
> 6 2 13
> - 13 ── 内径番号（軸受内径 65 mm）
> - 2 ── 直径記号
> - 6 ── 軸受の形式記号（単列深溝玉軸受）

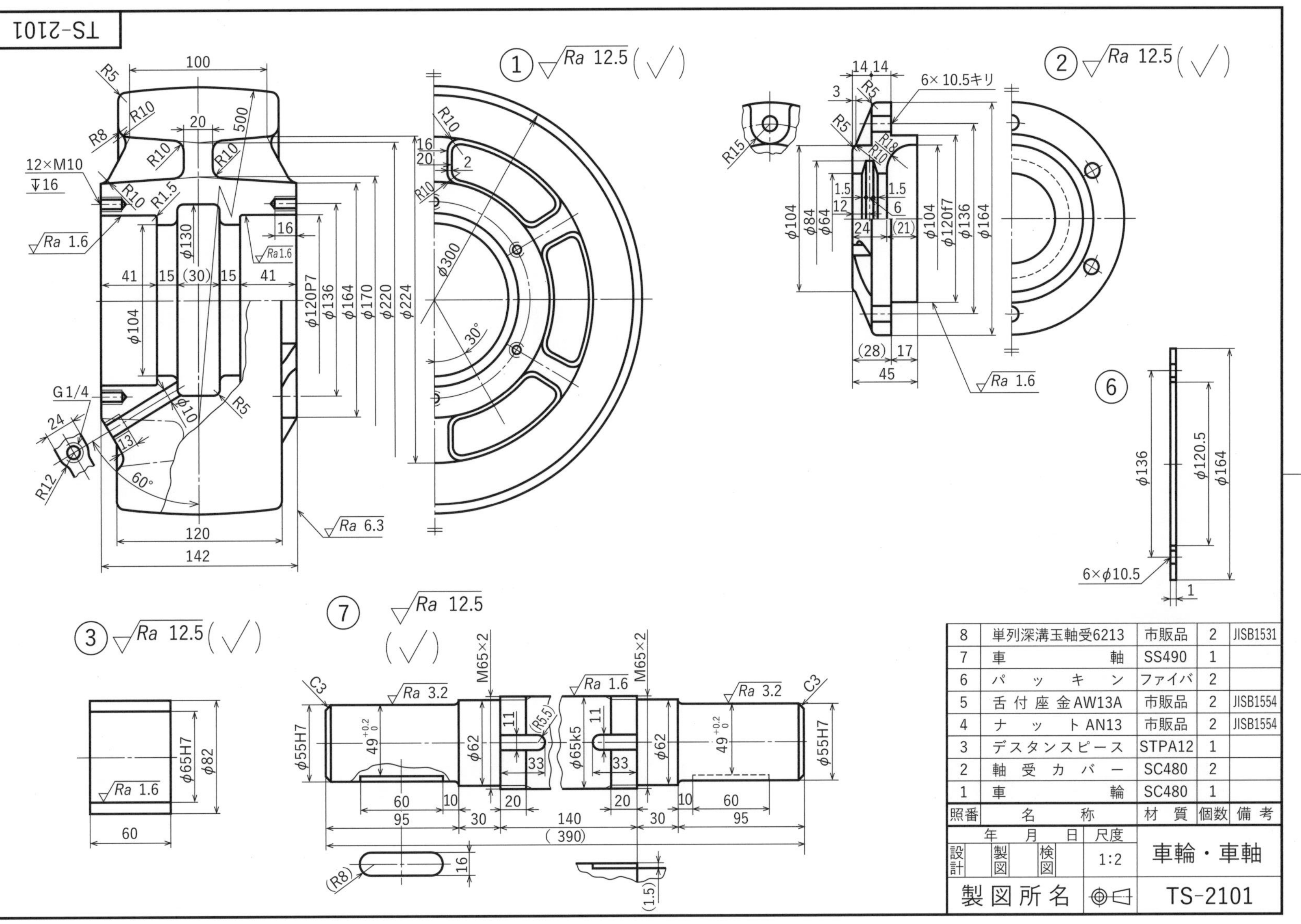

照番	名称	材質	個数	備考
8	単列深溝玉軸受6213	市販品	2	JISB1531
7	車軸	SS490	1	
6	パッキン	ファイバ	2	
5	舌付座金AW13A	市販品	2	JISB1554
4	ナットAN13	市販品	2	JISB1554
3	デスタンスピース	STPA12	1	
2	軸受カバー	SC480	2	
1	車輪	SC480	1	

設計	年 月 日	尺度	車輪・車軸
製図	検図	1:2	
製図所名			TS-2101

製作図 24 車輪・車軸 ②

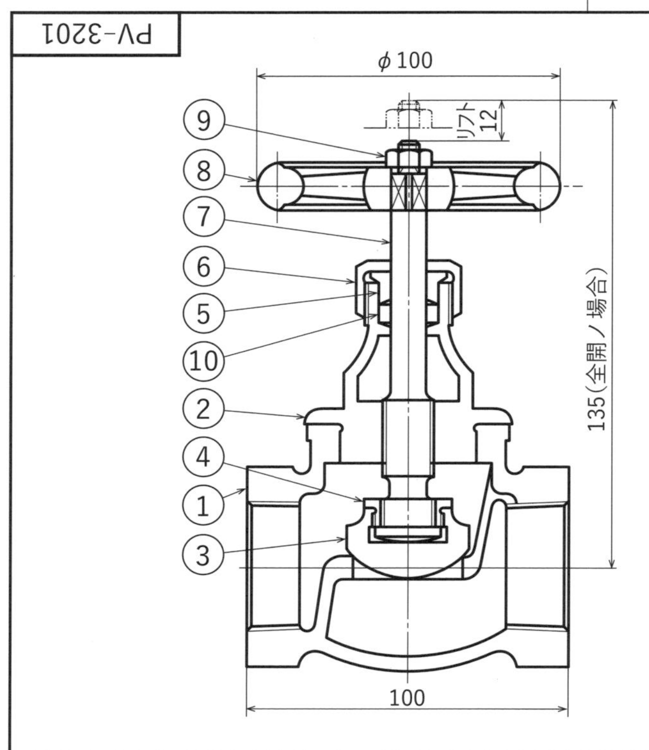

照番	名称	材質	個数	備考
10	パッキン	木綿ヒモ		
9	六角ナット	SS400	1	JISM8
8	ハンドル車	FC200	1	
7	弁棒	CAC202	1	
6	パッキン押エナット	CAC406	1	
5	パッキン押エ	TCuBD1	1	
4	弁押エ	CAC406	1	
3	弁	CAC406	1	
2	フタ	CAC406	1	
1	弁箱	CAC406	1	

年 月 日	尺度	青銅5Kネジ込ミ玉形弁
設計 製図 検図	1:2	
製図所名	⌖◁	PV-3201

製作図 25 青銅 5K ねじ込み玉形弁

製作図 25 弁

弁は，配管装置において，流体を制御するために使用される．その種類には，止め弁（弁箱の形によって玉形弁とアングル弁がある），仕切り弁，逆止め弁などのさまざまなものがあるが，配管の途中に挿入されるため，その接合部はねじ込み形かフランジ形のいずれかになっている．

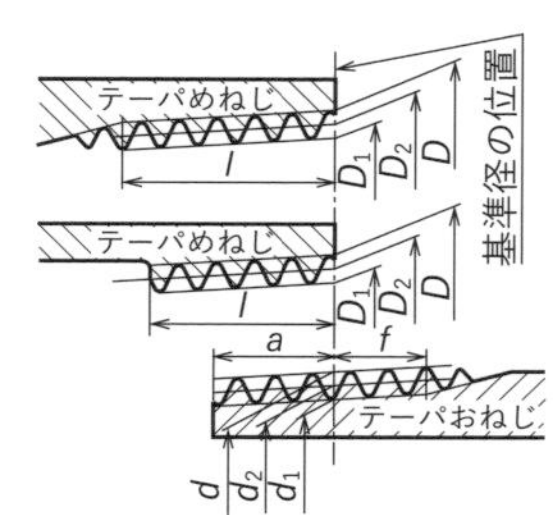

図 4·12 基準径の位置

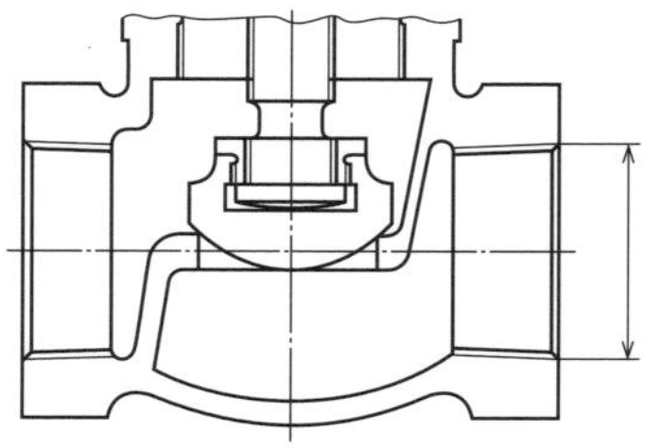

図 4·13 基準径の寸法記入

ねじ込み形では，そのねじの山形には，漏れを防ぐために管用テーパねじ（**124** ページ参照）を使用するのが一般である．

テーパねじでは，ねじ径が場所によって徐々に変化しているので，その基準となる部分を**基準径**として定め，めねじの端部を基準径の位置としている．これに対し，おねじでは管端から大径部に向かってはめあいの長さ（基準の長さという）の位置にこれを設定する（図 **4·12** 参照）．

したがって，ねじ込み形弁に寸法を記入する場合には，管端が基準径であるから，図 **4·13** に示すように管端のめねじの谷底を示す線から寸法補助線を引き出して，寸法記入を行えばよい．

ちなみに，管用ねじの呼びは，もともとガス管（配管用鋼管）の内径寸法で呼ばれていたのであるが，技術の進歩によって，管の肉厚がだんだん薄くできるようになってきた．ところが肉厚を薄くといっても，外径はねじを切るため変えることはできないので，内径を大きくするほかなく，現在では呼びの寸法と内径寸法とは，かけ離れたものとなっている．

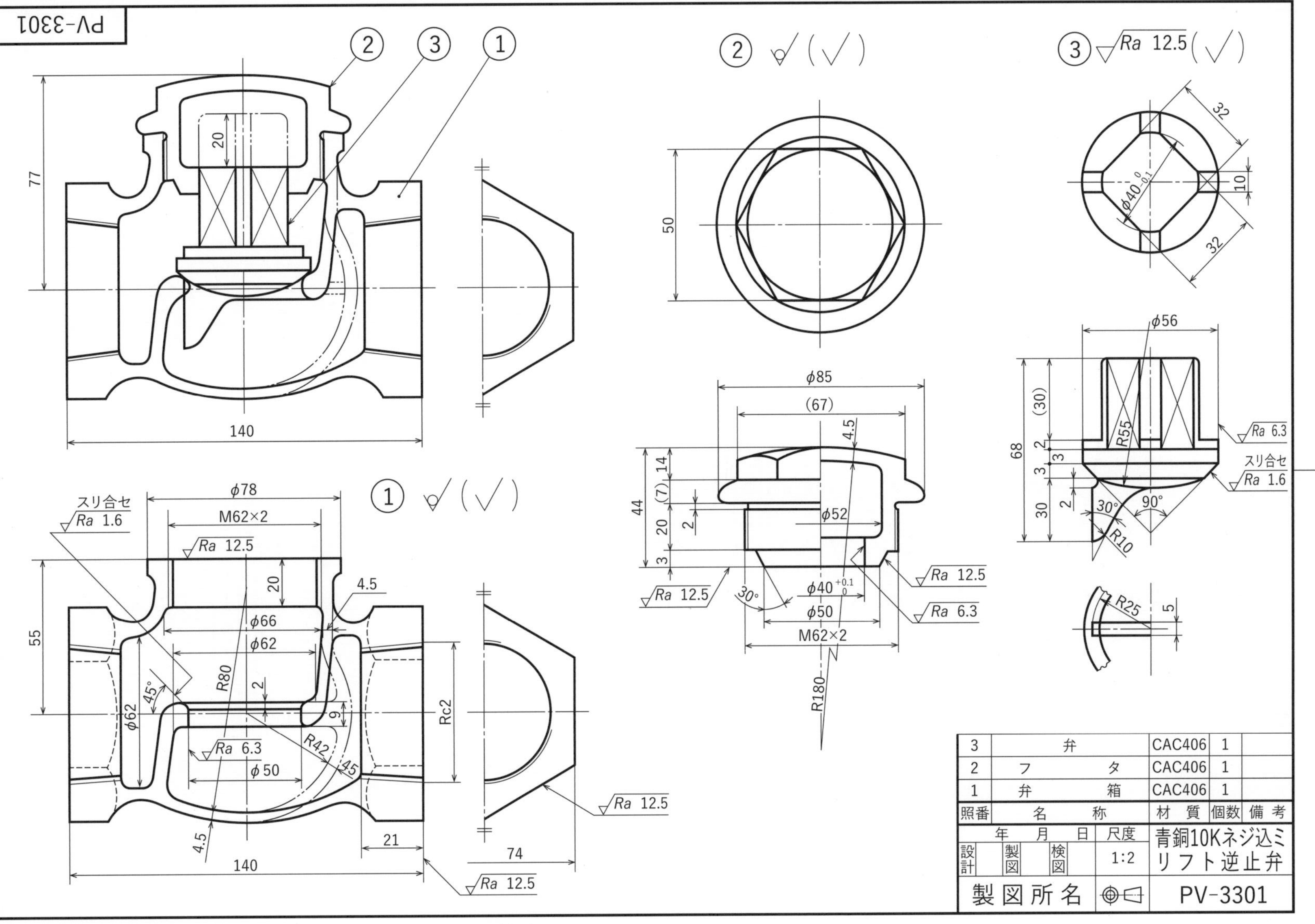

製作図 26　青銅 10K ねじ込みリフト逆止弁

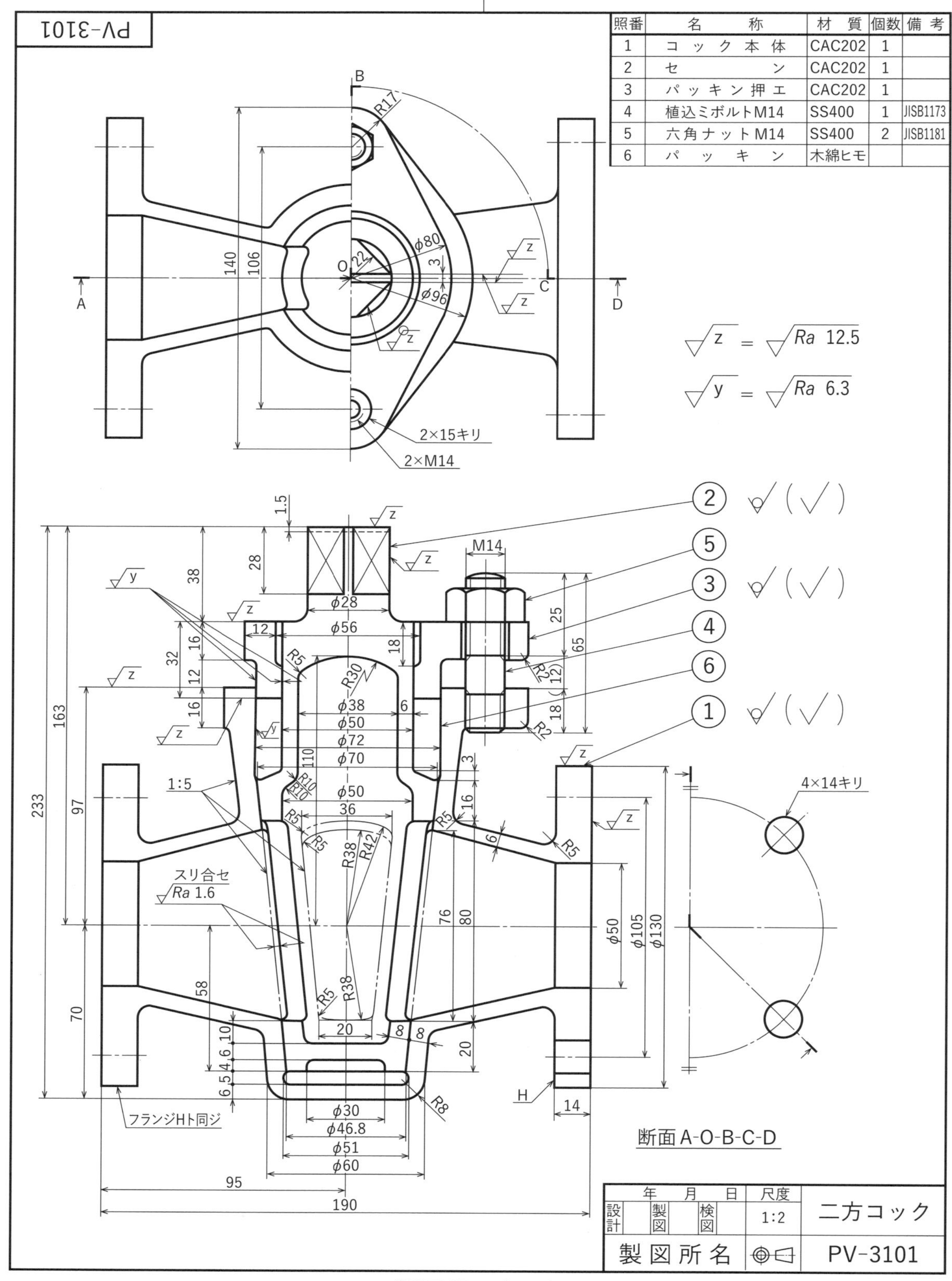

照番	名称	材質	個数	備考
1	コック本体	CAC202	1	
2	セン	CAC202	1	
3	パッキン押エ	CAC202	1	
4	植込ミボルトM14	SS400	1	JISB1173
5	六角ナットM14	SS400	2	JISB1181
6	パッキン	木綿ヒモ		

年 月 日	尺度	
設計 / 製図 / 検図	1:2	二方コック
製図所名		PV-3101

製作図 27　二方コック

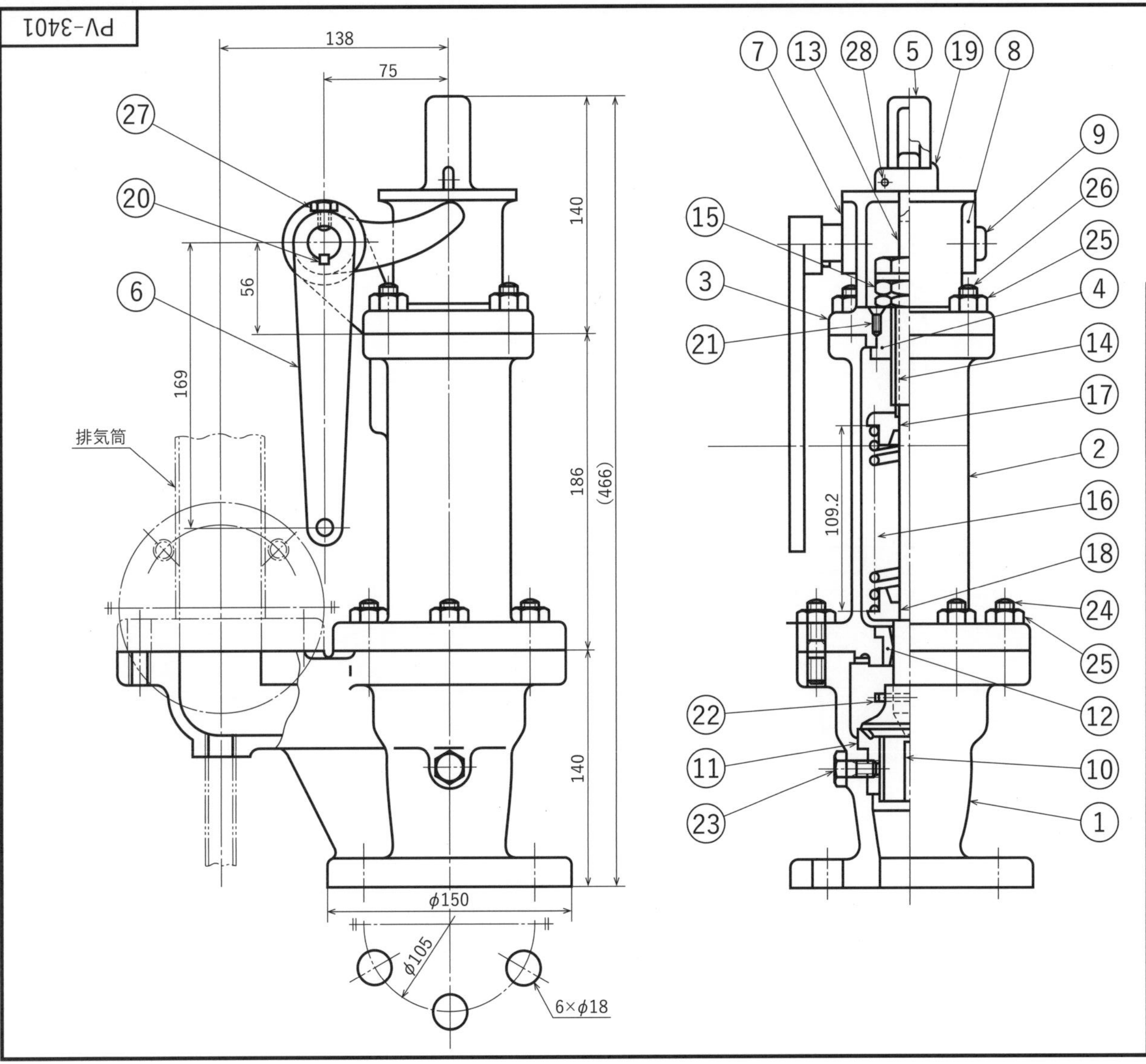

照番	名　　称	材　質	個数	備　考
28	割　ピ　ン　3×15	S45C	1	JISB 1351
27	六角止メボルトM8	SS400	2	JISB 1153
26	植込ミボルトM12	SS400	4	JISB 1173
25	六角ナットM12	SS400	10	JISB 1181
24	植込ミボルトM12	SS400	6	JISB 1173
23	六角ボルトM10	SS400	1	JISB 1180
22	割　ピ　ン　5×45	S45C	1	JISB 1351
21	皿小ネジM5×16	SS400	2	JISB 1101
20	沈ミキー5×5-25	S45C	1	JISB 1301
19	コ　ッ　タ	SF490	1	
18	バ　ネ　座（下）	FC200	1	
17	バ　ネ　座（上）	FC200	1	
16	バ　ネ	SWA	1	
15	六　角　ナ　ッ　ト	CAC402	2	
14	調　整　ネ　ジ	CAC402	1	
13	弁　棒	SS400	1	
12	ブ　シ　ュ	CAC403	1	
11	弁　座	CAC403	1	
10	弁	CAC403	1	
9	軸	SS400	1	
8	弁　上　ゲ　ウ　デ	SF390	1	
7	弁　上　ゲ　ウ　デ	SF390	1	
6	ハ　ン　ド　ル	SF390	1	
5	キ　ャ　ッ　プ	SF390	1	
4	ブ　シ　ュ	CAC403	1	
3	フ　タ	FC200	1	
2	バ　ネ　筒	FC200	1	
1	本　体	FC200	1	

年	月	日	尺度	38mmバネ安全弁組立図
設計	製図	検図	1:2	
製図所名			⊕⊏	PV-3401

PV-3401

製作図 28　38 mm ばね安全弁組立図

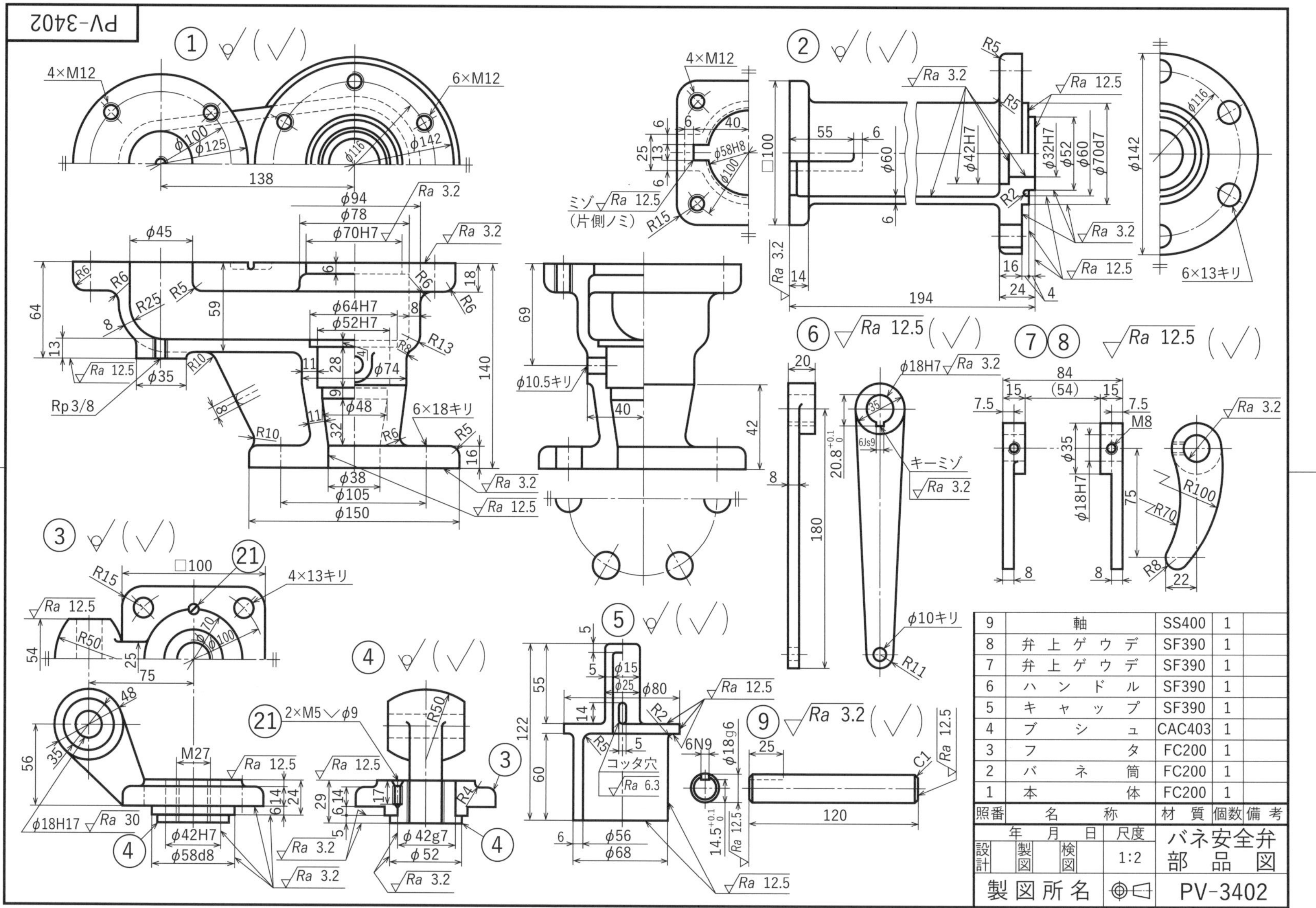

製作図29 38 mmばね安全弁部品図①

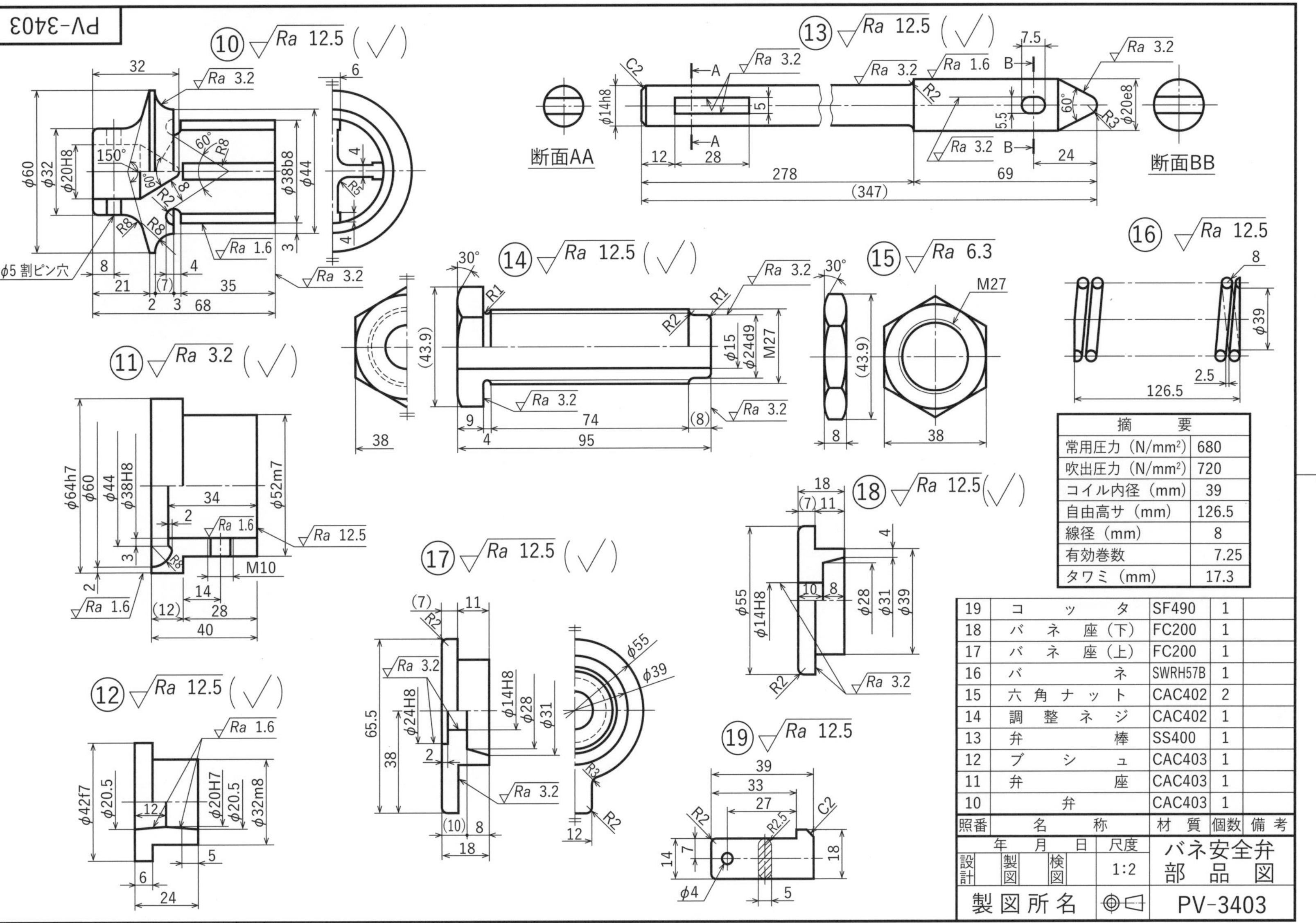

摘要	
常用圧力（N/mm²）	680
吹出圧力（N/mm²）	720
コイル内径（mm）	39
自由高サ（mm）	126.5
線径（mm）	8
有効巻数	7.25
タワミ（mm）	17.3

照番	名称	材質	個数	備考
19	コッタ	SF490	1	
18	バネ座（下）	FC200	1	
17	バネ座（上）	FC200	1	
16	バネ	SWRH57B	1	
15	六角ナット	CAC402	2	
14	調整ネジ	CAC402	1	
13	弁棒	SS400	1	
12	ブシュ	CAC403	1	
11	弁座	CAC403	1	
10	弁	CAC403	1	

設計	製図	検図	年月日	尺度 1:2	バネ安全弁部品図
製図所名					PV-3403

製作図 30　38 mm ばね安全弁部品図 ②

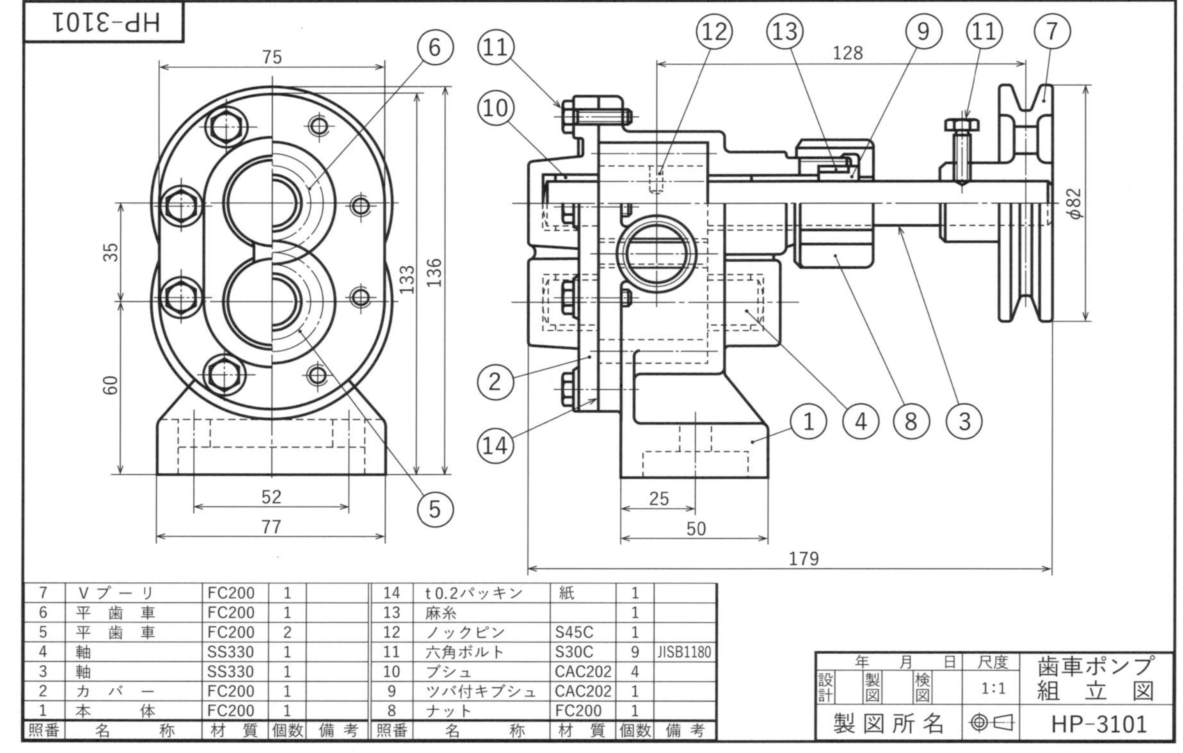

照番	名　　称	材　質	個数	備　考	照番	名　　称	材　質	個数	備　考
7	Vプーリ	FC200	1		14	t0.2パッキン	紙	1	
6	平　歯　車	FC200	1		13	麻糸		1	
5	平　歯　車	FC200	2		12	ノックピン	S45C	1	
4	軸	SS330	1		11	六角ボルト	S30C	9	JISB1180
3	軸	SS330	1		10	ブシュ	CAC202	4	
2	カ　バ　ー	FC200	1		9	ツバ付キブシュ	CAC202	1	
1	本　　体	FC200	1		8	ナット	FC200	1	

年　月　日	尺度	歯車ポンプ 組立図
設計　製図　検図	1:1	
製図所名	⊕◁	HP-3101

製作図 31　歯車ポンプ組立図

製作図 31　歯車ポンプ

歯車ポンプは，図 **4・14** に示すように，かみ合う一対の歯車の歯と歯の間のすきまによって流体を吸い込み，吐き出しを行うポンプである．小形のわりには吐出量が多く，とくに粘性の高い流体の輸送に適している．図 **4・15** に市販の歯車ポンプを示す．

製作図 **32** ～ **41** では，各部品を原則として一品一葉で図示したが，部品の大きさや尺度によって，図面のサイズが使い分けてあることに注意してほしい．ただし全部の図面のサイズを一定にする必要がある場合はこの限りではない．

部品⑤と部品⑥は，同一の歯車であるが，⑥のほうにはさらに穴あけ加工が行われていることだけが異なっている．そこでこれらの部品は 1 個の図だけによって示し，部品⑥に追加加工を行うことを特記して示せばよい．この方法は，ごく一部だけ異なるいくつかの部品とか，左右勝手の違う部品などの場合に便利である．

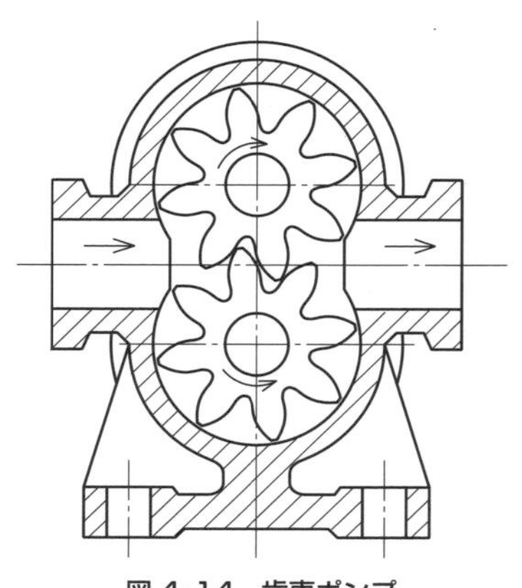

図 4・14　歯車ポンプ

図 4・15　歯車ポンプ（市販品）

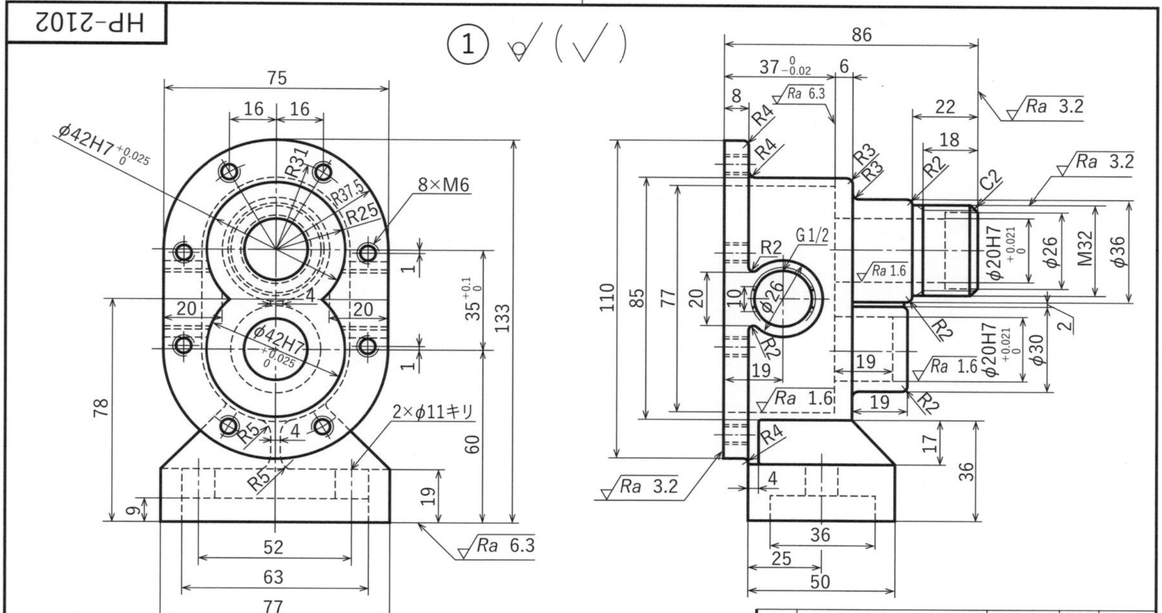

1	本　　　体	FC200	1	
照番	名　　称	材　質	個数	備　考
設計　年　月　日　製図　検図	尺度 1:1	歯車ポンプ 部品図		
製図所名	⊕⊏	HP-2102		

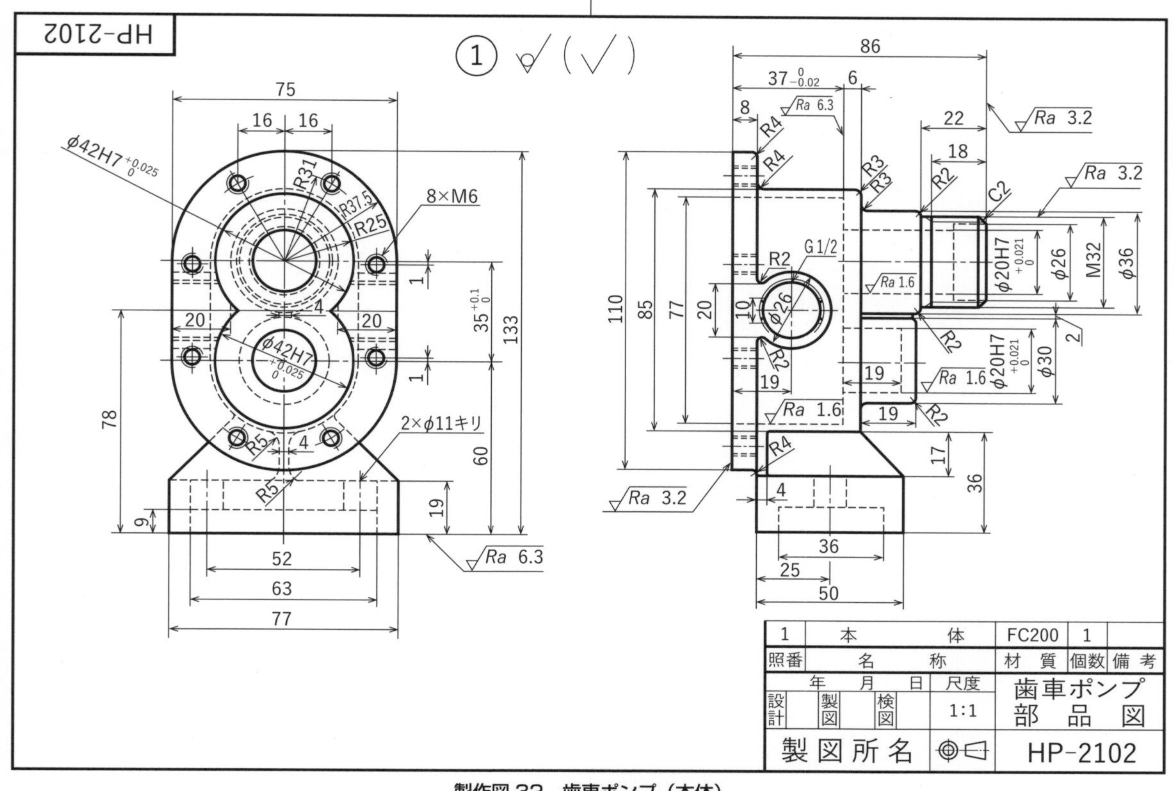

製作図 32　歯車ポンプ（本体）

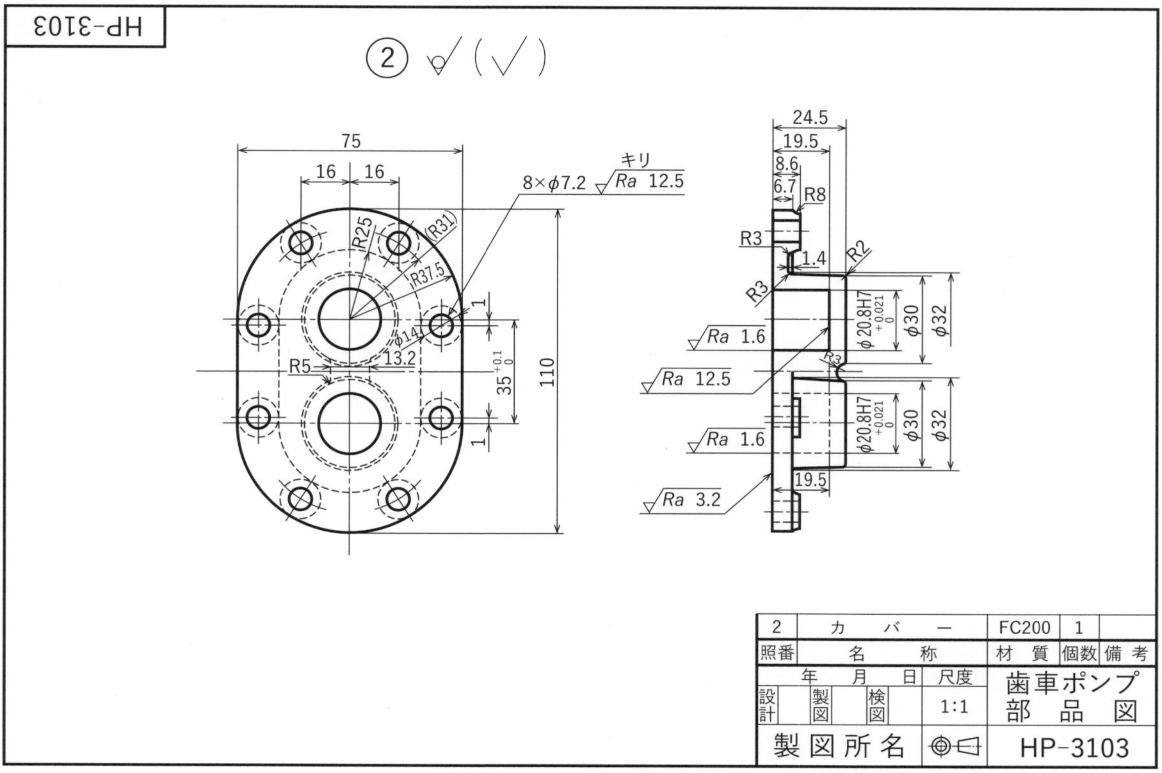

2	カ　バ　ー	FC200	1	
照番	名　　称	材　質	個数	備　考
設計　年　月　日　製図　検図	尺度 1:1	歯車ポンプ 部品図		
製図所名	⊕⊏	HP-3103		

製作図 33　歯車ポンプ（カバー）

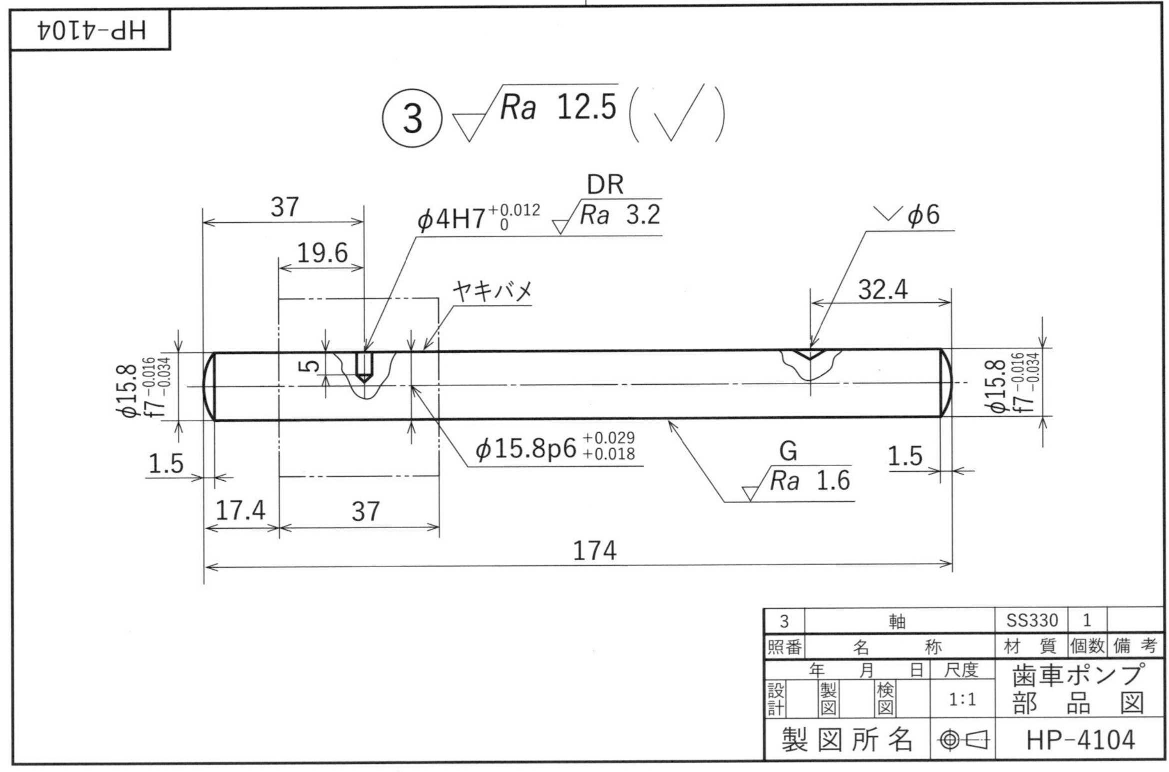

製作図 34 歯車ポンプ（軸）

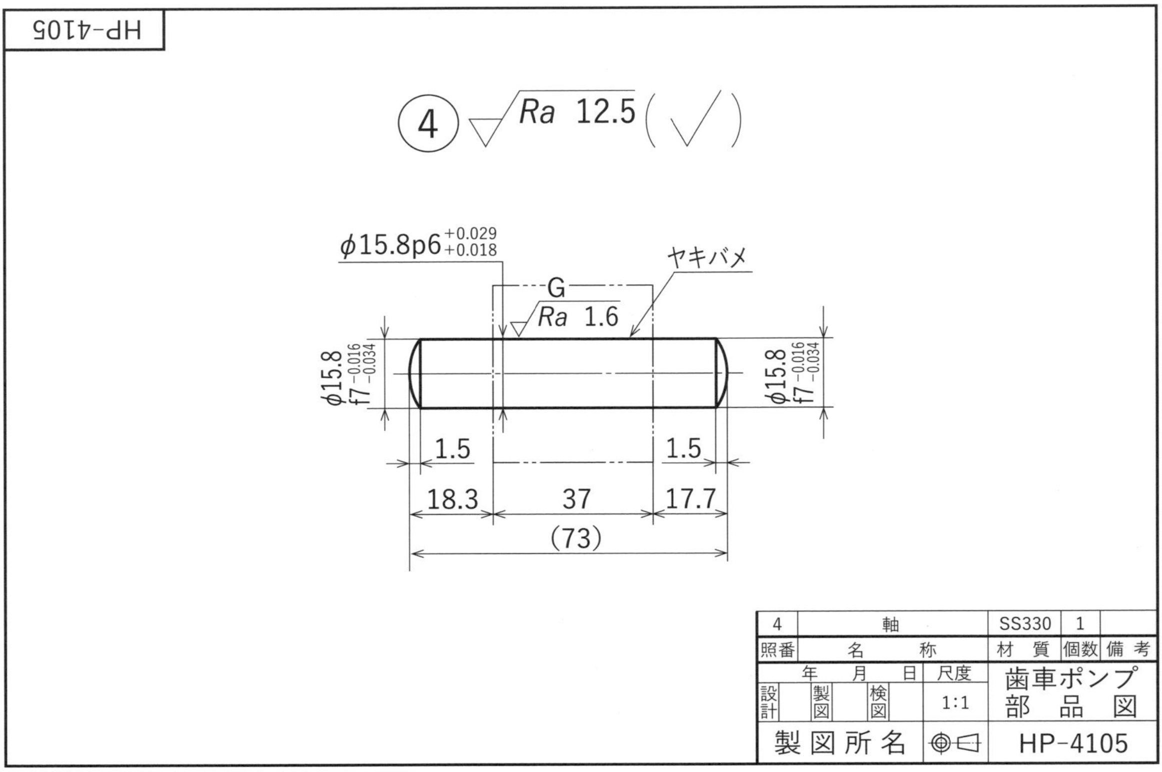

HP-4105

④ Ra 12.5 (√)

φ15.8p6 +0.029 +0.018

ヤキバメ

G

Ra 1.6

φ15.8 f7 −0.016 −0.034

φ15.8 f7 −0.016 −0.034

1.5

1.5

18.3

37

17.7

(73)

4	軸				SS330	1	
照番	名 称				材 質	個数	備 考
	年	月	日	尺度	歯車ポンプ 部 品 図		
設計	製図	検図		1:1			
製図所名					HP-4105		

製作図 35 歯車ポンプ（軸）

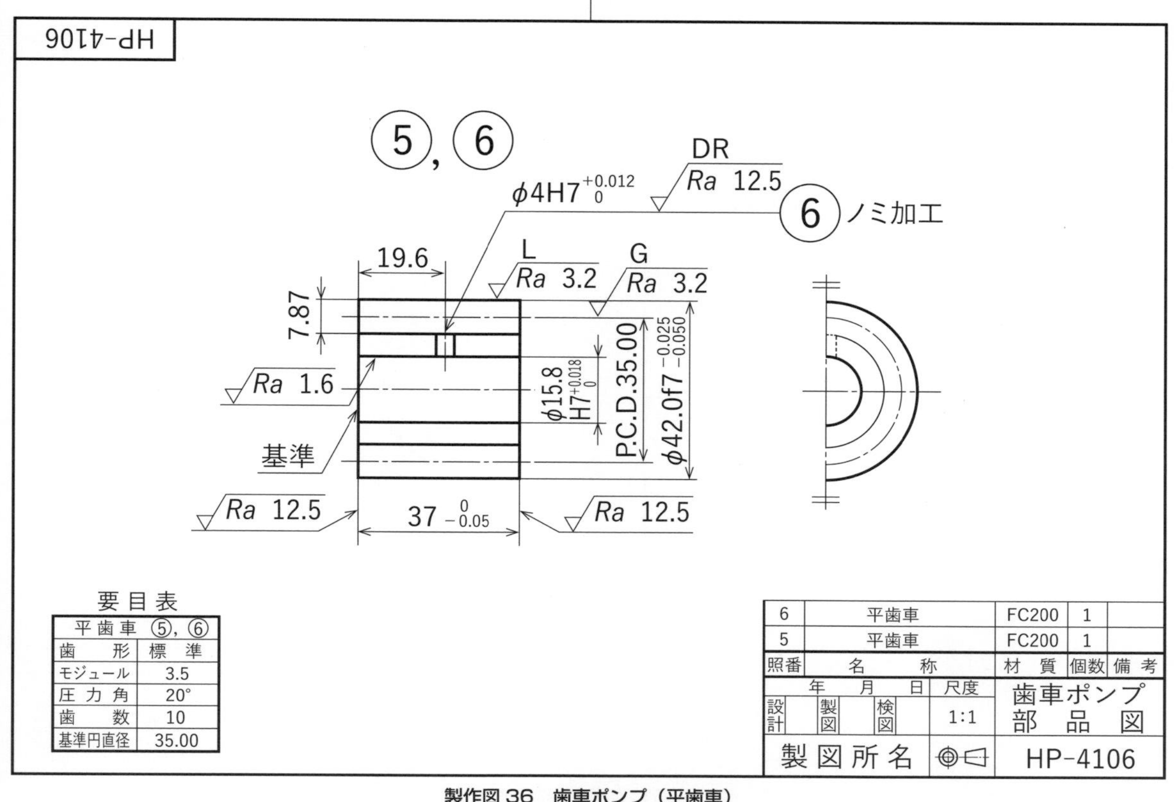

製作図 36　歯車ポンプ（平歯車）

HP-4107

⑦

19
Ra 3.2
A
R6
7.5
R1
7.5
M6
C1
Ra 3.2
Ra 1.6
φ15.8 H7 +0.018 0
φ28
φ62
φ76.6
φ82
38
Ra 3.2
φ34
φ52
13
R4.5
R4

Ra 3.2
19
8
R0.5
R1
2.7
6.3
36°
R1
9.5
Ra 3.2

A部詳細 尺度2:1

7	Vプーリ	FC200	1	
照番	名称	材質	個数	備考

年 月 日	尺度	歯車ポンプ 部品図
設計 製図 検図	1:1	
製図所名		HP-4107

製作図 37　歯車ポンプ（V プーリ）

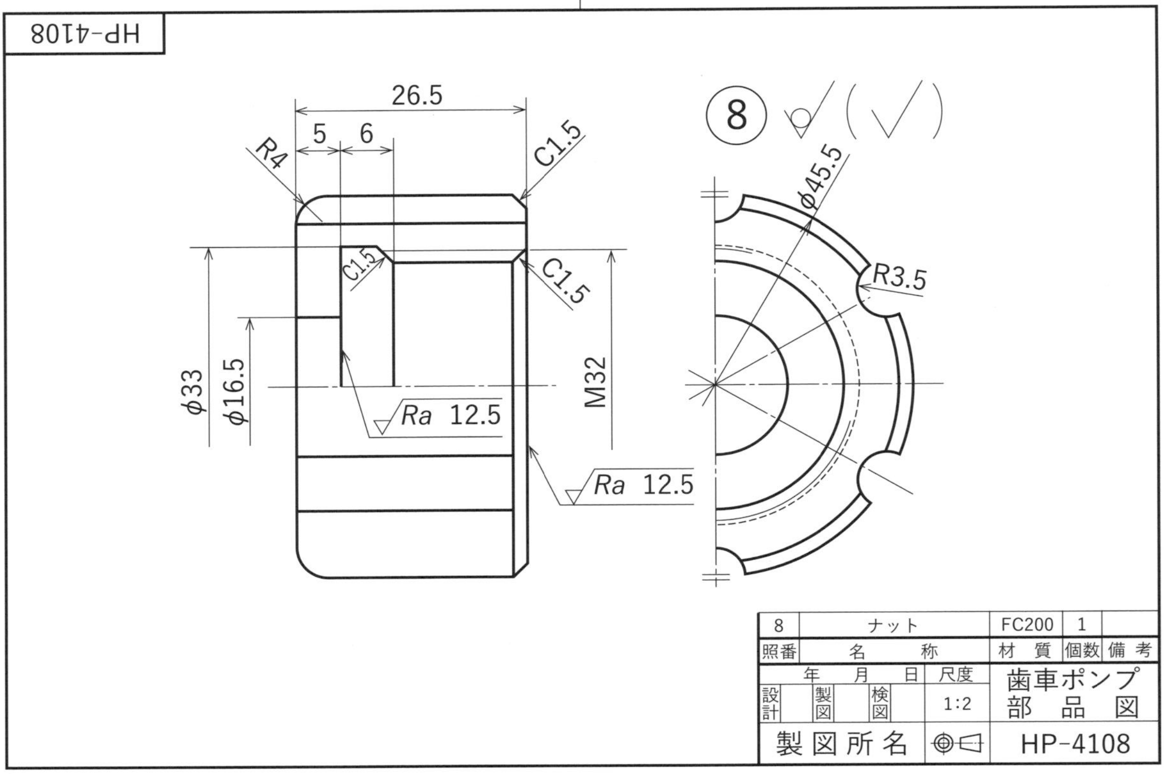

HP-4108

⑧ (✓)

26.5, 5, 6, R4, C1.5, C1.5, C1.5, φ33, φ16.5, M32, Ra 12.5, Ra 12.5, φ45.5, R3.5

8	ナット	FC200	1	
照番	名　称	材　質	個数	備 考
年 月 日	尺度	歯車ポンプ		
設計 製図 検図	1:2	部 品 図		
製図所名		HP-4108		

製作図 38　歯車ポンプ（ナット）

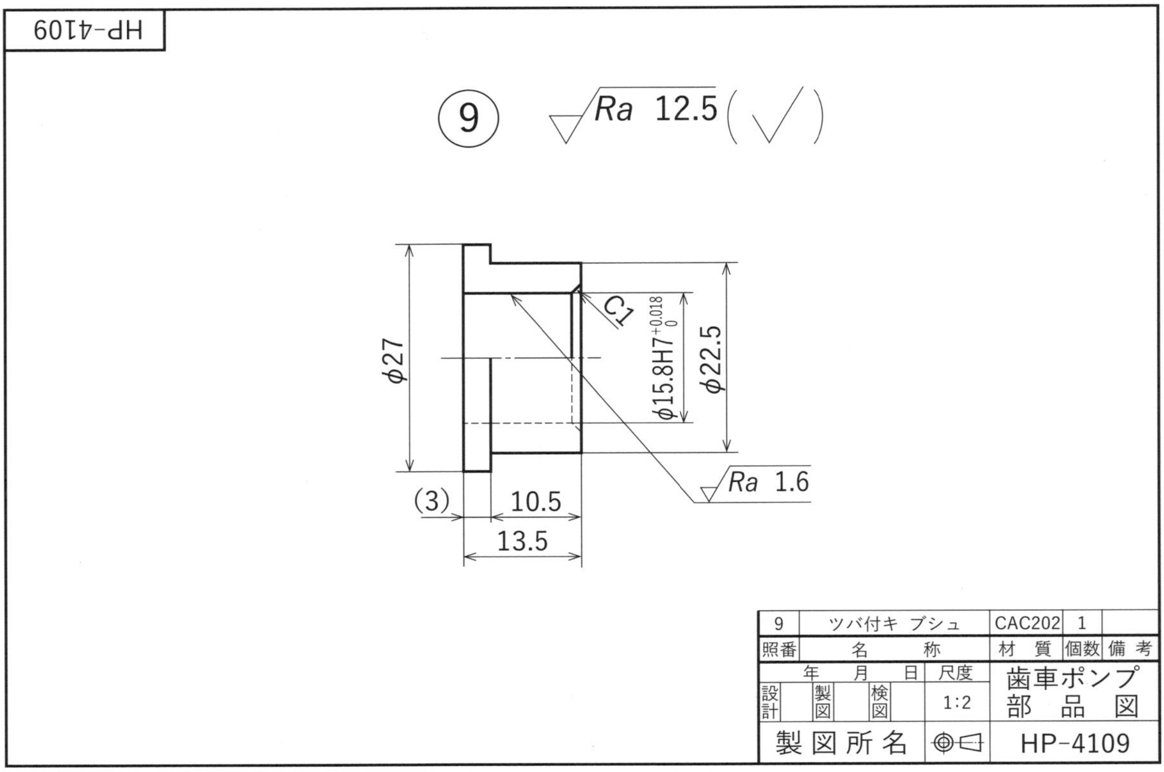

HP-4109

⑨ Ra 12.5 (✓)

φ27, C1, φ15.8H7 $^{+0.018}_{0}$, φ22.5, Ra 1.6, (3), 10.5, 13.5

9	ツバ付キ ブシュ	CAC202	1	
照番	名　称	材　質	個数	備 考
年 月 日	尺度	歯車ポンプ		
設計 製図 検図	1:2	部 品 図		
製図所名		HP-4109		

製作図 39　歯車ポンプ（つば付きブシュ）

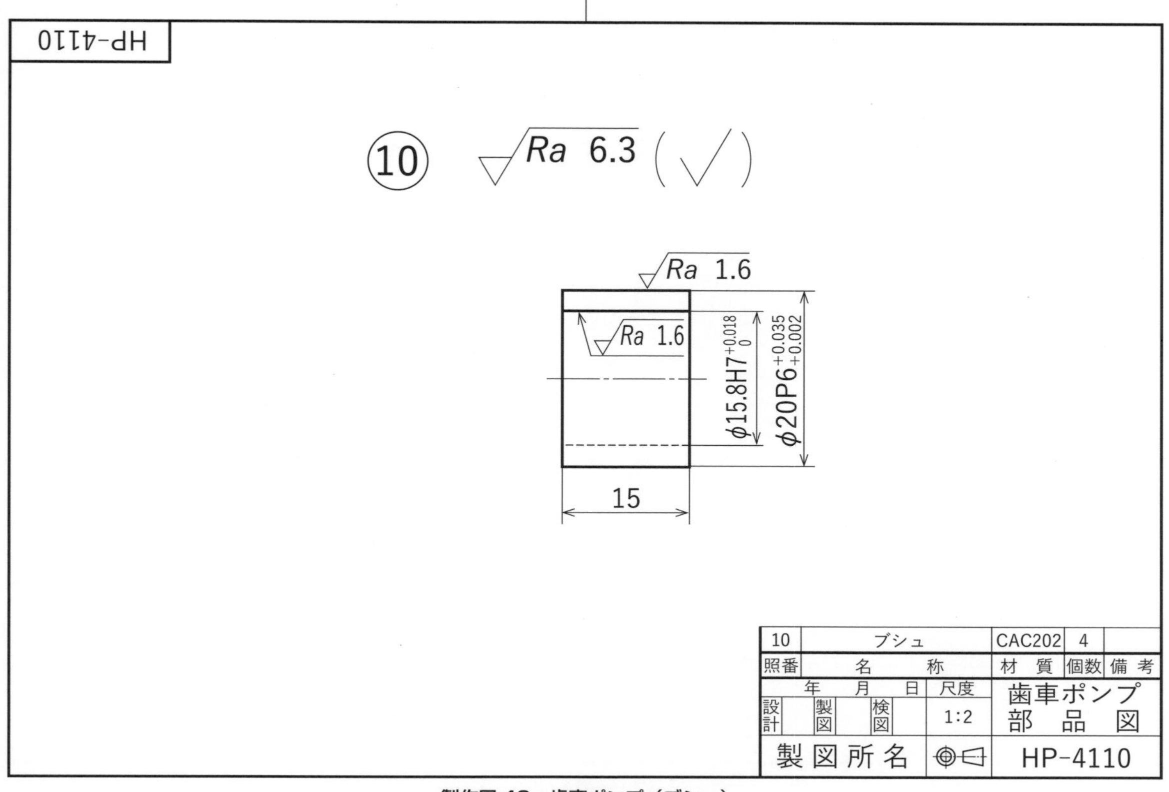

製作図 40　歯車ポンプ（ブシュ）

HP-4111

⑫ Ra 12.5 (✓)

L

Ra 1.6

(R)

$\phi 4\mathrm{P6}^{+0.020}_{+0.012}$

1

10

⑪ Ra 6.3

30°

R0.5

C1

(11.5)

M6

10

2

(4)

18

22

12	ノックピン	S45C	1	
11	六角ボルト	S30C	8	
照番	名　称	材　質	個数	備　考

年　月　日			尺度	歯車ポンプ 部　品　図
設計	製図	検図	1:2	
製図所名				HP-4111

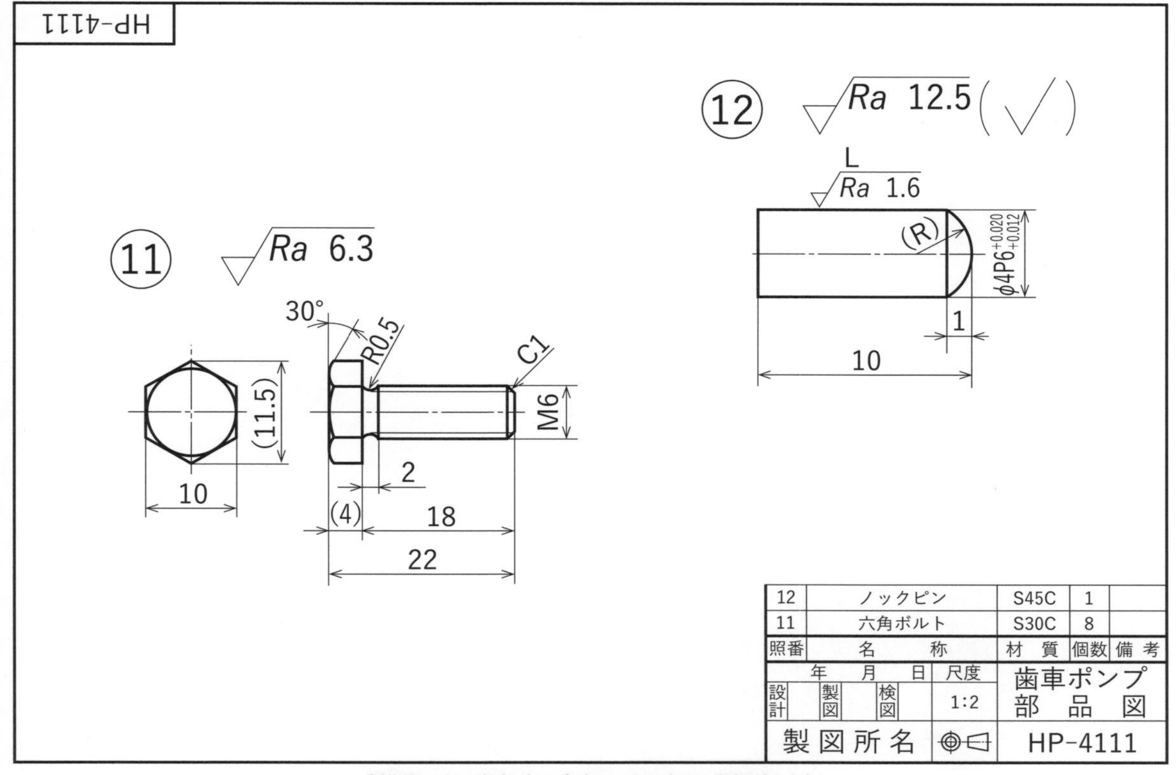

製作図 41　歯車ポンプ（ノック ピン・六角ボルト）

HP-2301

照番	図番
①	HP-3302
②, ④, ⑤	HP-3303
③, ⑥～⑮	HP-3304

年 月 日			尺度	ウズマキポンプ 組立図
設計	製図	検図	1:2	
製図所名				HP-2301

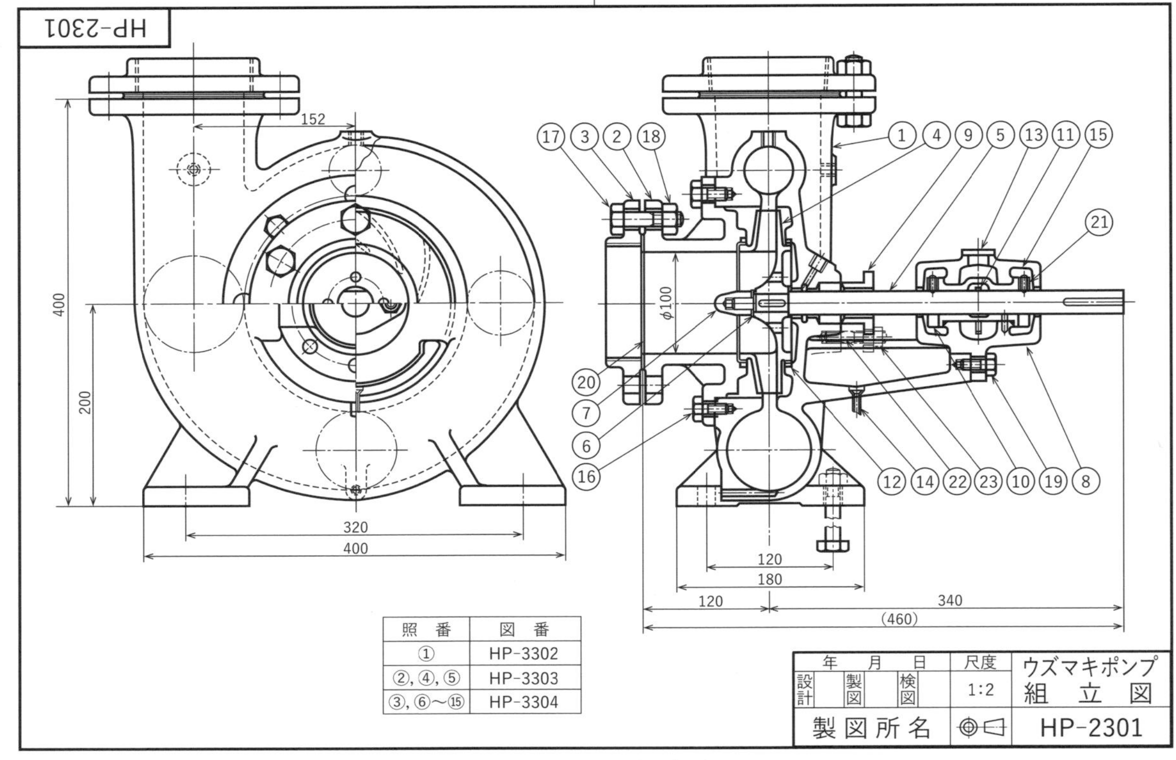

製作図 42 渦巻きポンプ組立図

製作図 42 渦巻きポンプ

渦巻きポンプ（図 **4·16**）は，湾曲した多数の羽根をもつ羽根車を，ケーシングという枠の中に入れ，これを回転させることにより，羽根車の中心部から流体を吸い込んで輸送を行うポンプである．図 **4·17** に立体図を示す．

ケーシングの部品において，一部分に第一角法を併用してあるが，これは図の数を減らすために行ったためであって，図のスペースが許せば，右側面図として示すのが望ましい．しかし，特別に投影図を描くほどでもない場合には，便利な方法である．

また，この正面図においては，寸法線がずいぶん込み合ってくるので，大きいサイズの図面を使用するとか，寸法補助線を引き出す方向を工夫するなど，できるだけわかりやすく記入することを心掛けてほしい．

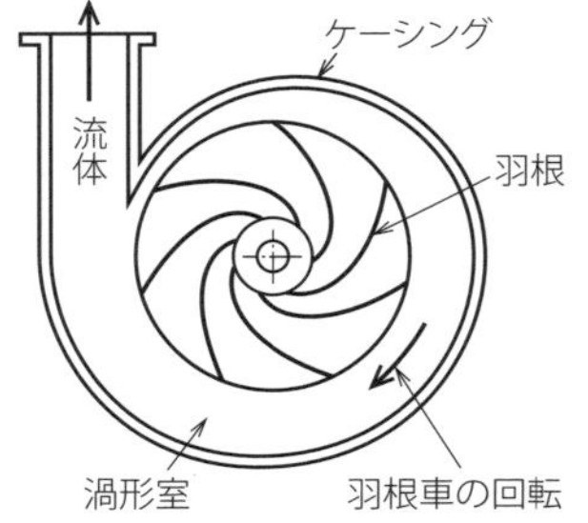

図 4·16 渦巻きポンプ

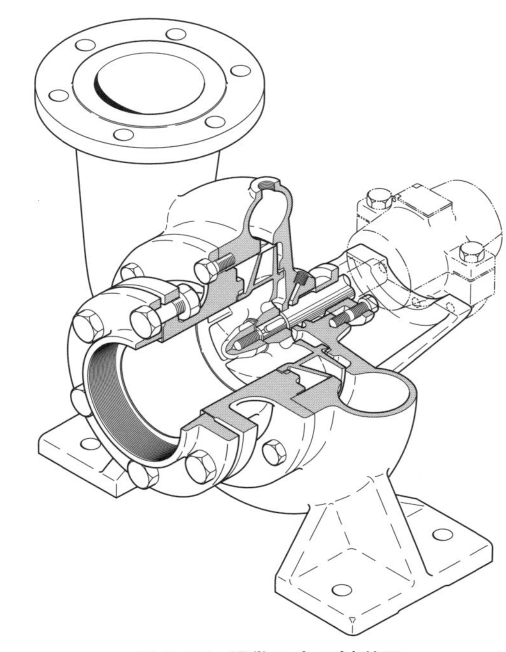

図 4·17 渦巻きポンプ立体図

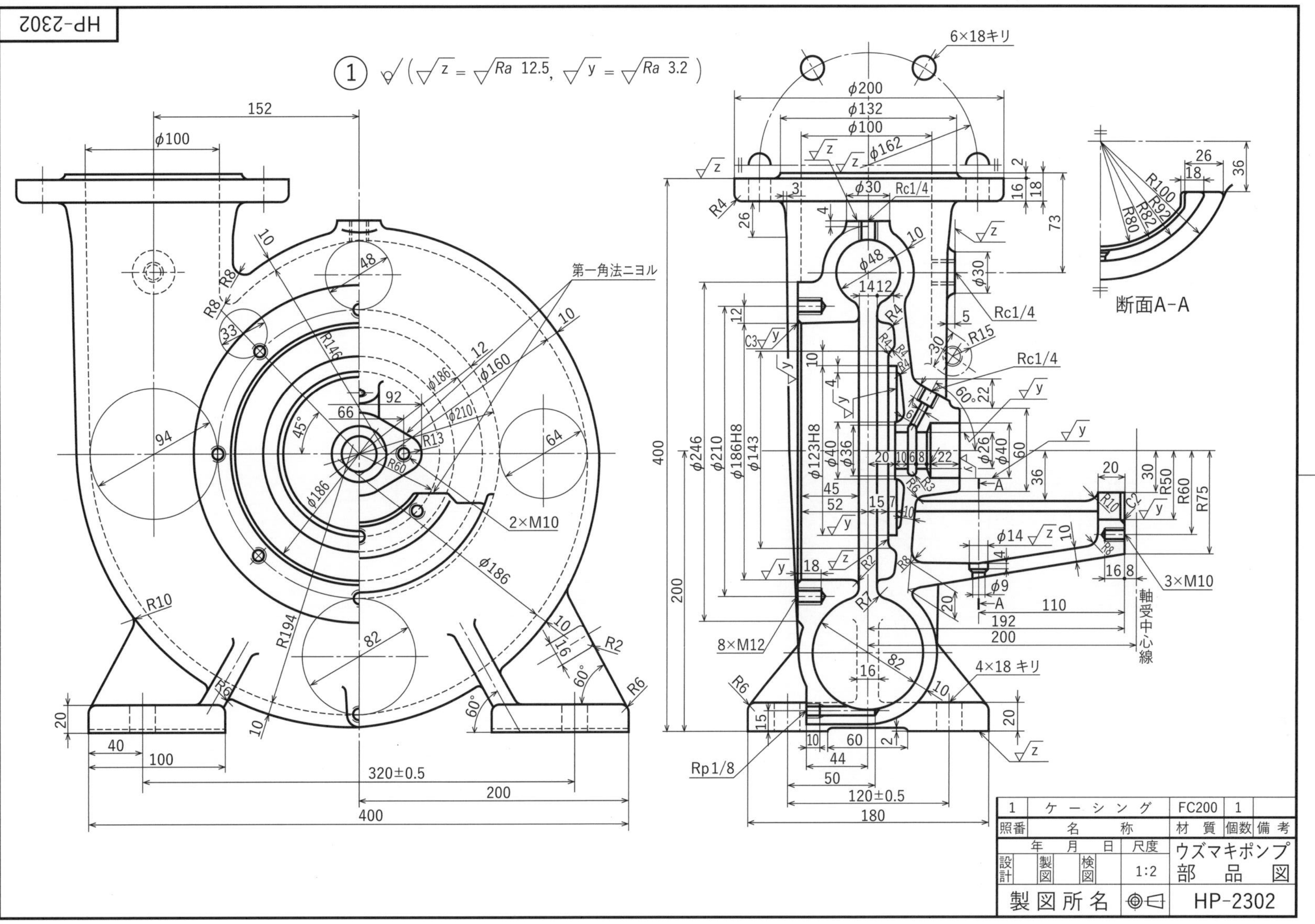

製作図 43　渦巻きポンプ（ケーシング）

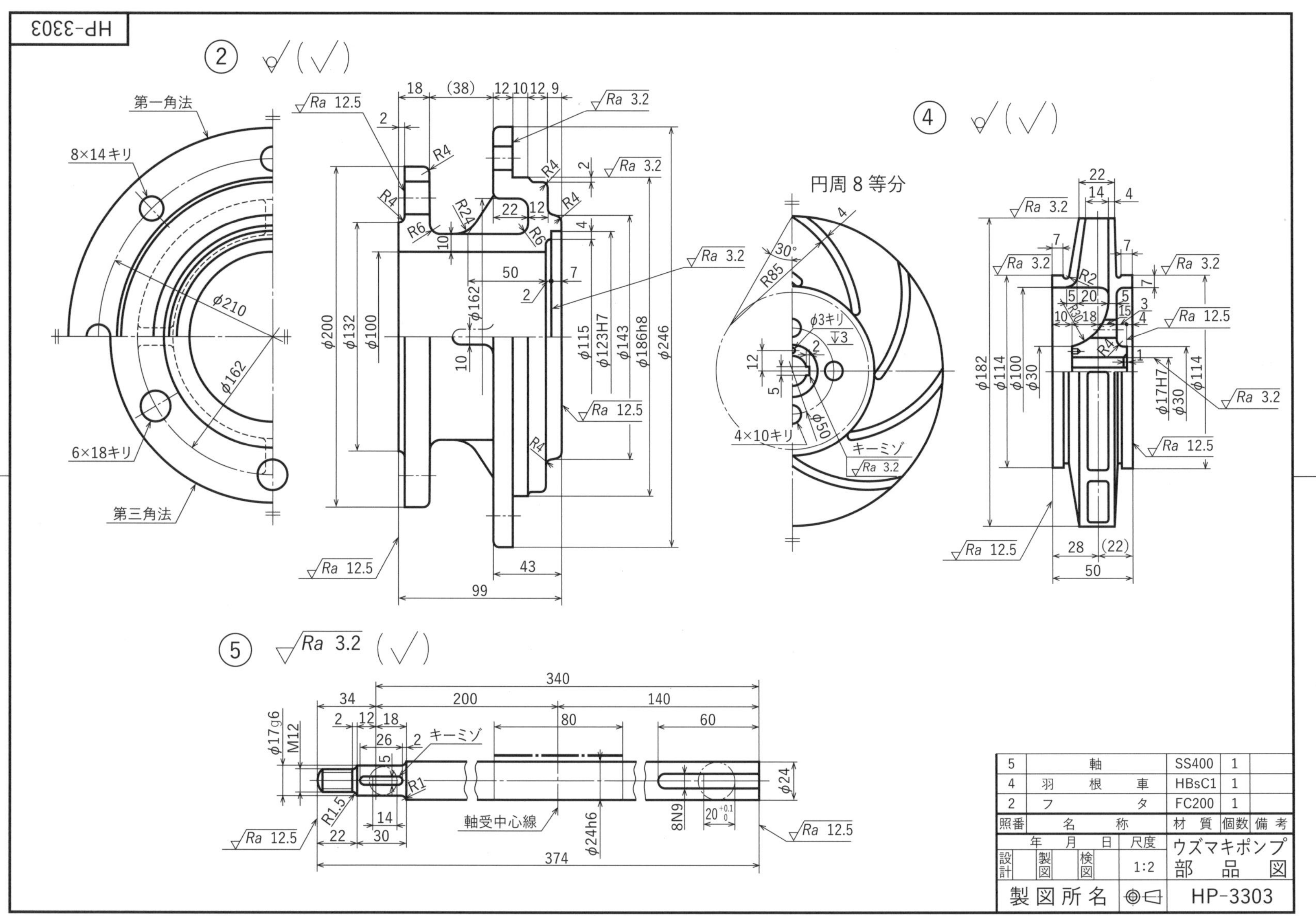

製作図 44　渦巻きポンプ部品図 ①

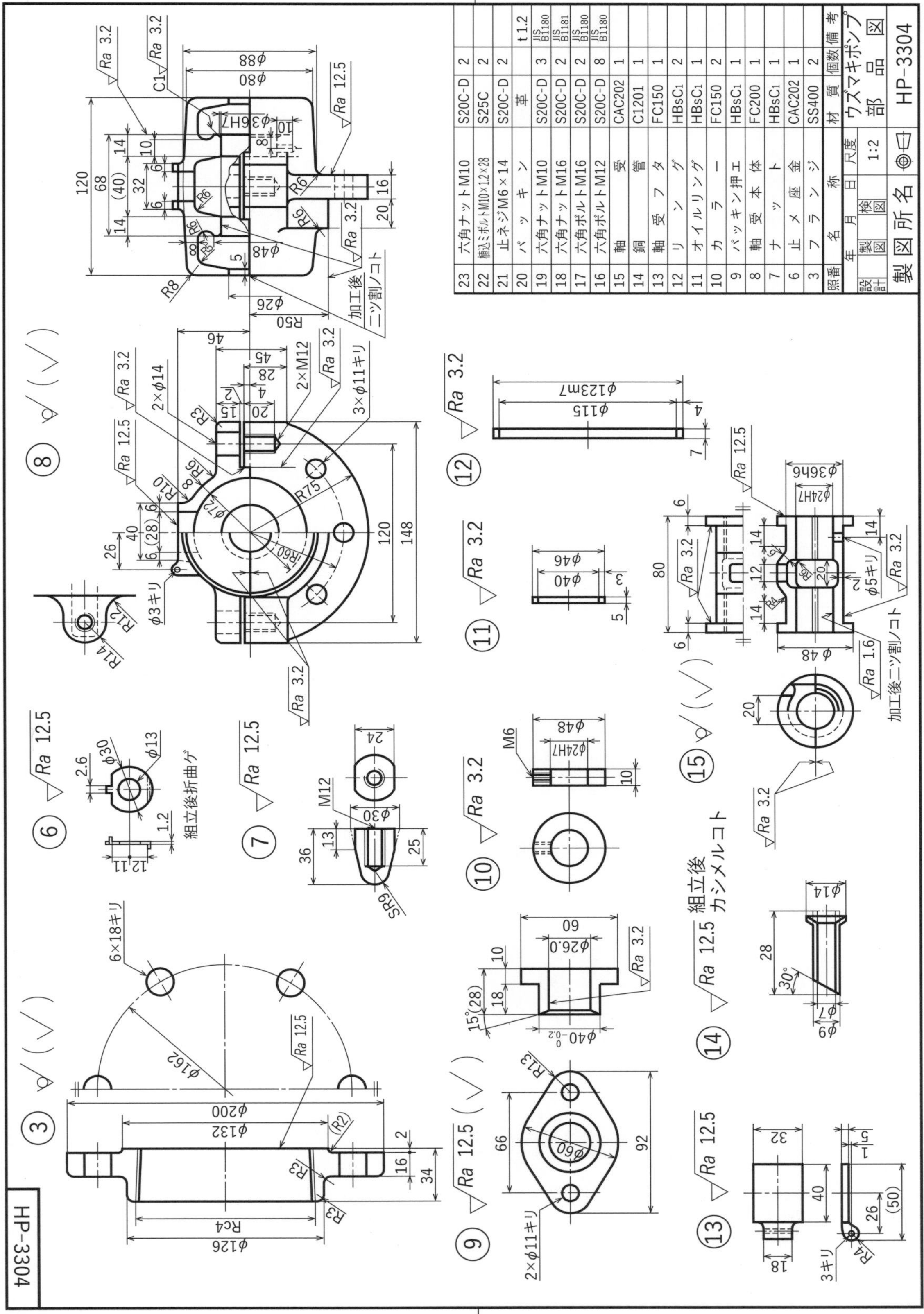

照番	名　称	材　質	個数	備　考
23	六角ナットM10	S20C-D	2	
22	植込ミボルトM10×1.2×28	S25C	2	
21	止ネジM6×14	S20C-D	2	
20	パ ッ キ ン	革		t 1.2
19	六角ナットM10	S20C-D	3	JIS B1180
18	六角ナットM16	S20C-D	2	JIS B1181
17	六角ボルトM16	S20C-D	2	JIS B1180
16	六角ボルトM12	S20C-D	8	JIS B1180
15	軸　　受	CAC202	1	
14	銅　　管	C1201	1	
13	軸 受 フ タ	FC150	1	
12	リ ン グ	HBsC1	2	
11	オイルリング	HBsC1	1	
10	カ ラ ー	FC150	2	
9	パッキン押エ	HBsC1	1	
8	軸 受 本 体	FC200	1	
7	ナ ッ ト	HBsC1	1	
6	止 メ 座 金	CAC202	1	
3	フ ラ ン ジ	SS400	2	

年	月	日	尺度	ウズマキポンプ 部品図
設計	製図	検図	1:2	
製図所名				HP-3304

HP-3304

③ 6×18キリ　組立後折曲ゲ　⑥　⑦ M12 SR9　⑧ 2×φ14 2×M12 3×φ11キリ φ3キリ 加工後二ツ割ノコト

⑨ 2×φ11キリ　⑩ M6　⑪　⑫　⑬ 3キリ　⑭ 組立後カシメルコト　⑮ φ5キリ 加工後二ツ割ノコト

製作図 45　渦巻きポンプ部品図 ②

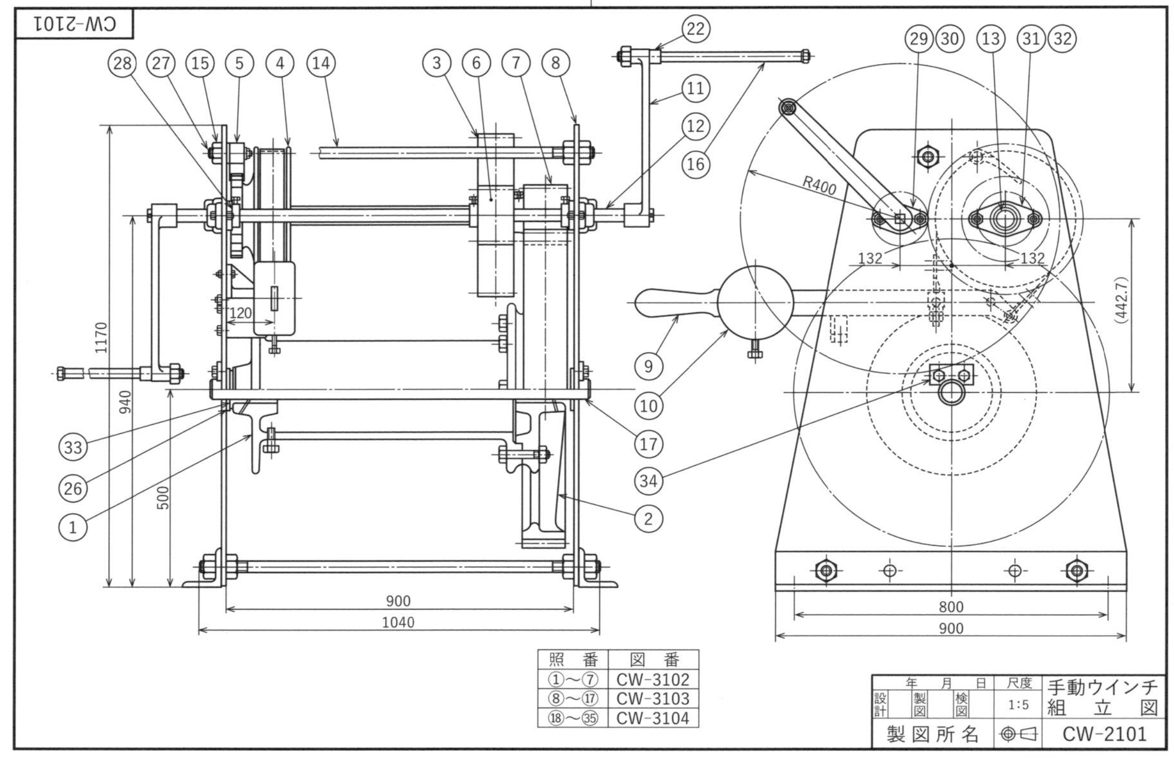

製作図 46　手動ウインチ組立図

製作図 46　手動ウインチ

両ハンドル手動ウインチを示す．このように部品の数が多いものでは，部品表を組立図の中に書ききれないので，別に部品表として独立させるか，あるいは本図のように部品目録として示すことがある．

この部品 ② においても，紙面の節約のために側面図上半に第一角法を用いて示している．8 個の肉抜き穴は，鋳型による鋳抜き穴で，略号“イヌキ”で示される．

部品 ⑧ の側板は，同じものを 2 個製作するが，＊印を付した ϕ 14 の穴は，そのうちの右側板にだけ加工するものであるから，そのことをわかりやすいように注記しておく．また下部補強用の山形鋼は，それぞれ外側にボルトおよび溶接によって取り付ける．

山形鋼などの形鋼には，その断面によっていくつかの種類がある．これを断面を示すことなく図示するには，表 **4･2** に示すような表示方法を用いればよい．

表 4･2　形鋼の種類と寸法表示方法

種　　類	断面形状	表 示 方 法	種　　類	断面形状	表 示 方 法
等辺山形鋼		∟ $A \times B \times t - L$	T 形 鋼		T $B \times H \times t_1 \times t_2 - L$
不等辺山形鋼		∟ $A \times B \times t - L$	H 形 鋼		H $H \times A \times t_1 \times t_2 - L$
不等辺不等厚山形鋼		∟ $A \times B \times t_1 \times t_2 - L$	溝 形 鋼		[$H \times B \times t_1 \times t_2 - L$
I 形 鋼		I $H \times B \times t - L$	球 平 形 鋼		J $A \times t - L$

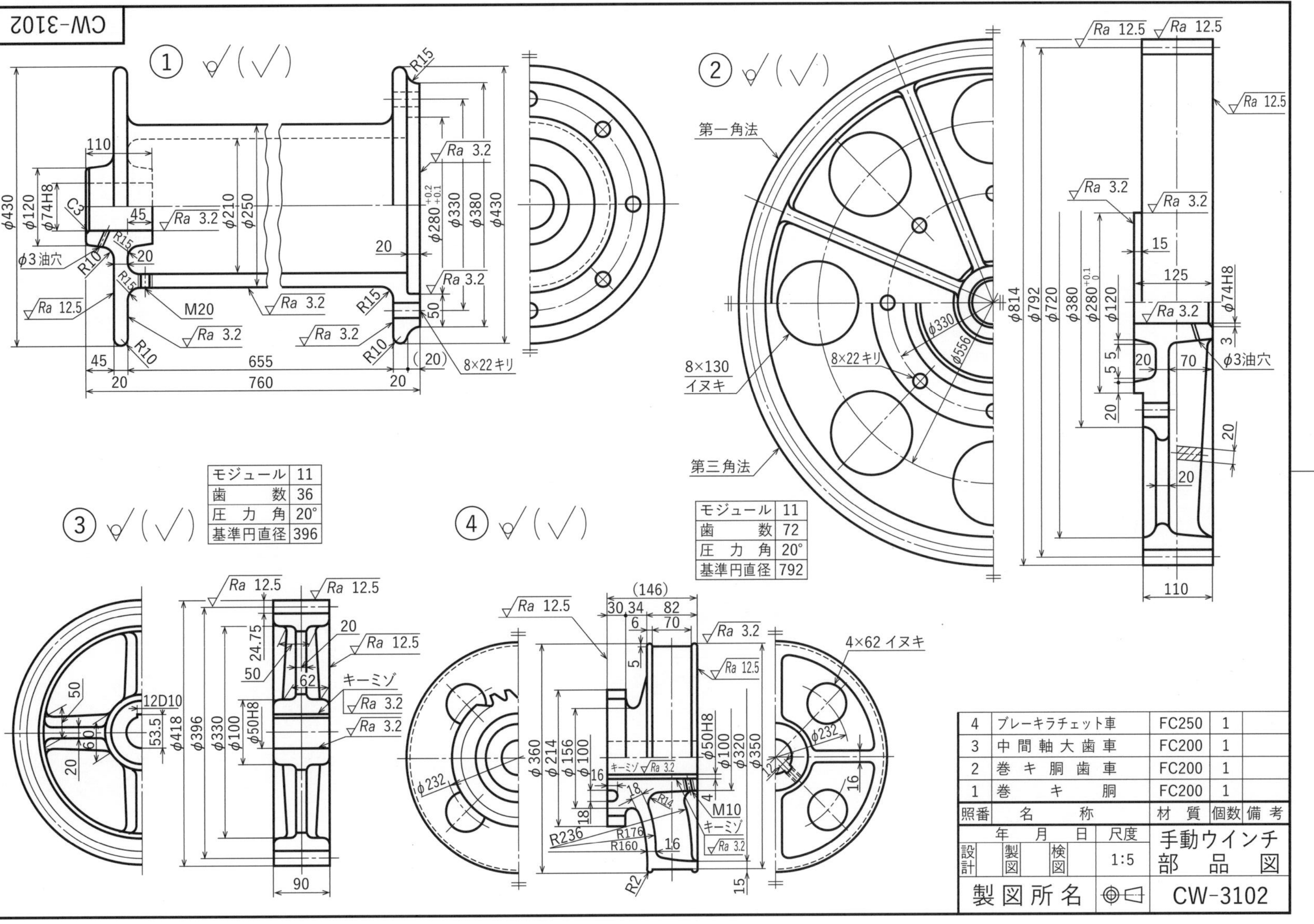

モジュール	11
歯数	36
圧力角	20°
基準円直径	396

モジュール	11
歯数	72
圧力角	20°
基準円直径	792

照番	名称	材質	個数	備考
4	ブレーキラチェット車	FC250	1	
3	中間軸大歯車	FC200	1	
2	巻キ胴歯車	FC200	1	
1	巻キ胴	FC200	1	

年月日	尺度	手動ウインチ部品図
設計 製図 検図	1:5	
製図所名		CW-3102

製作図 47　手動ウインチ部品図 ①

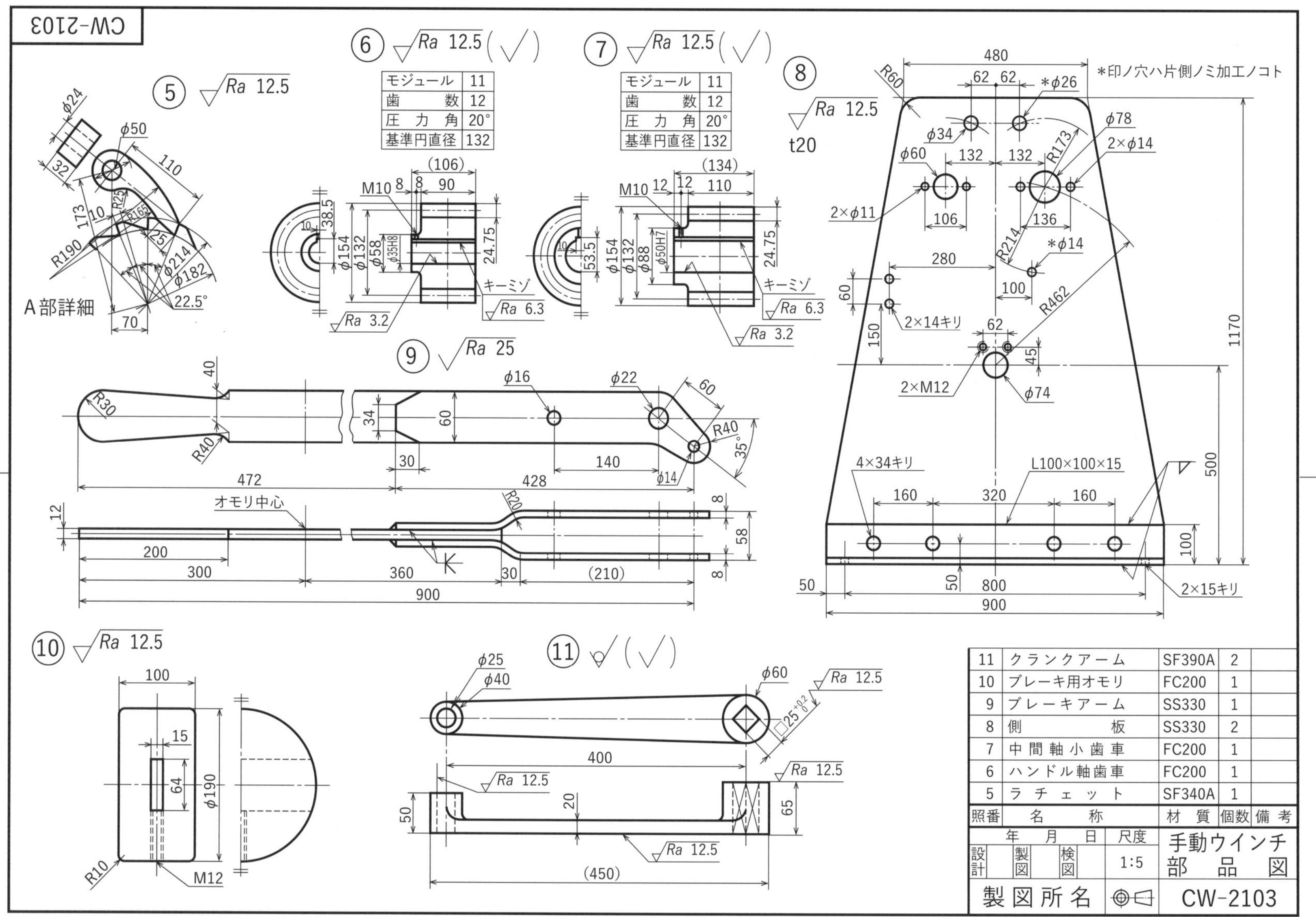

製作図48 手動ウインチ部品図②

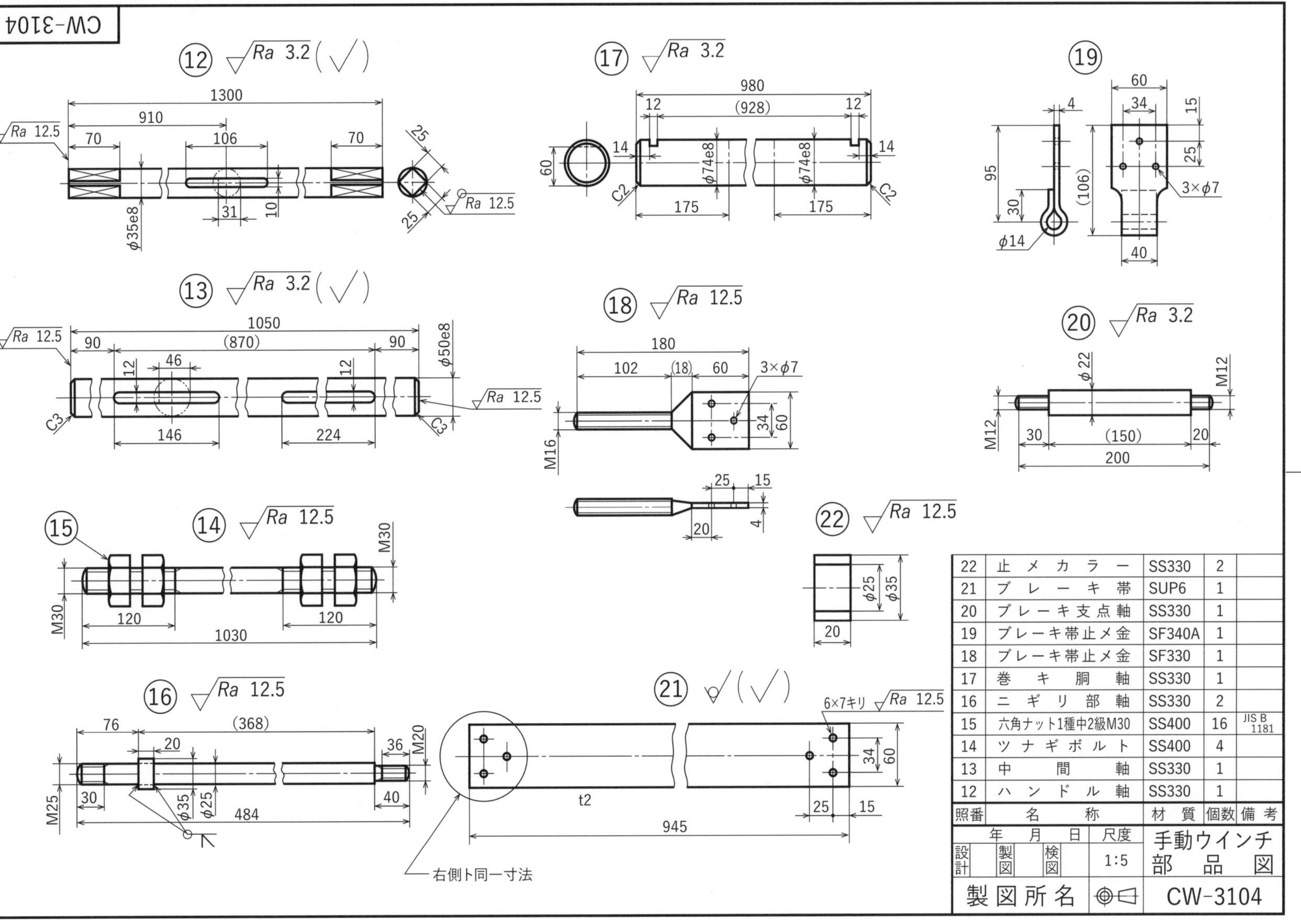

製作図 49 手動ウインチ部品図 ③

CHAPTER 5　製図者に必要なJIS規格表

表 5･1　多く用いられるはめあいの穴で用いる寸法許容差（JIS B 0401-2：1998 抜粋）　（単位 μm）

基準寸法 (mm)		穴の公差域クラス																			
		B10	C9	C10	D8	D9	D10	E7	E8	E9	F6	F7	F8	G6	G7	H5	H6	H7	H8	H9	H10
をこえ	以下	+	+	+	+	+	+	+	+	+	+	+	+	+	+	+	+	+	+	+	+
—	3	180 140	85 60	100	34	45 20	60	24	28 14	39	12	16 6	20	8 2	12	4	6	10 0	14	25	40
3	6	188 140	100 70	118	48	60 30	78	32	38 20	50	18	22 10	28	12 4	16	5	8	12 0	18	30	48
6	10	208 150	116 80	138	62	76 40	98	40	47 25	61	22	28 13	35	14 5	20	6	9	15 0	22	36	58
10	14	220 150	138 95	165	77	93 50	120	50	59 32	75	27	34 16	43	17 6	24	8	11	18 0	27	43	70
14	18																				
18	24	244 160	162 110	194	98	117 65	149	61	73 40	92	33	41 20	53	20 7	28	9	13	21 0	33	52	84
24	30																				
30	40	270 170	182 120	220	119	142 80	180	75	89 50	112	41	50 25	64	25 9	34	11	16	25 0	39	62	100
40	50	280 180	192 130	230																	
50	65	310 190	214 140	260	146	174 100	220	90	106 60	134	49	60 30	76	29 10	40	13	19	30 0	46	74	120
65	80	320 200	224 150	270																	
80	100	360 220	257 170	310	174	207 120	260	107	126 72	159	58	71 36	90	34 12	47	15	22	35 0	54	87	140
100	120	380 240	267 180	320																	
120	140	420 260	300 200	360	208	245 145	305	125	148 85	185	68	83 43	106	39 14	54	18	25	40 0	63	100	160
140	160	440 280	310 210	370																	
160	180	470 310	330 230	390																	
180	200	525 340	355 240	425	242	285 170	355	146	172 100	215	79	96 50	122	44 15	61	20	29	46 0	72	115	185
200	225	565 380	375 260	445																	
225	250	605 420	395 280	465																	
250	280	690 480	430 300	510	271	320 190	400	162	191 110	240	88	108 56	137	49 17	69	23	32	52 0	81	130	210
280	315	750 540	460 330	540																	
315	355	830 600	500 360	590	299	350 210	440	182	214 125	265	98	119 62	151	54 18	75	25	36	57 0	89	140	230
355	400	910 680	540 400	630																	
400	450	1010 760	595 440	690	327	385 230	480	198	232 135	290	108	131 68	165	60 20	83	27	40	63 0	97	155	250
450	500	1090 840	635 480	730																	

〔**備考**〕 1. 公差域クラス D ～ U において，基準寸法が 500 mm をこえるものは省略してある.
2. 基準寸法の“中間区分”のものは，**JIS B 0401-1** による.
3. 表中の各段で，上側の数値は，上の寸法許容差，下側の数値は，下の寸法許容差を示す.

（次ページに続く）

基準寸法(mm)		穴の公差域クラス																	
		JS5	JS6	JS7	K5	K6	K7	M5	M6	M7	N6	N7	P6	P7	R7	S7	T7	U7	X7
をこえ	以下	±	±	±	+ −	+ −	+ −	−	−	−	−	−	−	−	−	−	−	−	−
—	3	2	3	5	0 4	0 6	0 10	2 6	2 8	2 12	4 10	4 14	6 12	6 16	10 20	14 24	—	18 28	20 30
3	6	2.5	4	6	0 5	2 6	3 9	3 8	1 9	0 12	5 13	4 16	9 17	8 20	11 23	15 27	—	19 31	24 36
6	10	3	4.5	7.5	1 5	2 7	5 10	4 10	3 12	0 15	7 16	4 19	12 21	9 24	13 28	17 32	—	22 37	28 43
10	14	4	5.5	9	2 6	2 9	6 12	4 12	4 15	0 18	9 20	5 23	15 26	11 29	16 34	21 39	—	26 44	33 51
14	18																		38 56
18	24	4.5	6.5	10.5	1 8	2 11	6 15	5 14	4 17	0 21	11 24	7 28	18 31	14 35	20 41	27 48	—	33 54	46 67
24	30																33 54	40 61	56 77
30	40	5.5	8	12.5	2 9	3 13	7 18	5 16	4 20	0 25	12 28	8 33	21 37	17 42	25 50	34 59	39 64	51 76	71 96
40	50																45 70	61 86	88 113
50	65	6.5	9.5	15	3 10	4 15	9 21	6 19	5 24	0 30	14 33	9 39	26 45	21 51	30 60	42 72	55 85	76 106	111 141
65	80														32 62	48 78	64 94	91 121	135 165
80	100	7.5	11	17.5	2 13	4 18	10 25	8 23	6 28	0 35	16 38	10 45	30 52	24 59	38 73	58 93	78 113	111 146	165 200
100	120														41 76	66 101	91 126	131 166	197 232
120	140														48 88	77 117	107 147	155 195	233 273
140	160	9	12.5	20	3 15	4 21	12 28	9 27	8 33	0 40	20 45	12 52	36 61	28 68	50 90	85 125	119 159	175 215	265 305
160	180														53 93	93 133	131 171	195 235	295 335
180	200														60 106	105 151	149 195	219 265	333 379
200	225	10	14.5	23	2 18	5 24	13 33	11 31	8 37	0 46	22 51	14 60	41 70	33 79	63 109	113 159	163 209	241 287	368 414
225	250														67 113	123 169	179 225	267 313	408 454
250	280	11.5	16	26	3 20	5 27	16 36	13 36	9 41	0 52	25 57	14 66	47 79	36 88	74 126	138 190	198 250	295 347	455 507
280	315														78 130	150 202	220 272	330 382	505 557
315	355	12.5	18	28.5	3 22	7 29	17 40	14 39	10 46	0 57	26 62	16 73	51 87	41 98	87 144	169 226	247 304	369 426	569 626
355	400														93 150	187 244	273 330	414 471	639 696
400	450	13.5	20	31.5	2 25	8 32	18 45	16 43	10 50	0 63	27 67	17 80	55 95	45 108	103 166	209 272	307 370	467 530	717 780
450	500														109 172	229 292	337 400	517 580	797 860

〔**備考**〕 1. 公差域クラスD～Uにおいて，基準寸法が500 mmをこえるものは省略してある．
2. 基準寸法の“中間区分”のものは，**JIS B 0401-1** による．
3. 表中の各段で，上側の数値は，上の寸法許容差，下側の数値は，下の寸法許容差を示す．

表 5·2 多く用いられるはめあいの軸で用いる寸法許容差（JIS B 0401-2：1998 抜粋）

（単位 μm）

基準寸法 (mm)		軸の公差域クラス																		
		b9	c9	d8	d9	e7	e8	e9	f6	f7	f8	g4	g5	g6	h4	h5	h6	h7	h8	h9
をこえ	以下	—	—	—	—	—	—	—	—	—	—	—	—	—	—	—	—	—	—	—
—	3	140	60	20			14			6			2				0			
		165	85	34	45	24	28	39	12	16	20	5	6	8	3	4	6	10	14	25
3	6	140	70	30			20			10			4				0			
		170	100	48	60	32	38	50	18	22	28	8	9	12	4	5	8	12	18	30
6	10	150	80	40			25			13			5				0			
		186	116	62	76	40	47	61	22	28	35	9	11	14	4	6	9	15	22	36
10	14	150	95	50			32			16			6				0			
14	18	193	138	77	93	50	59	75	27	34	43	11	14	17	5	8	11	18	27	43
18	24	160	110	65			40			20			7				0			
24	30	212	162	98	117	61	73	92	33	41	53	13	16	20	6	9	13	21	33	52
30	40	170	120																	
		232	182	80			50			25			9				0			
40	50	180	130	119	142	75	89	112	41	50	64	16	20	25	7	11	16	25	39	62
		242	192																	
50	65	190	140																	
		264	214	100			60			30			10				0			
65	80	200	150	146	174	90	106	134	49	60	76	18	23	29	8	13	19	30	46	74
		274	224																	
80	100	220	170																	
		307	257	120			72			36			12				0			
100	120	240	180	174	207	107	126	159	58	71	90	22	27	34	10	15	22	35	54	87
		327	267																	
120	140	260	200																	
		360	300																	
140	160	280	210	145			85			43			14				0			
		380	310	208	245	125	148	185	68	83	106	26	32	39	12	18	25	40	63	100
160	180	310	230																	
		410	330																	
180	200	340	240																	
		455	355																	
200	225	380	260	170			100			50			15				0			
		495	375	242	285	146	172	215	79	96	122	29	35	44	14	20	29	46	72	115
225	250	420	280																	
		535	395																	
250	280	480	300																	
		610	430	190			110			56			17				0			
280	315	540	330	271	320	162	191	240	88	108	137	33	40	49	16	23	32	52	81	130
		670	460																	
315	355	600	360																	
		740	500	210			125			62			18				0			
355	400	680	400	299	350	182	214	265	98	119	151	36	43	54	18	25	36	57	89	140
		820	540																	
400	450	760	440																	
		915	595	230			135			68			20				0			
450	500	840	480	327	385	198	232	290	108	131	165	40	47	60	20	27	40	63	97	155
		995	635																	

〔備考〕 1. 公差域クラス d ～ u（g，k，m の各 4 および 5 を除く）において，基準寸法が 500 mm をこえるものは省略してある．
2. 基準寸法の“中間区分”のものは，**JIS B 0401-1** による．
3. 表中の各段で，上側の数値は，上の寸法許容差，下側の数値は，下の寸法許容差を示す．

（次ページに続く）

基準寸法 (mm)		軸の公差域クラス																
		js4	js5	js6	js7	k4	k5	k6	m4	m5	m6	n6	p6	r6	s6	t6	u6	x6
をこえ	以下	±	±	±	±	＋	＋	＋	＋	＋	＋	＋	＋	＋	＋	＋	＋	＋
—	3	1.5	2	3	5	3	4 0	6	5	6 2	8	10 4	12 6	16 10	20 14	—	24 18	26 20
3	6	2	2.5	4	6	5	6 1	9	8	9 4	12	16 8	20 12	23 15	27 19	—	31 23	36 28
6	10	2	3	4.5	7.5	5	7 1	10	10	12 6	15	19 10	24 15	28 19	32 23	—	37 28	43 34
10	14	2.5	4	5.5	9	6	9 1	12	12	15 7	18	23 12	29 18	34 23	39 28	—	44 33	51 40
14	18																	56 45
18	24	3	4.5	6.5	10.5	8	11 2	15	14	17 8	21	28 15	35 22	41 28	48 35	—	54 41	67 54
24	30															54 41	61 48	77 64
30	40	3.5	5.5	8	12.5	9	13 2	18	16	20 9	25	33 17	42 26	50 34	59 43	64 48	76 60	96 80
40	50															70 54	86 70	113 97
50	65	4	6.5	9.5	15	10	15 2	21	19	24 11	30	39 20	51 32	60 41	72 53	85 66	106 87	141 122
65	80													62 43	78 59	94 75	121 102	165 146
80	100	5	7.5	11	17.5	13	18 3	25	23	28 13	35	45 23	59 37	73 51	93 71	113 91	146 124	200 178
100	120													76 54	101 79	126 104	166 144	232 210
120	140	6	9	12.5	20	15	21 3	28	27	33 15	40	52 27	68 43	88 63	117 92	147 122	195 170	273 248
140	160													90 65	125 100	159 134	215 190	305 280
160	180													93 68	133 108	171 146	235 210	335 310
180	200	7	10	14.5	23	18	24 4	33	31	37 17	46	60 31	79 50	106 77	151 122	195 166	265 236	379 350
200	225													109 80	159 130	209 180	287 258	414 385
225	250													113 84	169 140	225 196	313 284	454 425
250	280	8	11.5	16	26	20	27 4	36	36	43 20	52	66 34	88 56	126 94	190 158	250 218	347 315	507 475
280	315													130 98	202 170	272 240	382 350	557 525
315	355	9	12.5	18	28.5	22	29 4	40	39	46 21	57	73 37	98 62	144 108	226 190	304 268	426 390	626 590
355	400													150 114	244 208	330 294	471 435	696 660
400	450	10	13.5	20	31.5	25	32 5	45	43	50 23	63	80 40	108 68	166 126	272 232	370 330	530 490	780 740
450	500													172 132	292 252	400 360	580 540	860 820

〔**備考**〕 1. 公差域クラスd～u（g，k，mの各4および5を除く）において，基準寸法が500 mmをこえるものは省略してある．
2. 基準寸法の“中間区分”のものは，**JIS B 0401-1** による．
3. 表中の各段で，上側の数値は，上の寸法許容差，下側の数値は，下の寸法許容差を示す．

表 5·3　多く用いられる穴基準はめあいに関する数値（JIS B 0401-2：1998 抜粋）

（単位 μm）

基準寸法 (mm)		H7		基準穴 H7 と組み合わされる軸																															
		上の寸法許容差	下の寸法許容差	e		f			g		h			js				k		m		n		p		r		s		t		u		x	
				最大すきま	最小すきま	最大すきま		最小すきま	最大すきま	最小すきま	最大すきま		最小すきま	最大すきま	最大しめしろ	最大すきま	最大しめしろ	最大すきま	最大しめしろ	最大すきま	最大しめしろ	最大すきま	最大しめしろ	最小しめしろ	最大しめしろ	最小しめしろ	最大しめしろ	最小しめしろ	最大しめしろ	最小しめしろ	最大しめしろ	最小しめしろ	最大しめしろ	最小しめしろ	最大しめしろ
をこえ	以下	(+)		e7		f6	f7		g6		h6	h7		js6		js7			k6		m6		n6		p6		r6		s6		t6		u6		x6
—	3	10	0	34	14	22	26	6	18	2	16	20	0	13	3	15	5	10	6	8	8	6	10	−4	12	0	16	4	20	—	—	8	24	10	26
3	6	12		44	20	30	34	10	24	4	20	24		16	4	18	6	11	9		12	4	16	0	20	3	23	7	27	—	—	11	31	16	36
6	10	15		55	25	37	43	13	29	5	24	30		19.5	4.5	22.5	7.5	14	10	9	15	5	19		24	4	28	8	32	—	—	13	37	19	43
10	14	18		68	32	45	52	16	35	6	29	36		23.5	5.5	27	9	17	12	11	18	6	23		29	5	34	10	39	—	—	15	44	22	51
14	18																																	27	56
18	24	21		82	40	54	62	20	41	7	34	42		27.5	6.5	31.5	10.5	19	15	13	21	6	28	1	35	7	41	14	48	—	—	20	54	33	67
24	30																													20	54	27	61	43	77
30	40	25		100	50	66	75	25	50	9	41	50		33	8	37.5	12.5	23	18	16	25	8	33		42	9	50	18	59	23	64	35	76	55	96
40	50																													29	70	45	86	72	113
50	65	30		120	60	79	90	30	59	10	49	60		39.5	9.5	45	15	28	21	19	30	10	39	2	51	11	60	23	72	36	85	57	106	92	141
65	80																									13	62	29	78	45	94	72	121	116	165
80	100	35		142	72	93	106	36	69	12	57	70		46	11	52.5	17.5	32	25	22	35	12	45		59	16	73	36	93	56	113	89	146	143	200
100	120																									19	76	44	101	69	126	109	166	175	232
120	140	40		165	85	108	123	43	79	14	65	80		52.5	12.5	60	20	37	28	25	40	13	52	3	68	23	88	52	117	82	147	130	195	208	273
140	160																									25	90	60	125	94	159	150	215	240	305
160	180																									28	93	68	133	106	171	170	235	270	335
180	200	46		192	100	125	142	50	90	15	75	92		60.5	14.5	69	23	42	33	29	46	15	60	4	79	31	106	76	151	120	195	190	265	304	379
200	225																									34	109	84	159	134	209	212	287	339	414
225	250																									38	113	94	169	150	225	238	313	379	454
250	280	52		214	110	140	160	56	101	17	84	104		68	16	78	26	48	36	32	52	18	66		88	42	126	106	190	166	250	263	347	423	507
280	315																									46	130	118	202	188	272	298	382	473	557
315	355	57		239	125	155	176	62	111	18	93	114		75	18	85.5	28.5	53	40	36	57	20	73	5	98	51	144	133	226	211	304	333	426	533	626
355	400																									57	150	151	244	237	330	378	471	603	696
400	450	63		261	135	171	194	68	123	20	103	126		83	20	94.5	31.5	58	45	40	63	23	80		108	63	166	169	272	267	370	427	530	677	780
450	500																									69	172	189	292	297	400	477	580	757	860

〔**備考**〕 最小しめしろが負（−）の値のものは，最大すきまとなる．

表5·4　多く用いられる軸基準はめあいに関する数値（JIS B 0401-2：1998 抜粋）

（単位 μm）

基準寸法(mm)		h6		基準軸 h6 と組み合わされる穴																										h7		基準軸 h7 と組み合わされる穴							
		上の寸法許容差	下の寸法許容差	K				M				N				P				R		S		T		U		X		上の寸法許容差	下の寸法許容差	E		F			H		
				最大すきま	最大しめしろ	最大すきま	最大しめしろ	最大すきま	最大しめしろ	最大すきま	最大しめしろ	最大すきま	最大しめしろ	最大すきま	最大しめしろ	最小しめしろ	最大しめしろ	最小しめしろ	最大しめしろ	最小しめしろ	最大しめしろ	最小しめしろ	最大しめしろ	最小しめしろ	最大しめしろ	最小しめしろ	最大しめしろ	最小しめしろ	最大しめしろ			最大すきま	最小すきま	最大すきま		最小すきま	最大すきま		最小すきま
をこえ	以下		(−)	K6		K7		M6		M7		N6		N7		P6		P7		R7		S7		T7		U7		X7			(−)	E7		F7	F8		H7	H8	
—	3	0	6	6	6	6	10	4	8	4	12	2	10	2	14	0	12	0	16	4	20	8	24	—	—	12	28	14	30	0	10	34	14	26	30	6	20	24	0
3	6		8	10		11	9	7	9	8		3	13	4	16	1	17		20	3	23	7	27	—	—	11	31	16	36		12	44	20	34	40	10	24	30	
6	10		9	11	7	14	10	6	12	9	15	2	16	5	19	3	21		24	4	28	8	32	—	—	13	37	19	43		15	55	25	43	50	13	30	37	
10	14		11	13	9	17	12	7	15	11	18		20	6	23	4	26		29	5	34	10	39	—	—	15	44	22	51		18	68	32	52	61	16	36	45	
14	18																											27	56										
18	24		13	15	11	19	15	9	17	13	21		24		28	5	31	1	35	7	41	14	48	—	—	20	54	33	67		21	82	40	62	74	20	42	54	
24	30																							20	54	27	61	43	77										
30	40		16	19	13	23	18	12	20	16	25	4	28	8	33		37		42	9	50	18	59	23	64	35	76	55	96		25	100	50	75	89	25	50	64	
40	50																							29	70	45	86	72	113										
50	65		19	23	15	28	21	14	24	19	30	5	33	10	39	7	45	2	51	11	60	23	72	36	85	57	106	92	141		30	120	60	90	106	30	60	76	
65	80																			13	62	29	78	45	94	72	121	116	165										
80	100		22	26	18	32	25	16	28	22	35	6	38	12	45	8	52		59	16	73	36	93	56	113	89	146	143	200		35	142	72	106	125	36	70	89	
100	120																			19	76	44	101	69	126	109	166	175	232										
120	140		25	29	21	37	28	17	33	25	40	5	45	13	52	11	61	3	68	23	88	52	117	82	147	130	195	208	273		40	165	85	123	146	43	80	103	
140	160																			25	90	60	125	94	159	150	215	240	305										
160	180																			28	93	68	133	106	171	170	235	270	335										
180	200		29	34	24	42	33	21	37	29	46	7	51	15	60	12	70	4	79	31	106	76	151	120	195	190	265	304	379		46	192	100	142	168	50	92	118	
200	225																			34	109	84	159	134	209	212	287	339	414										
225	250																			38	113	94	169	150	225	238	313	379	454										
250	280		32	37	27	48	36	23	41	32	52		57	18	66	15	79		88	42	126	106	190	166	250	263	347	423	507		52	214	110	160	189	56	104	133	
280	315																			46	130	118	202	188	272	298	382	473	557										
315	355		36	43	29	53	40	26	46	36	57	10	62	20	73		87	5	98	51	144	133	226	211	304	333	426	533	626		57	239	125	176	208	62	114	146	
355	400																			57	150	151	244	237	330	378	471	603	696										
400	450		40	48	32	58	45	30	50	40	63	13	67	23	80		95		108	63	166	169	272	267	370	427	530	677	780		63	261	135	194	228	68	126	160	
450	500																			69	172	189	292	297	400	477	580	757	860										

表5·5　一般用メートルねじ“並目”の基準寸法とピッチの選択（JIS B 0205-1～4：2001）　（単位 mm）

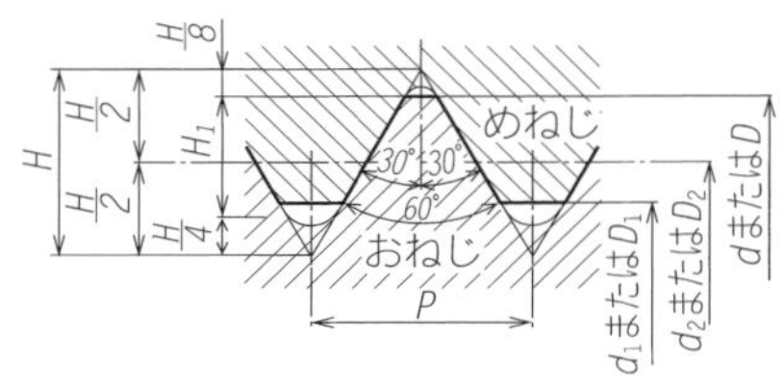

太い実線は基準山形を表す.

$$H = \frac{\sqrt{3}}{2}P = 0.866025P$$

$$H_1 = \frac{5}{8}H = 0.541266P$$

$$d_2 = d - 0.649519P$$

$$d_1 = d - 1.082532P$$

$$D = d,\ D_2 = d_2,\ D_1 = d_1$$

ねじの呼び		ピッチ(2)	ひっかかりの高さ	めねじ			ねじの呼び		ピッチ(2)	ひっかかりの高さ	めねじ		
ねじの呼び	順位(1)	P	H_1	谷の径 D	有効径 D_2	内径 D_1	ねじの呼び	順位(1)	P	H_1	谷の径 D	有効径 D_2	内径 D_1
				おねじ							おねじ		
				外径 d	有効径 d_2	谷の径 d_1					外径 d	有効径 d_2	谷の径 d_1
M 1	1	**0.25**	0.135	1.000	0.838	0.729	M 12	1	**1.75**	0.947	12.000	10.863	10.106
M 1.1	2	0.25	0.135	1.100	0.938	0.829	M 14	2	2	1.083	14.000	12.701	11.835
M 1.2	1	**0.25**	0.135	1.200	1.038	0.929	M 16	1	2	1.083	16.000	14.701	13.835
M 1.4	2	**0.3**	0.162	1.400	1.205	1.075	M 18	2	**2.5**	1.353	18.000	16.376	15.294
M 1.6	1	**0.35**	0.189	1.600	1.373	1.221	M 20	1	**2.5**	1.353	20.000	18.376	17.294
M 1.8	2	**0.35**	0.189	1.800	1.573	1.421	M 22	2	**2.5**	1.353	22.000	20.376	19.294
M 2	1	**0.4**	0.217	2.000	1.740	1.567	M 24	1	3	1.624	24.000	22.051	20.752
M 2.2	2	**0.45**	0.244	2.200	1.908	1.713	M 27	2	3	1.624	27.000	25.051	23.752
M 2.5	1	**0.45**	0.244	2.500	2.208	2.013	M 30	1	**3.5**	1.894	30.000	27.727	26.211
M 3×0.5	1	**0.5**	0.271	3.000	2.675	2.459	M 33	2	**3.5**	1.894	33.000	30.727	29.211
M 3.5	2	**0.6**	0.325	3.500	3.110	2.850	M 36	1	4	2.165	36.000	33.402	31.670
M 4×0.7	1	**0.7**	0.379	4.000	3.545	3.242	M 39	2	4	2.165	39.000	36.402	34.670
M 4.5	2	**0.75**	0.406	4.500	4.013	3.688	M 42	1	**4.5**	2.436	42.000	39.077	37.129
M 5×0.8	1	**0.8**	0.433	5.000	4.480	4.134	M 45	2	**4.5**	2.436	45.000	42.077	40.129
M 6	1	**1**	0.541	6.000	5.350	4.917	M 48	1	5	2.706	48.000	44.752	42.587
M 7	2	**1**	0.541	7.000	6.350	5.917	M 52	2	5	2.706	52.000	48.752	46.587
M 8	1	**1.25**	0.677	8.000	7.188	6.647	M 56	1	**5.5**	2.977	56.000	52.428	50.046
M 9	3	**1.25**	0.677	9.000	8.188	7.647	M 60	2	**5.5**	2.977	60.000	56.428	54.046
M 10	1	**1.5**	0.812	10.000	9.026	8.376	M 64	1	6	3.248	64.000	60.103	57.505
M 11	3	**1.5**	0.812	11.000	10.026	9.376	M 68	2	6	3.248	68.000	64.103	61.505

〔**注**〕 (1) 順位は1を優先的に，必要に応じて2，3の順に選ぶ．
なお，順位1，2，3は，ISO 261に規定されているISOメートルねじの呼び径の選択基準に一致している．
(2) 太字のピッチは，呼び径1～64 mmの範囲において，ねじ部品用として選択したサイズで，一般の工業用として推奨する．

〔**備考**〕 この規格は一般に用いるメートルねじ“並目”について規定する．
“並目”，“細目”という用語は，従来の慣例に従うために使用するが，これらの用語から，品質の概念を連想してはならない．
“並目”ピッチが，実際に流通している最大のメートル系ピッチである．

表 5·6 一般用メートルねじ“細目”のピッチの選択（JIS B 0205-2：2001）　（単位 mm）

呼び径	順位[1]	ピッチ[2]	呼び径	順位[1]	ピッチ[2]	呼び径	順位[1]	ピッチ[2]
1	1	0.2	33	2	(3) **2** 1.5	135	3	6 4 3 2
1.1	2	0.2	35[4]	3	1.5	140	1	6 4 3 2
1.2	1	0.2	36	1	**3** 2 1.5	145	3	6 4 3 2
1.4	2	0.2	38	3	1.5	150	2	6 4 3 2
1.6	1	0.2	39	2	**3** 2 1.5	155	3	6 4 3
1.8	2	0.2	40	3	3 2 1.5	160	1	6 4 3
2	1	0.25	42	1	4 3 2 1.5	165	3	6 4 3
2.2	2	0.25	45	2	4 **3** 2 1.5	170	2	6 4 3
2.5	1	0.35	48	1	4 **3** 2 1.5	175	3	6 4 3
3	1	0.35	50	3	3 2 1.5	180	1	6 4 3
3.5	2	0.35	52	2	4 3 2 1.5	185	3	6 4 3
4	1	0.5	55	3	4 3 2 1.5	190	2	6 4 3
4.5	2	0.5	56	1	4 3 2 1.5	195	3	6 4 3
5	1	0.5	58	3	4 3 2 1.5	200	1	6 4 3
5.5	3	0.5	60	2	4 3 2 1.5	205	3	6 4 3
6	1	0.75	62	3	4 3 2 1.5	210	2	6 4 3
7	2	0.75	64	1	**4** 3 2 1.5	215	3	6 4 3
8	1	**1** 0.75	65	3	4 3 2 1.5	220	1	6 4 3
9	3	1 0.75	68	2	4 3 2 1.5	225	3	6 4 3
10	1	**1.25** **1** 0.75	70	3	6 4 3 2 1.5	230	3	6 4 3
11	3	1 0.75	72	1	6 4 3 2 1.5	235	3	6 4 3
12	1	**1.5** **1.25** 1	75	3	4 3 2 1.5	240	2	6 4 3
14	2	**1.5** 1.25[3] 1	76	2	6 4 3 2 1.5	245	3	6 4 3
15	3	1.5 1	78	3	2	250	1	6 4 3
16	1	**1.5** 1	80	1	6 4 3 2 1.5	255	3	6 4
17	3	1.5 1	82	3	2	260	2	6 4
18	2	**2** **1.5** 1	85	2	6 4 3 2	265	3	6 4
20	1	**2** **1.5** 1	90	1	6 4 3 2	270	3	6 4
22	2	**2** **1.5** 1	95	2	6 4 3 2	275	3	6 4
24	1	**2** 1.5 1	100	1	6 4 3 2	280	1	6 4
25	3	2 1.5 1	105	2	6 4 3 2	285	3	6 4
26	3	1.5	110	1	6 4 3 2	290	3	6 4
27	2	**2** 1.5 1	115	2	6 4 3 2	295	3	6 4
28	3	2 1.5 1	120	2	6 4 3 2	300	2	6 4
30	1	(3) **2** 1.5 1	125	1	6 4 3 2			
32	3	2 1.5	130	2	6 4 3 2			

〔**注**〕 (1) 順位は 1 から優先的に選ぶ．これは ISO メートルねじの呼び径の選択基準に一致している．

(2) 太字のピッチは，呼び径 1 ～ 64 mm の範囲で，ねじ部品用として選択したサイズで，一般の工業用として推奨する．

(3) 呼び径 14 mm，ピッチ 1.25 mm のねじは，内燃機関用点火プラグのねじに限り用いる．

(4) 呼び径 35 mm のねじは，転がり軸受を固定するねじに限り用いる．

〔**備考**〕 1. かっこを付けたピッチは，なるべく用いない．

2. 上表に示したねじよりピッチの細かいねじが必要な場合は，次のピッチの中から選ぶ．

3　2　1.5　1　0.75　0.5　0.35　0.25　0.2 mm

なお，下表に示すものより大きい呼び径には，一般に，指示したピッチを用いないのがよい．

ピッチ（mm）	0.5	0.75	1	1.5	2	3
最大の呼び径（mm）	22	33	80	150	200	300

表 5·7　管用テーパねじ（JIS B 0203：1999）

（単位 mm）

テーパおねじおよびテーパめねじに対して適用する基準山形

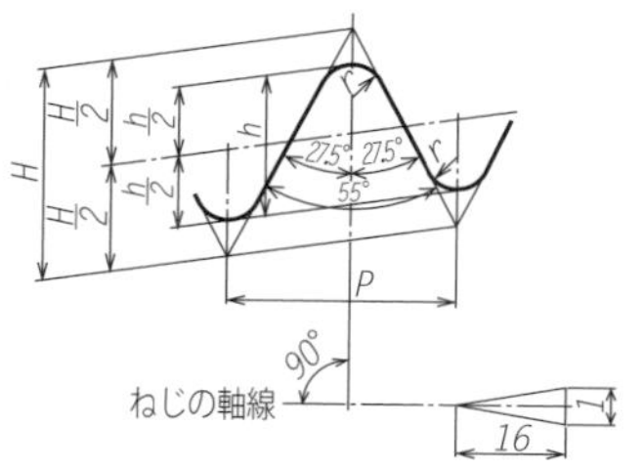

太い実線は基準山形を示す．

$P=25.4/n$　　$h=0.640327\,P$

$H=0.960237\,P$　　$r=0.137278\,P$

平行めねじに対して適用する基準山形

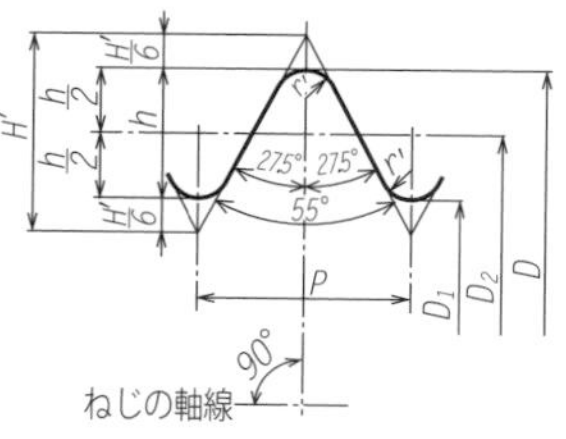

太い実線は基準山形を示す．

$P=25.4/n$　　$h=0.640327\,P$

$H'=0.960491\,P$　　$r'=0.137329\,P$

テーパおねじとテーパめねじまたは平行めねじとのはめあい

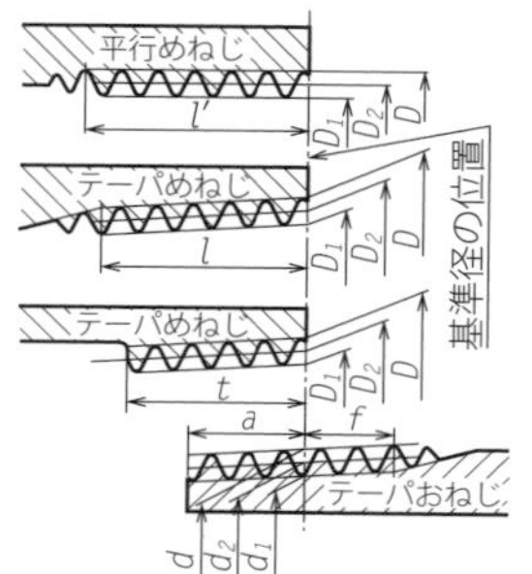

ねじの呼び	ねじ山：ねじ山数（25.4 mm につき） n	ねじ山：ピッチ P（参考）	ねじ山：山の高さ h	ねじ山：丸み r または r'	基準径：おねじ 外径 d ／めねじ 谷の径 D	基準径：おねじ 有効径 d_2 ／めねじ 有効径 D_2	基準径：おねじ 谷の径 d_1 ／めねじ 内径 D_1	基準径の位置：おねじ 管端から 基準の長さ a	有効ねじ部の長さ（最小）：おねじ 基準径の位置から大径側に向かって f	配管用炭素鋼鋼管の寸法（参考）：外径	配管用炭素鋼鋼管の寸法（参考）：厚さ
R 1/16	28	0.9071	0.581	0.12	7.723	7.142	6.561	3.97	2.5	–	–
R 1/8	28	0.9071	0.581	0.12	9.728	9.147	8.566	3.97	2.5	10.5	2.0
R 1/4	19	1.3368	0.856	0.18	13.157	12.301	11.445	6.01	3.7	13.8	2.3
R 3/8	19	1.3368	0.856	0.18	16.662	15.806	14.950	6.35	3.7	17.3	2.3
R 1/2	14	1.8143	1.162	0.25	20.955	19.793	18.631	8.16	5.0	21.7	2.8
R 3/4	14	1.8143	1.162	0.25	26.441	25.279	24.117	9.53	5.0	27.2	2.8
R 1	11	2.3091	1.479	0.32	33.249	31.770	30.291	10.39	6.4	34.0	3.2
R 1 1/4	11	2.3091	1.479	0.32	41.910	40.431	38.952	12.70	6.4	42.7	3.5
R 1 1/2	11	2.3091	1.479	0.32	47.803	46.324	44.845	12.70	6.4	48.6	3.5
R 2	11	2.3091	1.479	0.32	59.614	58.135	56.656	15.88	7.5	60.5	3.8
R 2 1/2	11	2.3091	1.479	0.32	75.184	73.705	72.226	17.46	9.2	76.3	4.2
R 3	11	2.3091	1.479	0.32	87.884	86.405	84.926	20.64	9.2	89.1	4.2
R 4	11	2.3091	1.479	0.32	113.030	111.551	110.072	25.40	10.4	114.3	4.5
R 5	11	2.3091	1.479	0.32	138.430	136.951	135.472	28.58	11.5	139.8	4.5
R 6	11	2.3091	1.479	0.32	163.830	162.351	160.872	28.58	11.5	165.2	5.0
PT 7	11	2.3091	1.479	0.32	189.230	187.751	186.272	34.93	14.0	190.7	5.3
PT 8	11	2.3091	1.479	0.32	214.630	213.151	211.672	38.10	14.0	216.3	5.8
PT 9	11	2.3091	1.479	0.32	240.030	238.551	237.072	38.10	14.0	241.8	6.2
PT 10	11	2.3091	1.479	0.32	265.430	263.951	262.472	41.28	14.0	267.4	6.6
PT 12	11	2.3091	1.479	0.32	316.230	314.751	313.272	41.28	17.5	318.5	6.9

〔**備考**〕

1. 表中の管用テーパねじを表す記号 R または PT は，必要に応じ省略してもよい．なお，テーパおねじにはめあう平行めねじを表す記号が必要な場合には，R に対しては Rp を，PT に対しては PS を用いる．
2. ねじ山は中心軸線に直角とし，ピッチは，中心軸線に沿って測る．
3. 有効ねじ部の長さとは，完全なねじ山の切られたねじ部の長さで，最後の数山だけは，その頂に管または管継手の面が残っていても管または管継手の末端に面取りがしてあっても，この部分を有効ねじ部の長さに含める．
4. a, f または t がこの表の数値によりがたい場合は，別に定める部品の規格による．
5. PT 7 ～ PT 12 のねじは，規格本文ではなく付属書に規定されたもので，将来廃止される予定である．

表 5·8 メートル台形ねじの基準寸法（JIS B 0216-3：2013 抜粋）

（単位 mm）

設計山形

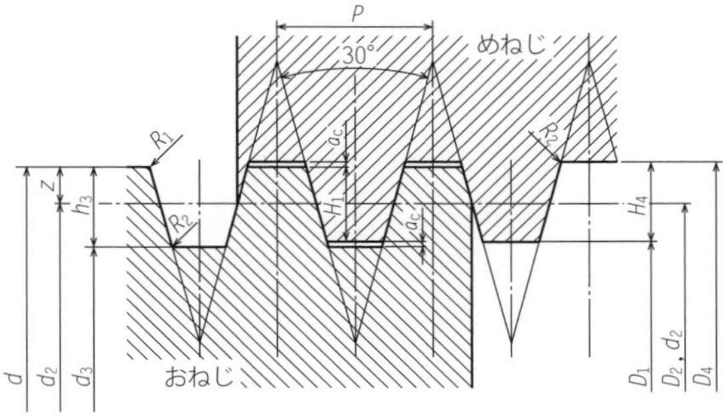

$H_1 = 0.5P$　　$D_1 = d - 2H_1 = d - P$

$H_4 = H_1 + a_c = 0.5P + a_c$　　$D_4 = d + 2a_c$

$h_3 = H_1 + a_c = 0.5P + a_c$　　$d_3 = d - 2h_3$

$z = 0.25P = H_1/2$　　$d_2 = D_2 = d - 2z = d - 0.5P$

R_1 最大 $= 0.5a_c$　　R_2 最大 $= a_c$

ピッチ P	谷底の隙間 a_c	ねじ山高さ $H_4 = h_3$	ひっかかりの高さ H_1	R_1 最大	R_2 最大
1.5	0.15	0.9	0.75	0.08	0.15
2	0.25	1.25	1	0.13	0.25
3	0.25	1.75	1.5	0.13	0.25
4	0.25	2.25	2	0.13	0.25
5	0.25	2.75	2.5	0.13	0.25
6	0.5	3.5	3	0.25	0.5
7	0.5	4	3.5	0.25	0.5
8	0.5	4.5	4	0.25	0.5
9	0.5	5	4.5	0.25	0.5
10	0.5	5.5	5	0.25	0.5
12	0.5	6.5	6	0.25	0.5
14	1	8	7	0.5	1
16	1	9	8	0.5	1

呼び径[1] D, d	ピッチ[2] P	有効径 $d_2 = D_2$	めねじの谷の径 D_4	おねじの谷の径 d_3	めねじの内径 D_1
8	**1.5**	7.250	8.300	6.200	6.500
9	1.5	8.250	9.300	7.200	7.500
	2	8.000	9.500	6.500	7.000
10	1.5	9.250	10.300	8.200	8.500
	2	9.000	10.500	7.500	8.000
11	**2**	10.000	11.500	8.500	9.000
	3	9.500	11.500	7.500	8.000
12	2	11.000	12.500	9.500	10.000
	3	10.500	12.500	8.500	9.000
14	2	13.000	14.500	11.500	12.000
	3	12.500	14.500	10.500	11.000
16	2	15.000	16.500	13.500	14.000
	4	14.000	16.500	11.500	12.000
18	2	17.000	18.500	15.500	16.000
	4	16.000	18.500	13.500	14.000
20	2	19.000	20.500	17.500	18.000
	4	18.000	20.500	15.500	16.000
22	3	20.500	22.500	18.500	19.000
	5	19.500	22.500	16.500	17.000
	8	18.000	23.000	13.000	14.000
24	3	22.500	24.500	20.500	21.000
	5	21.500	24.500	18.500	19.000
	8	20.000	25.000	15.000	16.000
26	3	24.500	26.500	22.500	23.000
	5	23.500	26.500	20.500	21.000
	8	22.000	27.000	17.000	18.000
28	3	26.500	28.500	24.500	25.000
	5	25.500	28.500	22.500	23.000
	8	24.000	29.000	19.000	20.000
30	3	28.500	30.500	26.500	27.000
	6	27.000	31.000	23.000	24.000
	10	25.000	31.000	19.000	20.000
32	3	30.500	32.500	28.500	29.000
	6	29.000	33.000	25.000	26.000
	10	27.000	33.000	21.000	22.000
34	3	32.500	34.500	30.500	31.000
	6	31.000	35.000	27.000	28.000
	10	29.000	35.000	23.000	24.000
36	3	34.500	36.500	32.500	33.000
	6	33.000	37.000	29.000	30.000
	10	31.000	37.000	25.000	26.000
38	3	36.500	38.500	34.500	35.000
	7	34.500	39.000	30.000	31.000
	10	33.000	39.000	27.000	28.000
40	3	38.500	40.500	36.500	37.000
	7	36.500	41.000	32.000	33.000
	10	35.000	41.000	29.000	30.000
42	3	40.500	42.500	38.500	39.000
	7	38.500	43.000	34.000	35.000
	10	37.000	43.000	31.000	32.000
44	3	42.500	44.500	40.500	41.000
	7	40.500	45.000	36.000	37.000
	12	38.000	45.000	31.000	32.000
46	3	44.500	46.500	42.500	43.000
	8	42.000	47.000	37.000	38.000
	12	40.000	47.000	33.000	34.000
48	3	46.500	48.500	44.500	45.000
	8	44.000	49.000	39.000	40.000
	12	42.000	49.000	35.000	36.000
50	3	48.500	50.500	46.500	47.000
	8	46.000	51.000	41.000	42.000
	12	44.000	51.000	37.000	38.000
52	3	50.500	52.500	48.500	49.000
	8	48.000	53.000	43.000	44.000
	12	46.000	53.000	39.000	40.000
55	3	53.500	55.500	51.500	52.000
	9	50.500	56.000	45.000	46.000
	14	48.000	57.000	39.000	41.000
60	3	58.500	60.500	56.500	57.000
	9	55.500	61.000	50.000	51.000
	14	53.000	62.000	44.000	46.000
65	4	63.000	65.500	60.500	61.000
	10	60.000	66.000	54.000	55.000
	16	57.000	67.000	47.000	49.000
70	4	68.000	70.500	65.500	66.000
	10	65.000	71.000	59.000	60.000
	16	62.000	72.000	52.000	54.000

〔注〕 (1) 表中太字で示す呼び径のものを優先的に選び，必要に応じて他のものを選ぶ．

(2) 太字で示したピッチのものを優先する．

表 5·9 六角ボルト（JIS B 1180：2014 抜粋）・六角ナット（JIS B 1181：2014 抜粋） （単位 mm）

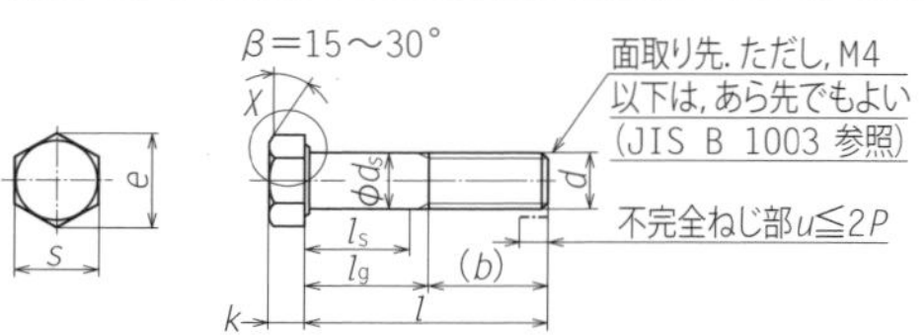

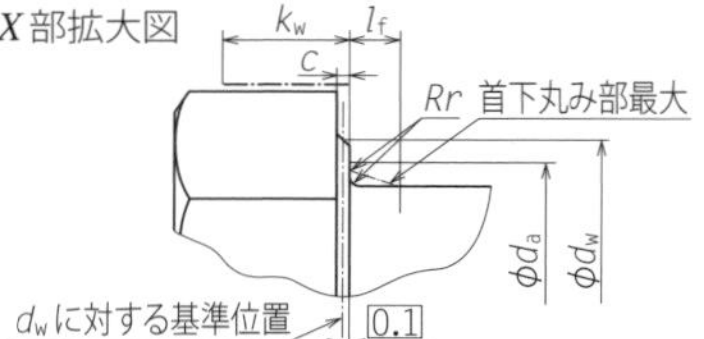

ねじの呼び d		M1.6	M2	M2.5	M3	M4	M5	M6	M8	M10	M12	M16	M20	M24
ピッチ P		0.35	0.4	0.45	0.5	0.7	0.8	1	1.25	1.5	1.75	2	2.5	3
b（参考）	$l \leqq 125$	9	10	11	12	14	15	18	22	26	30	38	46	54
	$125 < l \leqq 200$	15	16	17	18	20	22	24	28	32	36	44	52	60
c	最　大	0.25	0.25	0.25	0.4	0.4	0.5	0.5	0.6	0.6	0.6	0.8	0.8	0.8
d_a	最　大	2	2.6	3.1	3.6	4.7	5.7	6.8	9.2	11.2	13.7	17.7	22.4	26.4
d_s	基準寸法＝最大	1.6	2	2.5	3	4	5	6	8	10	12	16	20	24
d_w	最　小	2.27	3.07	4.07	4.57	5.88	6.88	8.88	11.63	14.63	16.63	22.44	28.19	33.61
e	最　小	3.41	4.32	5.45	6.01	7.66	8.79	11.05	14.38	17.77	20.03	26.75	33.53	39.98
l_f	最　大	0.6	0.8	1	1	1.2	1.2	1.4	2	2	3	3	4	4
k	基準寸法	1.1	1.4	1.7	2	2.8	3.5	4	5.3	6.4	7.5	10	12.5	15
k_w	最　小	0.68	0.89	1.10	1.31	1.87	2.35	2.70	3.61	4.35	5.12	6.87	8.60	10.35
s	基準寸法＝最大	3.20	4	5	5.5	7	8	10	13	16	18	24	30	36
	最　小	3.02	3.82	4.82	5.32	6.78	7.78	9.78	12.73	15.73	17.73	23.67	29.67	35.38
l	呼び長さ	12～16	16～20	16～25	20～30	25～40	25～50	30～60	40～80	45～100	50～120	65～150	80～150	90～150

〔**備考**〕
1. 上表は呼び径六角ボルトの並目ねじ（部品等級 A，第 1 選択）を掲げた．
2. ねじの呼びに対して推奨する呼び長さ（l）は，上表の範囲で次の数値から選んで用いる．
   12, 16, 20, 25, 30, 35, 40, 45, 50, 55, 60, 65, 70, 80, 90, 100, 110, 120, 130, 140, 150
3. $k_{w,\text{最小}} = 0.7k_{\text{最小}}$，$l_{g,\text{最大}} = l_{\text{呼び}} - b$，$l_{s,\text{最小}} = l_{g,\text{最大}} - 5P$，$l_g$：最小の締めつけ長さ
4. 寸法の呼びおよび記号は，JIS B 0143 による．

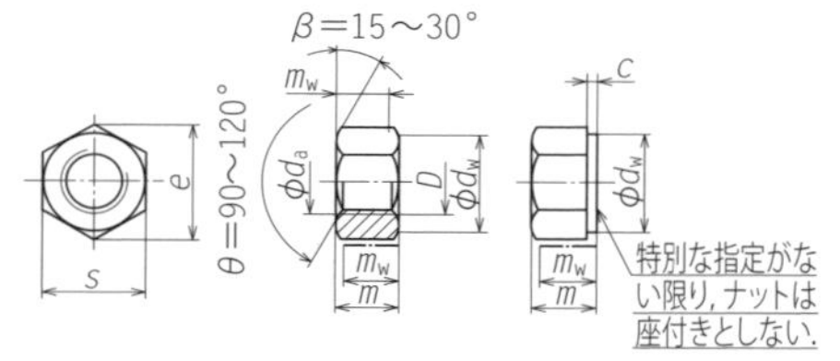

〔**備考**〕
1. 下表は六角ナット－スタイル 1 と 2，並目ねじ（部品等級 A，第 1 選択）を掲げた．
2. ねじの呼び M14 は，なるべく用いない．
3. スタイル 1 および 2 は，ナットの高さ（m）の違いを示すもので，スタイル 2 の高さはスタイル 1 より約 10% 高い．
4. 寸法の呼びおよび記号は，**JIS B 0143** による．

ねじの呼び d			M1.6	M2	M2.5	M3	M4	M5	M6	M8	M10	M12	(M14)	M16
ピッチ P			0.35	0.4	0.45	0.5	0.7	0.8	1	1.25	1.5	1.75	2	2
c		最　大	0.2	0.2	0.3	0.4	0.4	0.5	0.5	0.6	0.6	0.6	0.6	0.8
d_a		最　小	1.6	2.0	2.5	3	4	5	6	8	10	12	14	16
d_w		最　小	2.4	3.1	4.1	4.6	5.9	6.9	8.9	11.6	14.6	16.6	19.6	22.5
e		最　小	3.41	4.32	5.45	6.01	7.66	8.79	11.05	14.38	17.77	20.03	23.36	26.75
スタイル 1	m	最　大	1.3	1.6	2	2.4	3.2	4.7	5.2	6.8	8.4	10.8	—	14.8
		最　小	1.05	1.35	1.75	2.15	2.9	4.4	4.9	6.44	8.04	10.37	—	14.1
	m_w	最　小	0.8	1.1	1.4	1.7	2.3	3.5	3.9	5.2	6.4	8.3	—	11.3
スタイル 2	m	最　大	—	—	—	—	—	5.1	5.7	7.5	9.3	12	14.1	16.4
		最　小	—	—	—	—	—	4.8	5.4	7.14	8.94	11.57	13.4	15.7
	m_w	最　小	—	—	—	—	—	3.84	4.32	5.71	7.15	9.26	10.7	12.6
s		基準寸法＝最大	3.2	4	5	5.5	7	8	10	13	16	18	21	24
		最　小	3.02	3.82	4.82	5.32	6.78	7.78	9.78	12.73	15.73	17.73	20.67	23.67

表5·10　植込みボルト（JIS B 1173：2010）　（単位 mm）

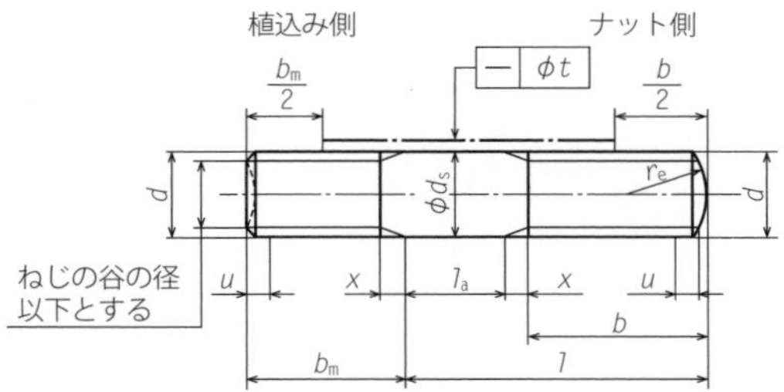

〔**注**〕 x および u（不完全ねじ部の長さ）≦ $2P$

ねじの呼び径 d			4	5	6	8	10	12	(14)	16	(18)	20
ピッチ P		並目ねじ	0.7	0.8	1	1.25	1.5	1.75	2	2	2.5	2.5
		細目ねじ	—	—	—	—	1.25	1.25	1.5	1.5	1.5	1.5
d_s		最大（基準寸法）	4	5	6	8	10	12	14	16	18	20
b	l ≦ 125	最小（基準寸法）	14	16	18	22	26	30	34	38	42	46
	l > 125		—	—	—	—	—	—	—	—	48	52
b_m	1 種	最小（基準寸法）	—	—	—	—	12	15	18	20	22	25
	2 種		6	7	8	11	15	18	21	24	27	30
	3 種		8	10	12	16	20	24	28	32	36	40
r_e		（約）	5.6	7	8.4	11	14	17	20	22	25	28
l		呼び長さ	12～(16)～40	12～(18)～45	12～(20)～50	16～(25)～55	20～(30)～100	22～(35)～100	25～(40)～100	32～(45)～100	32～(50)～160	35～(50)～160

〔**備考**〕 1. ねじの呼び径にかっこをつけたものは，なるべく用いない．

2. 真直度（t）は下表による．

ねじの呼び径 d		4	5	6	8	10	12	14	16	18	20
l の区分		真直度 t									
超え	以下										
—	18	0.02	0.03	0.03	0.04	0.05	—	—	—	—	—
18	30	0.03	0.03	0.04	0.05	0.05	0.06	0.07	0.08	0.08	0.08
30	50	0.06	0.06	0.06	0.07	0.07	0.08	0.08	0.09	0.10	0.10
50	80	—	—	—	0.15	0.15	0.15	0.16	0.16	0.16	0.17
80	120	—	—	—	—	0.32	0.33	0.33	0.33	0.33	0.33
120	160	—	—	—	—	—	—	—	—	0.63	0.63

3. ねじの呼び径に対して推奨する呼び長さ（l）は，上表の範囲で次の値の中から選んで用いる．

12，14，16，18，20，22，25，28，30，32，35，38，40，45，50，55，60，65，70，80，90，100，110，120，140，160

ただし，かっこ内の値以下のものは，呼び長さ（l）が短いため規定のねじ部長さを確保することができないので，ナット側ねじ部長さを，上表の b の最小値より小さくしてもよいが，下表に示す $d + 2P$（d はねじの呼び径，P はピッチで，並目の値を用いる）の値より小さくなってはならない．また，これらの円筒部長さは，下表の l_a 以上を原則とする．

ねじの呼び径 d	4	5	6	8	10	12	14	16	18	20
$d + 2P$（$= b$）	5.4	6.6	8	10.5	13	14	18	20	23	25
l_a	1		2		2.5		3		4	

4. 植込み側のねじ部長さ（b_m）は，1 種，2 種，3 種のうち，注文者がいずれかを指定する．なお，1 種は 1.25 d，2 種は 1.5 d，3 種は 2 d に等しいかこれに近く，1 種および 2 種は鋼（鋳造品および鍛造品を含む）または鋳鉄に，3 種は軽合金に植え込むものを対象としている．

5. 植込み側のねじ先は面取り先，ナット側のねじ先は丸先とする．

表 5・11　平座金（JIS B 1256：2008）

（a）小型−部品等級 A（第 1 選択）の形状・寸法

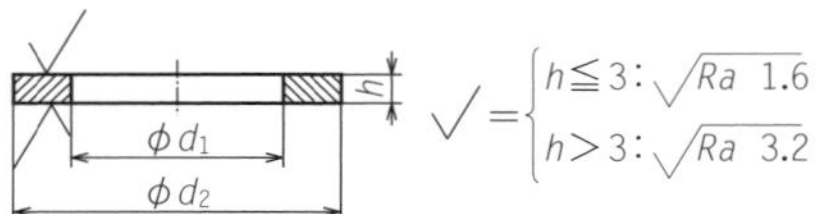

（寸法単位 mm，表面粗さ単位 μm）

呼び径*	内径 d_1		外径 d_2		厚さ h		
	基準寸法（最小）	最大	基準寸法（最大）	最小	基準寸法	最大	最小
1.6	1.7	1.84	3.5	3.2	0.3	0.35	0.25
2	2.2	2.34	4.5	4.2	0.3	0.35	0.25
2.5	2.7	2.84	5	4.7	0.5	0.55	0.45
3	3.2	3.38	6	5.7	0.5	0.55	0.45
3.5	3.7	3.88	7	6.64	0.5	0.55	0.45
4	4.3	4.48	8	7.64	0.5	0.55	0.45
5	5.3	5.48	9	8.64	1	1.1	0.9
6	6.4	6.62	11	10.57	1.6	1.8	1.4
8	8.4	8.62	15	14.57	1.6	1.8	1.4
10	10.5	10.77	18	17.57	1.6	1.8	1.4
12	13	13.27	20	19.48	2	2.2	1.8
14	15	15.27	24	23.48	2.5	2.7	2.3
16	17	17.27	28	27.48	2.5	2.7	2.3
20	21	21.33	34	33.38	3	3.3	2.7
24	25	25.33	39	38.38	4	4.3	3.7
30	31	31.39	50	49.38	4	4.3	3.7
36	37	37.62	60	58.8	5	5.6	4.4

〔注〕 *呼び径は，組み合わすねじの呼び径と同じである．

（b）並型−部品等級 A（第 1 選択抜粋）の形状・寸法

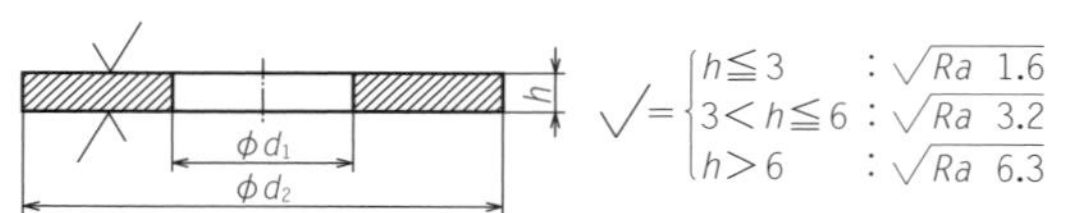

（寸法単位 mm，表面粗さ単位 μm）

呼び径*	内径 d_1		外径 d_2		厚さ h		
	基準寸法（最小）	最大	基準寸法（最大）	最小	基準寸法	最大	最小
1.6	1.7	1.84	4	3.7	0.3	0.35	0.25
2	2.2	2.34	5	4.7	0.3	0.35	0.25
2.5	2.7	2.84	6	5.7	0.5	0.55	0.45
3	3.2	3.38	7	6.64	0.5	0.55	0.45
3.5	3.7	3.88	8	7.64	0.5	0.55	0.45
4	4.3	4.48	9	8.64	0.8	0.9	0.7
5	5.3	5.48	10	9.64	1	1.1	0.9
6	6.4	6.62	12	11.57	1.6	1.8	1.4
8	8.4	8.62	16	15.57	1.6	1.8	1.4
10	10.5	10.77	20	19.48	2	2.2	1.8
12	13	13.27	24	23.48	2.5	2.7	2.3
14	15	15.27	28	27.48	2.5	2.7	2.3
16	17	17.27	30	29.48	3	3.3	2.7
20	21	21.33	37	36.38	3	3.3	2.7
24	25	25.33	44	43.38	4	4.3	3.7
30	31	31.39	56	55.26	4	4.3	3.7
36	37	37.62	66	64.8	5	5.6	4.4

〔注〕 *呼び径は，組み合わすねじの呼び径と同じである．

表 5・12　ばね座金（JIS B 1251：2018）

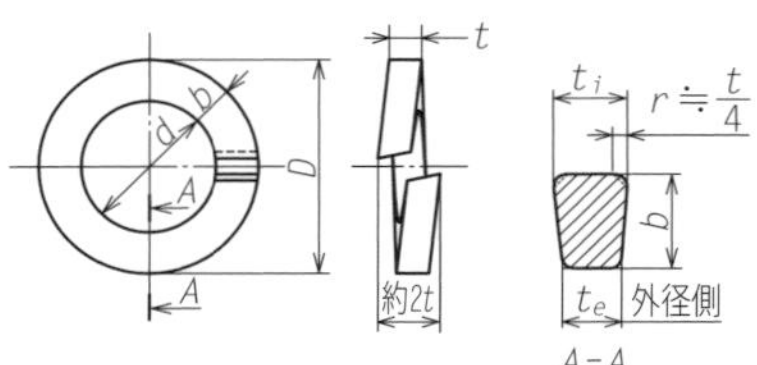

〔注〕 約 $2t$：自由高さ
r：面取りまたは丸み

（単位 mm）

呼び	内径 d	断面寸法（最小） 一般用 幅 b × 厚さ t*	断面寸法（最小） 重荷重用 幅 b × 厚さ t*	外径 D（最大） 一般用	外径 D（最大） 重荷重用
2	2.1	0.9 × 0.5	—	4.4	—
2.5	2.6	1.0 × 0.6		5.2	
3	3.1	1.1 × 0.7		5.9	
(3.5)	3.6	1.2 × 0.8		6.6	
4	4.1	1.4 × 1.0		7.6	
(4.5)	4.6	1.5 × 1.2		8.3	
5	5.1	1.7 × 1.3		9.2	
6	6.1	2.7 × 1.5	2.7 × 1.9	12.2	12.2
(7)	7.1	2.8 × 1.6	2.8 × 2.0	13.4	13.4
8	8.2	3.2 × 2.0	3.3 × 2.5	15.4	15.6
10	10.2	3.7 × 2.5	3.9 × 3.0	18.4	18.8
12	12.2	4.2 × 3.0	4.4 × 3.6	21.5	21.9
(14)	14.2	4.2 × 3.5	4.8 × 4.2	24.5	24.7
16	16.2	5.2 × 4.0	5.3 × 4.8	28.0	28.2
(18)	18.2	5.7 × 4.6	5.9 × 5.4	31.0	31.4
20	20.2	6.1 × 5.1	6.4 × 6.0	33.8	34.4
(22)	22.5	6.8 × 5.6	7.1 × 6.8	37.7	38.3
24	24.5	7.1 × 5.9	7.6 × 7.2	40.3	41.3
(27)	27.5	7.9 × 6.8	8.6 × 8.3	45.3	46.7
30	30.5	8.7 × 7.5	—	49.9	—
(33)	33.5	9.5 × 8.2		54.7	
36	36.5	10.2 × 9.0		59.1	
(39)	39.5	10.7 × 9.5		63.1	

〔注〕 * $t = \frac{t_e + t_i}{2}$，この場合，
$t_i - t_e$ は，0.064 b 以内でなければならない．
b はこの表で規定する最小値とする．

〔備考〕 呼びにかっこをつけたものは，なるべく用いない．

表 5·13　すりわり付きなべ小ねじ（JIS B 1101：2017）

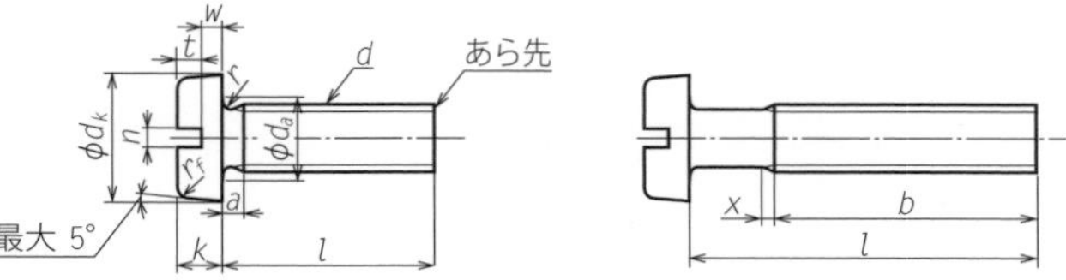

（単位 mm）

ねじの呼び	d	M 1.6	M 2	M 2.5	M 3	(M 3.5)	M 4	M 5	M 6	M 8	M 10
ピッチ	P	0.35	0.4	0.45	0.5	0.6	0.7	0.8	1	1.25	1.5
a	最大	0.7	0.8	0.9	1	1.2	1.4	1.6	2	2.5	3
b	最小	25	25	25	25	38	38	38	38	38	38
d_k	呼び＝最大	3.2	4	5	5.6	7	8	9.5	12	16	20
d_a	最大	2	2.6	3.1	3.6	4.1	4.7	5.7	6.8	9.2	11.2
k	呼び＝最大	1	1.3	1.5	1.8	2.1	2.4	3	3.6	4.8	6
n	呼び	0.4	0.5	0.6	0.8	1	1.2	1.2	1.6	2	2.5
	最小	0.46	0.56	0.66	0.86	1.06	1.26	1.26	1.66	2.06	2.56
r	最小	0.1	0.1	0.1	0.1	0.1	0.2	0.2	0.25	0.4	0.4
r_f	参考	0.5	0.6	0.8	0.9	1	1.2	1.5	1.8	2.4	3
t	最小	0.35	0.5	0.6	0.7	0.8	1	1.2	1.4	1.9	2.4
w	最小	0.3	0.4	0.5	0.7	0.8	1	1.2	1.4	1.9	2.4
x	最大	0.9	1	1.1	1.25	1.5	1.75	2	2.5	3.2	3.8
l（呼び長さ）		2 ～ 16	2.5 ～ 20	3 ～ 25	4 ～ 30	5 ～ 35	5 ～ 40	6 ～ 50	8 ～ 60	10 ～ 80	12 ～ 80

〔**備考**〕 1. ねじの呼びにかっこをつけたものは，なるべく用いない．

2. ねじの呼びに対して推奨する呼び長さ（l）は，上表の範囲で次の値の中から選んで用いる．ただし，かっこをつけたものは，なるべく用いない．

2，2.5，3，4，5，6，8，10，12，(14)，16，20，25，30，35，40，45，50，(55)，60，(65)，70，(75)，80

表 5·14　十字穴付きなべ小ねじ（JIS B 1111：2017）

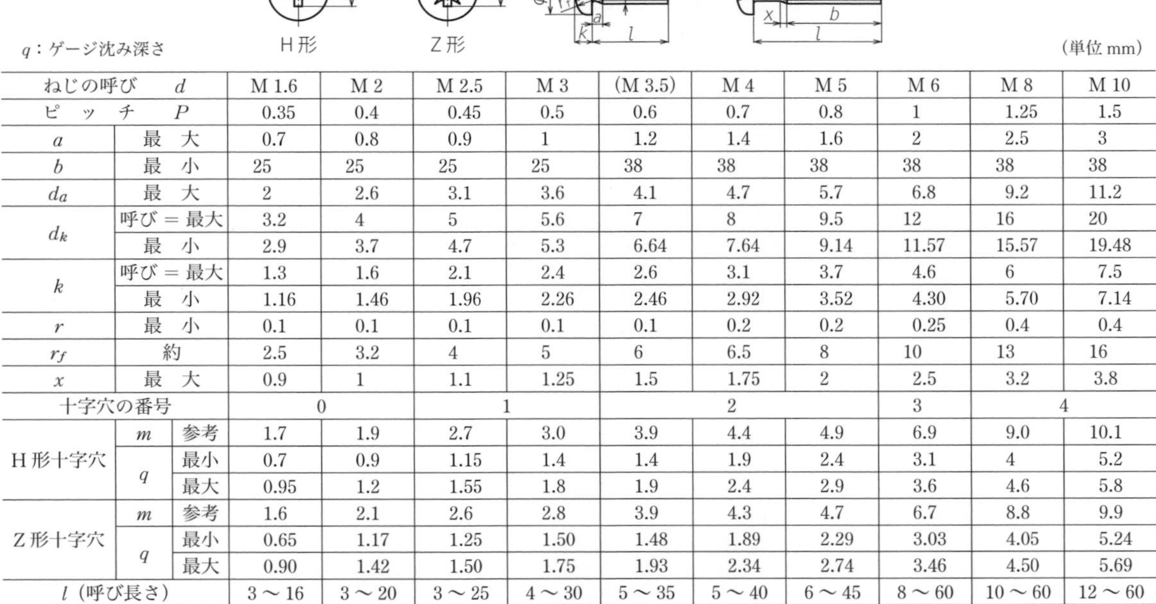

q：ゲージ沈み深さ

（単位 mm）

ねじの呼び		d	M 1.6	M 2	M 2.5	M 3	(M 3.5)	M 4	M 5	M 6	M 8	M 10
ピッチ		P	0.35	0.4	0.45	0.5	0.6	0.7	0.8	1	1.25	1.5
a		最大	0.7	0.8	0.9	1	1.2	1.4	1.6	2	2.5	3
b		最小	25	25	25	25	38	38	38	38	38	38
d_a		最大	2	2.6	3.1	3.6	4.1	4.7	5.7	6.8	9.2	11.2
d_k		呼び＝最大	3.2	4	5	5.6	7	8	9.5	12	16	20
		最小	2.9	3.7	4.7	5.3	6.64	7.64	9.14	11.57	15.57	19.48
k		呼び＝最大	1.3	1.6	2.1	2.4	2.6	3.1	3.7	4.6	6	7.5
		最小	1.16	1.46	1.96	2.26	2.46	2.92	3.52	4.30	5.70	7.14
r		最小	0.1	0.1	0.1	0.1	0.1	0.2	0.2	0.25	0.4	0.4
r_f		約	2.5	3.2	4	5	6	6.5	8	10	13	16
x		最大	0.9	1	1.1	1.25	1.5	1.75	2	2.5	3.2	3.8
十字穴の番号			0		1		2			3	4	
H 形十字穴	m	参考	1.7	1.9	2.7	3.0	3.9	4.4	4.9	6.9	9.0	10.1
	q	最小	0.7	0.9	1.15	1.4	1.4	1.9	2.4	3.1	4	5.2
		最大	0.95	1.2	1.55	1.8	1.9	2.4	2.9	3.6	4.6	5.8
Z 形十字穴	m	参考	1.6	2.1	2.6	2.8	3.9	4.3	4.7	6.7	8.8	9.9
	q	最小	0.65	1.17	1.25	1.50	1.48	1.89	2.29	3.03	4.05	5.24
		最大	0.90	1.42	1.50	1.75	1.93	2.34	2.74	3.46	4.50	5.69
l（呼び長さ）			3 ～ 16	3 ～ 20	3 ～ 25	4 ～ 30	5 ～ 35	5 ～ 40	6 ～ 45	8 ～ 60	10 ～ 60	12 ～ 60

〔**備考**〕 1. ねじの呼びにかっこをつけたものは，なるべく用いない．

2. ねじの呼びに対して推奨する呼び長さ（l）は，上表の範囲で次の値の中から選んで用いる（全ねじの場合は一部異なる）．ただし，かっこをつけたものは，なるべく用いない．

3，4，5，6，8，10，12，(14)，16，20，25，30，35，40，45，50，(55)，60

表 5·15 ボルト穴径およびざぐり径の寸法（JIS B 1001：1985）（単位 mm）

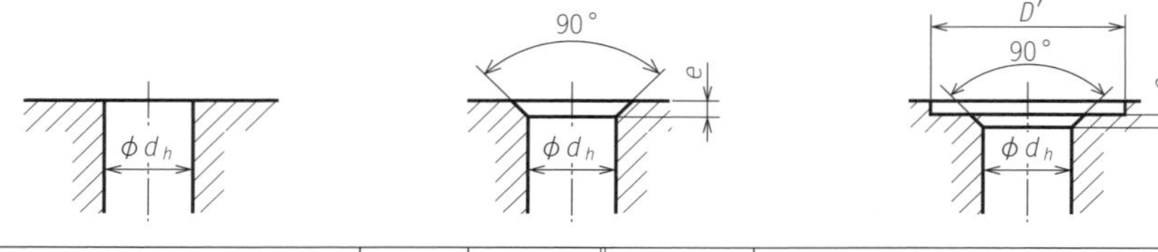

ねじの呼び径	ボルト穴径 d_h 1級	2級	3級	4級*1	面取り e	ざぐり径 D'
1	1.1	1.2	1.3	–	0.2	3
1.2	1.3	1.4	1.5	–	0.2	4
1.4	1.5	1.6	1.8	–	0.2	4
1.6	1.7	1.8	2	–	0.2	5
※1.7	1.8	2	2.1	–	0.2	5
1.8	2.0	2.1	2.2	–	0.2	5
2	2.2	2.4	2.6	–	0.3	7
2.2	2.4	2.6	2.8	–	0.3	8
※2.3	2.5	2.7	2.9	–	0.3	8
2.5	2.7	2.9	3.1	–	0.3	8
※2.6	2.8	3	3.2	–	0.3	8
3	3.2	3.4	3.6	–	0.3	9
3.5	3.7	3.9	4.2	–	0.3	10
4	4.3	4.5	4.8	5.5	0.4	11
4.5	4.8	5	5.3	6	0.4	13
5	5.3	5.5	5.8	6.5	0.4	13
6	6.4	6.6	7	7.8	0.4	15
7	7.4	7.6	8	–	0.4	18
8	8.4	9	10	10	0.6	20
10	10.5	11	12	13	0.6	24
12	13	13.5	14.5	15	1.1	28
14	15	15.5	16.5	17	1.1	32
16	17	17.5	18.5	20	1.1	35
18	19	20	21	22	1.1	39
20	21	22	24	25	1.2	43
22	23	24	26	27	1.2	46
24	25	26	28	29	1.2	50
27	28	30	32	33	1.7	55
30	31	33	35	36	1.7	62
33	34	36	38	40	1.7	66
36	37	39	42	43	1.7	72
39	40	42	45	46	1.7	76
42	43	45	48	–	1.8	82
45	46	48	52	–	1.8	87
48	50	52	56	–	2.3	93
52	54	56	62	–	2.3	100
56	58	62	66	–	3.5	110
60	62	66	70	–	3.5	115
64	66	70	74	–	3.5	122
68	70	74	78	–	3.5	127
72	74	78	82	–	3.5	133
76	78	82	86	–	3.5	143
80	82	86	91	–	3.5	148
85	87	91	96	–	–	–
90	93	96	101	–	–	–
95	98	101	107	–	–	–
100	104	107	112	–	–	–
105	109	112	117	–	–	–
110	114	117	122	–	–	–
115	119	122	127	–	–	–
120	124	127	132	–	–	–
125	129	132	137	–	–	–
130	134	137	144	–	–	–
140	144	147	155	–	–	–
150	155	158	165	–	–	–
（参考）d_h の許容差*2	H12	H13	H14	–	–	–

〔注〕 *1 4級は，主として鋳抜き穴に適用する．
*2 寸法許容差の記号に対する数値は，**JIS B 0401**（寸法公差およびはめあい）による．

〔備考〕
1. この表であみかけ（　）をした部分は，ISO 273 に規定されていないものである．
2. ねじの呼び径に※印を付けたものは，ISO 261 に規定されていないものである．
3. 穴の面取りは，必要に応じて行い，その角度は原則として 90 度とする．
4. あるねじの呼び径に対して，この表のざぐり径よりも小さいものまたは大きいものを必要とする場合は，なるべくこの表のざぐり径系列から数値を選ぶのがよい．
5. ざぐり面は，穴の中心線に対して直角となるようにし，ざぐりの深さは，一般に黒皮がとれる程度とする．

表5·16 ねじ下穴径（メートル並目ねじ）（**JIS B 1004：2009**）　　（単位 mm）

ねじ				下穴径								めねじ内径*（参考）			
ねじの呼び	ねじの呼び径 d	ピッチ P	基準のひっかかりの高さ H_1	系列 100	95	90	85	80	75	70	65	最小許容寸法	最大許容寸法 4H(M1.4以下) 5H(M1.6以上)	5H(M1.4以下) 6H(M1.6以上)	7H
M1	1	0.25	0.135	**0.73**	**0.74**	**0.76**	**0.77**	**0.78**	0.80	0.81	0.82	0.729	0.774	0.785	—
M1.1	1.1	0.25	0.135	**0.83**	**0.84**	**0.86**	**0.87**	**0.88**	0.90	0.91	0.92	0.829	0.874	0.885	—
M1.2	1.2	0.25	0.135	**0.93**	**0.94**	**0.96**	**0.97**	**0.98**	1.00	1.01	1.02	0.929	0.974	0.985	—
M1.4	1.4	0.3	0.162	**1.08**	**1.09**	**1.11**	**1.12**	**1.14**	1.16	1.17	1.19	1.075	1.128	1.142	—
M1.6	1.6	0.35	0.189	**1.22**	**1.24**	**1.26**	**1.28**	**1.30**	**1.32**	1.33	1.35	1.221	1.301	1.321	—
M1.8	1.8	0.35	0.189	**1.42**	**1.44**	**1.46**	**1.48**	**1.50**	**1.52**	1.53	1.55	1.421	1.501	1.521	—
M2	2	0.4	0.217	**1.57**	**1.59**	**1.61**	**1.63**	**1.65**	1.68	1.70	1.72	1.567	1.657	1.679	—
M2.2	2.2	0.45	0.244	**1.71**	**1.74**	**1.76**	**1.79**	**1.81**	**1.83**	1.86	1.88	1.713	1.813	1.838	—
M2.5	2.5	0.45	0.244	**2.01**	**2.04**	**2.06**	**2.09**	**2.11**	**2.13**	2.16	2.18	2.013	2.113	2.138	—
M3×0.5	3	0.5	0.271	**2.46**	**2.49**	**2.51**	**2.54**	**2.57**	**2.59**	**2.62**	2.65	2.459	2.571	2.599	2.639
M3.5	3.5	0.6	0.325	**2.85**	**2.88**	**2.92**	**2.95**	**2.98**	**3.01**	**3.05**	3.08	2.850	2.975	3.010	3.050
M4×0.7	4	0.7	0.379	**3.24**	**3.28**	**3.32**	**3.36**	**3.39**	**3.43**	3.47	3.51	3.242	3.382	3.422	3.466
M4.5	4.5	0.75	0.406	**3.69**	**3.73**	**3.77**	**3.81**	**3.85**	**3.89**	3.93	3.97	3.688	3.838	3.878	3.924
M5×0.8	5	0.8	0.433	**4.13**	**4.18**	**4.22**	**4.26**	**4.31**	**4.35**	4.39	4.44	4.134	4.294	4.334	4.384
M6	6	1	0.541	**4.92**	**4.97**	**5.03**	**5.08**	**5.13**	**5.19**	5.24	5.30	4.917	5.107	5.153	5.217
M7	7	1	0.541	**5.92**	**5.97**	**6.03**	**6.08**	**6.13**	**6.19**	6.24	6.30	5.917	6.107	6.153	6.217
M8	8	1.25	0.677	**6.65**	**6.71**	**6.78**	**6.85**	**6.92**	6.99	7.05	7.12	6.647	6.859	6.912	6.982
M9	9	1.25	0.677	**7.65**	**7.71**	**7.78**	**7.85**	**7.92**	7.99	8.05	8.12	7.647	7.859	7.912	7.982
M10	10	1.5	0.812	**8.38**	**8.46**	**8.54**	**8.62**	**8.70**	8.78	8.86	8.94	8.376	8.612	8.676	8.751
M11	11	1.5	0.812	**9.38**	**9.46**	**9.54**	**9.62**	**9.70**	9.78	9.86	9.94	9.376	9.612	9.676	9.751
M12	12	1.75	0.947	**10.1**	**10.2**	**10.3**	**10.4**	**10.5**	10.6	10.7	10.8	10.106	10.371	10.441	10.531
M14	14	2	1.083	**11.8**	**11.9**	**12.1**	**12.2**	**12.3**	12.4	12.5	12.6	11.835	12.135	12.210	12.310
M16	16	2	1.083	**13.8**	**13.9**	**14.1**	**14.2**	**14.3**	14.4	14.5	14.6	13.835	14.135	14.210	14.310
M18	18	2.5	1.353	**15.3**	**15.4**	**15.6**	**15.7**	**15.8**	16.0	16.1	16.2	15.294	15.649	15.744	15.854
M20	20	2.5	1.353	**17.3**	**17.4**	**17.6**	**17.7**	**17.8**	18.0	18.1	18.2	17.294	17.649	17.744	17.854
M22	22	2.5	1.353	**19.3**	**19.4**	**19.6**	**19.7**	**19.8**	20.0	20.1	20.2	19.294	19.649	19.744	19.854
M24	24	3	1.624	**20.8**	**20.9**	**21.1**	**21.2**	21.4	21.6	21.7	21.9	20.752	21.152	21.252	21.382
M27	27	3	1.624	**23.8**	**23.9**	**24.1**	**24.2**	24.4	24.6	24.7	24.9	23.752	24.152	24.252	24.382
M30	30	3.5	1.894	**26.2**	**26.4**	**26.6**	**26.8**	27.0	27.2	27.3	27.5	26.211	26.661	26.771	26.921
M33	33	3.5	1.894	**29.2**	**29.4**	**29.6**	**29.8**	30.0	30.2	30.3	30.5	29.211	29.661	29.771	29.921
M36	36	4	2.165	**31.7**	**31.9**	**32.1**	**32.3**	32.5	32.8	33.0	33.2	31.670	32.145	32.270	32.420
M39	39	4	2.165	**34.7**	**34.9**	**35.1**	**35.3**	35.5	35.8	36.0	36.2	34.670	35.145	35.270	35.420
M42	42	4.5	2.436	**37.1**	**37.4**	**37.6**	**37.9**	38.1	38.3	38.6	38.8	37.129	37.659	37.799	37.979
M45	45	4.5	2.436	**40.1**	**40.4**	**40.6**	**40.9**	41.1	41.3	41.6	41.8	40.129	40.659	40.799	40.979
M48	48	5	2.706	**42.6**	**42.9**	**43.1**	**43.4**	43.7	43.9	44.2	44.5	42.587	43.147	43.297	43.487
M52	52	5	2.706	**46.6**	**46.9**	**47.1**	**47.4**	47.7	47.9	48.2	48.5	46.587	47.147	47.297	47.487
M56	56	5.5	2.977	**50.0**	**50.3**	**50.6**	**50.9**	51.2	51.5	51.8	52.1	50.046	50.646	50.796	50.996
M60	60	5.5	2.977	**54.0**	**54.3**	**54.6**	**54.9**	55.2	55.5	55.8	56.1	54.046	54.646	54.796	54.996
M64	64	6	3.248	**57.5**	**57.8**	**58.2**	**58.5**	58.8	59.1	59.5	59.8	57.505	58.135	58.305	58.505
M68	68	6	3.248	**61.5**	**61.8**	**62.2**	**62.5**	62.8	63.1	63.5	63.8	61.505	62.135	62.305	62.505

〔**注**〕 *めねじ内径の許容限界寸法は，**JIS B 0209-3** の規定による．

〔**備考**〕 —・—線から左側の太字体のものは，**JIS B 0209-3** に規定する 4H（M1.4 以下）または 5H（M1.6 以上）のめねじ内径の許容限界寸法内にあることを示す．同様に，----線から左側の太字体のものは，5H（M1.4 以下）または 6H（M1.6 以上）のめねじ内径の許容限界寸法内にあることを示す．また，—— 線から左側の太字体のものは，7H のめねじ内径の許容限界寸法内にあることを示す．

表 5·17 平行キーならびに平行キー用のキー溝の形状・寸法（JIS B 1301：1996）

（単位 mm）

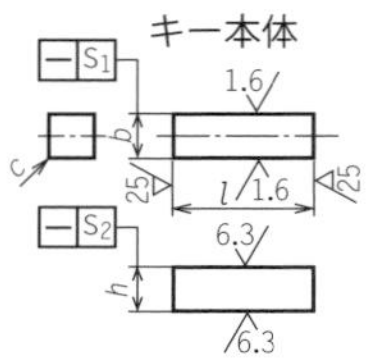

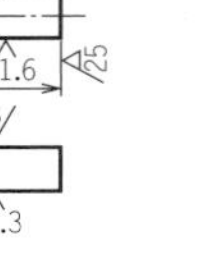

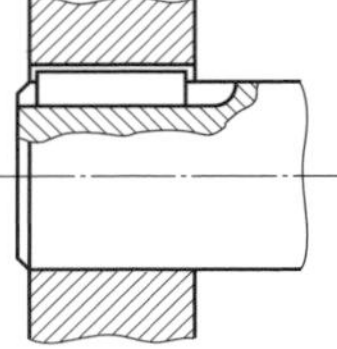

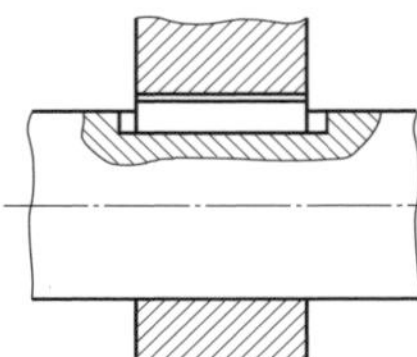

$s_1 = b$の公差$\times \frac{1}{2}$　$s_2 = h$の公差$\times \frac{1}{2}$

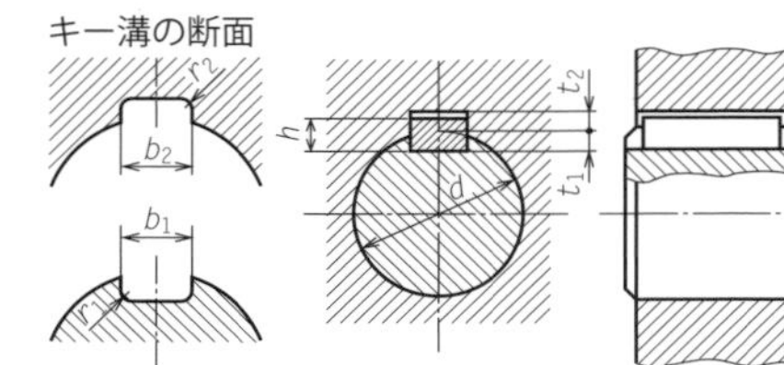

キーの呼び寸法 $b \times h$	キー本体 b 基準寸法	h 基準寸法	c	l	キー溝の寸法 b_1，b_2 の基準寸法	r_1，r_2	t_1 の基準寸法	t_2 の基準寸法	t_1，t_2 の許容差	参考 適応する軸径 d
2×2	2	2	0.16～0.25	6～20	2	0.08～0.16	1.2	1.0	＋0.1 0	6～8
3×3	3	3		6～36	3		1.8	1.4		8～10
4×4	4	4		8～45	4		2.5	1.8		10～12
5×5	5	5	0.25～0.40	10～56	5	0.16～0.25	3.0	2.3		12～17
6×6	6	6		14～70	6		3.5	2.8		17～22
(7×7)	7	7		16～80	7		4.0	3.3	＋0.2 0	20～25
8×7	8	7		18～90	8		4.0	3.3		22～30
10×8	10	8	0.40～0.60	22～110	10	0.25～0.40	5.0	3.3		30～38
12×8	12	8		28～140	12		5.0	3.3		38～44
14×9	14	9		36～160	14		5.5	3.8		44～50
(15×10)	15	10		40～180	15		5.0	5.3		50～55
16×10	16	10		45～180	16		6.0	4.3		50～58
18×11	18	11		50～200	18		7.0	4.4		58～65
20×12	20	12	0.60～0.80	56～220	20	0.40～0.60	7.5	4.9		65～75
22×14	22	14		63～250	22		9.0	5.4		75～85
(24×16)	24	16		70～280	24		8.0	8.4		80～90
25×14	25	14		70～280	25		9.0	5.4		85～95
28×16	28	16		80～320	28		10.0	6.4		95～110
32×18	32	18		90～360	32		11.0	7.4		110～130
(35×22)	35	22	1.00～1.20	100～400	35	0.70～1.00	11.0	11.4	＋0.3 0	125～140
36×20	36	20		－	36		12.0	8.4		130～150
(38×24)	38	24		－	38		12.0	12.4		140～160
40×22	40	22		－	40		13.0	9.4		150～170
(42×26)	42	26		－	42		13.0	13.4		160～180
45×25	45	25		－	45		15.0	10.4		170～200
50×28	50	28		－	50		17.0	11.4		200～230
56×32	56	32	1.60～2.00	－	56	1.20～1.60	20.0	12.4		230～260
63×32	63	32		－	63		20.0	12.4		260～290
70×36	70	36		－	70		22.0	14.4		290～330
80×40	80	40	2.50～3.00	－	80	2.00～2.50	25.0	15.4		330～380
90×45	90	45		－	90		28.0	17.4		380～440
100×50	100	50		－	100		31.0	19.5		440～500

〔**注**〕 l は，表の範囲内で，次の中から選ぶ．
6，8，10，12，14，16，18，20，22，25，28，32，36，40，45，50，56，63，70，80，90，100，110，125，140，160，180，200，220，250，280，320，360，400

〔**備考**〕 かっこを付けた呼び寸法のものは，対応国際規格には規定されていないので，新設計には使用しない．

キーおよびキー溝のはめあい

種類	キー b	キー h	キー溝 普通形 b_1	普通形 b_2	締込み形 b_1，b_2	滑動形 b_1	滑動形 b_2
平行キー	h 9	h 9 (h 11)	N 9	Js 9	P 9	H 9	D 10

〔**備考**〕 かっこ内はキーの呼び寸法 8×7 以上に適用．

表 5·18　V プーリ溝部の形状・寸法（JIS B 1854：1987）　　（単位 mm）

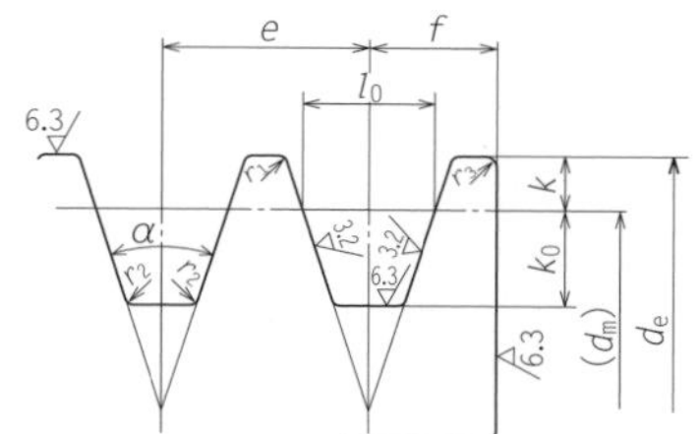

〔注〕 (1) M 形は，原則として 1 本掛けとする．
(2) 図中の直径 d_m をいい，ベルト長さの測定，回転比の目安などの計算にもこれを用い，溝の基準幅が l_0 をもつ所の直径である．

V ベルトの種類	呼び径[2]	α(°)	l_0	k	k_0	e	f	r_1	r_2	r_3	（参考）V ベルトの厚さ
M	50 以上　71 以下 71 をこえ　90 以下 90 をこえるもの	34 36 38	8.0	2.7	6.3	—[1]	9.5	0.2 ～ 0.5	0.5 ～ 1.0	1 ～ 2	5.5
A	71 以上　100 以下 100 をこえ 125 以下 125 をこえるもの	34 36 38	9.2	4.5	8.0	15.0	10.0	0.2 ～ 0.5	0.5 ～ 1.0	1 ～ 2	9
B	125 以上　160 以下 160 をこえ 200 以下 200 をこえるもの	34 36 38	12.5	5.5	9.5	19.0	12.5	0.2 ～ 0.5	0.5 ～ 1.0	1 ～ 2	11
C	200 以上　250 以下 250 をこえ 315 以下 315 をこえるもの	34 36 38	16.9	7.0	12.0	25.5	17.0	0.2 ～ 0.5	1.0 ～ 1.6	2 ～ 3	14
D	355 以上　450 以下 450 をこえるもの	36 38	24.6	9.5	15.5	37.0	24.0	0.2 ～ 0.5	1.6 ～ 2.0	3 ～ 4	19
E	500 以上　630 以下 630 をこえるもの	36 38	28.7	12.7	19.3	44.5	29.0	0.2 ～ 0.5	1.6 ～ 2.0	4 ～ 5	24

表 5·19　平プーリの形状・寸法（JIS B 1852：1980）　　（単位 mm）

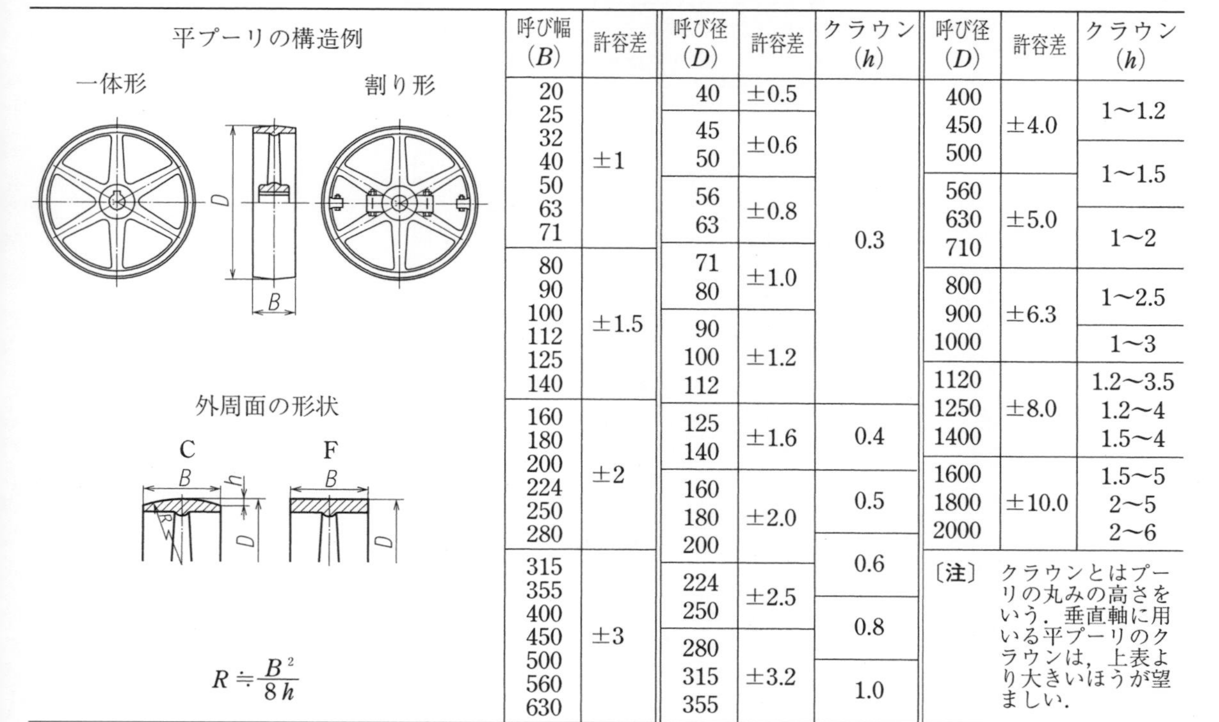

平プーリの構造例

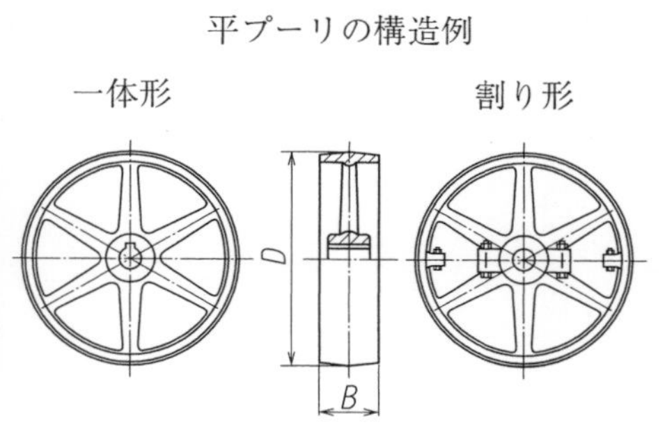

外周面の形状

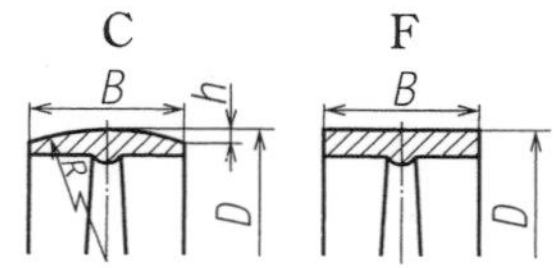

$$R \doteqdot \frac{B^2}{8h}$$

呼び幅 (B)	許容差
20 25 32 40 50 63 71	±1
80 90 100 112 125 140	±1.5
160 180 200 224 250 280	±2
315 355 400 450 500 560 630	±3

呼び径 (D)	許容差	クラウン (h)
40	±0.5	0.3
45 50	±0.6	0.3
56 63	±0.8	0.3
71 80	±1.0	0.3
90 100 112	±1.2	0.3
125 140	±1.6	0.4
160 180	±2.0	0.5
200	±2.0	0.6
224	±2.5	0.6
250	±2.5	0.8
280	±3.2	0.8
315 355	±3.2	1.0

呼び径 (D)	許容差	クラウン (h)
400 450	±4.0	1～1.2
500	±4.0	1～1.5
560	±5.0	1～1.5
630 710	±5.0	1～2
800 900	±6.3	1～2.5
1000	±6.3	1～3
1120 1250 1400	±8.0	1.2～3.5 1.2～4 1.5～4
1600 1800 2000	±10.0	1.5～5 2～5 2～6

〔注〕 クラウンとはプーリの丸みの高さをいう．垂直軸に用いる平プーリのクラウンは，上表より大きいほうが望ましい．

表5·20　フランジ形固定軸継手（JIS B 1451：1991）

（単位 mm）

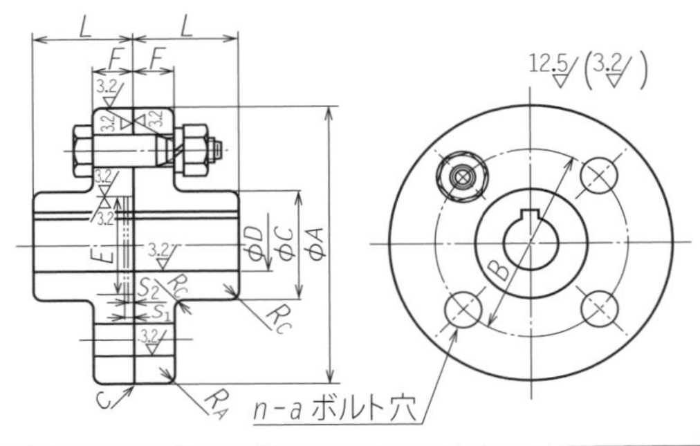

〔備考〕 ボルト穴の配置は，キー溝に対しておおむね振分けとする．

継手外径 A	D 最大軸穴直径	D (参考)最小軸穴直径	L	C	B	F	n（個）	a	参考 はめ込み部 E	参考 はめ込み部 S_2	参考 はめ込み部 S_1	参考 R_C（約）	参考 R_A（約）	参考 c（約）	参考 ボルト抜きしろ
112	28	16	40	50	75	16.0	4	10	40	2	3	2	1	1	70
125	32	18	45	56	85	18.0	4	14	45	2	3	2	1	1	81
140	38	20	50	71	100	18.0	6	14	56	2	3	2	1	1	81
160	45	25	56	80	115	18.0	8	14	71	2	3	3	1	1	81
180	50	28	63	90	132	18.0	8	14	80	2	3	3	1	1	81
200	56	32	71	100	145	22.4	8	16	90	3	4	3	2	1	103
224	63	35	80	112	170	22.4	8	16	100	3	4	3	2	1	103
250	71	40	90	125	180	28.0	8	20	112	3	4	4	2	1	126
280	80	50	100	140	200	28.0	8	20	125	3	4	4	2	1	126
315	90	63	112	160	236	28.0	10	20	140	3	4	4	2	1	126
355	100	71	125	180	260	35.5	8	25	160	3	4	5	2	1	157

〔備考〕 1. ボルト抜きしろは，軸端からの寸法を示す（継手ボルト着脱用）．
2. 継手を軸から抜きやすくするためのねじ穴は，適宜設けても差し支えない．

表5·21　フランジ形固定軸継手用継手ボルト（JIS B 1451：1991）

（単位 mm）

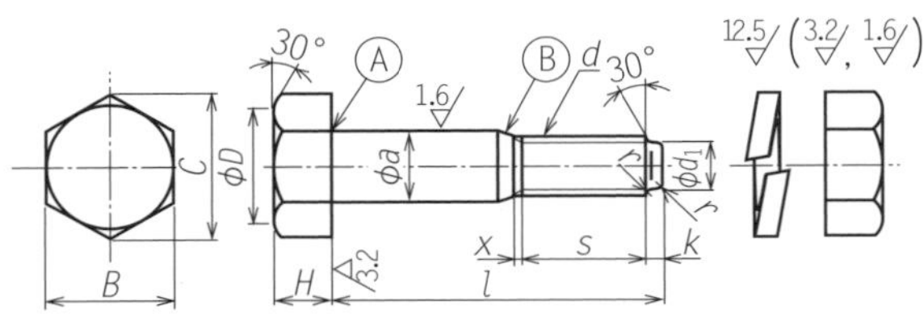

呼び $a \times l$	ねじの呼び d	a	d_1	s	k	l	r（約）	H	B	C（約）	D（約）
10×46	M 10	10	7	14	2	46	0.5	7	17	19.6	16.5
14×53	M 12	14	9	16	3	53	0.6	8	19	21.9	18
16×67	M 16	16	12	20	4	67	0.8	10	24	27.7	23
29×82	M 20	20	15	25	4	82	1	13	30	34.6	29
25×102	M 24	25	18	27	5	102	1	15	36	41.6	34

〔備考〕 1. 六角ナットは，**JIS B 1181** のスタイル1（部品等級A）のもので，強度区分は6，ねじ精度は6Hとする．
2. ばね座金は，**JIS B 1251** の2号Sによる．
3. 二面幅の寸法は，**JIS B 1002** によっている．その寸法許容差は2種による．
4. ねじ先の形状，寸法は，**JIS B 1003** の半棒先によっている．
5. ねじ部の精度は，**JIS B 0209** の6gによる．
6. Ⓐ部には研削用逃げを施してもよい．Ⓑ部はテーパでも段付きでもよい．
7. x は，不完全ねじ部でもねじ切り用逃げでもよい．ただし，不完全ねじ部のときは，その長さを約2山とする．

表 5·22 フランジ形たわみ軸継手（JIS B 1452：1991） （単位 mm）

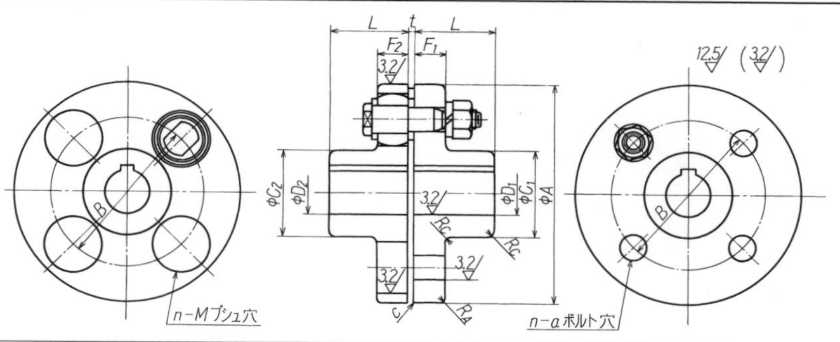

〔**備考**〕 1. ボルト穴の配置は，キー溝に対しておおむね振分けとする．
2. ボルトの抜きしろは，軸端からの寸法を示す．
3. 継手を軸から抜きやすくするためのねじ穴は，適宜設けて差し支えない．

継手外径 A	D 最大軸穴直径 D_1	D_2	(参考)最小軸穴直径	L	C C_1	C_2	B	F_1	F_2	n[(1)] (個)	a	M	t[(2)]	参考 R_C (約)	参考 R_A (約)	参考 ボルト抜きしろ
90	20		—	28	35.5		60	14	14	4	8	19	3	2	1	50
100	25		—	35.5	42.5		67	16	16	4	10	23	3	2	1	56
112	28		16	40	50		75	16	16	4	10	23	3	2	1	56
125	32	28	18	45	56	50	85	18	18	4	14	32	3	2	1	64
140	38	35	20	50	71	63	100	18	18	6	14	32	3	2	1	64
160	45		25	56	80		115	18	18	8	14	32	3	3	1	64
180	50		28	63	90		132	18	18	8	14	32	3	3	1	64
200	56		32	71	100		145	22.4	22.4	8	20	41	3	3	2	85
224	63		35	80	112		170	22.4	22.4	8	20	41	3	3	2	85
250	71		40	90	125		180	28	28	8	25	51	4	4	2	100
280	80		50	100	140		200	28	40	8	28	57	4	4	2	116
315	90		63	112	160		236	28	40	10	28	57	4	4	2	116
355	100		71	125	180		260	35.5	56	8	35.5	72	5	5	2	150
400	110		80	125	200		300	35.5	56	10	35.5	72	5	5	2	150
450	125		90	140	224		355	35.5	56	12	35.5	72	5	5	2	150
560	140		100	160	250		450	35.5	56	14	35.5	72	5	6	2	150
630	160		110	180	280		530	35.5	56	18	35.5	72	5	6	2	150

〔**備考**〕 (1) n は，ブシュ穴またはボルト穴の数をいう．
(2) t は，組み立てたときの継手本体のすきまであって，継手ボルトの座金の厚さに相当する．

表 5·23 フランジ形たわみ軸継手用継手ボルト（JIS B 1452：1991） （単位 mm）

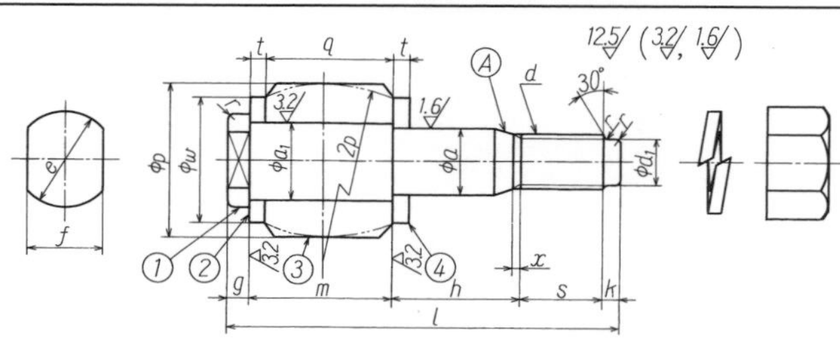

呼び $a×l$	① ボルト ねじの呼び d	a_1	a	d_1	e	f	g	h	s	k	m	l	r (約)	②座金 w	②座金 t	③ブシュ p	③ブシュ q	④座金 w	④座金 t
8 ×50	M 8	9	8	5.5	12	10	4	15	12	2	17	50	0.4	14	3	18	14	14	3
10 ×56	M 10	12	10	7	16	13	4	17	14	2	19	56	0.5	18	3	22	16	18	3
14 ×64	M 12	16	14	9	19	17	5	19	16	3	21	64	0.6	25	3	31	18	25	3
20 ×85	M 20	22.4	20	15	28	24	5	24.6	25	4	26.4	85	1	32	4	40	22.4	32	4
25 ×100	M 24	28	25	18	34	30	6	30	27	5	32	100	1	40	4	50	28	40	4
28 ×116	M 24	31.5	28	18	38	32	6	30	31	5	44	116	1	45	4	56	40	45	4
35.5×150	M 30	40	33.5	23	48	41	8	38.5	36.5	6	61	150	1.2	56	5	71	56	56	5

〔**備考**〕 1. ～ 7. は，表 **5·21** の備考と同じ．
8. ブシュは，円筒形でも球形でもよい．円筒形の場合には，外周の両端部に面取りを施してもよい．
9. ブシュは，金属ライナをもったものでもよい．

表 5·24 転がり軸受の取付け関係図表

（a） 転がり軸受（深溝玉軸受；寸法系列 02）の呼び番号・寸法（JIS B 1521：2012 抜粋）

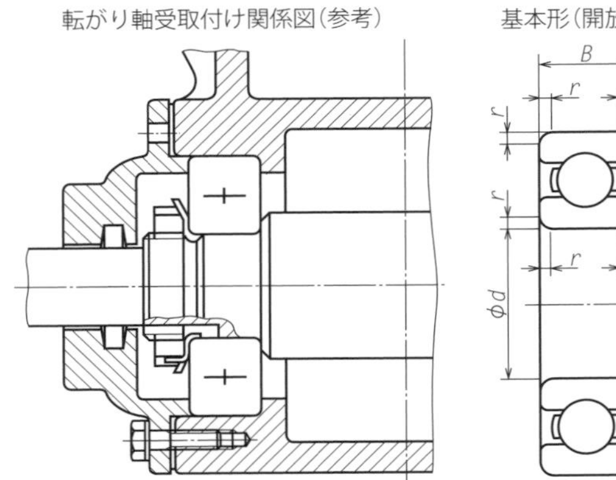

転がり軸受取付け関係図（参考）　基本形（開放形）

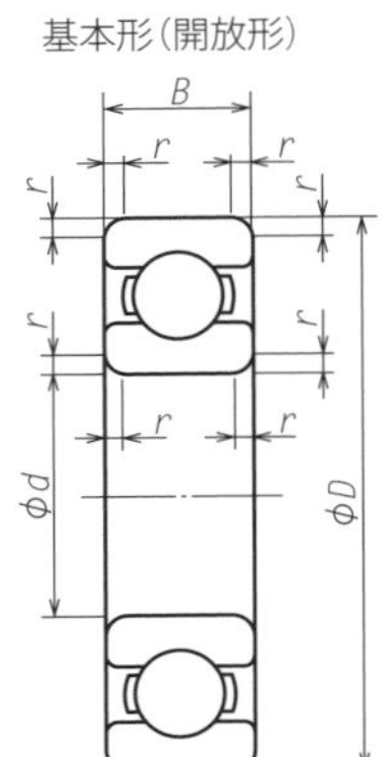

呼び番号（基本形）	寸法系列 02 寸法 (mm) d	D	B	$r_{s\,min}$	呼び番号（基本形）	寸法系列 02 寸法 (mm) d	D	B	$r_{s\,min}$	呼び番号（基本形）	寸法系列 02 寸法 (mm) d	D	B	$r_{s\,min}$
6200	10	30	9	0.6	6209	45	85	19	1.1	6221	105	190	36	2.1
6201	12	32	10	0.6	6210	50	90	20	1.1	6222	110	200	38	2.1
6202	15	35	11	0.6	6211	55	100	21	1.5	6224	120	215	40	2.1
6203	17	40	12	0.6	6212	60	110	22	1.5	6226	130	230	40	3
6204	20	47	14	1	6213	65	120	23	1.5	6228	140	250	42	3
62/22	22	50	14	1	6214	70	125	24	1.5	6230	150	270	45	3
6205	25	52	15	1	6215	75	130	25	1.5	6232	160	290	48	3
62/28	28	58	16	1	6216	80	140	26	2	6234	170	310	52	4
6206	30	62	16	1	6217	85	150	28	2	6236	180	320	52	4
62/32	32	65	17	1	6218	90	160	30	2	6238	190	340	55	4
6207	35	72	17	1.1	6219	95	170	32	2.1	6240	200	360	58	4
6208	40	80	18	1.1	6220	100	180	34	2.1					

（b） 転がり軸受用ロックナット（JIS B 1554：2016 抜粋）

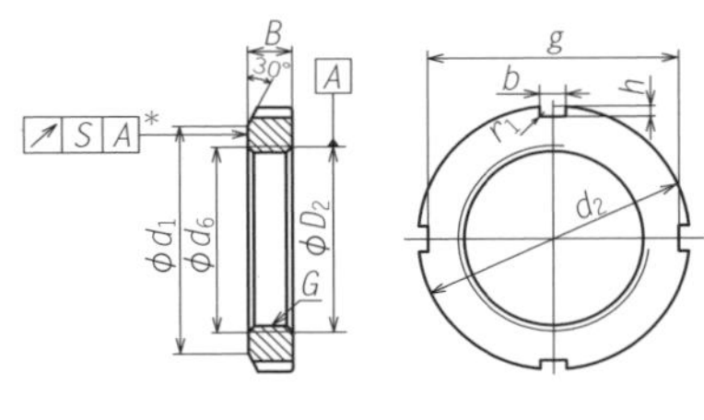

4切欠き形ロックナット（座金使用アダプタスリーブ，取外しスリーブ用）

呼び番号	ロックナット系列 AN の寸法 (mm) G	d	d_1	d_2	B	b	h	d_6 *	g *	r_1 *（最大）
AN 02	M 15×1	15	21	25	5	4	2	15.5	21	0.4
AN 03	M 17×1	17	24	28	5	4	2	17.5	24	0.4
AN 04	M 20×1	20	26	32	6	4	2	20.5	28	0.4
AN 05	M 25×1.5	25	32	38	7	5	2	25.8	34	0.4
AN 06	M 30×1.5	30	38	45	7	5	2	30.8	41	0.4
AN 07	M 35×1.5	35	44	52	8	5	2	35.8	48	0.4
AN 08	M 40×1.5	40	50	58	9	6	2.5	40.8	53	0.5
AN 09	M 45×1.5	45	56	65	10	6	2.5	45.8	60	0.5
AN 10	M 50×1.5	50	61	70	11	6	2.5	50.8	65	0.5
AN 11	M 55×2	55	67	75	11	7	3	56	69	0.5
AN 12	M 60×2	60	73	80	11	7	3	61	74	0.5
AN 13	M 65×2	65	79	85	12	7	3	66	79	0.5
AN 14	M 70×2	70	85	92	12	8	3.5	71	85	0.5
AN 15	M 75×2	75	90	98	13	8	3.5	76	91	0.5
AN 16	M 80×2	80	95	105	15	8	3.5	81	98	0.6
AN 17	M 85×2	85	102	110	16	8	3.5	86	103	0.6
AN 18	M 90×2	90	108	120	16	10	4	91	112	0.6
AN 19	M 95×2	95	113	125	17	10	4	96	117	0.6
AN 20	M 100×2	100	120	130	18	10	4	101	122	0.6

〔備考〕 1. AN 02 ～ AN 40 のねじの基準山形および基準寸法は，**JIS B 0205-1 ～ 4** および **B 0216** による．
2. *印は参考値

（次ページに続く）

呼び番号	ロックナット系列 AN の寸法（mm）									
	G	d	d_1	d_2	B	b	h	d_6 *	g *	r_1 *（最大）
AN 21	M 105×2	105	126	140	18	12	5	106	130	0.7
AN 22	M 110×2	110	133	145	19	12	5	111	135	0.7
AN 23	M 115×2	115	137	150	19	12	5	116	140	0.7
AN 24	M 120×2	120	138	155	20	12	5	121	145	0.7
AN 25	M 125×2	125	148	160	21	12	5	126	150	0.7
AN 26	M 130×2	130	149	165	21	12	5	131	155	0.7
AN 27	M 135×2	135	160	175	22	14	6	136	163	0.7
AN 28	M 140×2	140	160	180	22	14	6	141	168	0.7
AN 29	M 145×2	145	171	190	24	14	6	146	178	0.7
AN 30	M 150×2	150	171	195	24	14	6	151	183	0.7
AN 31	M 155×3	155	182	200	25	16	7	156.5	186	0.7
AN 32	M 160×3	160	182	210	25	16	7	161.5	196	0.7
AN 33	M 165×3	165	193	210	26	16	7	166.5	196	0.7
AN 34	M 170×3	170	193	220	26	16	7	171.5	206	0.7
AN 36	M 180×3	180	203	230	27	18	8	181.5	214	0.7
AN 38	M 190×3	190	214	240	28	18	8	191.5	224	0.7
AN 40	M 200×3	200	226	250	29	18	8	201.5	234	0.7

（c） 転がり軸受用座金（**JIS B 1554：2016** 抜粋）

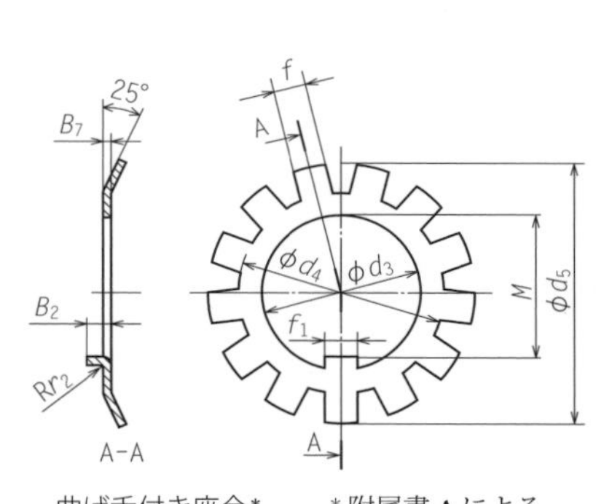

曲げ舌付き座金*　　＊附属書 **A** による.

呼び番号（曲げ舌）	座金系列 AW-A の寸法（mm）									
	d_3	d_4	d_5 ≒	f_1（最大）	M	f *1	B_7 ≒	N *2（最小）	B_2	r_2 *3
AW 02 A	15	21	28	4	13.5	4	1	11	3.5	1
AW 03 A	17	24	32	4	15.5	4	1	11	3.5	1
AW 04 A	20	26	36	4	18.5	4	1	11	3.5	1
AW 05 A	25	32	42	5	23	5	1.25	13	3.75	1
AW 06 A	30	38	49	5	27.5	5	1.25	13	3.75	1
AW 07 A	35	44	57	6	32.5	5	1.25	13	3.75	1
AW 08 A	40	50	62	6	37.5	6	1.25	13	3.75	1
AW 09 A	45	56	69	6	42.5	6	1.25	13	3.75	1
AW 10 A	50	61	74	6	47.5	6	1.25	13	3.75	1
AW 11 A	55	67	81	8	52.5	7	1.5	17	3.75	1
AW 12 A	60	73	86	8	57.5	7	1.5	17	5.5	1.2
AW 13 A	65	79	92	8	62.5	7	1.5	17	5.5	1.2
AW 14 A	70	85	98	8	66.5	8	1.5	17	5.5	1.2
AW 15 A	75	90	104	8	71.5	8	1.5	17	5.5	1.2
AW 16 A	80	95	112	10	76.5	8	1.8	17	5.8	1.2
AW 17 A	85	102	119	10	81.5	8	1.8	17	5.8	1.2
AW 18 A	90	108	126	10	86.5	10	1.8	17	5.8	1.2
AW 19 A	95	113	133	10	91.5	10	1.8	17	5.8	1.2
AW 20 A	100	120	142	12	96.5	10	1.8	17	7.8	1.2
AW 21 A	105	126	145	12	100.5	12	1.8	17	7.8	1.2
AW 22 A	110	133	154	12	105.5	12	1.8	17	7.8	1.2
AW 23 A	115	137	159	12	110.5	12	2	17	8	1.5
AW 24 A	120	138	164	14	115	12	2	17	8	1.5
AW 25 A	125	148	170	14	120	12	2	17	8	1.5
AW 26 A	130	149	175	14	125	12	2	17	8	1.5
AW 27 A	135	160	185	14	130	14	2	17	8	1.5
AW 28 A	140	160	192	16	135	14	2	17	10	1.5
AW 29 A	145	171	202	16	140	14	2	17	10	1.5
AW 30 A	150	171	205	16	145	14	2	17	10	1.5
AW 31 A	155	182	212	16	147.5	16	2.5	19	10.5	1.5
AW 32 A	160	182	217	18	154	16	2.5	19	10.5	1.5
AW 33 A	165	193	222	18	157.5	16	2.5	19	10.5	1.5
AW 34 A	170	193	232	18	164	16	2.5	19	10.5	1.5
AW 36 A	180	203	242	20	174	18	2.5	19	10.5	1.5
AW 38 A	190	214	252	20	184	18	2.5	19	10.5	1.5
AW 40 A	200	226	262	20	194	18	2.5	19	10.5	1.5

〔**注**〕 *1 座金の歯の幅 f はロックナットの切欠き幅 b より小さくなければならない.

*2 N は座金の歯の数で，ロックナットの切欠き数に合わせ，奇数個とする.

*3 参考値

表 5·25　主要金属材料の種類と記号

分類	JIS 番号	規格名	記号	意味（—は上欄を参照）	種　類
一般用	**G 3101：2020**	一般構造用圧延鋼材	SS	S：Steel，S：Structure	* 330，400，490，540
	G 3106：2020	溶接構造用圧延鋼材	SM	S：Steel，M：Marine	* 400，490，520，570
機械構造用	**G 4051：2023**	機械構造用炭素鋼鋼材	S××C	S：Steel，××：炭素量（右欄），C：Carbon（CK ははだ焼き用）	10，12，15，17，20，22，25，28，30，33，35，38，40，43，45，48，50，53，55，58，09 CK，15 CK，20 CK
	G 4053：2023	機械構造用合金鋼鋼材	SNC	S：—，N：Nickel，C：Chromium	236，415，631，815，836
			SNCM	S：—，N：—，C：—，M：Molybdenum	220，240，415，420，431，439，447，616，625，630，815
鋼管	**G 3452：2019**	配管用炭素鋼管	SGP	S：Steel，G：Gas，P：Pipe	黒管（めっきなし），白管（亜鉛めっき）
	G 3445：2021	機械構造用炭素鋼鋼管	STKM	S：—，T：Tube，K：構造，M：Machine	11，12，13，14，15，16，17，18，19，20
工具鋼	**G 4401：2022**	炭素工具鋼鋼材	SK	S：Steel，K：工具	140，120，105，95，90，85，80，75，70，65，60
	G 4403：2022	高速度工具鋼鋼材	SKH	S：　—，K：　—，H：High Speed	2，3，4，10，40，50，51，52，53，54，55，56，57，58，59
	G 4404：2022	合金工具鋼鋼材	SKS	S：—，K：—，S：Special	主に切削工具鋼用（SKS 11，SKS 2 など） 主に耐衝撃工具鋼用（SKS 4, SKS 41 など） 主に冷間金型用（SKS 3，SKD 1 など） 主に熱間金型用（SKD 4，SKT 3 など）
			SKD	S：—，K：—，D：ダイス	
			SKT	S：—，K：—，T：鍛造	
特殊用途鋼	**G 4303：2021**	ステンレス鋼棒	SUS	S：—，U：Use，S：Stainless	オーステナイト系，オーステナイト・フェライト系，フェライト系，マルテンサイト系，析出硬化系
	G 4801：2021	ばね鋼鋼材	SUP	S：—，U：—，P：Spring	6，7，9，9A，10，11A，12，13
鋳鍛造品	**G 3201：1988**	炭素鋼鍛鋼品	SF	S：Steel，F：Forging	* 340A，390A，440A，490A，540A・B，590A・B，640B
	G 5101：1991	炭素鋼鋳鋼品	SC	S：—，C：Casting	* 360，410，450，480
	G 5501：1995	ねずみ鋳鉄品	FC	F：Ferrum，C：—	* 100，150，200，250，300，350

〔**注**〕 *の付いた欄の数字は最低引張り強さ N/mm^2

表 5·26　主要非金属材料の種類と記号

分類	JIS 番号	規格名	記号	備　考
伸銅品	**H 3100：2018**	銅及び銅合金の板ならびに条	C1××× C2××× 〜 C7×××	伸銅品の材質記号は，C（Copper）と 4 桁の数字で表す． 1：Cu・高 Cu 系合金，2：Cu-Zn 系合金，3：Cu-Zn-Pb 系合金， 4：Cu-Zn-Sn 系合金，5：Cu-Sn 系合金・Cu-Sn-Pb 系合金， 6：Cu-Al 系合金・Cu-Si 系合金・特殊 Cu-Zn 系合金， 7：Cu-Ni 系合金・Cu-Ni-Zn 系合金 ×××：慣用称呼の合金記号
アルミニウム展伸材	**H 4000：2022**	アルミニウム及びアルミニウム合金の板及び条	A1××× A2××× 〜 A8×××	アルミニウム展伸材の材料記号は，A（Aluminium）と 4 桁の数字で表す． 1：アルミニウム純度 99.00％以上の純アルミニウム，2：Al-Cu-Mg 系合金， 3：Al-Mn 系合金，4：Al-Si 系合金，5：Al-Mg 系合金， 6：Al-Mg-Si-（Cu）系合金，7：Al-Zn-Mg-（Cu）系合金， 8：上記以外の系統の合金 ×××：慣用称呼の合金記号
鋳物	**H 5120：2016**	銅及び銅合金鋳物	CAC×××	銅および銅合金鋳物の記号は，CAC と 3 桁の数字で表す． 3 桁の数字の 1 桁目は，合金種類を表す． 1：銅鋳物，2：黄銅鋳物，3：高力黄銅鋳物，4：青銅鋳物，5：りん青銅鋳物， 6：鉛青銅鋳物，7：アルミニウム青銅鋳物，8：シルジン青銅鋳物 2 桁目は予備（すべて 0），3 桁目は合金種類の中の分類を表す．

表 5·27　主要金属材料の用途例

JIS番号	名　称	記　号	参考用途例	
G 3101 : 2020	一般構造用圧延鋼材	SS 330 SS 400 SS 490 SS 540	車両・船舶・橋・建築その他の構造用，一般機械部品用，ねじ部品など	
G 3106 : 2020	溶接構造用圧延鋼材	SM 400 SM 490 SM 520 SM 570	同上で，特に良好な溶接性が要求されるもの	
G 4051 : 2023	機械構造用炭素鋼鋼材（抜粋）	S 10 C	ケルメット裏金・リベット	
		S 15 C	ボルト・ナット・リベット	
		S 20 C	ボルト・ナット・リベット	
		S 25 C	ボルト・ナット・モータ軸	
		S 30 C	ボルト・ナット・小物部品	
		S 35 C	ロッドレバー類・小物部品	
		S 40 C	連接棒継手・軸類	
		S 45 C	クランク軸・軸，ロッド類	
		S 50 C	キー・ピン・軸類	
		S 55 C	キー・ピン類	
		S 09 CK S 15 CK	はだ焼用	カム軸，ピストン，ピンスジローラ
G 4053 : 2023	機械構造用合金鋼鋼材（抜粋）	SNC 236 SNC 415 SNC 631 SNC 815 SNC 836	ボルト・ナット・クランク軸，歯車，軸類，機械構造用	
		SCM 430 SCM 432 SCM 435 SCM 440 SCM 445	クランク軸・歯車・軸類・強力ボルト・機械構造用	
G 4401 : 2022	炭素工具鋼鋼材（抜粋）	SK 140	刃やすり・紙やすり	
		SK 120	ドリル・かみそり・鉄工やすり	
		SK 105	ハクソー・プレス型・刃物	
		SK 95	たがね・プレス型・ゲージ	
		SK 85	プレス型・帯のこ・治工具	
		SK 75	スナップ・丸のこ・プレス型	
		SK 65	刻印・スナップ・プレス型	
G 4403 : 2022	高速度工具鋼鋼材	SKH 2	一般切削用，その他各種工具	
		SKH 3	高速重切削用，その他各種工具	
		SKH 4	難削材切削用，その他各種工具	
		SKH 10	高難削材切削用，その他各種工具	
		SKH 40	硬さ，じん性，耐摩耗性を必要とする一般切削用，その他各種工具	
		SKH 50 SKH 51	じん性を必要とする一般切削用，その他各種工具	
		SKH 52 SKH 53	比較的じん性を必要とする高硬度材切削用，その他各種工具	
		SKH 54	高難削材切削用，その他各種工具	
		SKH 55 SKH 56	比較的じん性を必要とする高速重切削用，その他各種工具	
		SKH 57	高難削材切削用，その他各種工具	
		SKH 58	じん性を必要とする一般切削用，その他各種工具	
		SKH 59	比較的じん性を必要とする高速重切削用，その他各種工具	
G 4404 : 2022	合金工具鋼鋼材（抜粋）	SKS 11 ほか	主として切削工具鋼用	バイト・冷間引抜ダイス・センタドリル
		SKS 4 ほか	主として耐衝撃工具鋼用	たがね・ポンチ・シャー刃
		SKS 3, SKD 1 ほか	主として冷間金型用	ゲージ・シャー刃・プレス型
		SKD 4, SKT 3 ほか	主として熱間金型用	プレス型・ダイカスト型・押出工具
G 3201 : 1988	炭素鋼鍛鋼品	SF 340 A SF 390 A SF 440 A SF 490 A SF 540 A，B SF 590 A，B SF 640 B	ボルト・ナット・カム・軸・フランジ・キー・クラッチ・歯車・軸継手など	

JIS番号	名　称	記　号	参考用途例	
G 5101 : 1991	炭素鋼鋳鋼品	SC 360	一般構造用・電動機部品用	
		SC 410 SC 450 SC 480	一般構造用	
G 5501 : 1995	ねずみ鋳鉄品	FC 100 FC 150 FC 200 FC 250 FC 300 FC 350	ケーシング・ベッド・カバー・軸受・軸継手・一般機械部品用	
G 4303 : 2021	ステンレス鋼棒（抜粋）	SUS 201 ほか	オーステナイト系	耐食性にすぐれ，美観がある．医療用器具・食品工業用・化学工業用のほか，一般器物に広く用いられる．
		SUS 329 J1 ほか	オーステナイト・フェライト系	
		SUS 405 ほか	フェライト系	
		SUS 403 ほか	マルテンサイト系	
		SUS 630 ほか	析出硬化系	
H 3100 : 2018	銅及び銅合金の板及び条	C 1020	電気・熱の伝導性にすぐれ，加工性がよい．電気用など	
		C 1100	同上で耐候性がよい．一般器物・電気用・ガスケットなど	
		C 1201 ほか	同上で，より電気の伝導性がよい．化学工業用など	
		C 2100 ほか	色彩が美しく，加工性がよい．建築用・装身具など	
		C 2600 ほか	いわゆる黄銅で，加工性，メッキ性がよい．深絞用など	
		C 3560 ほか	特に被削性にすぐれ，打抜性もよい．歯車・時計部品など	
		C 4250 ほか	耐摩耗性，ばね性がよい．スイッチ・リレー・各種ばね	
		C 6161 ほか	強度が高く，耐海水性，耐摩耗性がよい．機械部品など	
		C 7060 ほか	いわゆる白銅で，耐海水性，耐高温性がある．熱交換器など	
H 4000 : 2022	アルミニウム及びアルミニウム合金の板及び条	A 1080 ほか	純アルミニウムで成形性，耐食性がよい．化学工業用など	
		A 2014 ほか	熱処理合金で強度が高く，切削性もよい．航空機用材など	
		A 3003 ほか	成形性にすぐれ，耐食性もよい．飲料缶・建築用材など	
		A 5005 ほか	耐食性，溶接性，加工性がよい．建築・車両内外装材など	
		A 6061 ほか	耐食性がよく，リベット，ボルト接合用の構造用材	
		A 7075 ほか	アルミニウム合金中最高の強度．航空機用材・スキーなど	
H 5120 : 2016	黄銅鋳物	CAC 201 CAC 202 CAC 203	フランジ類・電気部品・計器部品・一般機械部品など	
	高力黄銅鋳物	CAC 301 CAC 302 CAC 303 CAC 304	強さと耐食性を必要とするものに適し，船用プロペラ・一般機械部品など	
	青銅鋳物	CAC 401 CAC 402 CAC 403 CAC 406 CAC 407	軸受・ブシュ・ポンプ・バルブ・弁座・弁棒・一般機械部品	
	りん青銅鋳物	CAC 502A CAC 502B CAC 503A CAC 503B	耐食性，耐摩耗性にすぐれる．歯車・軸受・羽根車・一般機械部品など	

APPENDIX A　3D CAD／RP を活用した設計手法

現在，多くの企業で 3 次元 CAD の利活用が推進され，3 次元形状モデルを使用した検討により，不具合を事前に解決し，試作･計測の回数を減らすことで開発期間の短縮とコストダウンの実現を図っている．しかし，製品を設計する上で重要な事項は，設計品質における信頼性である．製品開発を進めていくと同時に，消費者のニーズに即座に応えるスピードが求められる．

携帯電話など，多くの製品がすべて意匠中心となっている昨今，ラピッド プロトタイピング（rapid prototyping，以下 RP と記す）を主要となる部品単品に使用し，形状確認用の試作をすばやく作成することで，デザインレビュー（design review，以下 DR と記す）を行っている．

RP とは 3 次元 CAD のモデルデータを用いて短期間（Rapid）で簡単に試作モデル（Prototyping）を作成する技術である．DR の目的は，開発する製品の要求仕様（仕様･品質･コスト･納期･安全性･環境など）を，有識者によって客観的に評価，審議すること．そして開発の早い段階で問題を明確にし，対策を提案し，関連部門の協力のもと，手戻りやトラブルを未然に防止するという目的がある．つまり DR は品質保証の一部といえる．さらに，コンカレント エンジニアリング（concurrent engineering）*1 において DR は非常に重要な役割を担っている．DR において情報の共有化，修正を容易に行うために 3 次元 CAD，RP を活用する方法がとられているのである．

1. RP を活用した設計手法

3 次元形状モデルを使用した検討によって，現物となるのは最後の製品のみで，そうなることが設計プロセスの理想ではあるが，現実には，3 次元形状モデルですべての検討は完了できない．3 次元 CAD で作成する仮想的なモデルと，試作品や成形品などの実体との関係が弱いこと．また，意匠中心の設計において，現物の重要性は非常に高いことがあげられる．自動車のモックアップがなくてはならないというように，デザインの確認といった人間の感性にもとづく評価では，3 次元形状モデルは現物にはかなわない．

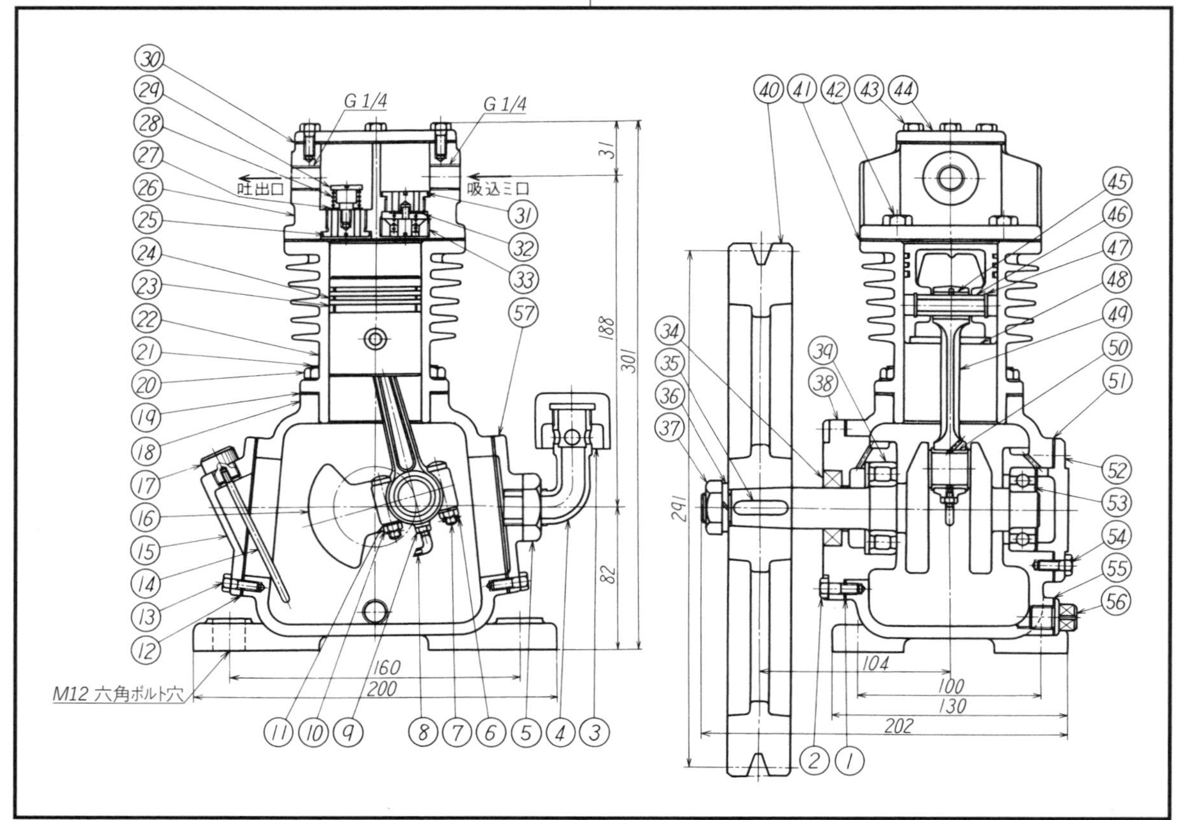

図 A･1　空気圧縮機

そこで，RPを組み合わせて活用することで，設計プロセスの効率化を図っている．

2. 設計対象の空気圧縮機

図**A･1**に空気圧縮機を示す．空気圧縮機は，各部品が一体となる機構であるため，RPを使用したDRの効果を検証するには最適な機構製品である．

空気圧縮機の設計仕様を表**A･1**に示す．ここで設計対象となるのは，全57部品中29部品，全体の51%にあたる．他28部品は市販品で構成されている．

表A･1 空気圧縮機の設計仕様

ボア×ストローク	52×46
吐　出　量	35 l/min
常用吐出出力	5 kgf/cm^2 ゲージ
最高吐出出力	6 kgf/cm^2 ゲージ
回　転　数	480 rpm
電動機出力	0.4 kW

3. 設計プロセス

空気圧縮機の設計図をもとに3次元形状モデルを作成するにあたり，空気圧縮機の構成を明確にする必要がある．イメージの具現化は，ポンチ絵を描くことが望ましい．自身の手で描くことにより，部品の構成，立体的なイメージを明確にすることができるためである．また，3次元CADを使用するよりも，その製品をつくる上で重要となる部分，難しい部分などが見えて確認できるため，それによって設計の道筋を立てて，スムーズに進めることができる．

図**A･2**に，空気圧縮機のポンチ絵を示す．

4. 3次元形状モデル

ポンチ絵によって，部品の構成，立体的なイメージを明確にした後，3次元形状モデルの作成に入る．3次元形状モデルは空気圧縮機の主要となる11部品である．作成した3次元形状モデルを図**A･3**から図**A･13**に示す．

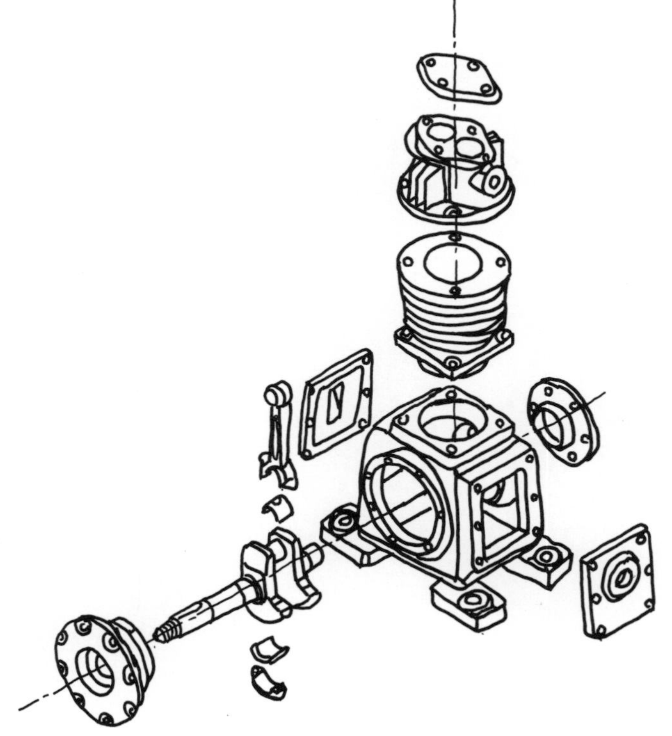

図A･2 空気圧縮機のポンチ絵

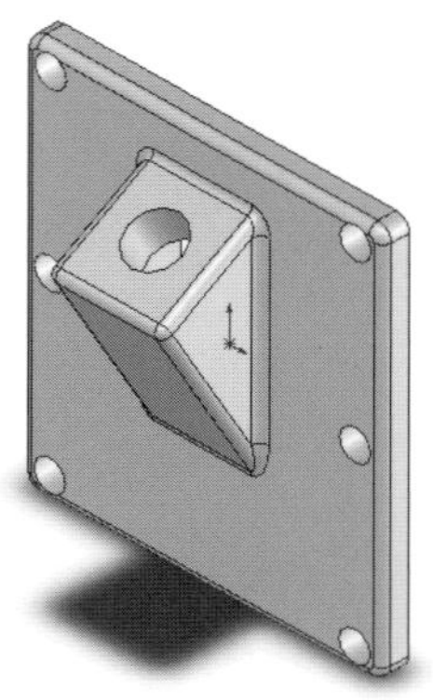

図 A･3　照合番号 ⑮ 油量ゲージカバー

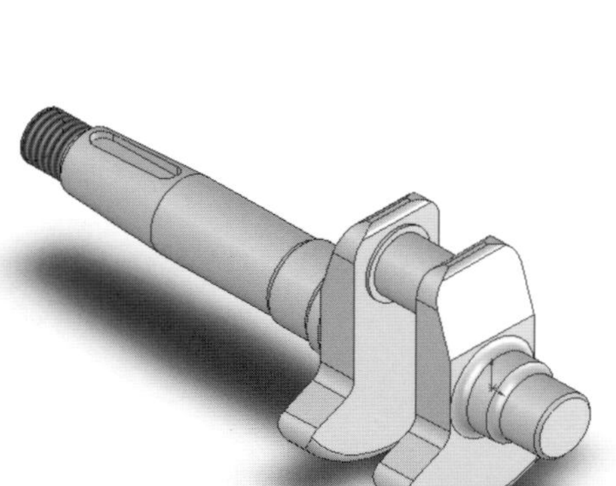

図 A･4　照合番号 ⑯ クランクシャフト

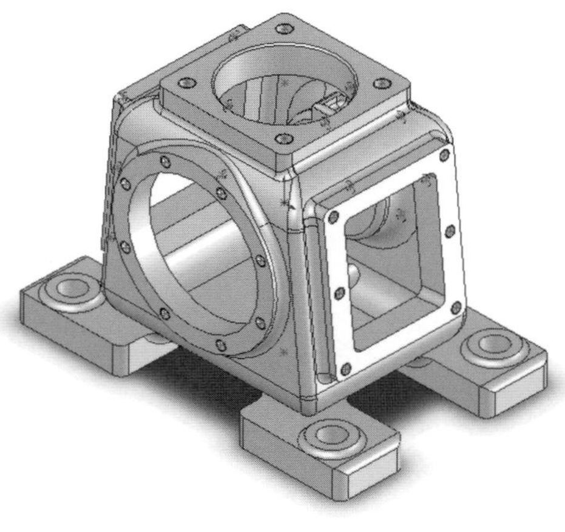

図 A･5　照合番号 ⑱ クランクケース

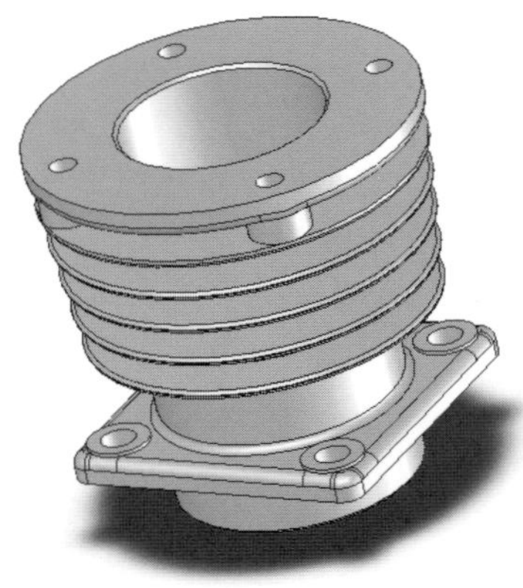

図 A･6　照合番号 ㉒ シリンダ

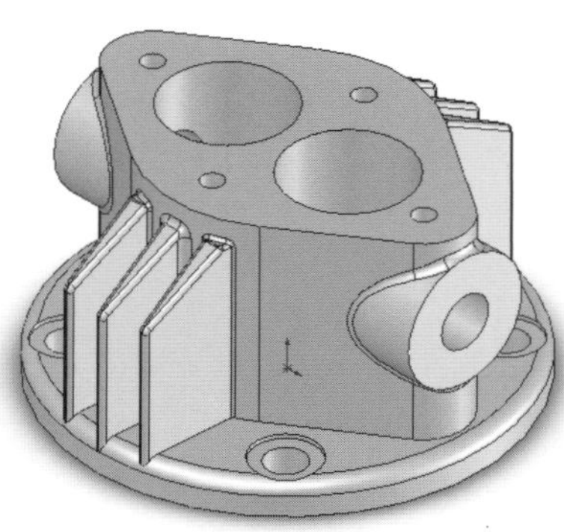

図 A･7　照合番号 ㉖ シリンダヘッド

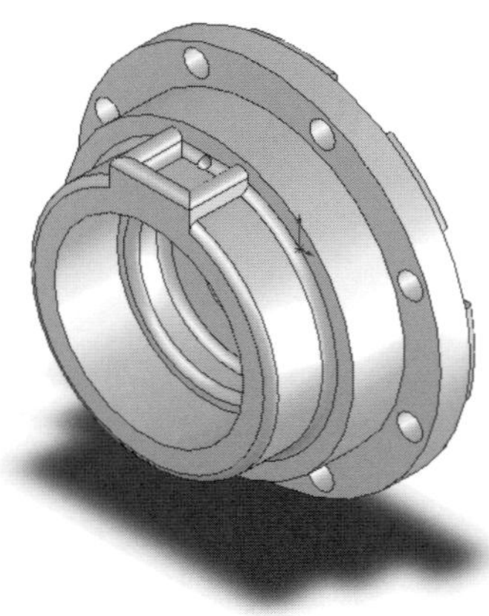

図 A･8　照合番号 ㊳ 軸受カバー

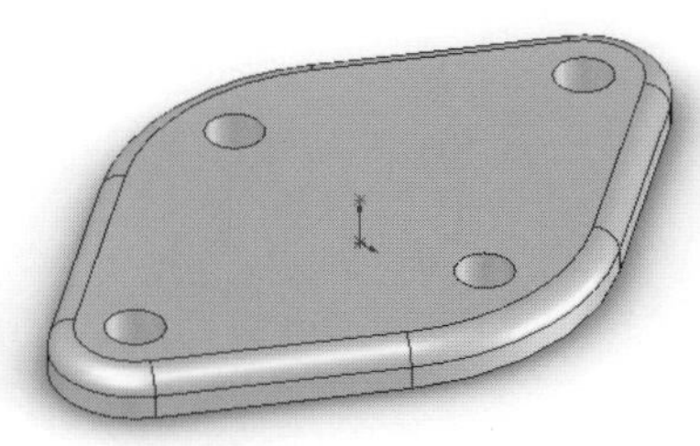

図A・9 照合番号 ㊹ シリンダヘッドカバー

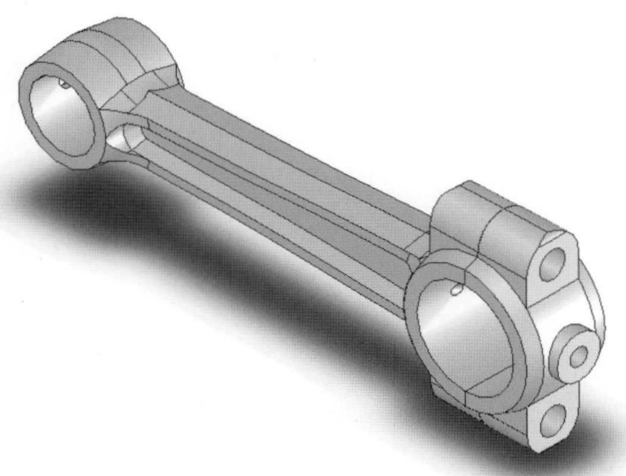

図A・10 照合番号 ㊾ コネクチングロッド

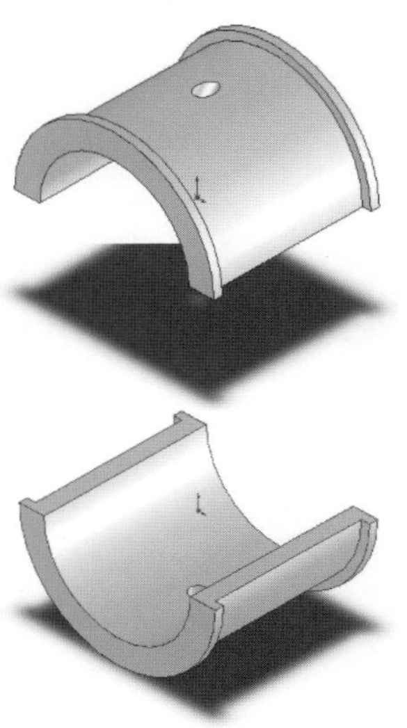

図A・11 照合番号 ㊿ クランクピン軸受

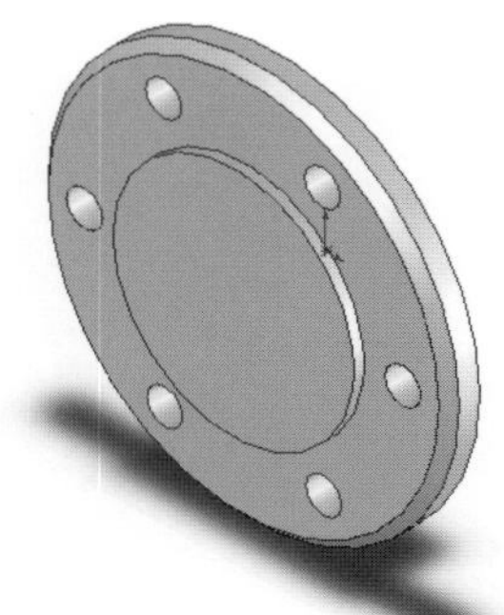

図A・12 照合番号 (52) 軸受カバー

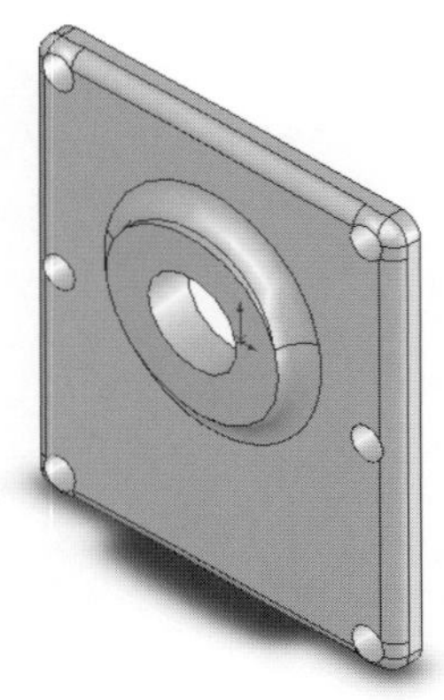

図A・13 照合番号 (57) 空気抜キカバー

組み立てた空気圧縮機の3次元形状モデルを図**A・14**に示す．

投影図の認識が線の集まりであるのに対して，3次元形状モデルは形状として認識できることが両者の決定的な違いである．これにより，製品情報の共有化が容易となる．企業では，多数の部品で構成される組立て製品の設計において，多人数の設計者の分担作業で進められる．そのため，おたがいの設計結果が干渉しないように，設計者間の調整を図ることは設計の効率化において重要な問題となる．3次元形状モデルはコンピュータ上で実際のもののように扱えることから，組立て製品の干渉チェックには非常に大きな効果を発揮する．

この特性を生かし有効に活用することで，DRが容易となり，大幅な開発期間の短縮が図れる．また，データをもとにCAE解析*2をすることも可能とな

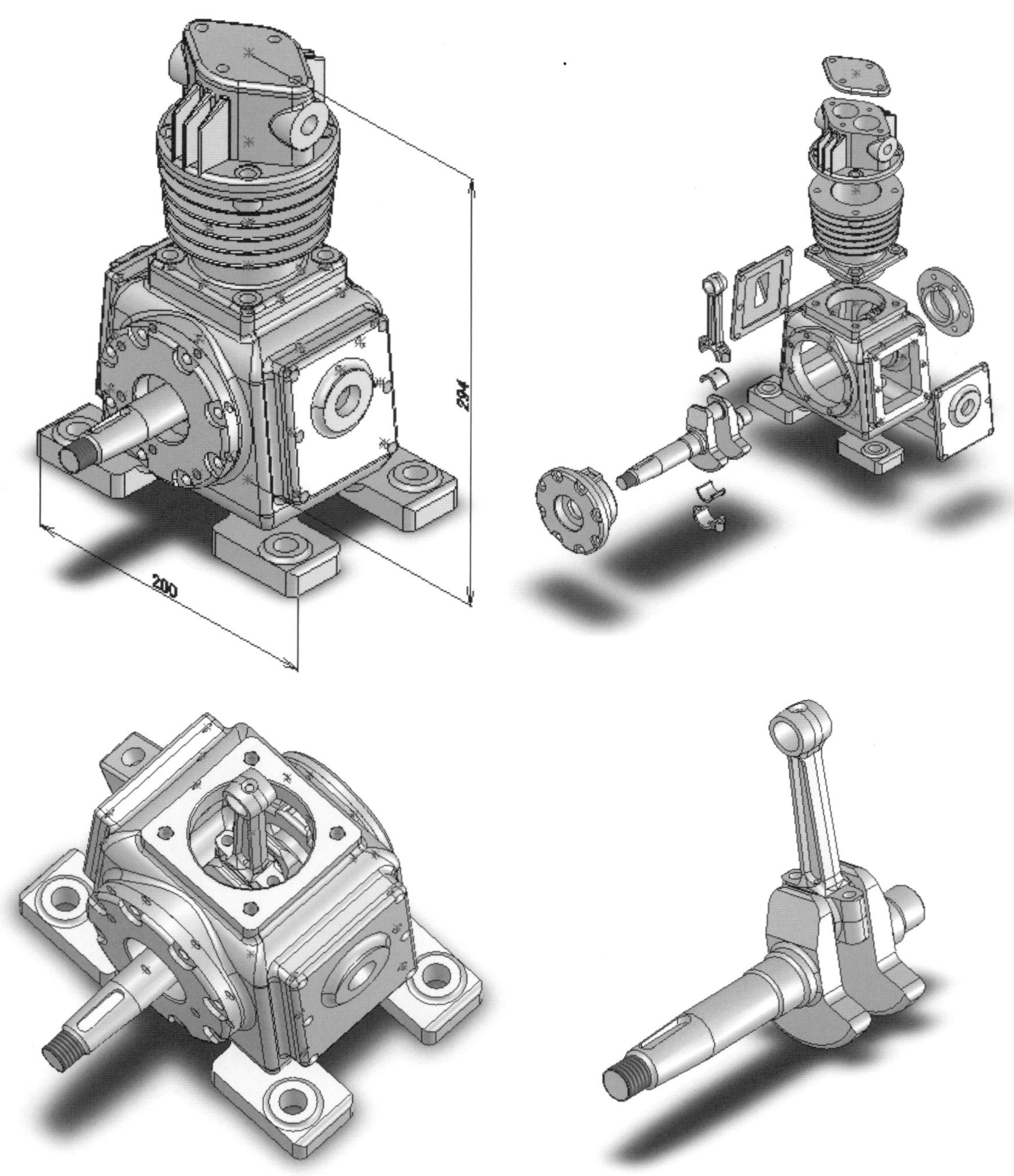

図A・14　3次元形状モデル

り，事前に修正箇所を特定することも容易となるため，コストダウンにつながることになる．

しかし，3次元CADのみでの設計は困難である．3次元化する際，図面の存在は欠かせない．図面には，設計者の意図がみやすく，図示，表記されているからである．3次元CADのモデリング方法は，各企業内においても人それぞれ異なり，多種多様の方法が存在する．3次元CADにおける，製図法のような統一化された考え方が確立していないため，製作者の技術，経験に依存してしまうことが欠点といえる．

5. 属性情報について

属性情報とは，設計意図，製作情報，アセンブリ情報，モデル情報など，全生産過程の基礎となる情報である．その設計情報をもとに製作者は加工を行うため，製作者が設計者の設計意図を読み取れるように，設計者の要求をいかにして正確かつ明瞭に図面上に表現するかということが，重要な問題となる．

しかし，複雑な曲面の外形を持ち，かつ極力コンパクト化された機構部分を製品に要求される昨今，3次元形状モデルに設計者の意図を正確に記載し，伝達することは困難である．設計とは，3次元形状モデルを作成して完結することではなく，ものをつくり始める前に考えることから，製品の廃棄に至るまですべてを考慮することである．また，その説明の義務を果たさなければならない．

3次元CADを活用することによって，短時間で修正を加えることは可能となるが，組立てに関する干渉チェックやRPのためのデータ作成に止まってしまってはならない．したがって，3次元CADにおける属性情報の明瞭な伝達方法の確立は必要である．

6. RP活用の効果

RPの最大の利点は，消費者の要求をタイムリーに製品化するために，形状確認用の試作をすばやく作成できる点にある．製品の外観デザインは，製品価値を決定する重要な要素である．デザインの確認といった人間の感性にもとづく評価で，RPによる現物化は3次元形状モデルに優るともいえる．

製品開発の現場では独創的なデザインを生み出すべく，工業デザイナーによる創作活動が行われている．従来のプロセスでは，工業デザイナーと金型製作担当者間での調整に多くの時間を要し，金型形状の修正が多発するなど，開発の遅れやコストアップの大きな要因となっていた，DRの際，3次元形状モデルのみでなく，RPによる現物であれば，金型担当者に正確な情報が伝達され，非常に効率的に金型を製作することが可能となると考えられる．

また，DRにおいては，ディスカッション対象物の形状が出席者全員の頭の中に同じ形状で描かれること，そして機能，目的，ねらいが全員に理解されて，その上で行われるディスカッションでない限り，そのDRの目的は果たせない．個々人によるイメージの

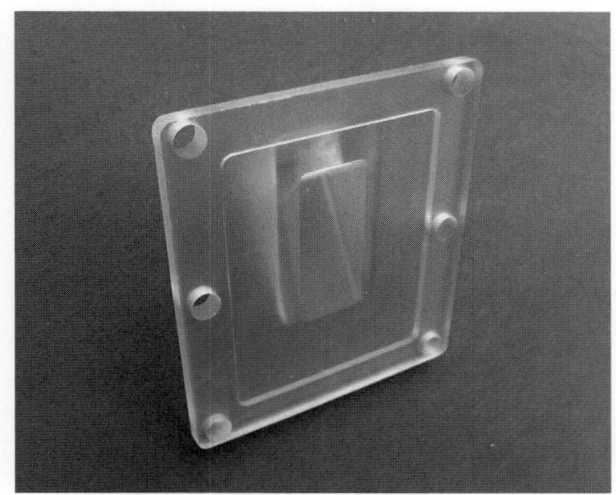

図A・15　照合番号 ⑮ 油量ゲージカバー

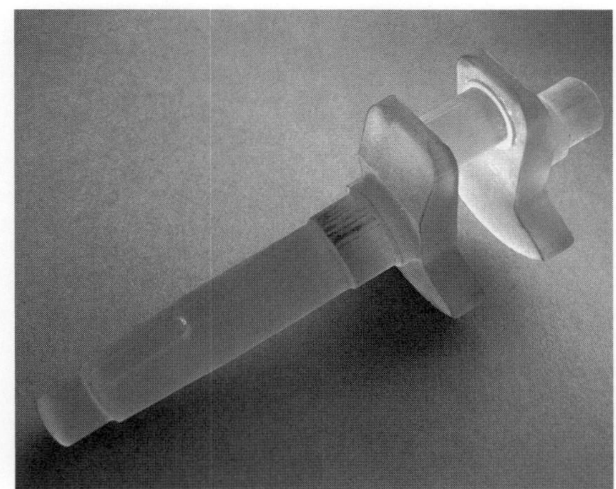

図A・16　照合番号 ⑯ クランクシャフト

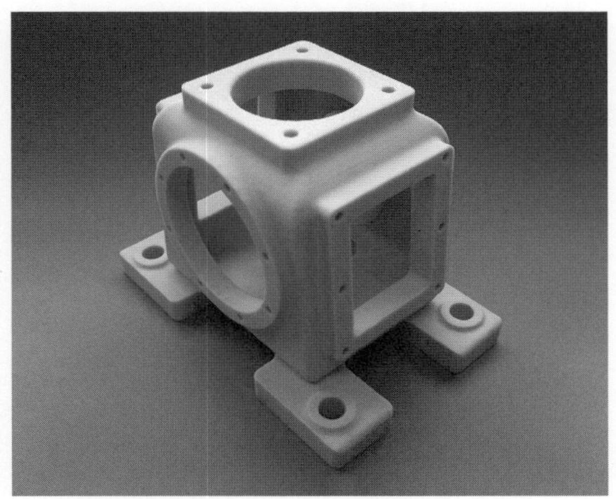

図A・17　照合番号 ⑱ クランクケース

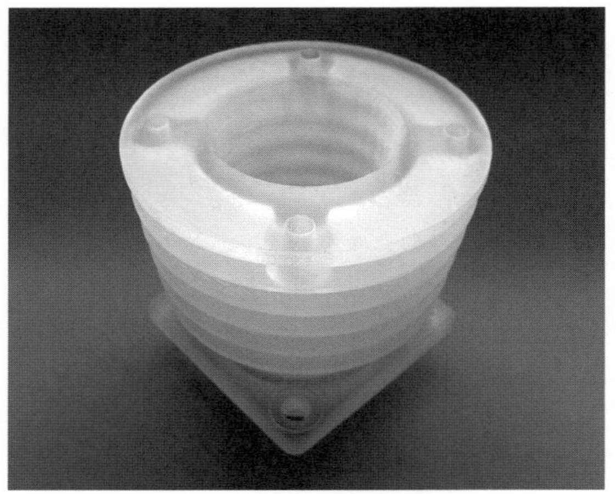

図 A・18　照合番号 ㉒ シリンダ

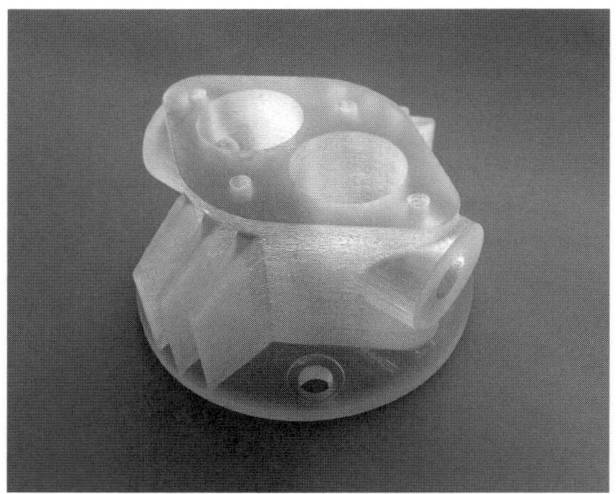

図 A・19　照合番号 ㉖ シリンダヘッド

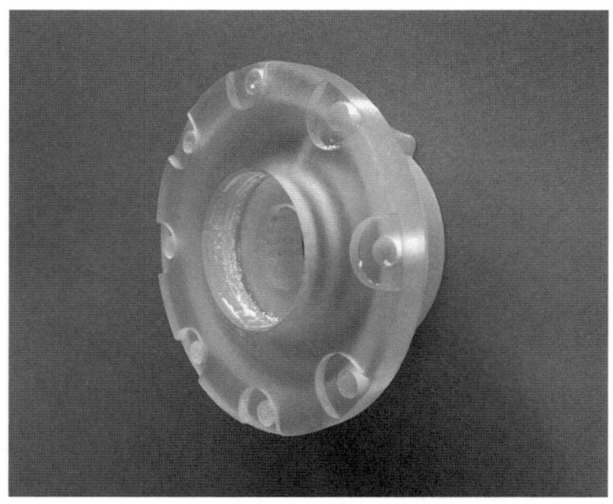

図 A・20　照合番号 ㊳ 軸受カバー

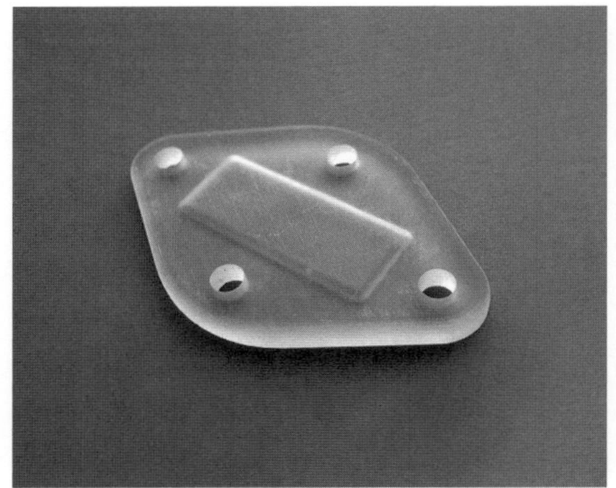

図 A・21　照合番号 ㊹ シリンダヘッドカバー

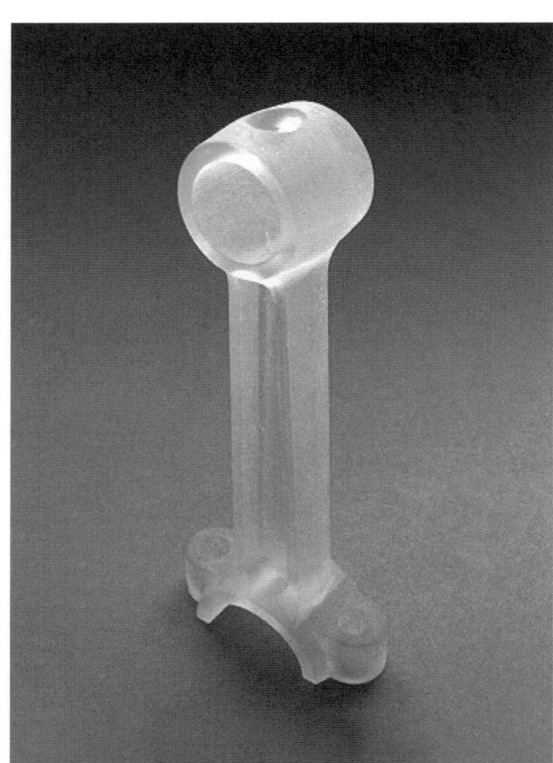

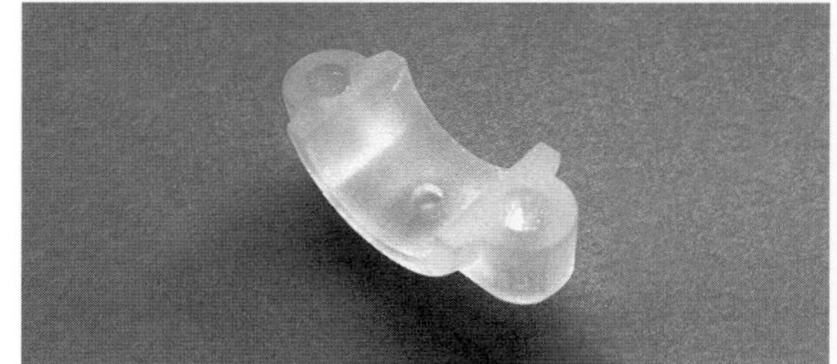

図 A・22　照合番号 ㊾ コネクチングロッド

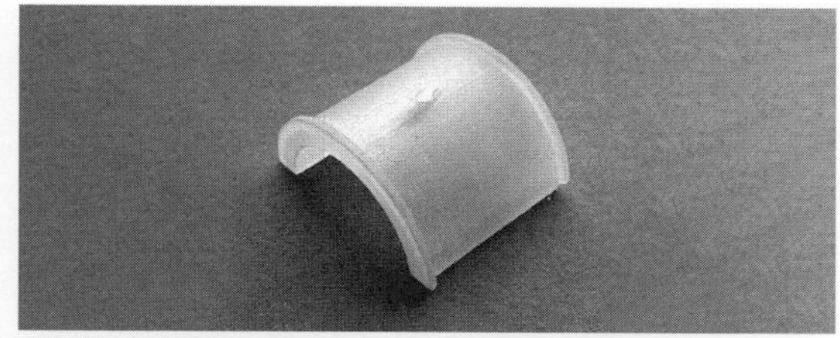

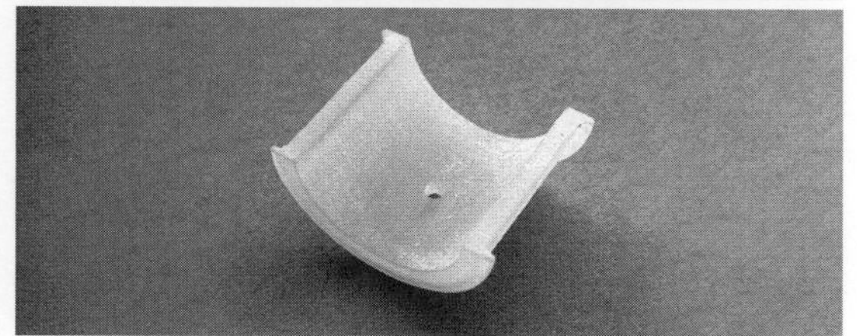

図 A・23 照合番号 ㊿ クランクピン軸受

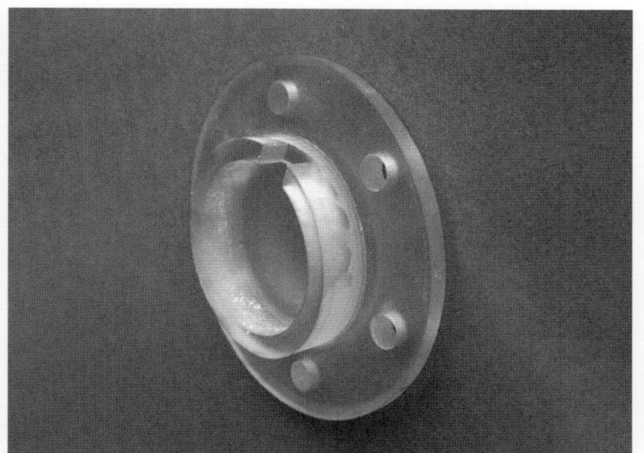

図 A・24 照合番号 52 軸受カバー

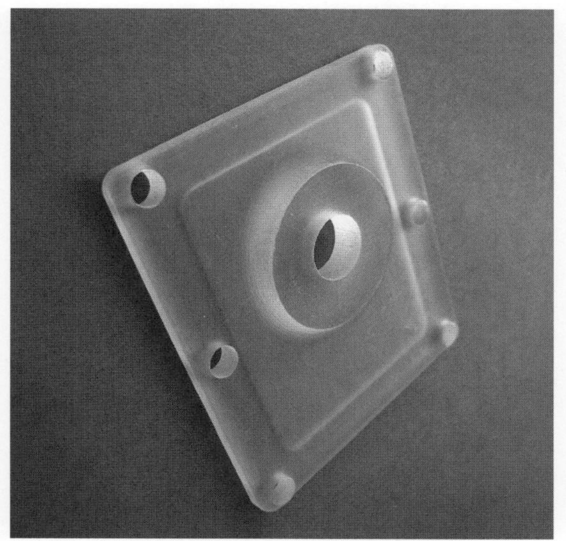

図 A・25 照合番号 57 空気抜キカバー

ばらつきは，扱う製品が複雑になればなるほど形状を共通認識する点で顕在化し，出席者全員が同じ認識に基づきディスカッションするという DR の要件を満たすことができず，それが正常に機能しないことになる．RP を用いて DR を行うことにより的確なコミュニケーションを図ることで，情報伝達のミスによるロスを削減することが可能となる．

製作に使用した RP 装置は EDEN 260〔(株) エーエム開発モデル製作所〕で，造形方式はインクジェット式である．造形サイズが小さく，EDEN 260 で作成可能なものは，アクリル系紫外線硬化型樹脂で RP 化を行った．また，造形サイズが EDEN 260 の許容造形サイズを上回っている，照合番号 ⑱ クランクケースのみ，SLS 方式（粉末焼結積層造形法）RP 装置にて石膏で作成した．

RP 製品を図 **A・15** から図 **A・25** に示す．

また，組み立てた空気圧縮機を図 **A・26** に示し，その内部機構を図 **A・27** に示す．

図 A・26 組み立てた空気圧縮機

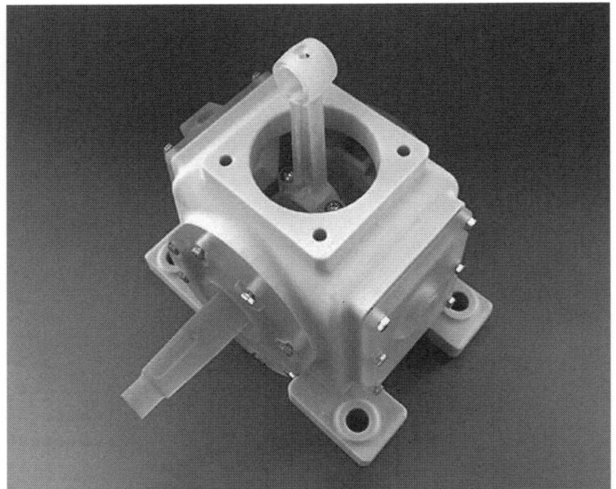

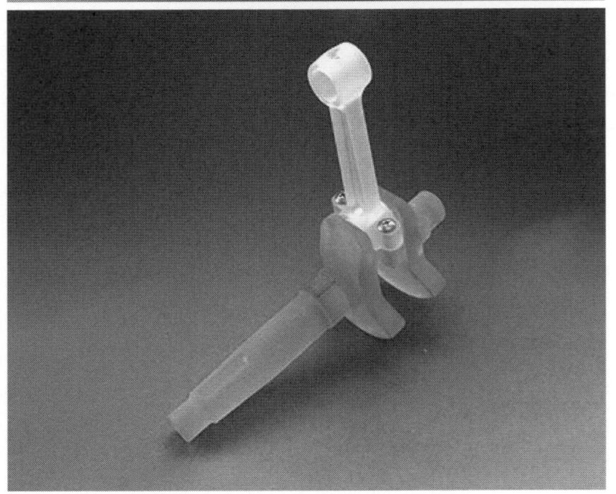

図 A・27　空気圧縮機の内部機構

7. 機構製品における RP の活用効果

空気圧縮機を RP により現物化した結果，機構の確認が 3 次元形状モデルよりも容易に行えることを実証した．また，機構製品の構成部品に適用して DR を実施した結果，部品相互の干渉チェックを実際に行うことが可能となった．部品単品でなく，部品相互の DR を行うことにより，設計品質の早期確保が可能となることも検証された．

機構製品を RP で現物化することによって，DR の質は格段に向上する．試作品をつくるよりも早い設計段階において機構の確認が可能となるからである．各部門それぞれの担当者が一堂に会して設計結果についてディスカッションする場面において，コンピュータのディスプレイ上に映し出された映像よりも，実際に手にとることにより，出席者から意見を引き出しやすい状況になる．設計初期段階で多くの部門からコメントを引き出せるということは，上流工程において，多くの問題を解決できることを意味している．つまり，コンカレントエンジニアリングにおけるフロントローディング（front - loading）*3 の効果を最大化させることにつながる．

より良い設計品質をもった製品開発を推進するには，DR の質の向上が求められる．意匠中心の製品設計において，RP を活用したディスカッションは非常に有効であり，デザインの確認といった人間の感性にもとづく評価で，RP による現物化は形状モデルに優る．また，機構製品の構成部品に適用して DR を実施した結果，部品相互の干渉チェックを実際に行うことが可能となった．部品単品でなく，部品相互の DR を行うことにより，設計品質の早期確保が可能となることも確認された．

しかし，RP は設計者の意図を現実に反映するための道具ではなく，その問題点は，3 次元 CAD に記載できる情報量にもある．RP の活用は，今後，主要機構部 RP の加工方法を考慮することで，より短期間での DR 実施が可能となる．また，製品がもつ情報を 3 次元形状モデルにフィードバックすることができれば，さらに信頼性の向上につながると考えられる．

---

*1 **コンカレント エンジニアリング**：製品の開発プロセスを構成する複数の工程（設計，試作，調達，生産など）を担当する部門が情報を共有・連携し，同時並行で進め，前工程の完了を待たずに前倒しで業務を進めることで，開発期間の短縮やコストの削減を図る手法．

*2 **CAE 解析**：設計段階で発生する問題には，強度面の問題（荷重・振動など）や，熱の問題（熱の伝わりやすさ）などがあげられる．このような問題を設計開発の段階からパソコン上でシミュレーションできる手法を CAE 解析と呼ぶ．CAE 解析を活用することによって，試作機の製作や実験を行う回数を減らすことができる．

*3 **フロントローディング**：一般的に設計初期の段階に負荷をかけ（ローディング），作業を前倒しで進めることをいう．設計初期に，3 次元 CAD モデルと必要な属性情報のつくり込みを行い，情報を活用したシミュレーションや検証を行うことで，初期段階に負荷をかけて事前に設計検討や問題点の改善を図ることにより，早い段階で設計品質を高めることが可能になる．

APPENDIX B　CAD 機械製図について

1. CAD 製図について

コンピュータ技術の発展はめざましく，CAD (computer aided design)，すなわちコンピュータを利用して設計や製図を行うシステムは，企業はもとより学校教育にも取り入れられている．

また，単に設計製図の段階に止まらず，機械によって図面を読み取らせ，その情報を直接製造過程に流すCAM（computer aided manufacturing）システムが開発され，これら両者を合わせたCAD/CAMシステムが大きな成果をあげている．いまや，CADを抜きにして製図は語れない時代となった．

そこで，JISにおいても，従来の手描き製図に加えて，CAD製図（**JIS B 3402**）という規格を定めていたが，ISOに準拠した一連のJIS製図規格の大改正に伴い，**JIS B 3402：2000**“CAD機械製図”として改正が施された．

2021年3月に国内ニーズがなくなったことを理由に本規格は廃止となったが，2D CADシステムを使用している企業や教育機関，システムの製造企業，さらには国家技能検定（機械製図CAD作業）もあるため，参考として規格（以下，CAD製図という）の概要を掲載しておくことにした．

ただし，その製図法そのものは手描きの場合とほとんど異なることはないので，ここでは，CADとしての特異性を有する部分についての説明のみを行うこととする．

なお，今後は3D CADの普及も急速に進むと予想されるため，**JIS B 0060**（デジタル製品技術文書情報）規格群にも留意されたい．

2. CAD 機械製図規格の内容

2.1 CAD製図の具備すべき情報と基本要件

CAD製図においては，図面管理上必要な情報として，たとえば，図面名称，図面番号，製図者，図面承認者などを明記しておかなければならない．

また，形状に必要な情報として，正確な投影図，断面図，寸法，三次元形状データなどの明記が必要である．さらに，属性情報として，たとえば，材料，表面粗さ，熱処理条件，引用規格なども必要に応じて記入しておくのがよい．

これらに加え，CAD製図の基本要件として，上記の情報が明確に表現されている必要があり，あいまいな解釈が生じないよう，表現に一義性をもたせなければならない．

なお，CAD製図には，適切なシステムを用い，手描き製図と混用しない．ただし，製図者，設計者，図面承認者などの署名は，混用とみなさない．そのほか，製品（または部品）の製作のためのCAD図面情報は管理状態になければならない．

2.2 図面の大きさおよび様式

（**CHAPTER 1**の**3.1**項，**3.2**項参照）

表題欄に用いたCADシステム名，添付データ情報など，CAD特有の情報を追加記入する．

2.3 線

(1) 線の種類，用途および太さ

（**CHAPTER 1**の**5**節参照）

線の種類については，本書**CHAPTER 1**の表**1・5**による規定のほかに，表**B・1**に示す線の基本形とその呼び方を規定している．これは，**JIS Z 8312：1999**にもとづいたものである．

ただし，線の太さについては，CADの特性を考慮して，0.13 mm，1.4 mm，および2 mmを追加規定している．

なお，計画図，設備配置図などで筆記具にボールペンを用いる場合には，線の太さは問わないこととした．これは，このような場合，線の太さを変えること

表B・1　線の基本形

線の基本形（線形）	呼び方
――――――――――――――――	実線
― ― ― ― ― ― ― ― ― ―	破線
―　　―　　―　　―　　―	跳び破線
――――・――――・――――・――――	一点長鎖線
――――・・――――・・――――・・――――	二点長鎖線
――――・・・――――・・・――――・・・	三点長鎖線
・・・・・・・・・・・・・・・・・・・・・・・・	点線
――――－――――－――――－――――	一点鎖線
――――－－――――－－――――－－	二点鎖線
――・――・――・――・――・――・―	一点短鎖線
―― ――・―― ――・―― ――・	一点二短鎖線
――・・――・・――・・――・・―	二点短鎖線
―― ――・・―― ――・・―― ――	二点二短鎖線
――・・・――・・・――・・・――	三点短鎖線
―― ――・・・―― ――・・・――	三点二短鎖線

が困難な機種もあるからである．

（2） 線の要素の長さ 破線，一点鎖線，二点鎖線，点線などの，それぞれの線の要素の長さは，図 **B･1** のようにすればよい．

（3） 線の組合わせ 線は，図 **B･2** に示すように，線の基本形を 2 本組み合わせて，意味をもった線とし

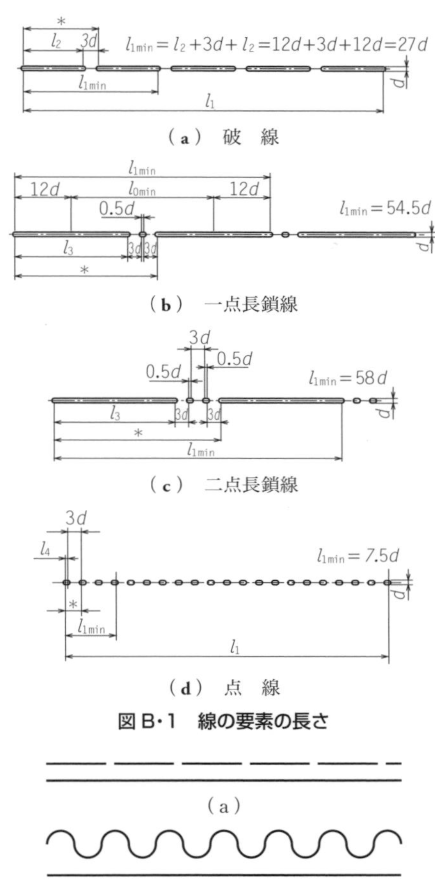

（a） 破 線

（b） 一点長鎖線

（c） 二点長鎖線

（d） 点 線

図 B･1 線の要素の長さ

（a）

（b）

図 B･2 線の組合わせ

て使用してもよい．

（4） 線の表し方の一般事項 線の太さ方向の中心は，線の理論上描くべき位置になければならない．また，平行な線と線との最小間隔は，とくに指示がない限り 0.7 mm とする．

（5） 線の交差 長・短線で構成される線を交差させる場合には，図 **B･3** に示すように，なるべく長線で交差させる．ただし，一方が短線で交差してもよいが，短線と短線で交差させないのがよい．また点線を交差させるには，点と点で交差させるのがよい．

（6） 線の色 線の色は黒を標準とするが，他の色を使用または併用する場合には，それらの色の線が示す意味を図面上に注記しておかなければならない．ただし，他の色を使用する場合には，鮮明に複写できる色でなければならない．

2.4 文字

（CHAPTER 1 の 6 節参照）

CAD 製図では，コンピュータまたはプリンタに付属または内蔵されているフォントを主として使用するので，この規格には種々の書体が参考として掲げられているが，とくに規定したものではない．ただし，一連の図面では，同じフォントを使用するのがよい．

また，文字の大きさの呼びは，2.5 mm，3.5 mm，5 mm，7 mm および 10 mm を標準とするとしている．

2.5 尺度

（CHAPTER 1 の 4 節参照）

例外的に現尺，縮尺および倍尺のいずれも用いない場合には，“非比例尺” と表示する．

なお，二次元図形の図面に三次元図形を参考図示する場合には，その三次元図形に尺度を表示しない．参

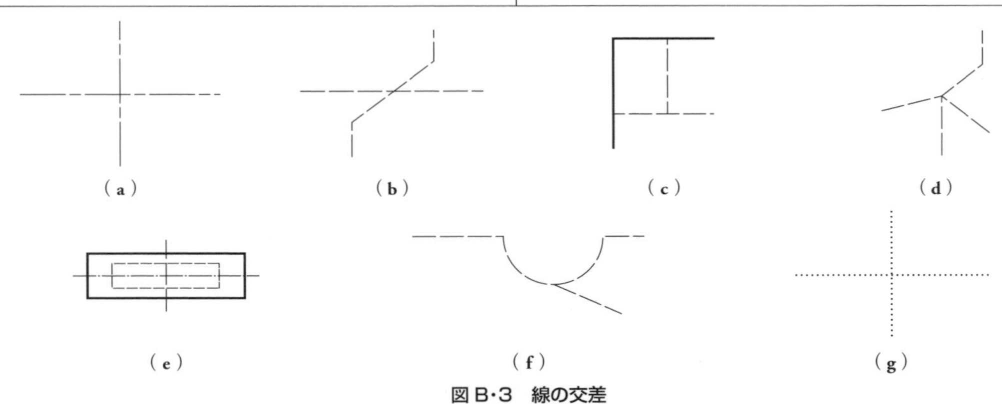

（a） （b） （c） （d） （e） （f） （g）

図 B･3 線の交差

考図示に尺度はほとんど必要ではないからである.

2.6　投影法

（CHAPTER 1 の 7 節参照）

2.7　図形の表し方

（CHAPTER 1 の 8 節参照）

2.8　寸法の記入

（CHAPTER 1 の 9 節参照）

2.9　寸法の許容限界

（CHAPTER 1 の 12.1 項参照）

2.10　幾何公差

（CHAPTER 1 の 12.3 項参照）

2.11　表面性状

（CHAPTER 1 の 13 節参照）

2.12　金属硬さ

金属硬さを指示する場合には，ロックウェル硬さ（HR），ビッカース硬さ（HV），ブリネル硬さ（HB），その他のいずれかによって指示する.

〔**例**〕 ビッカース硬さの場合　HV 400

2.13　熱処理

熱処理は，熱処理の方法，熱処理温度，後処理の方法などを表題欄の中，もしくはその付近または図中のいずれかに指示する.

〔**例**〕 油焼入れ焼戻し，810°C ～ 560°C，
320°C ～ 270°C，HV 410 ～ 480

2.14　溶接指示

（CHAPTER 1 の 15 節参照）

2.15　照合番号

（CHAPTER 1 の 10 節参照）

- 本書の内容に関する質問は，オーム社ホームページの「サポート」から，「お問合せ」の「書籍に関するお問合せ」をご参照いただくか，または書状にてオーム社編集局宛にお願いします．お受けできる質問は本書で紹介した内容に限らせていただきます．なお，電話での質問にはお答えできませんので，あらかじめご了承ください．
- 万一，落丁・乱丁の場合は，送料当社負担でお取替えいたします．当社販売課宛にお送りください．
- 本書の一部の複写複製を希望される場合は，本書扉裏を参照してください．

JCOPY ＜出版者著作権管理機構 委託出版物＞

- 本書籍は，理工学社から発行されていた『JIS にもとづく 機械製作図集』を改訂し，第 8 版としてオーム社から版数を継承して発行するものです．

JIS にもとづく 機械製作図集（第 8 版）

1975 年 3 月 30 日　第 1 版第 1 刷発行
1985 年 3 月 30 日　第 2 版第 1 刷発行
1992 年 3 月 10 日　第 3 版第 1 刷発行
1996 年 2 月 10 日　第 4 版第 1 刷発行
2004 年 3 月 31 日　第 5 版第 1 刷発行
2009 年 6 月 30 日　第 6 版第 1 刷発行
2014 年 3 月 25 日　第 7 版第 1 刷発行
2023 年 8 月 25 日　第 8 版第 1 刷発行

著　者　大西　清
発行者　村上和夫
発行所　株式会社 **オーム**社
郵便番号　101-8460
東京都千代田区神田錦町 3-1
電話　03(3233)0641(代表)
URL　https://www.ohmsha.co.jp/

印刷・製本　精文堂印刷
ISBN978-4-274-23087-5　Printed in Japan